电气控制
一本通

杨德印　杨电功　崔　靖　主编

化学工业出版社
·北京·

图书在版编目（CIP）数据

电气控制一本通/杨德印，杨电功，崔靖主编. —北京：化学工业出版社，2018.11
ISBN 978-7-122-33083-3

Ⅰ.①电… Ⅱ.①杨… ②杨… ③崔… Ⅲ.①电气控制 Ⅳ.①TM571.2

中国版本图书馆 CIP 数据核字（2018）第 219362 号

责任编辑：高墨荣　　　　　　　　　　　文字编辑：孙凤英
责任校对：王鹏飞　　　　　　　　　　　装帧设计：刘丽华

出版发行：化学工业出版社（北京市东城区青年湖南街 13 号　邮政编码 100011）
印　　装：三河市延风印装有限公司
787mm×1092mm　1/16　印张 19½　字数 520 千字　2019 年 2 月北京第 1 版第 1 次印刷

购书咨询：010-64518888　　售后服务：010-64518899
网　　址：http://www.cip.com.cn
凡购买本书，如有缺损质量问题，本社销售中心负责调换。

定　　价：68.00 元　　　　　　　　　　　　　　　　版权所有　违者必究

前言
FOREWORD

随着科学技术的不断发展，电气控制技术日新月异，在国民经济各行业中的各个领域得到广泛应用，因此掌握这门技术对电气工作者的职业发展显得尤为重要。本书从最基本、最基础的电气控制知识讲起，由浅入深，循序渐进，进而介绍了具有前瞻性的技术。

本书主要内容如下：

1. 电气控制基础知识，包括直流电路、交流电路、部分电路欧姆定律、全电路欧姆定律、基尔霍夫定律、正弦交流电的三要素等知识，以及单相桥式整流电路、三相桥式不可控整流电路、三相桥式可控整流电路以及这种整流电路在带电阻性负载和带阻感性负载时的输出电压、输出电流的波形、整流二极管承受的反向电压等相关知识的分析。

2. 电动机启动控制电路，介绍电动机启动控制使用的电气元件，包括刀开关、熔断器、断路器、热继电器、电动机保护器、高压电动机微机综合保护器、真空接触器、真空断路器，以及二次控制电路使用的元器件。在此基础上，介绍电动机的各种启动控制电路，包括低压异步电动机的直接启动、点动控制、星-三角降压启动、自耦降压启动和延边三角形降压启动；绕线转子型异步电动机串频敏变阻器启动；高压电动机的直接启动、串接电抗器启动、液阻启动；交流同步电动机的励磁装置和启动电路，以及电动机的软启动和变频启动电路等知识内容。

3. 电力系统无功补偿技术，介绍了无功功率是怎么产生的，为什么要进行无功补偿，我国无功补偿技术的发展历史，无功补偿装置中使用的一次回路和二次回路元器件，十路乃至四十路和五十路无功补偿装置的工作原理及应用电路，智能电容器自成网络的无功补偿技术。

4. 高压开关柜和低压开关柜，介绍了 KYN28-12 型高压开关柜、GG-1A-12 系列高压开关柜和 HXGN-12 型环网柜中使用的高压电气元件的型号、参数、安装方法，以及高压开关柜的一次电路方案、柜体结构和五防联锁技术等；介绍了低压开关柜的正常使用条件、机械结构、低压配电柜在配电室内的安装规范，以当前应用较多的 GGD 系列低压开关柜为例，介绍其一次线路方案和接线方法。这些知识内容是电气运行与维护人员手头必备的重要技术资料。

5. 常用的机床控制电路，介绍了包括 CA6140 型车床、M7130 型平面磨床、

X62W 型万能铣床、Z3040 型摇臂钻床、T68 型卧式镗床，通过介绍各种常见机床的控制电路以及工作原理分析，增强对较复杂控制电路的分析理解能力。

6. PLC 控制技术，介绍 PLC 的应用优势、技术特点、编程方法等知识内容，并通过应用实例介绍 PLC 的应用方法。

7. 电能质量控制补偿技术，其中电压暂降补偿技术，可以对电力系统短暂时间的电压降低或消失进行补偿，使负载获得不间断的正常供电；电网电源谐波治理技术，可以滤除 2～50 次的高次谐波，由于高次谐波除了影响设备自身的正常运行，也将污染扩散到整个电力系统，干扰数字产品的运行与数据交换、传输，因此对谐波的治理具有非常重要的意义；三相负荷不平衡补偿技术，可以将三相不平衡的负载电流调整得趋于平衡，减小中性线电流，平衡三相电压，减小设备发热量并降低电力系统的损耗；使用大功率的电力电子半导体器件 IGBT 和计算机技术实现容性和感性的双向无功补偿技术，摆脱了无功补偿对并联电容器的依赖，而且还能实现分相补偿。

本书既保留了传统的电气控制内容，又介绍了当今先进的电气控制技术。而这些具有前瞻性、能够引领电工技术发展方向的知识内容，更是每一位电工从业人员应该了解并逐渐掌握的。书中内容将使初学者都能看得懂、学得会、用得上；使有一定基础者受到启发，开阔视野。

本书由杨德印、杨电功和崔靖共同策划并主编，参加本书编写或相关工作的还有令狐超、夏华、刘兰宁、董建华、杨福兴、岳军、任晋宗、王阳海、王道川、贺国强、吉海龙、田鹏伟、柴伟明、李刚、路小伟、鲁学礼。

山西省运城市安全生产教育考试中心的王万收和陈静同志对本书的编写给以极大关注和支持；山西运城职业技能学校的张文生和杨永江同志对本书的编写发挥了重要建设性作用。在此一并表示感谢。

本书可供工矿企业机电运行维修人员学习阅读，也可作为职业院校相关专业师生的参考书。

本书涉及的电工知识内容比较宽泛，虽经积极努力，但由于水平有限，难免出现不足之处，恳请读者批评指正。

编 者

目录
CONTENTS

第3章 低压电力系统无功补偿

第4章 软启动器与变频器

第5章 高压开关柜

第 6 章 低压配电柜

第 7 章 机床控制电路

第 8 章 PLC 控制技术

第 9 章　电能质量控制补偿技术

附录

参考文献

第1章

电气控制基础知识

1.1 直流电路

电路是为了某种功能需求，将电气设备或电子元器件按照一定方式连接起来的电流通路。直流电通过的电路称作直流电路。

为了研究或者工程的实际需要，用国家标准的图形符号与文字符号绘制的表示电路设备组成和连接关系的简图称作电路图。

1.1.1 电路的组成

电路通常由电源、负载、导线和控制保护设备等几个部分组成。

① 电路中的电源可向负载提供电能。发电机、蓄电池等装置属于电源。

② 负载是将电能转换为其他形式能的元器件或设备，如电动机、照明灯具等。

③ 控制保护设备是改变电路状态或保护电路不受损坏的装置，如开关、熔断器等。

④ 导线用来承担传输电能或分配电能的任务。

图 1-1 是电路的示意图，其中含有直流电源、灯泡负载、控制开关和连接导线，具有构成电路的基本特征。

电路具有通路、断路和短路三种状态。通路也称闭合电路，在这种状态下，电路有正常的工作电流。断路也称开路，是指电路中某处断开，不能形成通路，也没有电流流通的情况。短路是指电流不通过负载直接导通，此时往往电流过大，可能引起设备损坏甚至引发火灾，因此一般应禁止短路。

图 1-1　电路示意图

1.1.2 电路中的基本物理量

（1）电流

在闭合电路中，电荷在电源的作用下规则的定向移动形成电流。单位时间内通过导体横截面的电荷数量越多，流过该导体的电流就越大。电流的单位是安培，简称安，用符号 A 表示。

常用的电流单位还有千安（kA）、毫安（mA）、微安（μA）、纳安（nA）等。它们之间的换算关系见式（1-1）～式（1-4）。

$$1kA = 1 \times 10^3 A \tag{1-1}$$

$$1mA = 1 \times 10^{-3} A \tag{1-2}$$

$$1\mu A = 1 \times 10^{-3} mA = 1 \times 10^{-6} A \tag{1-3}$$

$$1nA = 1 \times 10^{-3} \mu A = 1 \times 10^{-6} mA = 1 \times 10^{-9} A \tag{1-4}$$

（2）电位

为了计算和分析的方便，在较复杂的电路中，往往使用电位这个概念。在日常生活中，水总是从高处流向低处，高处的水位高，低处的水位低，由于高处与低处之间有水位差才会形成水流。与此类似，电路中各点均有一定的电位，在高电位与低电位之间形成电流。在外电路中电流总是从高电位流向低电位。

电位是一个相对的电工物理量。要确定电路中某点的电位，首先要选定一个计算电位的参考点。通常将参考点的电位规定为零，称其为零电位点。

零电位点可以任意选定，但在工程中大家习惯取大地为零电位参考点。电子电路中一般选较多元件的汇集处为零电位参考点。

电路中各点的电位值是相对的，与参考点的选择有关，参考点的选择不同，电路中各点电位的大小和方向也就不同。

（3）电压

电路中任意两点之间的电位差称作电压。电路中任意两点之间的电压与参考点的选择无关，即电压是唯一的。

电工技术中经常使用"电压"这个概念。在国际单位制中，电压的单位是伏特，文字符号是 V。常用的电压单位还有千伏（kV）、毫伏（mV）和微伏（μV）。它们之间的换算关系见式（1-5）～式（1-7）。

$$1kV = 1 \times 10^3 V \tag{1-5}$$

$$1mV = 1 \times 10^{-3} V \tag{1-6}$$

$$1\mu V = 1 \times 10^{-3} mV = 1 \times 10^{-6} V \tag{1-7}$$

电压的方向从高电位指向低电位，即为电位降低的方向，所以电压也称为电压降。

（4）电功率

电功率是用电设备单位时间所消耗的电能，电功率用字母 P 表示。直流电路中的电功率 P 可由式（1-8）计算得到。

$$P = UI \tag{1-8}$$

式中，P 是功率，单位为瓦（W）；U 是电压，单位为伏（V）；I 是电流，单位为安（A）。

电功率有时也用千瓦（kW）、毫瓦（mW）、微瓦（μW）及兆瓦（MW）作单位，它们之间的换算关系见式（1-9）～式（1-12）。

$$1kW = 1 \times 10^3 W \tag{1-9}$$

$$1MW = 1 \times 10^3 kW = 1 \times 10^6 W \tag{1-10}$$

$$1mW = 1 \times 10^{-3} W = 1 \times 10^{-6} kW \tag{1-11}$$

$$1\mu W = 1 \times 10^{-3} mW = 1 \times 10^{-6} W \tag{1-12}$$

式（1-13）是直流电路中电功率计算公式：

$$P = UI \text{ 或 } P = I^2 R \text{ 或 } P = U^2/R \tag{1-13}$$

式中，P 是电功率，单位为瓦（W）；U 是电压，单位为伏（V）；I 是电流，单位为安（A）；R 是电阻，单位为欧姆（Ω）。

（5）电能

电能是指一段时间内电流所做的功。电流做功的过程实际上就是电能转化为其他形式能的过程，例如，电流通过电炉将电能转化为热能，电流通过电动机将电能转化为机械能等。

电能（W）的单位是焦耳（J），其计算式见式（1-14）。

$$W = UIt \tag{1-14}$$

式中的 W、U、I、t 的单位分别是焦耳（J）、伏特（V）、安培（A）和秒（s）。

在工程实践和日常生活中，通常用千瓦·时（kW·h）作电能的单位，1kW·h 就是我们平时所说的 1 度电。

用 kW·h 作电能计量单位时的计算公式见式（1-15）。

$$1kW \cdot h = 1000W \times 3600s = 3.6 \times 10^6 J \tag{1-15}$$

（6）电动势

要使电流持续不断沿电路流动，就需要一个电源把电荷从低电位移向高电位，这种使电路两端产生并维持一定电位差的能力叫作电动势。

电动势的单位是伏特（V）。

（7）电阻

电流通过金属导体时，导体对电荷的定向运动有阻碍作用。电阻就是反映导体对电流的阻碍作用大小的一个电工物理量。

不同材料的导体，对电流的阻碍作用是不尽相同的。有的导体导电能力强，有的导电能力弱，我们称前者的电阻小，后者的电阻大。电阻用字母 R 表示。电阻的单位是欧姆，其符号为 Ω。常用的电阻单位还有千欧（kΩ）、兆欧（MΩ）、毫欧（mΩ）和微欧（μΩ），它们之间的换算关系如式（1-16）、式（1-17）所示。

$$1\Omega = 10^3 m\Omega = 10^6 \mu\Omega \tag{1-16}$$

$$1M\Omega = 10^3 k\Omega = 10^6 \Omega \tag{1-17}$$

导体的电阻与导体的长度成正比，与导体的横截面积成反比，并与导体的材料性质有关。如果导体的长度为 L，横截面积为 S，导体材料的电阻率为 ρ，则其电阻可由式（1-18）计算得到。

$$R = \rho \frac{L}{S} \tag{1-18}$$

式中，R 是电阻，单位为 Ω；ρ 为电阻率，也称电阻系数，单位为 Ω·m；L 是导体的长度，单位为 m；S 是导体的横截面积，单位为 m^2。

常见材料的电阻率与电阻温度系数见表 1-1。

表 1-1 常见材料的电阻率与电阻温度系数

	材料名称	20℃时的电阻率 ρ/Ω·m	电阻温度系数 α(0～100℃)/℃⁻¹
导体	银	1.6×10^{-8}	3.6×10^{-3}
	铜	1.7×10^{-8}	4.1×10^{-3}
	铝	2.9×10^{-8}	4.2×10^{-3}
	钨	5.3×10^{-8}	5×10^{-3}
	铁	9.78×10^{-8}	6.2×10^{-3}
	镍	7.3×10^{-8}	6.2×10^{-3}
	铂	1.0×10^{-7}	3.9×10^{-3}
	锡	1.14×10^{-7}	4.4×10^{-3}
	锰铜(铜86%,锰12%,镍2%)	4×10^{-7}	2×10^{-5}
	康铜(铜54%,镍46%)	5×10^{-7}	4×10^{-5}
	镍铬(镍80%,铬20%)	1.1×10^{-6}	7×10^{-5}

续表

材料名称		20℃时的电阻率 $\rho/\Omega \cdot m$	电阻温度系数 $\alpha(0\sim100℃)/℃^{-1}$
半导体	纯净锗	0.6	
	纯净硅	2300	
绝缘体	橡胶	$10^{13}\sim10^{16}$	
	塑料	$10^{15}\sim10^{16}$	
	玻璃	$10^{10}\sim10^{14}$	
	琥珀	$10^{11}\sim10^{15}$	
	云母	5×10^{14}	

注：表中 α 是电阻的温度系数，它等于温度升高1℃时，导体电阻的变化值与原电阻值的比值，单位是℃$^{-1}$。

1.1.3 欧姆定律

（1）部分电路欧姆定律

欧姆定律是反映电路中电压、电流和电阻之间关系的定律。欧姆定律指出，当导体温度不变时，通过导体的电流与加在导体两端的电压成正比，而与其电阻成反比。

图 1-2 （a）是不含电源的电路，表达该电路中电压、电流与电阻之间关系的是部分电路欧姆定律，如式（1-19）所示。

$$U = IR \tag{1-19}$$

（2）全电路欧姆定律

包含电源的闭合电路称为全电路。图 1-2 （b）是简单的全电路。全电路欧姆定律指出，电流的大小与电源的电动势成正比，而与电源的内部电阻 R_0 以及负载电阻 R 之和 (R_0+R) 成反比。如式（1-20）所示。

$$E = I(R+R_0) = U + IR_0 \text{ 或者 } I = E/(R+R_0) \tag{1-20}$$

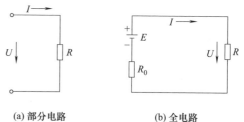

(a) 部分电路　　　　(b) 全电路

图 1-2 欧姆定律示意图

由式（1-20）可见，当电路处于开路状态时，电流为零，电源端电压在数值上等于电源的电动势。

1.1.4 电阻的并联、串联与混联

（1）电阻的并联

两个或两个以上的电阻首尾两端分别连接在一起，使电路同时存在几条通路的电路称为电阻的并联电路。并联电路具有以下电路特点。

① 并联电路中各电阻两端的电压相等且等于电路两端的电压，即 $U=U_1=U_2=\cdots=U_n$，如图 1-3 所示。

② 并联电路中的总电流等于各电阻中的分电流之和，即 $I=I_1+I_2+\cdots+I_n$，可参见图 1-3。

③ 并联电路等效电阻值的倒数，等于各电阻的阻值倒数之和，即 $1/R=1/R_1+1/R_2+\cdots+1/R_n$。

如果有 n 个相同阻值的电阻并联，则总等效电阻值 $R=R_n/n$。由此可见，并联等效电阻值总比任何一个支路的电阻值小。

如果是两个电阻并联，其并联等效电阻值也可由下

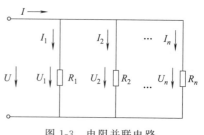

图 1-3 电阻并联电路

式计算，即 $R = R_1 R_2 / (R_1 + R_2)$，用该式计算得到的结果无须再求倒数就能得到实际电阻值，相对比较简单。

如果两个相互并联的电阻不相等，且阻值较大电阻的阻值是较小阻值电阻的 2 倍，那么其并联电阻值是大电阻的 1/3，或者小电阻的 2/3。例如 30Ω 电阻与 15Ω 电阻并联，则其并联电阻值是大电阻 30Ω 的 1/3 或小电阻 15Ω 的 2/3，即 10Ω。

④ 在电阻并联电路中，各支路的电流与该支路的电阻值成反比，即 $I_n = RI/R_n$。

在工程实践中，有时候可对并联电阻的总阻值进行估算，例如并联电阻中有一个电阻的电阻值明显小于其他所有电阻，则它们并联后的等效电阻大体上等于阻值最小的那只电阻。

（2）电阻的串联

两个或两个以上的电阻按顺序首尾相接形成一串，使电流只有一个通路，这种连接方式称作电阻的串联，如图 1-4 所示。串联电路具有以下电路特点。

① 串联电路中流过每个电阻的电流都相等且等于总电流，即 $I = I_1 = I_2 = \cdots = I_n$。

② 串联电路两端的总电压等于各个电阻两端的电压之和，即 $U = U_1 + U_2 + \cdots + U_n$。

③ 串联电路的总电阻（即等效电阻）等于各串联电阻值之和，即 $R = R_1 + R_2 + \cdots + R_n$。

④ 串联电路中各个电阻上的电压降与其电阻值成正比，即电阻值较大的，其两端电压降也较大。

在工程实践中，有时候可对串联电阻的总阻值进行估算，例如串联电阻中有一个电阻的电阻值明显大于其他所有电阻，则它们串联后的等效电阻大体上等于阻值最大的那只电阻。

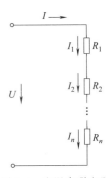

图 1-4 电阻串联电路

（3）电阻的混联

在一个电路中，既有相互串联的电阻，又有相互并联的电阻，这种电路称作混联电路，如图 1-5（a）所示。图中共有混联电阻 5 只，各个电阻的阻值已示于图中。现以图 1-5（a）为例，介绍混联电路 A、B 两端等效电阻的计算方法。

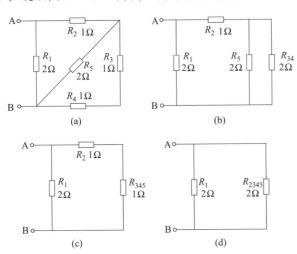

图 1-5 电阻混联电路

计算图 1-5（a）A、B 两端等效电阻时，首先把明显属于并联或串联的两只或多只电阻进行计算，然后整理电路、简化电路。图 1-5（a）中，电阻 R_3 和 R_4 是串联关系，根据串联电阻求阻值的计算方法可计算得出这两只电阻的等效电阻 R_{34} 等于 2Ω，这时可将电路整理成图 1-5（b）。

将图 1-5（b）中的电阻 R_{34} 与 R_5 并联，得到等效电阻 $R_{345} = 1Ω$，整理电路如图 1-5（c）所示。

将图 1-5（c）中的电阻 R_{345} 与 R_2 串联，得到等效电阻 $R_{2345} = 2Ω$，整理电路如图 1-5（d）所示。

将图 1-5（d）中的电阻 R_{2345} 与 R_1 并联，得到 R_{AB} 的等效电阻等于 1Ω。

1.1.5 基尔霍夫定律

生产实践中经常会遇到一些不能用欧姆定律解决计算的电路问题，这些电路往往比较复杂，需要基尔霍夫定律和欧姆定律配合分析计算。

首先介绍几个与基尔霍夫定律有关的名词。

① 节点：在分支电路中，三条或三条以上支路的连接点称为节点。如图 1-6 中的 a 点和 d 点。

② 支路：电路中的每个分支就是一条支路，每条支路流过一个电流。如图 1-6 中的 afed、ad、abcd 这三条支路。

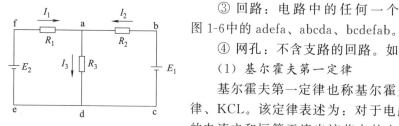

图 1-6 含有节点和支路的电路

③ 回路：电路中的任何一个闭合电路称为回路。如图 1-6 中的 adefa、abcda、bcdefab。

④ 网孔：不含支路的回路。如图 1-6 中的 afeda、abcda。

（1）基尔霍夫第一定律

基尔霍夫第一定律也称基尔霍夫电流定律、节点电流定律、KCL。该定律表述为：对于电路中任一节点，流入节点的电流之和恒等于流出该节点的电流之和。在图 1-6 中，I_1 和 I_2 是流入节点 a 的电流，I_3 是流出节点 a 的电流。根据基尔霍夫第一定律，I_1、I_2、I_3 之间的关系为：$I_1 + I_2 = I_3$ 或 $I_1 + I_2 - I_3 = 0$。

（2）基尔霍夫第二定律

基尔霍夫第二定律也称基尔霍夫电压定律、回路电压定律、KVL。该定律表述为：对于电路中任意一个回路，回路中各电源电动势的代数和等于各电阻上电压降的代数和；或者描述为，任一回路中，环行回路一周，所有电压的代数和等于零。

设顺时针方向为环绕正方向，对于图 1-6 中的回路 fadef，则代数式 $I_1 R_1 + I_3 R_3 - E_2 = 0$ 成立；对于图 1-6 中的回路 abcda，则代数式 $-I_2 R_2 + E_1 - I_3 R_3 = 0$ 成立；对于图 1-6 中的回路 abcdefa，则代数式 $-I_2 R_2 + E_1 - E_2 + I_1 R_1 = 0$ 同样成立。

1.2 正弦交流电的基本概念

1.2.1 周期与频率

（1）周期与频率

周期和频率是描述正弦量变化快慢的物理量。正弦交流电变化一周所需的时间称作周期，用字母 T 表示，单位是秒（s）。每秒时间内正弦交流电重复变化的次数称为频率，用字母 f 表示，单位是赫兹（Hz）。更高的频率单位是千赫兹（kHz）、兆赫兹（MHz）和吉赫兹（GHz），它们之间的换算关系是：$1\text{GHz} = 10^3 \text{MHz} = 10^6 \text{kHz} = 10^9 \text{Hz}$。

周期与频率互为倒数，其关系见式（1-21）。

$$T = \frac{1}{f} \tag{1-21}$$

我国电网的标准频率（也称工频）为 50Hz，周期为 0.02s，即 20ms。

（2）角频率

正弦交流电变化一个周期，相当于正弦函数变化 2π 弧度。正弦量每秒钟经历的弧度数称为角频率，用 ω 表示，单位是弧度/秒，即 rad/s。频率为 f 的正弦量，其角频率 $\omega=2\pi f$，也可用 $\omega=\dfrac{2\pi}{T}$ 表示。

1.2.2 相位、初相位与相位差

相位是区别正弦量的标志之一，它表示正弦量在某一时刻所处的状态，即大小、方向和变化趋势。

$t=0$ 时的相位称为初相位或初相角，它表示计时开始时正弦量的变化情况。

因为正弦量是周期性变化的，所以相位角的取值范围是 $0<\varphi\leqslant\pi$。

两个同频率正弦量在任何瞬时的相位之差称作相位差。图 1-7 表示的两个正弦量的相位差为 $\varphi=(\omega t+\varphi_1)-(\omega t+\varphi_2)=\varphi_1-\varphi_2$。相位差与计时起点无关，且不随时间的变化而变化。

两个同频率正弦量的相位差可能有如下几种情况。

① $\varphi=0$，即两个正弦量同相位，它们同时达到最大值，又同时达到最小值，在电路中的方向也总是相同的，如图 1-8（a）所示。

② $\varphi>0$，即 $\varphi_1>\varphi_2$，说明初相位为 φ_1 对应的波形比初相位为 φ_2 对应的波形先达到最大值，如图 1-8（b）所示，图注中的 φ_u 与 φ_i 即对应此处的 φ_1 与 φ_2。

③ $\varphi=\dfrac{\pi}{2}$，这种情况称为两正弦量正交，两波形的相位差为 90°，如图 1-8（c）所示。

④ $\varphi=\pi$，这种情况称为两正弦量反相，两波形的相位差为 180°，它们中的一个达到正的最大值时，另一个则刚好达到负的最大值，如图 1-8（d）所示。

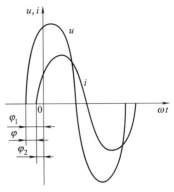

图 1-7 相位与相位差示意图

1.2.3 交流电的大小

（1）瞬时值

交流电某一时刻所对应的数值称为瞬时值，瞬时值中的电压、电流和电动势分别用字母 u、i 和 e 等来表示。它是时间的函数，不同时刻交流电的大小和方向各不相同。

（2）最大值

交流电一个周期内所出现的最大瞬时值称为最大值，也称峰值、幅值、振幅等，用字母 U_m、I_m、E_m 等表示。

（3）有效值

正弦交流电的瞬时值和振幅只是交流电某一瞬时的数值，不能反映交流电在电路中做功的实际效果。因此在电工技术中常用有效值来表示交流电的大小。交流电有效值用字母 U、I 和 E 表示。平时所说

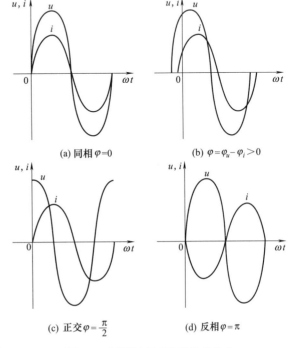

(a) 同相 $\varphi=0$ (b) $\varphi=\varphi_u-\varphi_i>0$

(c) 正交 $\varphi=\dfrac{\pi}{2}$ (d) 反相 $\varphi=\pi$

图 1-8 相同频率正弦量的相位差

的 220V、380V 电压，以及用电流表、电压表、功率表测量所得的值都是有效值。

交流电的有效值是根据电流热效应原理来确定的。在两个相同的电阻器中，分别通以直流电和交流电，如果经过同一时间，它们发出的热量相等，那么就把此直流电的大小定为此交流电的有效值。

交流电量的有效值与最大值之间的关系可用式（1-22）计算。

$$I=I_{\mathrm{m}}/\sqrt{2},U=U_{\mathrm{m}}/\sqrt{2},E=E_{\mathrm{m}}/\sqrt{2} \tag{1-22}$$

1.2.4　正弦交流电的三要素

通常把正弦交流电的频率、最大值、初相位称为正弦量的三要素。一个正弦量由它的三要素唯一确定。

1.3　三相交流电路

1.3.1　三相电源的连接

三相交流电路是由三个频率相同、最大值相等、相位互差 120° 的单相交流电动势组成的电路。由于三相电动势是对称的，因此它们的瞬时值之和或矢量和都等于零。

三相电源的三个绕组有星形（Y）连接和三角形（△）连接两种方式。

星形连接（Y）的三相电源，是将三相电源的末端连接在一起，用 N 表示，称为中点或零点，从中点引出的导线称为中线或零线。从绕组的首端 U（L1）、V（L2）、W（L3）引出的导线称为相线，俗称火线。如图 1-9 所示。

一相绕组的末端与另一相绕组的首端依次连接，构成闭合回路，再从三个连接点引出三条导线，构成三相电源的三角形（△）连接，如图 1-10 所示。

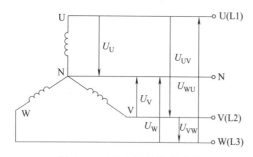

图 1-9　三相电源的星形连接

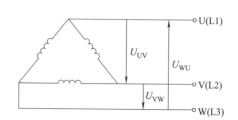

图 1-10　三相电源的三角形连接

用三条相线和一条零线组成的供电方式称为三相四线制，通常用在低压配电系统中。只有三条相线的供电方式称为三相三线制，一般用在高压供电系统中，或者只有三相负荷没有单相负荷的低压系统中。

相线与零线之间的电压称作相电压，相电压的正方向规定为从绕组的首端指向中性点，可参见图 1-9。相线与相线之间的电压称作线电压，线电压的正方向用相关相别的双字母脚标的顺序来表示，参见图 1-9 和图 1-10。

星形连接（Y）的三相电源，当相电压为 220V 时，线电压为 380V，即线电压是相电压的 $\sqrt{3}$ 倍。

在三角形（△）连接的三相电源中，线电压与相电压相等。

1.3.2 三相负载的连接

三相负载也有星形连接和三角形连接两种接线方式。星形连接时，将三组负载的一端各自接到相应的相线上，另一端并接在中线上。图 1-11 就是一款三相负载星形连接的实际应用电路。

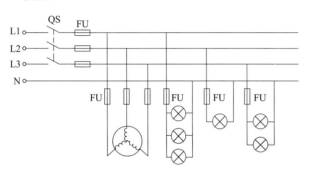

图 1-11 三相负载星形连接的实际电路

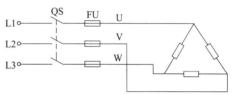

图 1-12 三相负载三角形连接的实际电路

负载星形连接时，每一相上的负载承受电源的相电压。线电流等于相电流。零线电流等于各相负载电流的相量和。

负载三角形连接时，是将负载分别接在三相电源的两根相线之间，如图 1-12 所示。负载三角形接法应用在三相负载平衡的条件下。负载两端的电压称为相电压，且相电压等于三相电源的线电压。

在负载三角形连接时，线电流等于相电流的 $\sqrt{3}$ 倍。

三相负载如何连接，应根据负载的额定电压和电源电压的数值确定。对于 380V/220V 的三相四线制供电系统，可分成以下几种情况考虑：

① 当使用额定电压 380V 的单相负载时，例如 380V 的电焊机，应将它连接到电源的相线与相线之间。

② 当使用额定电压 220V 的单相负载时，应将它连接到电源的相线与零线之间。

③ 如果三相对称负载的额定电压为 380V，则应将它们进行三角形连接。

④ 如果三相对称负载的额定电压为 220V，要想把它们接入线电压为 380V 的电源上，则应接成星形连接。

1.4 半导体整流电路

这里突出强调"半导体"三个字，是说本节介绍的内容不包含非半导体二极管（例如电子管二极管）组成的整流电路。因此，这里首先介绍半导体二极管。

1.4.1 晶体二极管

晶体二极管即上述半导体二极管。

（1）晶体二极管简介

将半导体 PN 结封装在管壳内，并引出两个金属电极，就构成一个二极管。PN 结的 P 区引出的电极称作正极，N 区引出的电极称作负极。

二极管的种类很多，按照制造材料的不同分为硅管和锗管；按 PN 结结构的不同分点接触型和面接触型。二极管的图形符号和文字符号如图 1-13 所示。

加在二极管两端的电压与流过二极管的电流的关系曲线称作二极管的伏安特性曲线。图 1-14 是硅材料二极管的伏安特性曲线，由图可见，当加在二极管两端的正向电压较小时，二极管的正向电流很小，例如图 1-14 中，正向电压在 0.5V 以下时，流过二极管的电流几乎为零，我们称 0～0.5V 是硅二极管的死区电压。随着加在二极管两端的电压从死区电压继续加大，流过二极管的电流会急剧增加。

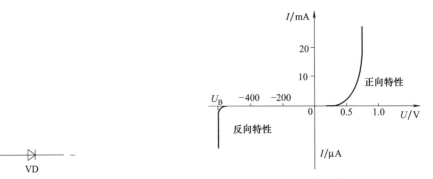

图 1-13　二极管的图形符号和文字符号　　　　图 1-14　硅二极管的伏安特性曲线

二极管两端加上反向电压时，会有很小的反向电流。硅二极管的反向电流很小，仅为微安级别，例如 $1～2\mu A$。

当二极管两端的反向电压增大到一定值（图 1-14 中的 U_B）时，反向电流会雪崩般地增加，形成很大的反向电流。此时的反向电压称为反向击穿电压。由于流过二极管的反向电流很大，会烧坏 PN 结，使二极管损坏，因此，用作整流的二极管工作时，应保证其承受的反向电压小于它的反向击穿电压。

在实际应用中，应根据二极管的参数，合理选择和使用，才能使二极管充分发挥作用，安全地工作。

（2）晶体二极管的主要参数

① 最大整流电流 I_{FM}　指二极管长时间使用时允许通过的最大正向平均电流。不同型号二极管的最大整流电流差别很大。流过二极管的正向平均电流不允许超过规定的最大整流电流值，否则会导致二极管永久性损坏。

② 最大反向电压 U_{RM}　是保证二极管不被击穿而允许施加的最大反向电压。

③ 最大反向电流 I_{RM}　指二极管加上最大反向工作电压时的反向电流。反向电流越小越好，是表征二极管单向导电性能的重要技术指标。

1.4.2　晶闸管

整流电路除了可以使用二极管，晶闸管也是经常使用的元器件之一。

（1）晶闸管的结构与工作原理

这里所说的晶闸管就是俗称的单向可控硅，是一种大功率半导体器件，它的内部是 PNPN 4 层结构，形成 3 个 PN 结（J1，J2，J3），并对外引出 3 个电极，如图 1-15（a）所示。为了说明晶闸管的工作原理，我们将图 1-15（a）改画成图 1-15（b）和（c）的形式。图中的阳极 A 相当于 PNP 型晶体管 V1 的发射极，阴极 K 相当于 NPN 晶体管 V2 的发射极。当晶闸管阳极承受正向电压，控制极 G 也加正向电压时，晶体管 V2 处于正向偏置，E_g 产生的控制极电流 I_g 就是 V2 的基极电流 I_{b2}，V2 的集电极电流 $I_{c2}=\beta_2 I_g$，而 I_{c2} 又是晶体管 V1 的基极电流

I_{b1}，V1 的集电极电流 $I_{c1} = \beta_1 I_{c2} = \beta_1 \beta_2 I_g$（$\beta_1$ 和 β_2 分别是 V1 和 V2 的电流放大倍数）。电流 I_{c1} 又流入 V2 的基极，再一次被放大。这样循环下去，形成了强烈的正反馈，使两个晶体管很快达到饱和导通状态，这就是晶闸管的导通过程。

导通后，晶闸管上的压降很小，电源电压几乎全部加在负载上，晶闸管中流过的电流就是负载电流。

以上晶闸管正反馈导通的过程如下：

$$I_g \uparrow \longrightarrow I_{b2} \uparrow \longrightarrow I_{c2}(I_{b1}) \uparrow \longrightarrow I_{c1} \uparrow \longrightarrow I_{b2} \uparrow$$

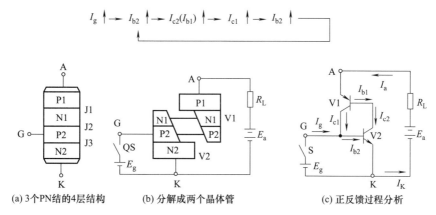

(a) 3个PN结的4层结构　　(b) 分解成两个晶体管　　(c) 正反馈过程分析

图 1-15　晶闸管 4 层结构及导通工作原理

晶闸管导通后，即使控制极电流 I_g 消失为零，晶闸管仍会处于导通状态。因此，控制极的作用仅是触发晶闸管使其导通，导通之后，控制极就失去了控制作用。若要使晶闸管恢复到截止状态，必须将阳极电流减小到使之不能维持正反馈的程度，即将阳极电流减小到小于维持电流，这有两种方法，一是将阳极电源断开，另一是给晶闸管的阳极和阴极加上反向电压。

晶闸管的阳极和阴极之间具有可控的单向导电性能，控制极 G 可使其触发导通，但不能控制其关断。晶闸管的导通与关断两种状态相当于开关的作用，这种开关又称为无触点开关。

（2）晶闸管的图形符号与型号命名

晶闸管有三个电极，即阳极 A、阴极 K 和控制极 G。其在电路图中的图形符号见图 1-16。

国产普通晶闸管的型号命名方法见图 1-17。

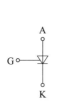

图 1-16　晶闸管的图形符号

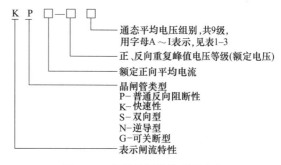

图 1-17　普通晶闸管的型号命名

例如：型号为 KP200-16G 的晶闸管，表示其额定电流为 200A，额定电压为 1600V（参见表 1-2），管压降为 1V（参见表 1-3）的普通晶闸管。

（3）晶闸管的主要参数

晶闸管在加上正向电压时，可能处于阻断状态，也可能处于导通状态，这一点与二极管不同。晶闸管的主要技术参数介绍如下。

① 正向重复峰值电压 U_{DRM}　正向重复峰值电压 U_{DRM} 是在控制极断路而结温为额定值时，允许重复加在器件上的正向峰值电压。国标规定重复频率为 50Hz，每次持续时间不超过 10ms。一般规定此电压为正向不重复峰值电压（即正向最大瞬时电压）U_{DSM} 的 80%。

② 反向重复峰值电压 U_{RRM}　在控制极断路时，可以重复加在晶闸管两端的反向峰值电压称为反向重复峰值电压 U_{RRM}，此电压取反向不重复峰值电压的 80%。

③ 额定电压 U_{Tn}　将 U_{DRM} 和 U_{RRM} 中的较小值按百位数取整后作为该晶闸管的额定值。例如，一只晶闸管实测 $U_{DRM}=842V$，$U_{RRM}=736V$，将两者数值较小者 736V 按百位数取整后得 700V，则该晶闸管的额定电压为 700V。

在晶闸管的铭牌上，额定电压是以电压等级的形式给出的。标准电压等级规定是：电压在 1000V 以下的，每 100V 为一级；1000～3000V 的，每 200V 为一级。晶闸管标准电压等级见表 1-2。

表 1-2　晶闸管标准电压等级

级别	正反向重复峰值电压/V	级别	正反向重复峰值电压/V	级别	正反向重复峰值电压/V
1	100	8	800	15	2000
2	200	9	900	16	2200
3	300	10	1000	17	2400
4	400	11	1200	18	2600
5	500	12	1400	19	2800
6	600	13	1600	20	3000
7	700	14	1800		

在使用过程中，环境温度的变化、散热条件以及可能出现的各种过电压都会对晶闸管产生影响，因此，选择晶闸管的型号时，应当使晶闸管的额定电压是实际工作时可能承受的最大电压 U_{TM} 的 2～3 倍，即：

$$U_{Tn} \geqslant (2\sim3)U_{TM}$$

④ 额定电流 $I_{T(AV)}$　晶闸管额定电流的标定与其他电气设备不同，采用的是平均电流，也称为通态平均电流，而不是有效值。

所谓通态平均电流是指在环境温度为 40℃ 和规定的冷却条件下，晶闸管在导通角不小于 170° 电阻性负载电路中，当不超过额定结温且稳定时，所允许通过的工频正弦半波电流的平均值。将该电流按晶闸管标准电流系列取值，即为晶闸管的额定电流。

⑤ 通态平均电压 $U_{T(AV)}$　在规定环境温度、标准散热条件下，通过额定电流时，晶闸管阳极和阴极间电压降的平均值，称为通态平均电压，通常也称管压降。晶闸管的管压降在型号中用字母给出，这些字母与管压降电压值的对应关系见表 1-3。

表 1-3　晶闸管通态平均电压分组

组别	A	B	C	D	E
通态平均电压/V	$U_T \leqslant 0.4$	$0.4 < U_T \leqslant 0.5$	$0.5 < U_T \leqslant 0.6$	$0.6 < U_T \leqslant 0.7$	$0.7 < U_T \leqslant 0.8$
组别	F	G	H	I	
通态平均电压/V	$0.8 < U_T \leqslant 0.9$	$0.9 < U_T \leqslant 1.0$	$1.0 < U_T \leqslant 1.1$	$1.1 < U_T \leqslant 1.2$	

⑥ 维持电流 I_H 和擎住电流 I_L　维持电流是指晶闸管维持导通所必需的最小电流，一般为几十到几百毫安。I_H 与结温有关，结温越高，I_H 则越小。

擎住电流是晶闸管刚从断态转入通态并移除触发信号后，能维持导通所需的最小电流。

对于同一晶闸管来说，通常 I_L 约为 I_H 的 2～4 倍。

⑦ 控制极触发电流 I_{GT} 控制极触发电流也称门极触发电流。在室温且阳极电压为 6V 直流电压时，使晶闸管从阻断到完全开通所必需的最小门极直流电流。

⑧ 控制极触发电压 U_{GT} 控制极触发电压也称门极触发电压。即对应于控制极触发电流时的触发电压。

对于晶闸管的使用人员来说，为使触发器适用于所有同型号的晶闸管，触发器传送给控制极的电压和电流应适当的大于所规定的 U_{GT} 和 I_{GT} 上限。

⑨ 断态电压临界上升率 $\mathrm{d}u/\mathrm{d}t$ 在额定结温和门极断路条件下，使器件从断态转入通态的最低电压上升率称为断态电压临界上升率 $\mathrm{d}u/\mathrm{d}t$。

换一个说法，断态电压临界上升率 $\mathrm{d}u/\mathrm{d}t$，是指在额定结温和门极断路条件下，不导致晶闸管从断态到通态转换的外加电压最大上升率。

至于为什么断态电压临界上升率 $\mathrm{d}u/\mathrm{d}t$ 过高会导致晶闸管误导通，可以这样解释：如果在阻断的晶闸管两端所施加的电压具有正向的上升率，则在阻断状态下相当于一个电容的 J2 结（参见图 1-15）会有充电电流流过，称为位移电流。此电流流过 J3 结时，其效能类似于门极触发电流的作用。如果电压上升过大，使充电电流足够大，就会使晶闸管误导通。所以使用晶闸管过程中实际电压上升率必须低于此临界值。

⑩ 通态电流临界上升率 $\mathrm{d}i/\mathrm{d}t$ 在规定条件下，由门极触发晶闸管使其导通时，晶闸管能够承受而不导致损坏的通态电流的最大上升率，称为通态电流临界上升率 $\mathrm{d}i/\mathrm{d}t$。晶闸管使用过程中的实际电流上升率应小于此临界参数值。

1.4.3 单相整流电路

整流电路是将交流电能变为直流电能的电路，其应用十分广泛。整流电路有不可控整流、半控整流和全控整流三种。按交流输入相数分为单相整流电路和多相整流电路。

（1）单相半波整流电路

单相半波整流电路如图 1-18 所示。图中 T 是变压器，将电源电压 u_1 变换成所需的电压 u_2，二极管 VD 对变压器 u_2 绕组的电压实现半波整流。当 u_2 绕组上的电压极性为上正下负时，二极管 VD 导通，有负载电流 i_d 流过负载电阻 R，在 R 两端形成电压 u_d。当 u_2 绕组上的电压极性为上负下正时，二极管 VD 截止不导通，没有负载电流和输出电压。

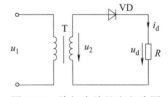

图 1-18 单相半波整流电路图

图 1-19（a）是正弦波 u_2 的波形；图（b）是整流后流过负载电阻 R 的电流 i_d，可见该电流只有 u_2 在正半周时有输出；图（c）是 i_d 在负载电阻 R 上的电压降波形，可见电压波形也是不连续的；图（d）是二极管 VD 承受的反向电压波形。

通过分析计算可以知道，半波整流输出的直流电压平均值 u_d 和直流电流 i_d 大小为：

$$u_d = 0.45 u_2$$

$$i_d = u_d / R = 0.45 u_2 / R$$

单相半波整流电路中，二极管 VD 承受的反向电压最大

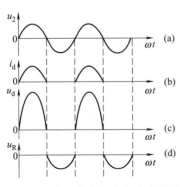

图 1-19 单相半波整流电路波形图

值为$\sqrt{2}u_2$。

（2）单相全波整流电路

图 1-20 是单相全波整流电路的接线图。与单相半波整流电路的主要区别有二，一是使用两只二极管，二是变压器 T 的二次绕组具有中心抽头，该抽头处于二次绕组的中心点上，将二次绕组平分为两半，绕组上下两部分电压相等。

通电后，变压器二次绕组的上端为正、下端为负时，二极管 VD1 导通，二极管 VD2 截止不导通，从绕组上端开始，经二极管 VD1、负载电阻 R，到绕组的中心抽头形成回路，在电阻 R 上有电流 i_d。当变压器二次绕组的上端为负、下端为正时，二极管 VD2 导通，二极管 VD1 截止不导通，从绕组下端开始，经二极管 VD2、负载电阻 R，到绕组的中心抽头形成回路，在电阻 R 上也有电流 i_d 流过。电阻 R 上的电流 i_d 如图 1-21（b）所示。可以发现，此时电源的两个半周期内负载电阻均有电流流过。当然电流 i_d 是两个二极管 VD1 和 VD2 交替导通形成的。

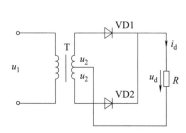

图 1-20　单相全波整流电路图

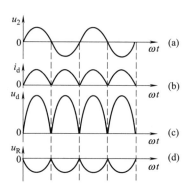

图 1-21　单相全波整流电路波形图

图 1-21（c）是负载电流 i_d 流过负载电阻 R 形成的整流输出电压 u_d。

图 1-21（d）是二极管 VD1 和 VD2 交替承受的反向电压。

通过分析计算可以知道，全波整流输出的直流电压平均值 u_d 和直流电流 i_d 大小为：

$$u_d = 0.9u_2$$

$$i_d = u_d/R = 0.9u_2/R$$

二极管承受的反向电压最大值为 $2\sqrt{2}u_2$。

每个二极管流过的电流是：

$$i_V = i_d/2$$

即每个二极管承担负载电流 i_d 的 50%。

（3）单相桥式整流电路

单相全波整流电路虽然有较大的输出电流和较高的输出电压，却要使用二次绕组带抽头的变压器，结构较复杂，绕组的利用率也低，所以又有一种新的单相桥式整流电路出现，该电路使用的变压器二次侧仅有一个不带抽头的绕组，正负各自的半个周期均由该绕组提供输出电流，绕组的利用率得以提高。

图 1-22 是单相桥式整流的电路图。通电后，变压器二次绕组 u_2 上端为正、下端为负时，二极管 VD1 和 VD4 导通，负载电流 i_d 流过负载电阻 R；当变压器二次绕组 u_2 上端为负、下端为正时，二极管 VD3 和 VD2 导通，也有负载电流 i_d 流过负载电阻 R。

在单相桥式整流电路中：

$$u_d = 0.9u_2$$
$$i_d = u_d/R = 0.9u_2/R$$

二极管承受的反向电压最大值为 $\sqrt{2}\,u_2$。

每个二极管流过的电流是：

$$i_V = i_d/2$$

即每个二极管承担负载电流 i_d 的 50%。

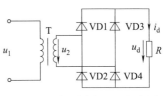

图1-22　单相桥式整流电路图

1.4.4　三相不可控整流电路

三相整流电路的结构形式很多，有三相半波不可控整流电路、三相桥式不可控整流电路、三相半波可控整流电路和三相桥式全控整流电路等。

在交-直-交变频器、开关电源、不间断电源等应用场合中，大都采用不可控整流电路经电容滤波后提供直流电源供后级的斩波器、逆变器使用。

本节介绍电容滤波的三相不可控整流电路。

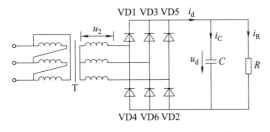

图1-23　电容滤波三相不可控整流电路

电容滤波、接电阻性负载的三相不可控整流电路见图1-23。在这个电路中，当某一对二极管导通时，输出的直流电压等于交流侧线电压中最大的一个，该线电压既向负载供电，又向电容充电。当没有二极管导通时，由电容向负载放电，u_d 按指数规律下降。

三相不可控桥式整流电路中，同时会有两只二极管导通，随着时间的变化，这些二极管组依次导通的顺序是：

VD6、VD1→VD1、VD2→VD2、VD3→VD3、VD4→VD4、VD5→VD5、VD6 ┐

该整流电路输出电压的平均值，在空载时，输出电压平均值最大，为 $u_d = \sqrt{6}\,u_2 = 2.45u_2$。随着负载加重，输出电压平均值逐渐减小，最小可使输出电压波形成为线电压的包络线，其平均值为 $u_d = 2.34u_2$。可见，u_d 可在 $2.34u_2 \sim 2.45u_2$ 之间变化。

该整流电路输出电流 i_R 的平均值为：

$$i_R = u_d/R$$

在图1-23所示的电路中，由于电容 C 的充放电电流 i_C 平均值为零，因此

$$i_R = i_d$$

在电容滤波、电阻性负载的三相不可控整流电路中，二极管承受的最大反向电压为线电压的峰值，即 $\sqrt{2} \times \sqrt{3}\,u_2 = \sqrt{6}\,u_2$。

1.4.5　三相全控整流电路接阻感性负载

三相桥式全控整流电路在电力电子电路中应用较广，而三相桥式全控整流电路中又有电阻性负载和阻感性负载的不同。工程实践中，整流电路接阻感性负载的概率较高，因此下面首先分析三相桥式全控整流电路连接阻感性负载的工作过程。

整流电路接阻感性负载，是指整流电路连接电感性负载。习惯上希望三相全控桥的六个晶闸管触发顺序是 V1→V2→V3→V4→V5→V6，为此，晶闸管这样编号：如图1-24（a）所示，

V1 和 V4 接 U 相，V3 和 V6 接 V 相，V5 和 V2 接 W 相。V1、V3、V5 组成共阴极组，V2、V4、V6 组成共阳极组。在三相桥式全控整流电路中，对共阴极组和共阳极组是同时进行控制的，控制角都是 α。

为了搞清楚控制角 α 变化时各晶闸管的导通规律，分析输出波形的变化规则，下面讨论几个特殊控制角。

（1）控制角 $\alpha = 0°$，带阻感性负载时的原理分析

这种情况下的整流电路和电路波形见图 1-24。

$\alpha = 0°$ 时的情况，也就是在自然换相点触发换相时的情况。所谓自然换相点，参看图 1-24（b），将相电压的交点 ωt_1、ωt_2、ωt_3 处称作自然换相点，自然换相点是各相晶闸管能触发导通的最早时刻，将其作为计算各晶闸管触发角 α 的起点，即 $\alpha = 0°$。要改变触发角只能是在此基础上增大它，即沿时间坐标轴向右移。

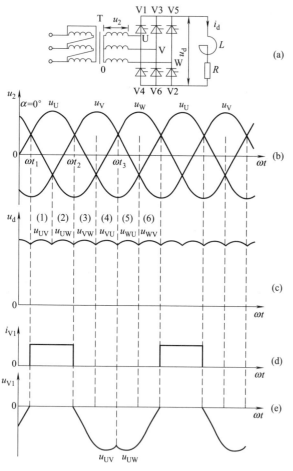

图 1-24　$\alpha = 0°$带阻感性负载时的波形

图 1-24 中，u_2 是变压器二次绕组的相电压；u_d 是整流输出电压；i_{V1} 是晶闸管 V1 的电流波形。注意此处晶闸管 V1 的电流波形，由于是阻感性负载的缘故，其顶部几乎是平直的。u_{V1} 是晶闸管 V1 承受的电压波形。为了分析方便起见，把一个周期等分 6 段。在第（1）段期间，见图 1-24（b），U 相电位最高，V 相电位最低，所以将共阴极组的 V1 和共阳极组的 V6 触发导通。这时电流由 U 相经 V1 流向负载，再经 V6 流入 V 相。变压器 U、V 两相工作。加在负载上的整流电压为：$u_d = u_U - u_V = u_{UV}$。

经过 60°后进入第（2）段时期。这时 U 相电位仍然最高，V1 继续导通，但是 W 相电位却变得最低，当经过自然换相点时触发 W 相连接的晶闸管 V2，电流即从 V 相换到 W 相，V6 承受反向电压而关断。这时电流由 U 相流出经 V1、负载、V2 流回电源 W 相。变压器 U、W 两相工作。在负载上的电压为：$u_d = u_U - u_W = u_{UW}$。再经过 60°，进入第（3）段时期，这时 V 相电位最高，共阴极组在经过自然换相点时，触发晶闸管 V3 使其导通，电流即从 U 相换到 V 相，V2 因 W 相电位仍然最低而继续导通。此时变压器 V、W 两相工作，在负载上的电压为：$u_d = u_V - u_W = u_{VW}$。依次类推。在第（4）段时期内，晶闸管 V3、V4 导通，变压器 V、U 两相工作。在第（5）段时期内，晶闸管 V4、V5 导通，变压器 W、U 两相工作。在第（6）段时期内，晶闸管 V5、V6 导通，变压器 W、V 两相工作，再下去又重复上述过程。总之，三相桥式全控整流电路中，晶闸管导通的顺序是：V6→V1→V1→V2→V2→V3→V3→V4→V4→V5→V5→V6。

图 1-24 (d) 是晶闸管 V1 的电流波形，图 1-24 (e) 是晶闸管 V1 承受的电压波形。其他晶闸管的电流波形和电压波形与此相同，只是出现的顺序依次相差 60°。

由上述三相桥式全控整流电路工作在控制角 $\alpha = 0°$ 时的工作过程可以看出：

① 三相桥式全控整流电路在任何时刻都必须有两个晶闸管导通，而且这两个晶闸管一个是共阴极组的，另一个是共阳极组的，只有它们能同时导通，才能形成导电回路。

② 三相桥式全控整流电路对于共阴极组触发脉冲的要求是保证晶闸管 V1、V3 和 V5 依次导通，因此它们的触发脉冲之间的相位差应为 120°，见图 1-25 (b)，图中触发脉冲旁边的数字是晶闸管的编号。对于共阳极组触发脉冲的要求是保证晶闸管 V2、V4 和 V6 依次导通，因此它们的触发脉冲之间的相位差也是 120°。在电感负载情况下，每个晶闸管导通 120°。

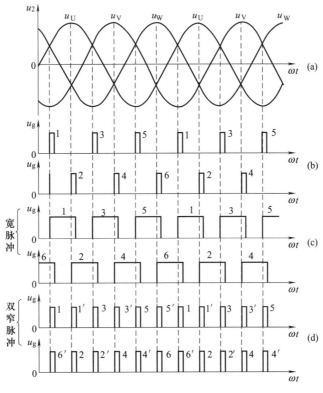

图 1-25 晶闸管的触发脉冲

③ 由于共阴极的晶闸管在正半周触发，共阳极组在负半周触发，因此接在同一相的两个晶闸管的触发脉冲的相位应该相差 180°。例如接在 U 相的 V1 和 V4，接在 V 相的 V3 和 V6，接 W 相的 V5 和 V2，它们之间触发脉冲的相位差都是 180°，参见图 1-25 (d)。

④ 三相桥式全控整流电路每隔 60° 有一个晶闸管要换流，由上一编号晶闸管换到下一编号晶闸管，例如由 V1、V2 换流到 V2、V3。因此每隔 60° 要触发一个晶闸管，脉冲触发晶闸管的顺序是：V1→V2→V3→V4→V5→V6→V1，依次下去。相邻两脉冲的相位差是 60°，如图 1-25 (b) 所示，图中 u_g 是单向晶闸管控制极 G 上的触发脉冲电压。

⑤ 为了保证在整流器合闸后，共阴极组和共阳极组各有一个晶闸管导电，或者由于电流断续后能再次导通，必须对两组中应导通的一对晶闸管同时有触发脉冲。为了达到这个目的，可以采取两种方法：一种方法是使每个触发脉冲的宽度大于 60° 小于 120°，一般取 80°~100°，称为宽脉冲触发，参见图 1-25 (c)；另一种方法是在触发某一编号的晶闸管时，同时给前一编

号的晶闸管补发一个触发脉冲，相当于用两个窄脉冲等效地代替大于 60°的宽脉冲。这种方法称双脉冲触发，例如当要求晶闸管 V1 导通时，除了给 V1 发出触发脉冲外，还要同时给 V6 发一个触发脉冲，如图 1-25 (d) 所示。欲触发 V2 时，必须给 V1 同时发出一个脉冲等。用双脉冲触发，在一个周期内对每个晶闸管须要先后触发两次，两次脉冲中间间隔为 60°。双脉冲触发的电路比较复杂，但它可以减小触发装置的输出功率，减小脉冲变压器的铁芯体积。用宽脉冲触发，虽然脉冲数目减少一半，为了不使脉冲变压器饱和，其铁芯体积要做得大些，绕组匝数多些，因而漏感增大，导致脉冲的前沿不够陡（这对晶闸管多串多并时是很不利的），增加去磁绕组可以改善这一情况，但又使装置复杂化。所以通常多采用双脉冲触发控制。

⑥ 图 1-24 (b) 中的电压波形都是变压器的相电压波形。三相全控桥控制角 α 的起点是相电压的交点，即自然换相点。整流输出的电压应该是两相电压相减后的波形，实际上都等于线电压，波头 u_{UV}、u_{UW}、u_{VW}、u_{VU}、u_{WU} 和 u_{WV} 均为线电压的一部分，是上述线电压的包络线。相电压的交点与线电压的交点在同一角度位置上，故线电压的交点同样是自然换相点，同时也可看出，三相桥式全控整流电压在一个周期内脉动六次，脉动频率为 $6 \times 50\text{Hz} = 300\text{Hz}$。

⑦ 晶闸管所承受的电压波形示于图 1-24 (e)。三相桥式整流电路在任何瞬间仅有两臂的元件导通，其余四臂的元件均承受变化着的反向电压。由图 1-24 (e) 可以看出，晶闸管所受的反向最大电压即为线电压的峰值。在 α 从零增大的过程中，同样可分析出晶闸管承受的最大正向电压也是线电压的峰值。

(2) 控制角 $\alpha = 30°$，带阻感性负载时的原理分析

当控制角 $\alpha > 0°$ 时，每个晶闸管都不在自然换相点换相，而是从自然换相点向后移一个 α 角开始换相。图 1-26 所示为阻感负载 $\alpha = 30°$ 时的波形，即我们从过了自然换相点 30°的 t_1 时刻开始讨论。为

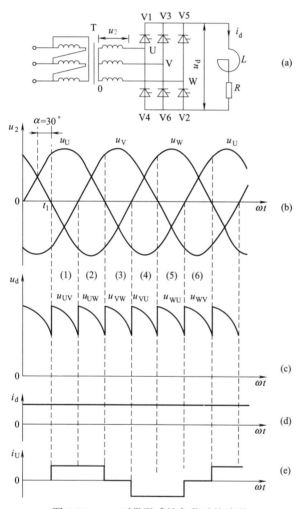

图 1-26 $\alpha = 30°$带阻感性负载时的波形

了分析方便起见，同样把一个周期等分 6 段。在第 (1) 段期间，见图 1-26 (b)，U 相电位最高，V 相电位最低，所以将共阴极组的 V1 和共阳极组的 V6 触发导通。触发脉冲在 t_1 时刻发出，这时电流由 U 相经 V1 流向负载，再经 V6 流入 V 相。变压器 U、V 两相工作。加在负载上的整流电压为：$u_d = u_U - u_V = u_{UV}$。其余时刻的触发脉冲与晶闸管导通情况不再赘述。

图 1-26 (c) 是控制角 $\alpha = 30°$、带阻感负载时的输出电压 u_d 的波形。三相全控桥接阻感负载时，由于电感的作用，使得负载电流波形变得平直。当电感足够大时，负载电流 i_d 的波形可近似为一条直线，如图 1-26 (d) 所示。图 1-26 (e) 则是 U 相电流的波形 i_U。

（3）控制角 $\alpha = 90°$，带阻感性负载时的原理分析

图 1-27 表示阻感负载，控制角 $\alpha = 90°$ 时的整流电路波形。$\alpha = 90°$ 时，即对应于图 1-27（b）中 t_1 时刻触发晶闸管 V1，在触发前，假设电路已在工作，即晶闸管 V5 和 V6 已导通。至 t_1 时触发晶闸管 V1，导电元件由 V5 和 V6 变为 V1 和 V6，输出电压为 u_{UV}。当线电压 u_{UV} 由零变负时，由于大电感 L 存在，V1 和 V6 继续导通，输出电压仍是 u_{UV}，不过此时 u_{UV} 是负值，直到 t_2 时刻触发晶闸管 V2，才迫使 V6 承受反向电压而关断，此时导电元件为 V1 和 V2，输出电压为 u_{UW}。依此类推，周而复始继续下去，得到图 1-27（c）所示的输出电压波形。晶闸管 V1 两端的电压波形则示于图 1-27（d）。可以看出，当电流连续的情况下，$\alpha = 90°$ 时输出电压的波形面积正负两部分相等，电压的平均值为零。

由以上分析可知，三相全控整流电路带阻感负载，$\alpha = 90°$ 时输出电压平均值已经为零，所以，这种整流电路的 α 角移相范围为 $0° \sim 90°$。

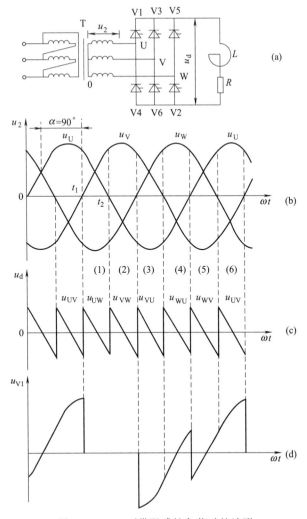

图 1-27　$\alpha = 90°$ 带阻感性负载时的波形

1.4.6　三相全控整流电路接电阻性负载

三相全控整流电路接电阻性负载，电路原理图如图 1-28 所示。

（1）控制角 $\alpha = 0°$，带电阻性负载时的原理分析

$\alpha = 0°$ 时，各晶闸管均在自然换相点换相。对照图 1-28 和图 1-29，可作如下分析。

从相电压波形看，共阴极组晶闸管导通时，以变压器二次侧的中性点为参考点，整流输出电压 u_{d1} 为相电压在正半周的包络线；共阳极组导通时，整流输出电压 u_{d2} 为相电压在负半周的包络线，参见图 1-29（a）；总的输出电压 $u_d = u_{d1} - u_{d2}$，是两条包络线的差值，将其对应到线电压的波形上（为了使插图简洁，图 1-29 中未画出线电压的完整波形），正好是线电压在正半周的包络线，如图 1-29（b）所示。

图 1-29（c）是晶闸管 V1 导通时的电流波形，图 1-29（d）是晶闸管截止时承受的反向电压波形。

我们将三相桥式全控整流电路 $\alpha = 0°$、电阻负载时一个整流周期等分为六段，每段为 $60°$，如图 1-29 所示，每一段中导通的晶闸管及整流输出电压的情况如表 1-4 所示。由该表可见，

六个晶闸管的导通顺序为 V1→V2→V3→V4→V5→V6。

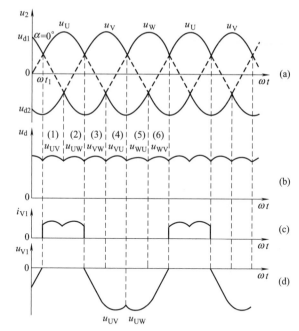

图 1-29　$\alpha = 0°$接电阻性负载时的波形

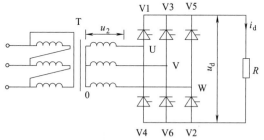

图 1-28　三相全控整流电路接电阻性负载的电路

表 1-4　三相全控整流接电阻性负载时晶闸管导通顺序与输出电压

时　段	(1)	(2)	(3)	(4)	(5)	(6)
共阴极组中导通的晶闸管	V1	V1	V3	V3	V5	V5
共阳极组中导通的晶闸管	V6	V2	V2	V4	V4	V6
整流输出电压 u_d	u_{UV}	u_{UW}	u_{VW}	u_{VU}	u_{WU}	u_{WV}

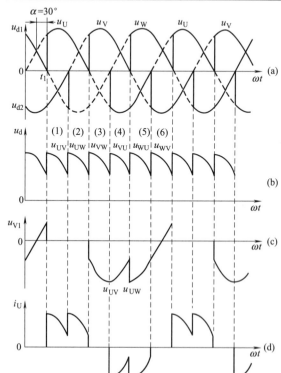

图 1-30　$\alpha = 30°$接电阻性负载时的波形

（2）控制角 $\alpha = 30°$，带电阻性负载时的原理分析

图 1-30 给出了 $\alpha = 30°$时的电路波形。u_{d1}为共阴极组晶闸管导通时的输出电压波形，u_{d2}为共阳极组导通时的输出电压波形，如图 1-30（a）中的实线所示；总的输出电压 $u_d = u_{d1} - u_{d2}$，波形形状见图 1-30（b）。

从图 1-30（a）中的 t_1 时刻开始把一个周期等分为六段，每段为 60°。与 $\alpha = 0°$时的情况相比，一周期中 u_d 波形仍由六段线电压构成，每一段导通晶闸管的编号等仍符合表 1-4 的规律。区别在于，晶闸管起始导通时刻推迟了 30°，组成 u_d 的每一段线电压因此推迟了 30°。

图 1-30（c）是晶闸管 V1 工作期间承受的电压波形。图 1-30（d）是变压器二次侧 U 相电流 i_U 的波形，U 相电流波形的特点是，在 V1 处于通态的 120°期间，i_U 为正，i_U 波形的形状与同时段的 u_d 波形相同。

在 V4 处于通态的 120°期间，i_U 波形的形状也与同时段的 u_d 波形相同，但为负值。

（3）控制角 $\alpha = 60°$，带电阻性负载时的原理分析

图 1-31 给出的是控制角 $\alpha = 60°$ 时的电路波形。电路工作情况仍可对照表 1-4 分析。从图 1-31（a）中的 t_1 时刻开始把一个周期等分为六段，每段为 60°。输出电压 u_d 的波形中每段线电压的波形继续向后移，u_d 平均值继续降低。同时，$\alpha = 60°$ 时 u_d 出现了过零的点。

由以上分析可见，当 $\alpha \leqslant 60°$ 时，由于输出电压波形连续，因此电流波形也连续。在一周期中，每个晶闸管导电 120°。负载电流 $i_d = u_d / R$。

（4）控制角 $\alpha = 90°$，带电阻性负载时的原理分析

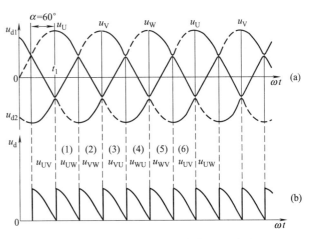

图 1-31 $\alpha = 60°$ 接电阻性负载时的波形

当 $\alpha > 60°$ 时，由于线电压过零变负时，晶闸管即阻断，输出电压为零，电流波形转变为不连续，不像阻感性负载那样出现负压。图 1-32 表示电阻性负载 $\alpha = 90°$ 时的电压波形。可以看出，在 t_1（$\alpha = 90°$）时刻，同时触发晶闸管 V1 和 V6，因此时 U 相电压大于 V 相电压，故 V1 和 V6 都能导通，输出电压为 u_{UV}（因导通的波形面积较小，将导通部分的波形内部涂成斜线阴影）。至自然换相点时，$u_U = u_V$，线电压 $u_{UV} = 0$，之后 U 相电压低于 V 相，V1 和 V6 都因承受反向电压而关断。此时输出电压和电流都为零，电流出现断续现象。所以此时 u_d 波形和 i_d 波形在每 60° 中有 30° 为零。至 t_2 时刻触发晶闸管 V1 和 V2，同理它们导通，输出电压为 u_{UW}。当 u_{UW} 由零变负，V1 和 V2 又都承受反向电压而关断。如此类推，周而复始得到一系列断续的电压波形和电流波形，见图 1-32（b）和图 1-32（c）。

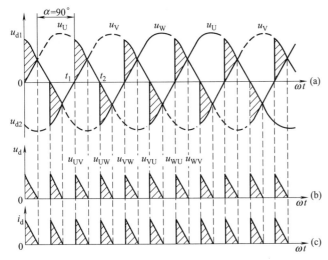

图 1-32 $\alpha = 90°$ 接电阻性负载时的波形

三相桥式全控整流电路 α 角的移相范围是 0°～120°。

如果 α 角继续增大至 120°，整流输出电压 u_d 波形将全为零，其平均值自然也是零。可见，带电阻负载时

第2章

电动机的启动控制与保护

电动机是电力系统的主要负载，据有关方面统计，我国电力系统中70%的电能被电动机消耗掉。因此，电动机的启动控制与运行安全是电力系统中一个举足轻重的重要课题。

2.1 三相交流电动机基本知识

电动机是将电能转换为机械能的电气设备。在电力拖动系统中，电动机按使用的电源分类，有直流电动机和交流电动机两种。在交流电动机中，又有同步电动机和异步电动机的区别。同步电动机的运行转速与旋转磁场的转速相同，而异步电动机的运行转速则略低于旋转磁场的转速。交流电动机按使用的电源相数分为单相电动机和三相电动机。三相交流电动机又可分为笼形电动机和绕线转子型电动机两类。按给电动机提供的电源频率区分，有50Hz的定频电动机和配套变频器的变频电动机。本节介绍三相交流电动机的基本知识。

2.1.1 三相交流笼型异步电动机的基本结构

图2-1是三相笼型异步电动机的结构图，它由两个基本部分组成：一个是固定不动的部分，称为定子；另一个是旋转部分，称为转子。

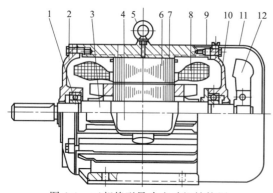

图2-1 三相笼型异步电动机结构图

1—轴承；2—前端盖；3—转轴；4—接线盒；
5—吊环；6—定子铁芯；7—转子铁芯；8—定子绕组；
9—机座；10—后端盖；11—风罩；12—风扇

（1）定子部分

定子部分（参见图2-1）由定子铁芯、定子绕组和机座等组成。机座通常由铸铁制成，机座内装有用0.5mm厚的硅钢片叠制而成的定子铁芯。为了减小涡流损耗，叠片间需要进行绝缘处理。一般小容量的电动机由硅钢片表面的氧化膜绝缘，大容量电动机的硅钢片间则涂有绝缘漆。定子铁芯的内圆周上具有均匀分布的定子槽，槽内嵌放三相定子绕组。定子绕组与铁芯之间垫有足够绝缘强度的绝缘材料。中小功率的电动机定子绕组一般采用漆包圆铜线或铝线绕制，大型异步电动机的导线截面积较大，采用矩形截面的表面绝缘的铜线绕制，定子绕组分为三组，作为三相绕组嵌放在定子铁芯槽内，三相绕组在定子铁芯内整个圆周空间彼此相隔120°放置，构成对称的三相绕组，是电动机的电路部分。三相绕组的 6 个出线端引出后接在置于电动机外壳上的接线盒（见图 2-1 中的"4"）内。三相绕组的首端分别叫做 U1、V1 和 W1，其对应的末端分别叫做 U2、V2 和 W2。将接线盒中的 6 个接线端子进行适当连接，可以得到三相绕组的星形接法或三角形接法。如图 2-2 所示。

（2）转子部分

转子部分（参见图 2-1）由转子铁芯、转子绕组、转轴、风扇等部分组成。

转轴一般由中碳钢材料制造，它起到支撑、固定转子铁芯和传递功率的作用。转子铁芯由 0.5mm 厚的圆形硅钢片叠制而成，是电动机磁路的一部分。叠压成整体的圆柱形转子铁芯套装在转轴上。

转子铁芯外圆的槽内放置转子绕组。笼型电动机的转子绕组如图 2-3 所示，图（a）是忽略了铁芯时的绕组样式，它用铜条或铝条作转子导体（导条），在导条的两端用短路环（也称端环）短接，整个绕组的外形就像一个鼠笼，所以具有这种结构转子绕组的电动机称作笼型电动机。

小型异步电动机的笼型绕组用铝材铸造而成。制造时，叠好的转子铁芯外圆周刻有沟槽，将转子铁芯放在铸铝的模具内，通过铸造工艺一次铸造成笼型绕组和端部的内风扇。铸造好的笼型转子外形如图 2-3（b）所示。

除了上述结构部件外，异步电动机还有前端盖、后端盖、轴承、风扇、风罩、吊环等，如图 2-1 所示。

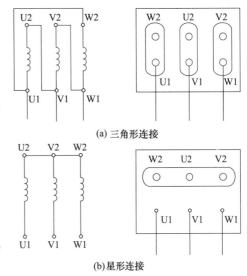

图 2-2 笼型电动机三相定子绕组的连接

2.1.2 三相绕线转子型异步电动机的基本结构

绕线转子型异步电动机与笼型异步电动机的差别在于转子绕组，绕线式转子的铁芯槽内放置着与定子绕组相类似的三相对称绕组，这三相绕组的末端在内部接成星形，三相绕组的首端由转子轴中心引出接到集电环（也称滑环），经过集电环和电刷在外部串入电阻（启动、调速时）或经过开关器件短接（正常运行时），如图 2-4 所示。

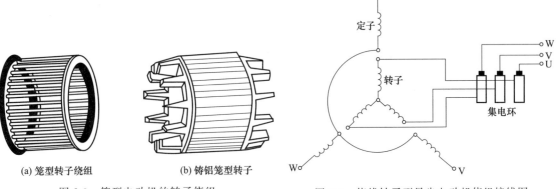

(a) 笼型转子绕组　　　(b) 铸铝笼型转子

图 2-3　笼型电动机的转子绕组

图 2-4　绕线转子型异步电动机绕组接线图

有的绕线转子型异步电动机还有提刷装置，在串入外接电阻启动完毕后，把电刷提起，将三相集电环直接短路，从而减小运行中集电环与电刷的磨损。

2.1.3 变频电动机简介

由于近些年来变频器产品和变频调速技术的日益普及，国内的电动机生产厂家研制出了许多型号的变频电动机，这些更适合于与变频器配套使用的变频调速三相异步电动机已经广泛应用于各种传动机械，例如机床、冶金、石油、化工、医药、纺织、橡胶、压铸、注塑、印刷、包装、食品等行业。

变频电动机可以采用基"频"制（基于不同额定频率的电动机）代替基"极"制（基于不同极数、不同额定转速的电动机），基准频率可选定 25Hz、33.3Hz、50Hz、87Hz，代替传统的 8 极、6 极、4 极、2 极 50Hz 定频电动机。

变频电动机采用轴流风机强制通风冷却，保证电动机在任何转速下具有良好的散热，可实现高速或低速运行状态下的长期安全运行。

2.1.4 三相交流同步电动机简介

（1）同步电动机基本工作原理

同步电动机是由直流供电的励磁磁场与电枢的旋转磁场相互作用而产生转矩，以同步转速旋转的交流电动机。同步电动机的转子转速与定子旋转磁场的转速相同，其转子每分钟转速 n 与磁极对数 p、电源频率 f 之间满足如下关系，即 $n=60f/p$。电源频率 f 与电动机的转速 n 成一定的比例关系，故电源频率一定时，转速不变，且与负载无关。同步电动机具有运行稳定性高和过载能力大等特点，常用于恒速大功率拖动的场合，例如用来驱动大型空气压缩机、球磨机、鼓风机、水泵和轧钢机等。

同步电动机可以运行在过励状态下。其过载能力比相应的异步电动机大。异步电动机的转矩与定子电源电压平方成正比，而同步电动机的转矩决定于定子电源电压和电机励磁电流所产生的内电动势的乘积，即仅与定子电源电压的一次方成比例。当电网电压突然下降到额定值的 80% 左右时，异步电动机转矩往往下降为额定转矩的 64% 左右，并可能因带不动负载而停止运转；而同步电动机的转矩却下降不多，还可以通过自动强励来保证电动机的稳定运行。

同步电动机定子绕组与异步电动机相同，但是转子结构不同于异步电动机，同步电动机的转子上除了装有启动绕组外，还在磁极上绕有线圈，各个磁极的线圈串联起来构成励磁绕组，励磁绕组的两端接线通过转子轴上的滑环与电刷跟直流励磁电源连接。也有无刷同步电动机，结构与此略有差异。同步电动机的转子旋转速度与定子绕组所产生的旋转磁场的速度是一样的，所以称为同步电动机。

当在定子绕组通上三相交流电源时，电动机内就产生一个旋转磁场，转子上的启动绕组切割磁力线而产生感应电流，从而电动机旋转起来。在转子旋转的速度达到定子绕组产生的旋转磁场速度的 95% 左右时，给转子励磁线圈通入直流励磁电流，这时转子绕组产生极性恒定的静止磁场，转子磁场受定子磁场作用而随定子旋转磁场同步旋转。

定子旋转磁场或转子的旋转方向决定于通入定子绕组的三相电流相序，改变其相序即可改变同步电动机的旋转方向。

（2）同步电动机的调相功能

同步电机无论用作发电机、电动机或调相机，其基本原理及结构是相同的，只是运行方式不同而已。

同步电动机不带任何机械负荷空载运行时，调节电动机的励磁电流可使电动机向电网发出容性或感性的无功功率，用以维持电网电压的稳定和改善电力系统功率因数。运行在上述状态的同步电动机称为同步调相机，而维持电动机空转和补偿各种损耗的功率则须由电力系统提供。调相机一般安装在负载中心的变电所中。

电力系统中的同步调相机，只从电网吸收少量的有功功率以维持电机空载的有功损耗。如果不计损耗的话，同步调相机是在零电磁功率和零功率因数的情况下运行的。其电枢电流是无功性质的。

同步调相机过励运行时可以看作是电力系统的一个容性无功负荷。换句话说，若欲使同步调相机向电力系统提供容性无功，则须使其过励磁。

同步调相机欠励运行时可以看作是电力系统的一个感性无功负荷。换句话说，若欲使同步调相机向电力系统提供感性无功时，则须使其欠励磁。

作为无功负荷的同步调相机，其发出无功容量的大小及性质（感性或容性），可以通过调节励磁电流来实现。

同步电机作调相运行时，称其为电力系统的无功负荷，或者说向电力系统提供无功容量，其实质含义是一致的。

（3）同步电动机的常用启动方式

同步电动机仅在同步转速下才能产生平均的转矩。如在启动时将定子绕组接入电网且转子绕组同时加入直流励磁，则定子旋转磁场立即以同步转速旋转，而转子磁场因转子有惯性而暂时静止不动，此时所产生的电磁转矩将正负交变而其平均值为零，故同步电动机不能带励启动。同步电动机的启动通常采用辅助电动机启动法、异步启动法或变频启动法等。

① 辅助电动机启动法　通常选用与同步电动机同极数的感应电动机（容量约为主机的10％～15％）作为辅助电动机，拖动主机到接近同步转速，再将电源切换到主机定子，并使励磁电流通入励磁绕组，将主机牵入同步转速。

② 异步启动法　在电动机主磁极极靴上装设笼型启动绕组。启动时，先使励磁绕组通过电阻短接，而后将定子绕组接入电网。依靠启动绕组的异步电磁转矩使电动机升速到接近同步转速，再将励磁电流通入励磁绕组，建立主极磁场，即可依靠同步电磁转矩，将电动机转子牵入同步转速。

③ 变频启动法　变频启动近些年也得到广泛的应用，启动时，先在转子绕组中通入直流励磁电流，利用变频器逐步升高加在定子上的电源频率 f，使转子磁极在开始启动时就与旋转磁场建立起稳定的磁场吸引力而同步旋转，在启动过程中频率与转速同步增加，定子频率达到额定值后，转子的旋转速度也达到额定的转速，启动完成。

2.1.5　电动机整体结构的防护等级

这里介绍的是国家标准 GB/T 4942.1—2006《旋转电机整体结构的防护等级（IP 代码）分级》的内容摘录，供电动机运行和维护人员参考。

由于国家标准本身的语言文字是非常严谨的，因此以下主要是标准本身的内容，仅在必要时给以解释和说明。

电动机有时会运行在露天情况下，有时会运行在雨雪风霜甚至水中（例如潜水泵电机），为了保证电动机在任何运行环境中都能安全无故障，应该按照国家标准 GB/T 4942.1—2006《旋转电机整体结构的防护等级（IP 代码）分级》的规定，选择具有适当整体结构防护等级的电动机。

电动机整体结构的防护等级在上述标准中称作 IP 防护等级，该标准是由 IEC（国际电工委员会）起草的，IEC 的标准号和标准名称为 IEC 60034-5：2000《旋转电机整体结构的防护等级（IP 代码）分级》。结合国内国情，我国等同采用了 IEC 的标准，并于 2006 年公布了最新修订版的、标准号为 GB/T 4942.1—2006 的国家标准。标准将电动机依其防尘、防止外物侵入、防湿气的特性加以分级。IP 防护等级的标志由表征字母"IP"及附加在其后的两位表征数字组成，表征数字中的第一位数字表示电动机防止外物侵入的等级，第二位数字表示电动机防湿气、防水侵入的密闭程度，数字越大表示其防护等级越高。这里所指的外物含工具、人的手指等，外物均不可接触到电动机内的带电部分，以免触电。

当只需用一位表征数字表示某一防护等级时，被省略的数字应以字母"X"代替，例如IPX5、IP2X。

根据标准要求，表示电机防护等级的表征字母和数字应标在电机的铭牌上，若有困难，可标在外壳上。

（1）防护等级中第一位表征数字的具体含义

第一位表征数字的具体含义如表2-1所示。表中使用的术语"防止"表示能阻止人体某一部分、手持的工具或导体进入外壳，即使进入，也能与带电或危险的转动部件（光滑的旋转轴和类似的部件除外）之间保持足够的间隙。

表2-1　第一位表征数字表示的防护等级

第一位表征数字	防护等级		试验条件
	简述	含义	
0	无防护电机	无专门防护	不做试验
1	防护大于50mm固体的电机	能防止大面积的人体（如手）偶然或意外地触及、接近壳内带电或转动部件（但不能防止故意接触） 能防止直径大于50mm的固体异物进入壳内	见表2-3
2	防护大于12mm固体的电机	能防止手指或长度不超过80mm的类似物体触及或接近壳内带电或转动部件 能防止直径大于12mm的固体异物进入壳内	
3	防护大于2.5mm固体的电机	能防止直径大于2.5mm的工具或导线触及或接近壳内带电或转动部件 能防止直径大于2.5mm的固体异物进入壳内	
4	防护大于1mm固体的电机	能防止直径或厚度大于1mm的导线或片条触及或接近壳内带电或转动部件 能防止直径大于1mm的固体异物进入壳内	
5	防尘电机	能防止触及或接近壳内带电或转动部件 虽不能完全防止灰尘进入，但进尘量不足以影响电机的正常运行	
6	尘密电机	完全防止尘埃进入	

（2）防护等级中第二位表征数字的具体含义

第二位表征数字的具体含义如表2-2所示。

表2-2　第二位表征数字表示的防护等级

第二位表征数字	防护范围		试验条件
	简述	含义	
0	无防护电机	无专门防护	不做试验
1	防滴电机	垂直滴水应无有害影响	见表2-4
2	15°防滴电机	当电机从正常位置向任何方向倾斜至15°以内任一角度时，垂直滴水应无有害影响	
3	防淋水电机	与铅垂线成60°角范围内的淋水应无有害影响	
4	防溅水电机	承受任何方向的溅水应无有害影响	
5	防喷水电机	承受任何方向的喷水应无有害影响	
6	防海浪电机	承受猛烈的海浪冲击或强烈喷水时，电机的进水量应不达到有害的程度	
7	防浸水电机	当电机浸入规定压力的水中经规定时间后，电机的进水量应不达到有害的程度	
8	持续潜水电机	电机在制造厂规定的条件下能长期潜水	

注：电机一般为水密型，但对某些类型电机也可允许水进入，但应不达到有害的程度。

（3）第一位表征数字的试验和认可条件

第一位表征数字的试验和认可条件按表2-3的规定执行。

表2-3 第一位表征数字的试验和认可条件

第一位 表征数字	试验和认可条件
0	无需试验
1	用直径为 $50^{+0.05}$mm 的刚性试球对外壳各开启部分施加 45～55N 的力做试验。 如试球未能穿过任一开启部分并与电机内运行时带电部件或转动部件保持足够的间隙,则认为符合防护要求
2	（1）试指试验 用图 2-5 所示的金属试指做试验。试指的两个关节可绕其轴线向同一方向弯曲90°,用不大于 10N 的力将试指推向外壳各开启部分,如能进入外壳,应注意活动至各个可能的位置。 如试指与壳内带电或转动部件保持足够的间隙,则认为符合防护要求。但允许试指与光滑旋转轴及类似的非危险部件接触。 试验时,如可能,可使壳内转动部件缓慢地转动。 试验低压电机时,可在试指和壳内带电部件之间接入一个串接有适当指示灯的低压电源(不低于 40V)。对仅用清漆、油漆、氧化物及类似方法涂覆的导电部件,应用金属箔包覆,并将金属箔与运行时带电的部件连接。试验时如指示灯不亮,则认为符合防护要求。 试验高压电机时,用耐电压试验来检验足够的间隙或测量间隙尺寸。 （2）试球试验 用直径为 $12.5^{+0.05}$mm 的刚性试球对外壳各开启部分施加 27～33N 的力做试验。 如试球未能穿过任一开启部分,且进入的一部分与电机内带电或转动部件保持足够的间隙,则认为符合防护要求
3	用直径为 $2.5^{+0.05}$mm 直的硬钢丝或棒施加 2.7～3.3N 的力做试验。钢丝或棒的端面应无毛刺,并与轴线垂直。 如钢丝或棒不能进入壳内,则认为符合防护要求
4	用直径为 $1^{+0.05}$mm 直的硬钢丝施加 0.9～1.1N 的力做试验。钢丝的端面应无毛刺,并与轴线垂直。 如钢丝不能进入壳内,则认为符合防护要求
5	（1）防尘试验 用基本原理如图 2-6 所示的设备做试验,在一适当密封的试验箱内盛有悬浮状态的滑石粉,滑石粉应能通过筛丝间名义宽度为 75μm、筛丝名义直径为 50μm 的金属方孔筛。滑石粉的用量按每立方米试验箱内为 2kg,使用次数应不超过 20 次。 电机的外壳属于第一种类型的外壳,即经正常工作循环会使壳内的气压低于周围大气压,这种压力差可能是由于热循环效应引起的。 试验时,电机支承于试验箱内,用真空泵抽气使电机壳内气压低于环境气压。如外壳只有一个泄水孔,则抽气管应接在专为试验而开的孔上,但对在运行地点封闭的泄水孔除外。 试验是利用适当的压差将箱内空气抽入电机,如有可能,抽气量至少为 80 倍壳内空气体积,抽气速度应不超过每小时 60 倍壳内空气体积。在任何情况下,压力计上的压差应不超过 2kPa(20mbar)。如图 2-6 所示。 如抽气速度达到每小时 40～60 倍壳内空气体积,则试验进行至 2h 为止。 如抽气速度低于每小时 40 倍壳内空气体积且压差已达 2kPa(20mbar),则试验应持续到抽满 80 倍壳内空气体积或试满 8h 为止。 如不能将整台电机置于试验箱内做试验,可采用下述任一种方法代替: ①用电机各封闭的独立部件,如接线盒、集电环罩壳等做试验。 ②用有代表性的电机部件,其中包括如盖板、通风孔、垫片以及轴封等构件做试验。试验时,这些部件上密封薄弱部位所装的零件,如端子、集电环等应安装就位。 ③用与被试电机有相同结构比例的较小电机做试验。 ④按制造商与用户协议规定的条件做试验。 对上述第②和第③这两种方法,试验时抽入电机的空气体积应为原电机所规定的数值。 试验后,如滑石粉积聚的量和部位如同一般尘埃(如不导电、不易燃、不易爆或无化学腐蚀的尘埃)集聚的情况一样不足以影响电机的正常运行,则认为符合防护要求。 （2）钢丝试验 如电机运行中泄水孔是开启的,则应按第一位表征数字为 4 的试验方法,用直径为 1mm 的钢丝做试验
6	按本表"（1）防尘试验"的方法试验。 试验后经检查,如无滑石粉进入,则认为符合防护要求

（4）第二位表征数字的试验条件与认可条件

① 试验条件　第二位表征数字的试验条件按表 2-4 的规定执行。

试验应用清水进行。在试验过程中，壳内的潮气可能部分凝结，应避免将冷凝的露水误认为进水。按试验要求，表面积计算的误差应不大于 10%。

如可能，电机应以额定转速运行，以机械方式和通电方式均可。在电机通电情况下做试验时，应采取充分的安全措施。

表 2-4　第二位表征数字的试验条件

第二位表征数字	试验条件
0	无需试验
1	用滴水设备进行试验，其原理如图 2-7 所示。设备整个面积的滴水应均匀分布并应产生每分钟为 3~5mm 的降水量（如用相当于图 2-7 的设备，即每分钟水位降低 3~5mm）。 被试电机按正常运行位置放在滴水设备下面，滴水区域应大于被试电机。除预定为墙上安装或倒置安装的电机外，被试电机的支撑物表面应小于电机的底部尺寸。 对墙上安装或倒置安装电机，应按正常使用位置安装在木板上，木板的尺寸应等于电机在正常使用时与墙或顶板的接触面积。 试验时间为 10min
2	滴水设备和降水量与第二位表征数字为 1 所示的相同。 在电机四个固定的倾斜状态各试验 2.5min，这四个状态在两个相互垂直的平面上与铅垂线各倾斜 15°。 全部试验时间为 10min
3	当被试电机的尺寸和轮廓能容纳于图 2-8 所示的半径不超过 1m 的摆管下时，则此设备做实验，如不可能，则用图 2-9 的手持式淋水器做试验。 ①用图 2-8 设备时的试验条件： 总流量应调整至每孔平均 0.067~0.074L/min 乘以孔数，总流量应以流量计测量。 摆管在中心点两边各 60°角的弧段内布有喷水孔，并固定在垂直位置上。被试电机置于具有垂直轴的回转台上并靠近半圆摆管的中心。 试验时间至少为 10min。 ②用图 2-9 设备时的试验条件： 试验时应装上活动挡板。 水压调整到水流量为 10L/min±0.5L/min，压力为 80~100kPa（0.8~1.0bar）。 试验时间按被试电机计算的表面积（不包括任何安装表面和散热片）每平方米为 1min，但至少为 5min
4	采用图 2-8 或图 2-9 设备的条件与第二位表征数字为 3 所示的相同。 ①用图 2-8 设备时的试验条件： 摆管在 180°的半圆内应布满喷水孔。试验时间及总水流量与第三级相同。 被试电机的支承物应开孔，以免挡住水流。摆管以 60(°)/s 的速度向每边摆动至最大限度，使电机在各个方向均受到喷水。 ②用图 2-9 设备时的试验条件： 拆去淋水器上的活动挡板，使电机在各个方向均受到喷水。 喷水率与每单位面积的喷水时间与第三级相同
5	用图 2-10 所示的标准喷嘴做试验。自喷嘴中喷出的水流从各个可能的方向喷射电机，应遵守的条件如下： ——喷嘴内径：6.3mm； ——水流量：11.9~13.2L/min； ——喷嘴水压：约 30kPa（0.3bar）； ——被试电机表面积每平方米试验时间：1min； ——最短试验时间：3min； ——喷嘴距被试电机表面距离：约 3m（如有必要，当向上喷射电机时，为保证适当的喷射量，此距离可缩短）
6	用图 2-10 所示的标准喷嘴做试验。自喷嘴中喷出的水流从各个可能的方向喷射电机，应遵守的条件如下： ——喷嘴内径：12.5mm； ——水流量：95~105L/min； ——喷嘴水压：约 100kPa（1bar）； ——被试电机表面积每平方米试验时间：1min； ——最短试验时间：3min； ——喷嘴距被试电机表面距离：约 3m

续表

第二位 表征数字	试验条件
7	将电机完全浸入水中做试验,并满足下列条件: ①水面应高出电机顶点至少为150mm; ②电机底部应低于水面至少为1m; ③试验时间应至少为30min; ④水与电机的温差应不大于5K。 如生产商与用户达成协议,试验可用下述方法代替: 电机内部充气,使气压比外部高10kPa(0.1bar),试验时间为1min,如试验过程中无空气漏出,则认为符合要求。检查漏气的方法可将电机恰好淹没于水中或用肥皂水涂在电机表面
8	试验条件按生产商与用户的协议,但应不低于第七级的要求

注:水压的测量,可以喷嘴喷出水的高度代替:水压30kPa(0.3bar),高度2.5m;水压100kPa(1bar),高度8m。

② 认可条件　第二位表征数字的试验按表2-4的规定试验结束后,应检查电机进水情况并作下述检验和试验。

a. 电机的进水量应不足以影响电机的正常运行;不是预定在潮湿状态下运行的绕组和带电部件应不潮湿,且电机内的积水应不浸及这些部件。

电机内部的风扇叶片允许潮湿;同时,如有排水措施,允许水沿轴端漏入。

b. 如电机在静止状态下做试验,应在额定电压下空载运转15min后再作耐电压试验,其试验电压应为新电机试验电压的50%,但不应低于额定电压的125%。

如电机在运转状态下做试验,则可直接作上述耐电压试验。

试验后电机能符合GB 755—2008的要求而无损坏,则认为试验合格。

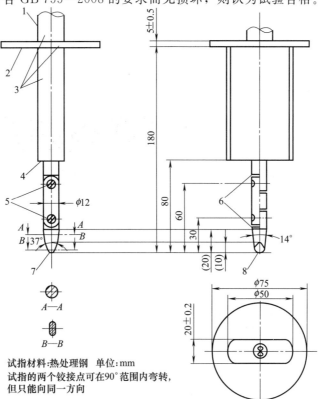

图 2-5　标准试指

1—手柄;2—挡板;3—绝缘材料;4—止面;5—铰链;

6—所有边缘倒角;7—$R2\pm0.05$圆柱形;8—$R4\pm0.05$球形

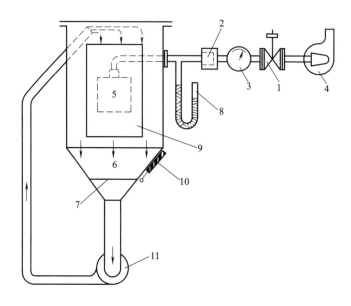

图 2-6 防尘试验设备

1—阀门；2—滤尘器；3—空气流量计；4—真空泵；5—被试电机；

6—滑石粉；7—筛网；8—压力计；9—监察窗；10—振动器；11—循环泵

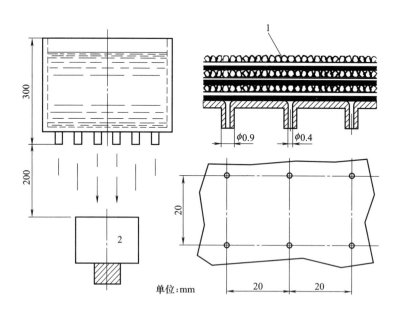

单位:mm

图 2-7 滴水试验设备

1—调节水流量的砂和砂砾层，层与层之间用

金属网和吸水纸隔开；2—被试电机

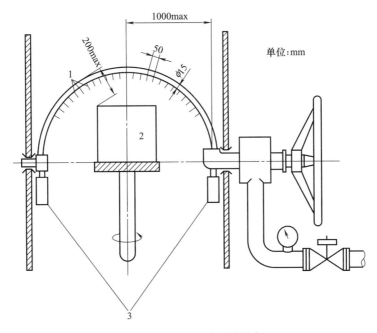

图 2-8 淋水和溅水试验设备

1—孔 $\phi0.4$；2—被试电机；3—平衡锤

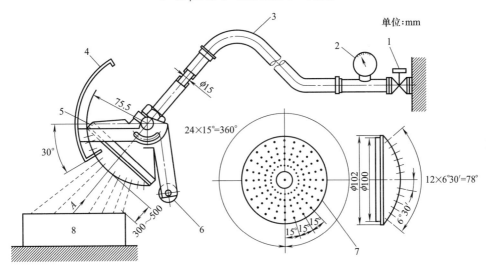

图 2-9 手持式淋水和溅水试验设备

1—阀门；2—压力计；3—软管；4—铝质活动挡板；5—喷头；

6—平衡锤；7—喷嘴，共有 121 个孔，每孔 $\phi0.5$；8—被试电机

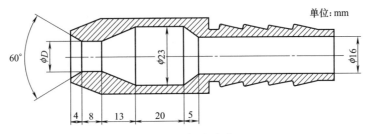

图 2-10 标准喷嘴

注：$D=6.3$，对应于表 2-4 表征数字为 5 的试验；$D=12.5$，对应于表 2-4 表征数字为 6 的试验

2.2 电动机启动控制用的电气元件

电动机启动控制用的电气元件种类很多，按照适用电压等级不同可分为低压电器和高压电器。低压电器通常是指用于额定电压交流电压 1200V 及以下，直流电压 1500V 及以下电路中的电器。低压电器可以适用于 380V、660V 和 1140V 等低压电动机的启动控制。用于 6kV 或 10kV 高压电动机启动控制的电气元件，如 6kV、10kV 真空断路器、隔离开关、真空接触器等属于高压电器。

电气元件按用途可分为控制电器和配电电器；按应用场合分有一般用途低压电器、矿用低压电器、化工用低压电器等；按操作方式分有手动电器和自动电器。

本节介绍电动机启动控制用电气元件的相关知识内容。

2.2.1 刀开关

刀开关是电动机启动控制电路中重要的电气元件，主要用作隔离开关。所谓隔离开关，是在必要时（例如设备维修时）给电路提供一个眼睛可以看得见的电路断开点，以保证电工操作的安全性。

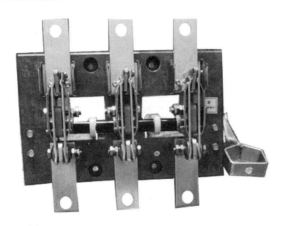

图 2-11　HD 系列开启式单投刀开关的外形图

（2）HS 系列开启式双投刀开关

这种类型的刀开关可以在两个电源中选择其中之一，用于某些具有双路电源的场合，例如具有自备柴油发电机的企业。当工频电源停电后，可由这种刀型转换开关迅速将负荷切换至自备电源，使电动机等负荷尽量减少停电造成的不利影响。

HS 系列开启式双投刀开关的外形、操作手柄及传动机构的样式见图 2-12。

HD 和 HS 型刀开关的型号命名方法见图 2-13。

HD 和 HS 型刀开关的主要技术参数见表 2-5。

（1）HD 系列开启式单投刀开关

HD 系列开启式单投刀开关额定电压为交流 50Hz、380V，额定电流 100 ～ 1500A（3000A），在工业企业配电设备中，作为不频繁地手动接通和切断或隔离电源之用，HD 系列开启式单投刀开关的外形见图 2-11。侧面操作手柄式刀开关，主要用于电动机控制等用途的动力箱中。中央正面杠杆操作机构刀开关主要用于正面操作、后面维修的开关柜中，操作机构装在正前方。侧方正面杠杆操作机构式刀开关主要用于正面操作、前面维修的开关柜中，操作机构可以在柜子的两侧安装。

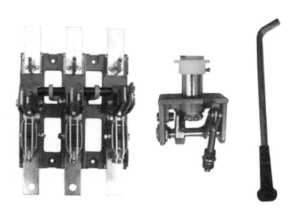

图 2-12　HS 系列开启式双投刀开关外形、操作手柄及传动机构样式

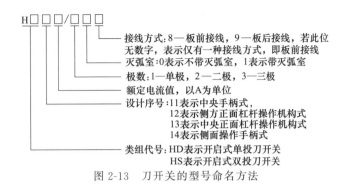

图 2-13 刀开关的型号命名方法

表 2-5 HD 和 HS 型刀开关的主要技术参数

额定工作电流 I_n/A	额定工作电压 U_n/V	额定绝缘电压/V	短时耐受电流/kA
100			≥1.2
200			≥2.4
400			≥4.8
600			≥7.2
1000	交流 380	500	≥12
1500			≥18
2000			≥24
2500			≥30
3000			≥36

2.2.2 熔断器式刀开关

熔断器式刀开关是熔断器和刀开关的组合电器，具有熔断器和刀开关的基本功能与特性。现以 HR3 熔断器式刀开关为例介绍该产品的基本结构与技术参数。

HR3 系列熔断器式刀开关适用于交流 50Hz、400V，额定电流至 1000A 的配电系统中作为短路保护和电缆、导线的过载保护之用。在正常情况下，可供不频繁的手动接通和分断正常负载电流与过载电流，在短路情况下，由熔体熔断来切断故障电流。

HR3 系列熔断器式刀开关的外形样式见图 2-14。

HR3 系列熔断器式刀开关的型号命名方法见图 2-15。

图 2-14 HR3 系列熔断器式刀开关外形

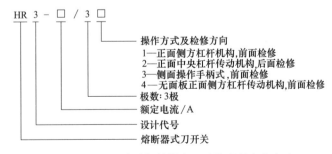

图 2-15 HR3 系列熔断器式刀开关型号命名方法

HR3 系列熔断器式刀开关的品种规格型号见表 2-6。

表 2-6　HR3 系列熔断器式刀开关的品种型号规格

约定发热电流/A	交流 380V/三极			
	HR3 正面侧方杠杆传动机构式	HR3 正面中央杠杆传动机构式	HR3 侧面操作手柄式	HR3 无面板侧方杠杆传动机构式
100	HR3-100/31	HR3-100/32	HR3-100/33	HR3-100/34
200	HR3-200/31	HR3-200/32	HR3-200/33	HR3-200/34
400	HR3-400/31	HR3-400/32	HR3-400/33	HR3-400/34
600	HR3-600/31	HR3-600/32	HR3-600/33	HR3-600/34
1000	HR3-1000/31	HR3-1000/32	HR3-1000/33	HR3-1000/34

HR3 系列熔断器式刀开关配用的熔断体规格见表 2-7。

表 2-7　HR3 系列熔断器式刀开关配用的熔断体规格

型号	额定工作电压 U_n/V	额定绝缘电压 U_i/V	额定工作电流 I_n/A	配用熔断体
HR3-100/31			100	RT0-100
HR3-200/31			200	RT0-200
HR3-400/31	380	660	400	RT0-400
HR3-600/31			600	RT0-600
HR3-1000/31			1000	RT0-1000

2.2.3　交流接触器

交流接触器在电动机的启动控制电路中具有举足轻重的作用。本节介绍的交流接触器是属于低压电器类别的一种电气元件，即它的额定电压等级在交流 1200V 及以下，直流 1500V 及以下。

接触器主电路和辅助电路通常选用的使用类别代号见表 2-8。这些关于使用类别的说明在各种型号规格的接触器中同样适用。

表 2-8　接触器的使用类别代号

电路	使用类别代号	典型用途举例
主电路	AC-1	无感或微感负载,电阻炉
	AC-2	绕线式感应电动机的启动和分断
	AC-3	笼型感应电动机的启动、运转与分断
	AC-4	笼型感应电动机的启动、反转制动或反向运转、点动
辅助电路	AC-15	控制交流电磁铁负载
	DC-13	控制直流电磁铁

由于产品结构形式、灭弧原理的不同以及多种用途的需要等原因，交流接触器形成了多品种、多规格的局面。尤其是国外品牌产品的大量涌入，在国内低压电器高端市场中占领了一定的份额。本节主要介绍国内品牌的产品以及采用国际先进技术生产的国内品牌产品。

（1）CJX2 系列交流接触器

CJX2 系列交流接触器，主要用于交流 50Hz 或 60Hz，额定工作电压至 660V，在 AC-3 使用类别下，额定工作电流至 95A 的电路中，供远距离接通和分断电路之用，并可与适当的热过载继电器组成电磁启动器以保护可能发生操作过负荷的电路。接触器适用于频繁地启动和控制交流电动机。

本系列接触器在法国 TE 公司 LCI-D 系列接触器基础上改进而成，完全可以替代进口产品。该型号接触器在结构上很具特点。接触器本体在 32A 及以下规格中配置有一对常开或常闭辅助触点，在 40A 及以上规格中配置有一对常开辅助触点和一对常闭辅助触点（四极主触点除外）。此外，接触器可以采用积木方式顶挂 F4 辅助触点组（两对或四对，F4 辅助触点组型号及含义见图 2-16）、F5 空气延时头（型号及含义见图 2-17）以及侧挂 NCF1 辅助触点组（型号及含义见图 2-18），配合热继电器等附件组成多种派生产品。

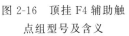

图 2-16 顶挂 F4 辅助触点组型号及含义

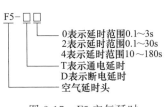

图 2-17 F5 空气延时头型号及含义

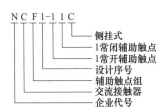

图 2-18 侧挂 NCF1 辅助触点组型号及含义

CJX2 系列交流接触器的主要技术性能指标见表 2-9。

表 2-9 CJX2 系列交流接触器的主要技术性能指标

型 号	额定工作电流/A		额定绝缘电压/V	可控电动机功率/kW			机械寿命/万次	电寿命/万次	配用熔断器型号
	380V	660V		220V	380V	660V			
CJX2-09	9	6.6	660	2.2	4	5.5	1000	100	RT16-20
CJX2-12	12	8.9	660	3	5.5	7.5			
CJX2-18	18	12	660	4	7.5	10			RT16-32
CJX2-25	25	18	660	5.5	11	15			RT16-40
CJX2-32	32	21	660	7.5	15	18.5	800	80	RT16-50
CJX2-40	40	34	660	11	18.5	30			RT16-63
CJX2-50	50	39	660	15	22	37		60	RT16-80
CJX2-65	65	42	660	18.5	30	37			
CJX2-80	80	49	660	22	37	45	600		RT16-100
CJX2-95	95	49	660	25	45	45			RT16-125

CJX2 系列交流接触器在安装接线时应注意接线端子标记：1/L1、3/L2、5/L3 为主回路进线端，2/T1、4/T2、6/T3 为主回路出线端。21、22 为常闭触点辅助接线端，13、14 为常开辅助触点接线端。检查接触器线圈上的技术数据应与所连接的电源相符，并注意线圈有两个"A2"接线端，可选任意一个 A2 端与 A1 共同接入电源。

为了方便使用，减小设备空间，CJX2 系列交流接触器可与 NR2 系列热过载继电器直接挂接使用，但应注意此时接触器的额定工作电流应降容使用，见表 2-10。

表 2-10 CJX2 系列交流接触器额定工作电流降容使用值

型号 CJX2-	09	12	18	25	32	40	50	65	80	95
额定工作电流/A	9	12	18	25	32	40	50	65	80	95
降容使用电流/A	6	9	12	18	25	32	40	50	65	80

（2）CJT1 系列交流接触器

CJT1 系列交流接触器主要用于交流 50Hz 或 60Hz，额定电压至 380V，电流至 150A 的电力系统中用作远距离接通和断开电路，并与适当的热继电器或电子式保护装置组合成电动机启动器，以保护可能发生的过载电路。

CJT1 系列交流接触器的型号和含义见图 2-19。

CJT1 系列交流接触器的基本参数见表 2-11。

图 2-19 CJT1 系列交流接触器型号组成及含义

表 2-11　CJT1 系列交流接触器的基本参数

型号规格	额定绝缘电压/V	额定工作电压/V	额定工作电流/A	可控制电动机功率/kW
CJT1-10	380	220	10	2.2
		380		4
CJT1-20		220	20	5.8
		380		10
CJT1-40		220	40	11
		380		20
CJT1-60		220	60	17
		380		30
CJT1-100		220	100	28
		380		50
CJT1-150		220	150	43
		380		75

　　CJT1 系列交流接触器在安装前应对接触器进行检查，确认零部件无损伤，性能良好。接触器安装在垂直面上，与垂直面的倾斜度不大于 5°。接触器主电路进线端标志为：1/L1、3/L2、5/L3，出线端标志为：2/T1、4/T2、6/T3。接触器在运行中应作定期检查，并在停电情况下清除灰尘污物，尤其注意清除相间的污物，防止相间短路。铁芯极面的污物及灭弧罩内的碳化物、金属颗粒也应及时清除。

　　CJT1 系列 60A 规格的交流接触器外形，以及交流接触器的图形符号、文字符号见图 2-20。

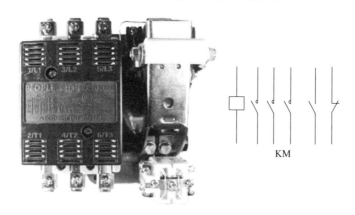

KM

图 2-20　CJT1-60A 接触器外形图及交流接触器的图形符号、文字符号

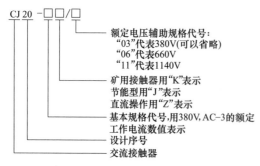

图 2-21　CJ20 系列交流接触器型
号组成及其含义

（3）CJ20 系列交流接触器

　　CJ20 系列交流接触器主要适用于交流 50Hz 或 60Hz、额定电压至 660V（1140V）、额定电流至 630A 的电力线路中，供远距离接通分断电路和频繁启动控制三相交流电动机之用，并与适当的热继电器或电子式保护装置组合成电磁启动器，以保护电路可能发生的过负荷。

　　图 2-21 示出了 CJ20 系列交流接触器的型号组成及其含义。图中的"AC-3"是接触器的一种使用类别，指用于笼型感应电动机的启动及运转中分断。

CJ20 系列交流接触器的主要技术数据见表 2-12。

表 2-12 CJ20 系列交流接触器的主要技术数据

型号	额定电压/V	AC-3 时额定电流/A	AC-3 时控制功率/kW	与熔断器配合型号	AC-3 时电寿命/万次	机械寿命/万次	线圈电压及频率	线圈消耗功率/(V·A/W) 启动	线圈消耗功率/(V·A/W) 吸持
CJ20-10	220	10	2.2	RT16-20（NT00-20）				65/47.6	8.3/2.5
	380	10	4						
	660	5.2	4						
CJ20-16	220	16	4.5	RT16-32（NT00-32）	1000	1000		62/47.8	8.5/2.6
	380	16	7.5						
	660	13	11						
CJ20-25	220	25	5.5	RT16-50（NT00-50）				93.1/60	13.9/4.1
	380	25	11						
	660	14.5	13						
CJ20-40	220	40	11	RT16-80（NT00-80）			AC 50Hz：36V，127V，220V，380V DC：48V，110V，220V	175/82.3	19/5.7
	380	40	12						
	660	25	22						
CJ20-63	220	63	18	RT16-160（NT0）	120	1000		480/153	57/16.5
	380	63	30						
	660	40	35						
CJ20-100	220	100	28	RT16-250（NT1）				570/175	61/21.5
	380	100	50						
	660	63	50						
CJ20-160	220	160	48	RT16-315（NT2）	120	1000		855/325	85.5/34
	380	160	85						
	660	100	85						
	1140	80	85						
CJ20-250	220	250	80	RT16-400（NT2）				1710/565	152/65
	380	250	132						
	660	200	190						
CJ20-400	220	400	115	RT16-500（NT3）	60	600		3578/790	250/118
	380	400	200						
	660	250	220						
CJ20-630	220	630	175	RT16-630（NT3）				3578/790	250/118
	380	630	300						
	660	400	350						
	1140	400	400						

    CJ20 系列交流接触器在安装前应检查线圈上标注的技术数据如额定电压、频率等是否与准备接入的电源参数相一致。接触器线圈的接线端子标记"A1"应朝上方，符合人们的视觉习惯。接线螺钉应拧紧，检查接线无误后，在主触点不带电的情况下，先使吸引线圈通电分合数次，试验动作可靠后，才能投入使用。使用中如发现有不正常噪声，可能是铁芯极面上有污物，应及时清理干净。

    （4）CJ12 系列交流接触器

    CJ12 系列交流接触器主要用于冶金、电力、起重机等电气设备。它适用于交流 50Hz 或 60Hz，电压至 380V，电流至 600A 的电力线路，供远距离接通和分断电路之用，并适用于频繁地启动、停止和反转交流电动机。

    CJ12 系列交流接触器在结构上为条架平面布置，在一条安装用扁钢上电磁系统居右，主触点系统居中，辅助触点居左，并装有可转动的停挡，整个布置便于监视和维修。接触器的电磁系统由 U 形动、静铁芯及吸引线圈组成。动、静铁芯均装有缓冲装置，用以减轻磁系统闭

图 2-22 CJ12 型 150A 交流接触器实物图

合时的碰撞力，减少主触点的振动时间和释放时的反弹现象。接触器的主触点为单断点串联磁吹结构，配有纵缝式灭弧罩，具有良好的灭弧性能。CJ12 系列交流接触器的外形图见图 2-22。

辅助触点为双断点式，有透明防护罩。

触点系统的动作，靠磁系统经扁钢传动，整个接触器的易损零部件具有拆装简便和便于维护检修等特点。

CJ12 系列交流接触器的技术数据见表 2-13。

表 2-13　CJ12 系列交流接触器的技术数据

型号	额定电流/A	极数	每小时操作次数		机械寿命/万次	主触点寿命/万次		辅助触点	
			额定容量时	短时降低容量时				额定电压/V	额定电流/A
CJ12-100	100	2、3、4、5	600	2000	300	操作频率 600 次/h 时，通电持续率 40%	15	交流 380 或直流 220	10
CJ12-150	150								
CJ12-250	250								
CJ12-400	400		300	1200	200	操作频率 300 次/h 时，通电持续率 40%	10		
CJ12-600	600								

（5）CJ12B 系列交流接触器

CJ12B 系列交流接触器是 CJ12 系列的改型产品，二者结构相同，只是 CJ12B 系列交流接触器主触点系统为栅片去游离灭弧，具有灭弧性能可靠及飞弧距离小等特点。

CJ12B 系列交流接触器适用于交流 50Hz、电压 380V 及以下、电流 600A 及以下的电力线路中，供远距离接通和开断电路用，主要用于冶金、轧钢及起重机等电气设备中，作为频繁启动、停止和反转三相交流电动机用。

2.2.4 低压断路器

低压断路器俗称自动空气开关，是低压配电系统中的主要电器之一。低压断路器的种类很多，按用途分有保护电动机用低压断路器、保护配电线路用低压断路器和保护照明线路用低压断路器；按极数分有单极、双极、三极和四极断路器；按结构形式分有框架式和塑壳式两种断路器。

框架式断路器常用在配电装置中，而塑壳式断路器则多用于电动机及电气线路的运行保护电路中。

（1）框架式万能低压断路器

常用的框架式万能低压断路器有 DW15 系列万能低压断路器（以下简称断路器）、DWX15 系列万能式限流断路器（以下简称限流断路器）、DW16 系列万能低压断路器和 DW17 系列万能低压断路器等几个系列。

断路器（限流断路器）除固定式结构外，还具有抽屉式结构，在正常条件下可作为线路的不频繁转换和电动机的不频繁启动之用。由于断路器具有两段或三段保护特性，因此可以对电网作选择性保护。抽屉式断路器（抽屉式限流断路器）在主回路和二次回路中均采用了插入式结构，省略了固定式断路器所必需的隔离器件，例如刀开关等，做到一机两用，提高了使用的经济性，同时给操作维护带来很大的方便，增加了安全性、可靠性。抽屉式断路器的主回路触刀座，与 NT3 型熔断器触刀座通用，这样在应急状态下可直接插入熔断器供电。

万能式低压断路器的型号规格很多，通常可按以下方法分类。

① 按使用类别分，有选择性和非选择性两类，其中前者具有过电流三段保护特性，后者具有过电流两段保护特性。

② 按用途分，有保护电动机和配电用两类。

③ 按安装方式分，有固定式和抽屉式。

④ 按传动方式分，有手柄直接传动、电磁铁传动和电动机传动等几种方式。

⑤ 按脱扣器种类分，有如下几种组合：具有过电流脱扣器和分励脱扣器；具有过电流脱扣器，欠电压（瞬时或延时）脱扣器；具有过电流脱扣器，欠电压（瞬时或延时）脱扣器和分励脱扣器。

⑥ 按过电流保护种类分，有短路瞬时动作（电磁式）；过载长延时及短路瞬时动作（热-电磁式或电子式）；过载长延时、短路短延时及特大短路瞬时动作（电子式）。

⑦ 按欠电压保护种类分，有欠电压瞬时动作和欠电压延时动作两种。

⑧ 按过电流脱扣器形式分，有电磁式脱扣器，热-电磁式脱扣器和电子式脱扣器。

⑨ 按主回路进出线方式分，有板前进出线（垂直进出线）；板后进出线（水平进出线）；板前进线，板后出线（垂直进线，水平出线）；板后进线，板前出线（水平进线，垂直出线）等。而抽屉式只有前两种进出线方式。

（2）塑壳式低压断路器

塑壳式低压断路器是断路器家族中有别于框架式万能式断路器的另一类低压电器，具有体积较小、安全防护等级较高，甚至可以不依赖开关柜而独立安装等优点。在配电网络中用来分配电能和保护线路及电源设备免受过载、短路、欠电压等故障的损坏，同时也能用作电动机的不频繁启动及过载、短路、欠电压保护。

塑壳式断路器的生产厂家和型号规格很多，应用范围也各不相同。在电动机的启动控制电路中，塑壳断路器通常用作电动机的后备保护，一般并不用作电动机启动的主开关。

目前国内市场上的塑壳式断路器品牌很多，型号规格繁杂。国内大公司产品的型号中往往带有企业代号，而国外品牌更带有自身的企业特色，有的企业品牌型号甚至具有相应的知识产权，如施耐德公司 NS 系列、西门子公司 3VL 系列、ABB 公司 Tmax 系列、GE 公司 Record plus 系列、默勒公司 NZM 系列、凯马公司 G 系列、三菱公司 WS 系列等。这些产品除了具备高性能、电子化、智能化、模块化、组合化、小型化特征外，还增加了可通信、高可靠、维护性能好、符合环保要求等特征。特别是新一代产品能与现场总线系统连接，实现系统网络化，使低压电器产品功能发生了质的飞跃。

① NM1 系列塑壳式断路器　NM1 系列塑壳式断路器是正泰公司采用国际先进技术开发的新型断路器，适用于交流 50Hz/60Hz，额定绝缘电压至 800V，额定工作电压至 690V，额定电流至 1250A 的配电网络中，用来分配电能和保护线路及电源设备免受过载、短路、欠电压等故障的损害。同时也能用作电动机的不频繁启动及过载、短路、欠电压保护。断路器按其额定极限短路分断能力的高低，分为 S 型（标准型）、H 型（较高型）、R 型（限流型）三类，具有体积小、分断能力高、飞弧短等特点。

NM1 系列塑壳式断路器的型号及其含义如图 2-23 所示。

NM1 系列塑壳式断路器的内部附件和外部附件根据用户需要安装。

a. 内部附件的分励脱扣器。其额定控制电源电压为：AC 50Hz，230V，400V；DC 110V，220V，24V。在 70%～110% 的额定控制电源电压下操作分励脱扣器，断路器应能可靠断开。

b. 欠电压脱扣器。当电压下降甚至缓慢下降到额定电压的 70%～35% 范围内，欠电压脱

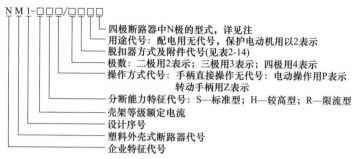

图 2-23　NM1 系列塑壳式断路器型号及其含义

注：四极断路器的中性电极（N）的型式分为四种：
A 型：N 极不安装过电流脱扣元件，且 N 极始终接通，不与其他三极一起合分。
B 型：N 极不安装过电流脱扣元件，且 N 极与其他三极一起合分（N 极先合后分）。
C 型：N 极安装过电流脱扣元件，且 N 极与其他三极一起合分（N 极先合后分）。
D 型：N 极安装过电流脱扣元件，且 N 极始终接通，不与其他三极一起合分。

扣器应动作；在低于脱扣器额定电压的 35% 时，欠电压脱扣器应能防止断路器闭合；在电源电压等于或大于额定电压的 85% 时，欠电压脱扣器应能保证断路器可靠闭合。欠电压脱扣器的额定值：AC 50Hz，230V，400V；DC 110V，220V。装有欠电压脱扣器的断路器，只有在脱扣器通以额定电压的情况下，断路器才能再扣及合闸。

　　c. 辅助触点。断路器的辅助触点分为两组，每组辅助触点电气上不分开。辅助触点的额定工作电压可达 AC 380V，电流可达 3A。

　　d. 报警触点。断路器在正常合分闸时报警触点不动作，只有在自由脱扣或故障跳闸后才改变原始位置。

　　NM1 系列塑壳式断路器的脱扣器方式及附件代号见表 2-14。

　　一款额定电流为 250A 的 NM1-250S/3300 型断路器的外形样式见图 2-24。

图 2-24　NM1-250S/3300 型断路器外形

表 2-14　NM1 系列塑壳式断路器的脱扣器方式及附件代号

附件名称	瞬时脱扣器	复式脱扣器
无附件	200	300
报警触点	208	308
分励脱扣器	210	310
辅助触点	220	320
欠电压脱扣器	230	330
分励脱扣器,辅助触点	240	340
分励脱扣器,欠电压脱扣器	250	350
二组辅助触点	260	360
辅助触点,欠电压脱扣器	270	370
分励脱扣器,报警触点	218	318
辅助触点,报警触点	228	328
欠电压脱扣器,报警触点	238	338
分励脱扣器,辅助触点,报警触点	248	348
二组辅助触点,报警触点	268	368
辅助触点,欠电压脱扣器,报警触点	278	378

　　NM1 系列断路器的外部附件可有电动操作机构、手动操作机构和两台断路器的机械联锁机构等，其中电动操作机构的类别见表 2-15。

　　② DZ20 系列塑壳式断路器　DZ20 系列塑壳式断路器主要适用于交流 50Hz、额定电流为 16～1250A、额定绝缘电压 660V、额定工作电压 380V 及以下的配电线路中，作为分配电能和

线路及电源设备的过载、短路和欠电压的保护，其中Y型额定电流至400A，J、G型额定电流至225A的断路器也可作为保护电动机用。在正常情况下，断路器可作为线路的不频繁转换或电动机的不频繁启动之用。

表 2-15　NM1系列断路器的电动操作机构类别

结构形式 或 操作电压	NM1系列断路器的型号规格		
	NM1-63A NM1-100A NM1-225A	NM1-400A　NM1-630A NM1-800A NM1-1250A	NM1-63A　NM1-100A　NM1-225A NM1-400A　NM1-630A NM1-800A　NM1-1250A
结构形式	电磁铁	电动机	永磁式电动机
操作电压	50Hz,220V,380V		AC 110V,AC 230V,50/60Hz; DC 24V,DC 110V,DC 220V

注：带电动操作机构的断路器脱扣跳闸后，必须使断路器再扣，然后才能合闸。

　　本系列派生的透明外壳式断路器，盖子采用新型透明耐高温、高强度聚酯碳酸脂材料制作而成，可直观判断触点的通断状态，应用更加方便。

　　该系列断路器的型号及其含义如图2-25所示。

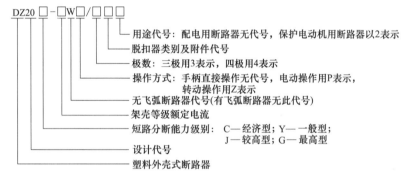

　　用途代号：配电用断路器无代号，保护电动机用断路器以2表示
　　脱扣器类别及附件代号
　　极数：三极用3表示，四极用4表示
　　操作方式：手柄直接操作无代号，电动操作用P表示，转动操作用Z表示
　　无飞弧断路器代号（有飞弧断路器无此代号）
　　架壳等级额定电流
　　短路分断能力级别：C—经济型；Y—一般型；J—较高型；G—最高型
　　设计代号
　　塑料外壳式断路器

图 2-25　DZ20系列断路器型号及其含义

　　DZ20系列塑壳式断路器的外形样式及断路器的图形符号、文字符号见图2-26。

　　DZ20系列塑壳式断路器的主要技术参数见表2-16。

　　断路器的内部附件和外部附件可根据实际需要安装。内部附件可有分励脱扣器、欠电压脱扣器、辅助触点和报警触点。

　　分励脱扣器的额定控制电源电压为50Hz，220V、380V，或DC 24V，在70%～110%的额定控制电源电压下断路器能可靠断开。

　　当电压下降甚至缓慢下降到额定电压的70%和35%的范围内，欠电压脱扣器应动作；在低于脱扣器额定电压的35%时，欠电压脱扣器应能防止断路器闭合；在电源电压≥85%时，欠电压脱扣器应能

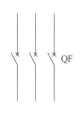

图 2-26　DZ20系列塑壳式断路器外形、图形符号及文字符号

保证断路器可靠闭合。欠电压脱扣器的额定值为50Hz、220V、380V。装有欠电压脱扣器的断路器，只有在脱扣器通以额定电压的情况下，断路器才能进行再扣及合闸操作。

　　断路器的辅助触点额定工作电压为380V，工作电流可达交流3A。

表 2-16 DZ20 系列塑壳式断路器的主要技术参数

型号	极数	额定电流 I_n/A	操作循环次数		操作频 率 次/h	飞弧距离 /mm
			有载	无载		
DZ20Y-100	3	16、20、25、32、 40、50、63、80、100	1500	8500	120	
DZ20J-100	3、4					
DZ20G-100	3					
DZ20C-160	3	16、20、25、32、40、50、 63、80、100、125、160	1000	7000	120	80
DZ20Y-225	3	100、125、 160、180、 200、225				
DZ20J-225	3、4					
DZ20G-225	3					
DZ20C-250	3	100、125、160、180、 200、225、250				
DZ20C-400	3	100、125、160、180、 200、250、315、350、400				
DZ20Y-400	3	200、250、 315、350、400				100
DZ20J-400	3、4					
DZ20G-400	3					
DZ20C-630	3	400、500、630	1000	4000	60	
DZ20Y-630	3					
DZ20J-630	3、4					
DZ20Y-1250	3	630、700、 800、1000、1250	500	2500	20	120
DZ20J-1250	3	800、1000、1250				

报警触点在断路器正常分合闸时不动作，只有在自由脱扣或故障跳闸后触点才改变原始位置。

断路器的外部附件有电磁铁或电动机操作机构。带电动操作机构的断路器脱扣跳闸后，电动操作机构必须使断路器再扣，然后才能合闸。

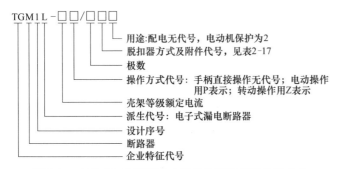

图 2-27 TGM1L 系列剩余电流动作断路器型号及含义

（TGM1L - □□/□□□
用途：配电无代号，电动机保护为2
脱扣器方式及附件代号，见表2-17
极数
操作方式代号：手柄直接操作无代号；电动操作用P表示；转动操作用Z表示
壳架等级额定电流
派生代号：电子式漏电断路器
设计序号
断路器
企业特征代号）

③ TGM1L 系列剩余电流动作断路器 TGM1L 系列剩余电流动作断路器（俗称漏电保护器）主要适用于交流 50Hz，额定绝缘电压 800V，额定工作电压 400V，额定电流为 630A 及以下的电路中，对有致命危险的人身触电提供间接接触保护，也可以用来防止电动机等电气设备绝缘损坏产生接地故障电流而引起的火灾危险，并可用来对线路的过载、短路和欠电压保护，也可作为线路的不频繁转换之用。它具有体积小、分断能力高、飞弧距离短、额定剩余动作电流及分断时间可调等优点，同时具有漏电报警不脱扣或漏电报警脱扣功能。

TGM1L 系列剩余电流动作断路器的型号及其含义见图 2-27。

TGM1L 系列剩余电流动作断路器（漏电断路器）的脱扣器方式及附件代号见表 2-17。

TGM1L 系列剩余电流动作断路器（漏电断路器）主要由操作机构、过电流脱扣器、触点、灭弧室、零序电流互感器、电子组件板、漏电脱扣器、试验装置等组成，安装在一个塑料外壳中。当被保护线路中有漏电或人为触电，且剩余电流达到整定值时，零序电流互感器的二次绕组就输出一个信号，经电子组件板放大，使漏电脱扣器动作切断电源，起到漏电保护或触电保护作用。它的外形样式可参见图 2-28。

表 2-17 TGM1L 系列漏电断路器的脱扣器方式及附件代号

过电流脱扣器方式	附件名称				
	不带附件	报警触点	分励脱扣器	辅助触点	欠电压脱扣器
瞬时脱扣器	200	208	210	220	230
复式脱扣器	300	308	310	320	330

TGM1L 系列漏电断路器的基本规格和技术参数见表 2-18。

用作短路保护的瞬时脱扣器整定电流值为 $10I_n$，具有 $\pm20\%$ 的准确度。

电动操作机构，在额定控制电源电压的 $85\%\sim110\%$ 之间的任意电压值时，均能保证断路器可靠动作。

分励脱扣器，在额定控制电源电压的 $70\%\sim110\%$ 之间的任意电压值时，操作分励脱扣器均能使断路器可靠动作。

欠电压脱扣器，当电源电压在额定控制电源电压的

图 2-28 TGM1L 剩余电流动作断路器外形图

$35\%\sim70\%$ 之间时，欠电压脱扣器应动作。当低于额定电压的 35% 时，欠电压脱扣器应能防止断路器闭合；当电源电压等于或大于额定电压的 85%，且欠电压线圈在断路器合闸前已经接有该电压时，断路器应能可靠合闸。

表 2-18 TGM1L 系列漏电断路器的基本规格和技术参数

壳架等级额定电流 I_{nm}/A	额定电压 U_e/V	额定频率 /Hz	极数	额定电流 I_n/A	额定剩余动作电流 $I_{\Delta n}/mA$	额定剩余不动作电流 /mA	剩余电流动作时间
100	400	50/60	三极或四极	50/63/80/100	100/200/300/500	$0.5I_n$	$I_{\Delta n}$时 0.2s，$2I_{\Delta n}$时 0.1s，$5I_{\Delta n}$时 0.04s。
225				100/125/160/180/200/250			
400				225/250/315/350/480			
630				400/500/630			

2.2.5 热继电器

电动机在实际运行中如果出现过载，则电动机的转速将下降，绕组中的电流增大，电动机的温度也会升高。若电流过载倍数不大，而且持续时间也不长，电动机绕组中的温升不会超过允许值，这种情况是允许的。但是如果过载电流倍数大，且过载时间长，则电动机的绕组温升就可能超过允许值，这将引起电动机绕组绝缘老化，缩短电动机的寿命，甚至烧毁电动机，因此必须对电动机进行过载保护。

热继电器就是一种可对电动机进行过载保护的电气元件。当电动机出现不能承受的过载时，热继电器的热元件会产生保护性动作，配合交流接触器切断电动机的电源电路，实现对电动机的过载保护。

常用热继电器有双金属片式和热敏电阻式，而使用较多的是双金属片式的。有的热继电器还带有断相保护功能。

热继电器的生产、安装、使用与维修调试均需按照国家标准 GB 14048.4—2010 的规定执行。

具有断相保护的热继电器其动作特性见表 2-19。

表 2-19　具有断相保护的热继电器的动作特性

额定电流		动作时间	试验条件
任意两极	第三极		
$1.0I_n$	$0.9I_n$	不动作	冷态
$1.15I_n$	0	$<20\text{min}$	以 $1.0I_n$ 下运行稳定后开始

用热继电器对电动机进行过载保护要考虑电动机的工作情况,电动机是长时工作制的、重复短时工作制的,还是重载启动型的。当电动机启动惯性较大时,例如用于风机、卷扬机、空压机和球磨机等设备的电动机,其启动时间可能较长,为了使热继电器在电动机启动期间不动作,可采用表 2-20 所示的方法。

表 2-20　电动机重载启动时与热继电器的配套方法

方法编号	配套方法	说　明
1	热继电器经过饱和电流互感器接入	启动时间一般在 20~30s,最长可达 40s
2	启动时利用接触器触点将热继电器热元件接线端子短接,正常运行时再断开接触器	用于长时间的启动,需要配套时间继电器,可用于反复启动过程。电动机启动时热继电器无法进行过载保护
3	热继电器经过电流互感器接入,启动时用中间继电器触点将热继电器热元件接线端子短接,正常运行时再断开中间继电器	
4	采用脱扣级别为 30 的热继电器	

注:1. 方法编号 2 和 3 可用普通热继电器和普通电流互感器。

2. 方法编号 4 中的"脱扣器级别为 30",在国标 GB 14048.4—2010 中 7.2.1.5.1 条款的规定条件下,脱扣时间 T_P 为:$9<T_P\leqslant30$,单位为 s。

(1) ABB 系列热继电器

ABB 系列热继电器规格比较齐全,可用于电动机的长时工作制、重复短时工作制和重载启动情况下的过载保护。图 2-29 是其中一种规格热继电器的外形图。图 2-30 是 ABB 的 TA 系列热继电器的型号命名方法及主要功能参数的介绍。

(2) JR28 系列热继电器

JR28 系列热继电器适用于交流 50Hz 或 60Hz、电压至 690V、电流 0.1~93A 的长期工作或间断长期工作的交流电动机的过载与断相保护。

热继电器具有断相保护、温度补偿、动作指示、自动与手动复位、停止功能,可独立安装,也可与 CJX2 系列接触器接插安装组成电磁启动器。

JR28 系列热继电器在结构上为三相双金属片式,具有连续可调的电流整定装置以及电气上可分的一常开和一常闭触点。

热元件由主双金属片及环绕在它上面的电阻丝组成。主双金属片用两种不同线胀系数的金属片,通过机械辗压的方式形成一体,一端固定,另一端为自由端。当双金属片的温度升高时,由于两种金属的线胀系数不同,所以它将弯曲。热元件主双金属片上面环绕的电阻丝串接在电动机定子绕组回路中,电动机绕组电流即为流过热元件的电流。当电动机正常运行时,热元件产生的热量虽能使主双金属片弯曲,但不足以使继电器动作;当电动机过载时,热元件产生的热量增大,使主双金属片弯曲位移量增大,经过一段时间后,主双金属片弯曲推动导板,并通过补偿双金属片与推杆使触点断开。该触点为热继电器串接于接触器线圈回路的常闭触点,断开后接触器线圈失电,接触器的主触点断开电动机等负载回路,保护了电动机等负载。补偿双金属片可以在规定范围内补偿环境温度对热继电器的影响。如果周围环境温度升高,主双金属片向左弯曲程度加大,然而补偿双金属片也向左弯曲,使导板与补偿双金属片之间距离保持不变,故继电器特性不受环境温度升高的影响,反之亦然。有时可采用欠补偿,使补偿双

图 2-29　ABB 热继电器的外形结构

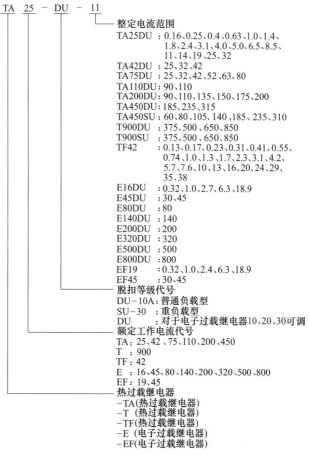

图 2-30　ABB 的 TA 系列热继电器型号命名及主要功能参数

金属片向左弯曲的距离小于主双金属片因环境温度升高向左弯曲的变动值，以便在环境温度较高时，热继电器动作较快，更好地保护电动机。电流整定调节旋钮是一个偏心轮，它与支撑件构成一个杠杆，转动偏心轮，即可改变补偿双金属片与导板间的距离，从而达到调节整定动作电流值的目的。调节复位螺钉可以改变常开静触点的位置，使热继电器可以在手动复位和自动复位两种工作状态之间进行选择。热继电器调节选择在手动复位状态时，在故障排除后需按下复位按钮。

JR28 系列热继电器的保护特性见表 2-21。

表 2-21　JR28 系列热继电器的保护特性

项　目	序号	额定电流倍数		动作时间	实验条件
过载保护	1	1.05		2h 内不动作	冷态开始
	2	1.2		2h 内动作	热态（序号 1 后）开始
	3	1.5		2min 内动作	热态（序号 1 后）开始
	4	7.2		$2s < T_p < 10s$	冷态开始
断相保护	5	任意两相	另一相	2h 内不动作	冷态开始
		1.0	0.9		
	6	1.15	0	2h 内动作	热态（序号 5 后）开始

JR28 系列热继电器有三种型号的框架结构，其物理尺寸也各不相同，每种结构尺寸中有多种热保护整定电流范围的规格，为了方便选用，表 2-22 给出了 JR28 系列热继电器的相关选型数据。

表 2-23 是 JR28 系列热继电器的主要技术数据。

2.2.6　时间继电器

接收到输入信号（例如时间继电器的线圈加上额定工作电压），经过时间延时后触点才动

表 2-22　JR28 系列热继电器的选型数据

热继电器型号	额定电流/A	AM 熔断器	相匹配接触器型号
JR28-25	0.1～0.16	0.25	CJX2-09 CJX2-12 CJX2-18 CJX2-25 CJX2-32
	0.16～0.25	0.5	
	0.25～0.4	1	
	0.4～0.63	1	
	0.63～1	2	
	1～1.6	2	
	1.25～2	4	
	1.6～2.5	4	
	2.5～4	6	
	4～6	8	
	5.5～8	12	
	7～10	12	
	9～13	16	
	12～18	20	
	17～25	25	
JR28-36	23～32	40	CJX2-32
	28～36	40	
JR28-93	23～32	40	CJX2-40 CJX2-50 CJX2-65 CJX2-80 CJX2-95
	30～40	40	
	37～50	63	
	48～65	63	
	55～70	80	
	63～80	80	
	80～93	100	

表 2-23　JR28 系列热继电器的主要技术数据

项　　目	JR28-25	JR28-36	JR28-93
电流等级	25	36	93
额定绝缘电压/V	690	690	690
断相保护功能	有	有	有
手动与自动复位	有	有	有
温度补偿	有	有	有
脱扣指示	有	有	有
测试按钮	有	有	有
停止按钮	有	有	有
安装方式	插入式、独立式	插入式、独立式	插入式、独立式
辅助触点	一常开和一常闭	一常开和一常闭	一常开和一常闭
AC-15 220V 额定电流/A	2.73	2.73	2.73
AC-15 380V 额定电流/A	1.58	1.58	1.58
DC-13 220V 额定电流/A	0.2	0.2	0.2

作的继电器称为时间继电器。时间继电器种类很多，常用的有电磁阻尼式、空气阻尼式、电动机式和电子式等不同类型。按延时方式可分为通电延时型和断电延时型时间继电器。通电延时型时间继电器接收到输入信号并经过一定时间延迟，触点状态才发生变化；输入信号消失后（例如时间继电器的线圈工作电压断开），触点瞬时恢复原始状态。断电延时型时间继电器接收到输入信号后，瞬时产生相应的触点动作；当输入信号消失后，延迟一定时间触点才复原。时间继电器的图形符号和文字符号见图 2-31。

图 2-31 中的图（a）～图（c）是时间继电器线圈的符号；图（d）是时间继电器的瞬时动作触点，该触点没有动作延时；图（e）和图（f）是时间继电器线圈通电延时触点；图（g）

和图（f）是时间继电器线圈通电时触点立即动作、线圈断电时触点延时复位的触点。

（1）空气阻尼式时间继电器

空气阻尼式时间继电器由电磁机构、延时机构和触点系统三部分组成，它是利用空气阻尼原理达到延时目的。延时方式有通电延时型和断电延时型两种，二者之间的外观区别在于：衔铁位于铁芯和延时机构之间的为通电延时型；铁芯位于衔铁和延时机构之间的为断电延时型。

空气阻尼式时间继电器应用较多的有JS7、JS23、JSK□系列时间继电器。其中JS23系列时间继电器的型号命名方法见图2-32，输出触点形式及其组合见表2-24，技术数据见表2-25。

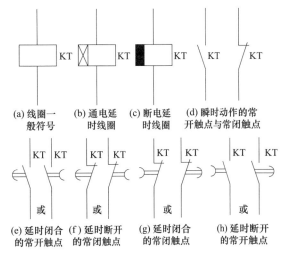

(a) 线圈一般符号　(b) 通电延时线圈　(c) 断电延时线圈　(d) 瞬时动作的常开触点与常闭触点

(e) 延时闭合的常开触点　(f) 延时断开的常闭触点　(g) 延时闭合的常闭触点　(h) 延时断开的常开触点

图 2-31　时间继电器的图形符号与文字符号

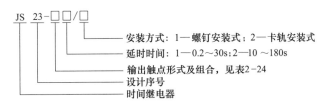

图 2-32　JS23 系列时间继电器型号命名方法

表 2-24　JS23 系列时间继电器的输出触点形式及其组合

型　号	延时动作触点数量				瞬时动作触点数量	
	线圈通电后延时		线圈断电后延时			
	常开触点	常闭触点	常开触点	常闭触点	常开触点	常闭触点
JS23-1□/□	1	1	—	—	4	0
JS23-2□/□	1	1	—	—	3	1
JS23-3□/□	1	1	—	—	2	2
JS23-4□/□	—	—	1	1	4	0
JS23-5□/□	—	—	1	1	3	1
JS23-6□/□	—	—	1	1	2	2

表 2-25　JS23 系列时间继电器的技术数据

型号	额定电压/V		最大额定电流/A		线圈额定电压/V	延时重复误差/%	机械寿命/万次	电气寿命/万次	
			瞬动	延时				瞬动	延时
JS23-□□/□	交流	220	—		交流110 220 380	≤9	100	100	50
		380	0.79						
	直流	110	—						
		220	0.27	0.14					

（2）晶体管时间继电器

随着电子技术的发展和普及，晶体管时间继电器得到很大程度的推广普及与应用，似有取代空气阻尼式时间继电器等传统产品的趋势。它具有工作稳定可靠、延时精度高、延时范围广、输出接点容量较大的特点，延时时间可采用数字显示，调节的方法简单直观，因此其应用前景看好。

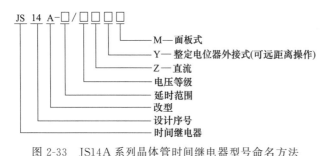

图 2-33 JS14A 系列晶体管时间继电器型号命名方法

JS14A 系列晶体管时间继电器是一款开发研制较早、应用较多的时间继电器产品,属于通电延时型,适用于交流 50Hz 或 60Hz、电压 380V 及以下和直流电压 220V 及以下的控制电路中作延时元件,按预定的时间接通或开断电路。广泛应用于电力拖动系统、自动程序控制系统以及各种生产工艺过程的自动控制系统中作时间控制用。其型号命名方法见图 2-33,技术数据见表 2-26。

表 2-26　JS14A 系列晶体管时间继电器的技术数据

型号	结构形式	延时范围/s	工作电压/V	接点数量		误差/%		功率消耗/(V·A/W)
				常开	常闭	重复	综合	
JS14A-□/□	交流装置式	1,5,10,	交流:36,	2	2			
JS14A-□/□M	交流面板式	30、60、	110,127,	2	2			
JS14A-□/□Y	交流外接式	120、	220,380	1	1	≤±3	≤±10	1.5
JS14A-□/□Z	直流装置式	180、	直流:	2	2			
JS14A-□/□ZM	直流面板式	240,300、	24	2	2			
JS14A-□/□ZY	直流外接式	600,900		1	1			

JS14A 系列晶体管时间继电器的电气原理图见图 2-34,工作原理分析如下。

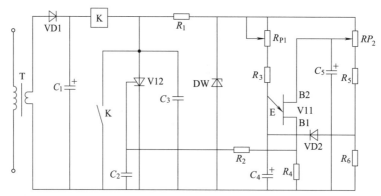

图 2-34　JS14A 系列晶体管时间继电器电气原理图

　　变压器 T 的初级加上额定电压后,继电器进入通电延时程序。变压器的二次电压经二极管 VD1 整流、电容器 C_1 滤波后供整个电路用电。电阻 R_1 和稳压管 DW 稳压后的直流电压经电位器 RP_1、电阻 R_3 向电容器 C_4 充电。V11 是单结晶体管,又称双基极管,当其射极 E 上的电压由电容器 C_4 充电达到峰值电压(单结晶体管的一个技术参数)时,单结晶体管 V11 的 E 极与 B1 极瞬间导通,C_4 快速放电,在电阻 R_4 两端形成一个尖峰脉冲,该脉冲经电阻 R_2 触发单向晶闸管 V12 使其导通,继电器 K 线圈得电动作,它的常开触点 K 闭合(见图 2-34),使继电器 K 的线圈供电得以保持。从变压器 T 初级得电开始至继电器 K 触点闭合为止的这段时间就是时间继电器的延时时间。继电器 K 的其他常开或常闭触点(图 2-34 中未画出)可提供给受控电路使用。变压器 T 初级的电源切断,继电器 K 释放,时间继电器重新进入准备工作状态。

　　电子式的时间继电器品种规格很多,除了上面介绍的晶体管时间继电器外,集成电路甚至大规模集成电路也被应用在时间继电器电路中,使得时间继电器功能更强大,调节更方便,延时更准确，为电力拖动系统的安全运行提供了更加强大的保障。

2.2.7 速度继电器

速度继电器是一种信号继电器，它输入的是电动机的转速，输出的是触点动作信号。换句话说，速度继电器输入的是非电信号，当输入信号达到某一定值时，有信号输出的这一类继电器称为信号继电器。

速度继电器可以应用在三相异步电动机的启动与制动过程中。例如在反接制动过程中，正在电动运行状态的电动机，将其任意两条电源线交换，电动机的旋转磁场发生反转，转速迅速降低。为了在电动机转速降低到一定程度时及时切断电动机电源，防止电动机反向启动，就要用速度继电器检测电动机的减速过程，一般在转速降低到 100r/min 左右时，其触点动作，切断电动机电源，制动过程结束。所以，速度继电器也称反接制动继电器。

速度继电器由定子、转子和触点系统三部分组成，使用时，连接头与电动机轴相连，当电动机启动旋转时，速度继电器的转子随着转动，定子也随转子旋转方向转动，与定子相连的胶木摆杆随之偏转，当偏转到一定角度时，速度继电器的常闭触点打开，而常开触点闭合。当电动机转速下降时，继电器转子转速也随之下降，当转子转速下降到一定值时，继电器触点恢复到原来状态。一般速度继电器触点的动作转速为 140r/min，触点的复位转速为 100r/min。

速度继电器有正向旋转动作触点和反向旋转动作触点，电动机正向运转时，可使正向常开触点闭合，常闭触点断开，同时接通或断开与它们相连的电路；当电动机反向运转时，速度继电器的反向动作触点动作，情况与正向时相同。

常用的速度继电器有 JY1 和 JFZ0 系列。它们都具有两对常开、常闭触点，触点额定电压为380V，额定电流为 2A。

速度继电器在电路中的图形符号和文字符号见图 2-35。

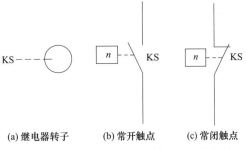

(a) 继电器转子　　(b) 常开触点　　(c) 常闭触点

图 2-35　速度继电器的图形符号与文字符号

2.2.8 行程开关

行程开关又称位置开关或限位开关，它的作用是将机械位移转变为电信号，使电动机运行状态发生改变，即按一定行程自动停车、反转、变速或循环，从而控制机械运动或实现安全保护，在电动机的运行过程中有着重要的作用。

行程开关常用的有两种类型：直动式（按钮式）和旋转式，其结构基本相同，都是由操作机构、传动系统、触点系统和外壳组成，主要区别在传动系统。直动式行程开关的结构和动作原理与按钮相似。单轮旋转式行程开关在结构上有一个滚轮，当运动机构上的模块压到行程开关的滚轮上时，传动杠杆连同转轴一起转动，使得常闭触点断开，常开触点闭合。上述模块移开后，复位弹簧使其复位。

双轮旋转式行程开关不能自动复位。

除此之外，行程开关还有微动式和组合式的结构形式。一款行程开关的外形图见图 2-36。行程开关在电路中的图形符号和文字符号见图 2-37。

在实际生产中，将行程开关安装在预先安排的位置，当装于生产机械运动部件上的模块撞击行程开关时，行程开关的触点动作，实现电路的切换。因此，行程开关是一种根据运动部件的行程位置而切换电路的电器。行程开关广泛应用于电动机的往返自动运行控制。在各类机床

图 2-36 行程开关外形图

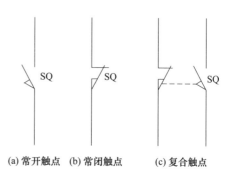

(a) 常开触点   (b) 常闭触点   (c) 复合触点

图 2-37 行程开关的图形符号与文字符号

和起重机械中,用以控制其行程、进行终端限位保护。在电梯的控制电路中,还利用行程开关来控制开关轿门的速度、自动开关门的限位,轿厢的上、下限位保护。

机床上有很多这样的行程开关,用它控制工件运动或自动进刀的行程,避免发生碰撞事故。有时利用行程开关使被控物体在规定的两个位置之间自动换向,从而得到不断的往复运动。比如自动运料的小车到达终点碰着行程开关,接通了翻车机构,就把车里的物料翻倒出来,并且退回到起点。到达起点之后又碰着起点的行程开关,把装料机构的电路接通,开始自动装车。这样持续运行,就形成了一套自动生产线。

2.2.9 控制按钮和信号灯

控制按钮和信号灯是电动机启动控制电路中应用频率很高的低压电器,它本身没有多少技术含量,但在使用过程中需要注意的是控制按钮和信号灯的颜色。

对于按钮来说,红色按钮用于停止操作,绿色按钮用于启动操作。对于信号灯来说,红色信号灯点亮表示运行,绿色信号灯点亮表示停止。

国家标准 GB/T 4025—2010《人机界面标志标识的基本和安全规则 指示器和操作器的编码规则》对控制按钮和信号灯的颜色选择做出了规定。该国家标准的相关条款的内容见表 2-27。

表 2-27 国家标准中关于按钮与信号灯颜色规定的相关条款

标准号	GB/T 4025—2010		
标准名称	人机界面标志标识的基本和安全规则 指示器和操作器的编码规则		
相关条款	4.2.1.1		
条款具体内容	4.2.1.1 颜色的选择 颜色信息含义的总则由下表给出。 表 编码颜色的含义总则		

颜色	含义		
	人身或环境的安全	过程状况	设备状况
红	危险	紧急	故障
黄	警告、注意	异常	异常
绿	安全	正常	正常
蓝	指令性含义		
白、灰、黑	未赋予具体含义		

根据表 2-27 的相关规定，我们可以知道信号灯颜色的选择依据。

按钮和信号灯的图形符号与文字符号见图 2-38。按钮与信号灯的外形样式见图 2-39 和图 2-40。

按钮通常有一对常开触点和一对常闭触点，一般启动电动机时使用按钮的常开触点，停止电动机时使用按钮的常闭触点。信号灯则有红、绿、黄、蓝灯多种颜色。

(a) 常开按钮　(b) 常闭按钮　(c) 信号灯

图 2-38　按钮和信号灯的图形
符号与文字符号

图 2-39　按钮的外形图

图 2-40　信号灯的外形图

2.2.10　户内高压真空断路器

户内高压真空断路器（以下简称为真空断路器或断路器）有 10kV（12kV）、35kV 等若干电压等级，而电动机的最高电压为 10kV，所以本节讨论的断路器以额定电压 10kV 的产品为主。高压真空断路器是高压电动机启动、控制时不可缺少的电气设备，电动机各种保护功能也必须通过断路器才能实现，因此，高压真空断路器在高压电动机的启动、运行中的作用至关重要。

真空断路器因其灭弧介质和灭弧后触点间隙的绝缘介质都是高真空而得名；具有体积小、重量轻、适用于频繁操作的优点。

当前业内使用的真空断路器有固定安装式和手车式等类型。

真空断路器主要包含三大部分：真空灭弧室、操作机构、支架及其他部件。真空灭弧室是真空断路器触点接通与断开的一个玻璃密封真空腔体，是真空断路器最重要的结构部件。为了能让真空断路器的触点接通或断开，必须有性能良好、可靠性高的操作机构。目前真空断路器配套使用的操作机构有弹簧储能式操作机构、电磁式操作机构、永磁式操作机构等几种。弹簧储能操作机构由储能弹簧、合闸与保持合闸以及分闸等几个部分组成，优点是不需要大功率的电源，缺点是结构和制造工艺复杂，成本高，维修难度大。电磁操作机构结构较简单，但较笨重，合闸线圈消耗功率也大。永磁机构借鉴了以上两种操作机构的优缺点，采用永磁体与纯铁的机构壳体形成磁路，由线圈产生的磁力线与永久磁铁的磁力线共同作用，使机构中的铁心快速运动，可靠吸合。因为永久磁铁能提供磁场能量作为合闸之用，合闸线圈所需提供的能量便相对减少，这样就可以减小合闸线圈的尺寸和工作电流。

（1）ZN28A-12 系列户内高压真空断路器

ZN28A-12 系列户内高压真空断路器系三相交流 50Hz，额定电压 12kV 的高压配电装置，属于固定安装式真空断路器，广泛应用于工矿企业、发电厂及变电站等领域，作系统的控制和保护之用。该系列断路器采用操作机构与断路器分开安装的结构，简称分装式结构，断路器自身不带操作机构，如图 2-41 所示，可与 CT19A（B）型的弹簧储能操作机构或 CD17A、CD10

型操作机构配合，安装于固定柜内使用。

　　断路器可配用弹簧操作机构或电磁操作机构，机构和真空灭弧室采用前后布置，每相灭弧室由两只悬挂绝缘子固定在框架上，并由绝缘拉杆连接动静支架，构成固定式的整体结构。真空灭弧室为中间封接纵磁场式，其特点是灭弧室体积小，灭弧力强，断口绝缘水平高，当动静触点在操作机构作用下带动分闸时，触点间隙将燃烧真空电弧，并在电流过零时熄灭电弧。由于触点的特殊结构，燃弧期间触点间隙会产生适当的纵向磁场，这个磁场可使电弧均匀分布在触点表面，维持较低的电弧电压，并使真空灭弧室具有较高的弧后介质强度，恢复速度小的电弧能量和小的电腐蚀速率，从而提高了断路器开断短路电流能力和电寿命。

　　ZN28A-12 系列户内高压真空断路器的型号命名方法见图 2-42。

图 2-41　ZN28A-12 系列户内高压
真空断路器外形图

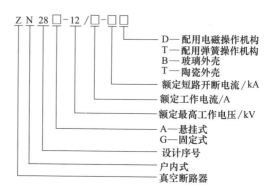

图 2-42　ZN28A-12 系列户内
高压真空断路器的型号命名方法

　　ZN28A-12 系列户内高压真空断路器的主要技术参数见表 2-28 和表 2-29。

表 2-28　ZN28A-12 系列户内高压真空断路器的主要技术参数（一）

名　称	单位	数　据					
额定电压	kV	10					
最高电压	kV	12					
1min 工频耐压有效值	kV	42					
雷电冲击耐压峰值	kV	75					
额定电流	A	630	1000	1250	2000	2500	3150
额定短路开断电流	kA	20		25	31.5		40
额定短路关合电流峰值	kA	50		63	80		100
额定动稳定电流峰值	kA	50		63	80		100
额定热稳定电流	kA	20		25	31.5		40
额定操作顺序		分—0.3s—合分—180s—合分			分—180s—合分—180s—合分		
额定热稳定时间	s	4					
额定短路开断电流开断次数	次	30			20		
全开断时间	ms	≤100					
机械寿命	次	10000					
操作机构类型		CT19A,CT19B,CD17A,CD10					

　　表 2-28 中"额定操作顺序"一项，是国家标准 GB 1984 中对自动重合闸的规范性操作规定：断路器因短路故障跳闸，0.3s 后自动重合一次，若短路故障未消除，则再次跳闸；180s 后再自动重合一次，若短路故障消除，系统将继续运行，故障未消除，会再次跳闸。这种规定可最大限度地减少配电系统停电时间。如果第二次自动重合失败，即判断为永久性故障，必须等故障排除后方可送电。对于断路器开断性能来说，连续开断短路电流应该是可能出现的最严

重的情况，是对断路器质量和性能的挑战和考验。对于额定短路开断电流更大的断路器，例如31.5kA、40kA 等级的，两次重合的间隔时间略有差异，详见表中数据。

表 2-29　ZN28A-12 系列户内高压真空断路器的主要技术参数（二）

名　称	单位	630-20	1250-25	1250-31.5	2000-31.5	2500-40	3150-40
触点开距	mm	11 ± 1					
接触行程	mm	4 ± 1					
三相分闸同期性	ms	$\leqslant2$					
合闸触点弹跳时间	ms	$\leqslant2$			$\leqslant3$		
油缓冲器缓冲行程	mm	$10_{-3}^{\ 0}$					
相间中心距离	mm	210/230/250			230/250/275		
平均分闸速度	m/s	1 ± 0.3					
平均合闸速度	m/s	0.55 ± 0.15					
分闸时间，当操作电压为	最高	s	$\leqslant0.06$				
	额定	s	$\leqslant0.06$				
	最低	s	$\leqslant0.08$				
合闸时间	s	<0.2					
动静触点累积允许磨损厚度	mm	3					

注：表 2-29 第一行中的"630-20"是指额定电流为 630A，额定短路开断电流为 20kA，余类同。

（2）ZN139-12 型户内高压真空断路器

ZN139-12 型户内高压真空断路器为户内三相高压真空断路器，额定电压 12kV，额定电流 630～4000A，额定短路开断电流至 40kA。

ZN139-12 型户内高压真空断路器有固定式和手车式等不同的结构形式。

断路器可以采用弹簧储能式操作机构或永磁式操作机构。

该断路器采用复合绝缘或固封极柱绝缘的结构形式。固封极柱是将真空灭弧室及其导电连接件用环氧树脂通过特殊工艺浇注成极柱，减少了装配环节，提高了机械可靠性。固封极柱把上下出线座、导电夹、软连接和绝缘拉杆科学有机地组装在一起，只需将固封极柱固定在开关架上，中间通过一特殊螺杆与机构相连，提高了装配质量，同时有效地防止真空灭弧室易受外界撞击的危险，具有高可靠、小型化、增强外爬距和免维护等特点。

① 结构特点及工作原理　ZN139-12 型户内高压真空断路器总体结构为永磁操作机构与灭弧室前后布置形式，主导电回路为三相落地式结构，主回路绝缘采用复合或固封两种方式，可满足不同用户的需求。永磁操作机构采用全新的工作原理和结构，最大优势在于真正解决了永磁场的吸合力在分闸初始阶段对分闸的阻碍，更能满足真空灭弧室的特性要求。同时可以采用弹簧储能操作机构，这种结构的断路器其结构外形样式见图 2-43。

图 2-43　ZN139-12 型户内高压真空断路器（弹操式）外形结构图

ZN139-12 型户内高压真空断路器的型号命名方法见图 2-44，结构示意图见图 2-45。

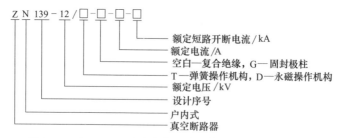

图 2-44 ZN139-12 型户内高压真空断路器型号命名方法

永磁操作机构通过主传动轴驱动主拐臂，直接操作开关的分合，省去了传统操作机构中复杂、易损的储能和锁扣装置，极大地简化了传动环节，从而可靠性较高，寿命较长。

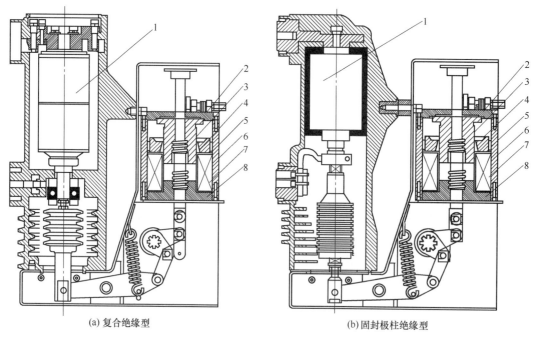

(a) 复合绝缘型 　　　　　　　　　　　(b) 固封极柱绝缘型

图 2-45 ZN139-12 型户内高压真空断路器结构示意图
1—主回路；2—上磁轭；3—动铁芯；4—内磁轭；5—永磁体；6—外磁轭；7—线圈；8—下磁轭

永磁操作机构由一体化合、分闸线圈，上、下磁轭，内、外磁轭，动、静衔铁，手动分闸装置及永磁体组成。合闸时，电磁力与永磁力正向叠加，驱动动衔铁到达合闸终端位置，完成合闸触点弹簧和分闸弹簧的储能，依靠永磁吸合力来实现稳态保持（即双稳态的合闸稳态保持）。分闸时电磁力克服永磁场的剩余保持力，使合闸保持力骤降到临界值，在分闸电磁力、分闸弹簧和触点弹簧的共同作用下，驱动动衔铁，到达分闸终端位置，永磁吸合力又将动衔铁稳态保持在分闸位置（即双稳态的分闸稳态保持）。

该机构设有手动分闸装置，用于特殊情况时带负荷紧急分闸操作。紧急情况下的手动分闸操作不使用操作电源。

ZN139-12 型真空断路器可根据要求制作成固定安装单元，也可配用专用推进机构组成手车单元使用。机构操作电源可以由配电室直流屏直接提供，也可根据需要自身配置高可靠的充电储能单元，通过智能控制单元驱动永磁机构。

交流充电电源为宽电压输入,可以正常工作的电压范围为 AC 160～264V,充电电流小于 0.5A。

② 主要技术参数 ZN139 型断路器的主要技术参数见表 2-30,永磁操作机构主要技术参数表 2-31。

表 2-30 ZN139 型断路器的主要技术参数

名　称	单位	参　数		
额定电压	kV	12		
额定 1min 工频耐受电压		42		
额定雷电冲击/断口耐受电压(峰值)		75/85		
额定频率	Hz	50		
额定电流	A	630～1250	630～1250	1250～4000
额定短路开断电流	kA	20	31.5	40
额定短路关合电流		50	80	100
额定峰值耐受电流		50	80	100
额定热稳定电流(有效值)		20	31.5	40
额定短路持续时间	s	4		
额定短路开断电流次数		30	30	20
机械寿命		30000		
额定电流开断次数(电寿命)		30000	30000	20000
永磁机构机械寿命		120000	120000	100000
额定单个/背对背电容器组开断电流	A	630/400(40kA 为 800/400)		
相间距	mm	210　275		
触点开距		8±1		
配国产灭弧室时触点开距		11±1		
接触超行程		3±0.5		
动、静触点允许磨损累积厚度		3		
三相分、合闸不同期性	ms	≤2		
触点合闸弹跳时间		≤2(40kA≤3)		
触点压力	N	20kA,2000±200;31.5kA,3100±200;40kA,4300±200		
平均分闸速度	m/s	0.8～1.2		
平均合闸速度		0.5～0.8		
分闸时间	ms	≤70		
合闸时间		≤50		
额定操作顺序		分—0.3s—合分—180s—合分	分—180s—合分—180s—合分	

表 2-31 ZN139 型断路器永磁操作机构主要技术参数

项　目	单位	数　值			
适合短路开断电流	kA	20	25	31.5	40
合闸电流	A	28		32	60
分闸操作电流	A	1.2A		2A	
合、分闸额定工作电压	V	DC 220			
机械寿命	次	120000	120000	100000	

③ 控制电路实例 ZN139 型真空断路器由于安装使用条件的不同,可有几种控制电路方案,图 2-46 是使用永磁式操作机构断路器的一种推荐控制电路方案。电路中使用配电室提供的直流合闸操作电源＋HM、－HM 及控制电源＋KM、－KM,电压值为 DC 220V。图中的"BH"是微机保护装置,虽然其价格略高,但由于功能强大,随着安全生产意识的提高,使用已日渐普及。它可以实现电压测量、电流测量、过电压保护、欠电压保护、TA 断线检测、TV 断线检测、定时限过流保护、反时限过流保护、速断保护、零序电流保护、负序电流保护、电动机启动时间过长保护、过热保护、控制回路异常报警、遥信、遥控及遥测、装置自身

故障告警等功能。图 2-46 中只画出了与真空断路器合、分闸控制相关的部分接线。手动合闸时，操作 KK 开关至合闸位置，其触点 5、8 接通，合闸继电器 HK 线圈得电，相应触点动作吸合，合、分闸线圈 L 被接入合闸操作电源＋HM、－HM 的电路中，线圈 L 的左端接＋HM，右端接-HM，产生的电磁力使真空断路器合闸。手动分闸时，操作 KK 开关至跳闸位置，其触点 6、7 接通，跳闸继电器 TK 线圈得电，相应触点动作吸合，合、分闸线圈 L 也被接入合闸操作电源＋HM、－HM 的电路中，但跳闸时线圈 L 接入的电源极性与合闸时相反，即线圈 L 的左端接－HM，右端接＋HM，产生的电磁力使真空断路器分闸。由于分闸需要的电流较小，因此在电路中串入了限流电阻 R。

阅读图 2-46 时，可对照右侧说明框内的文字，这里的文字说明与左侧电路中表达的功能是一致的。

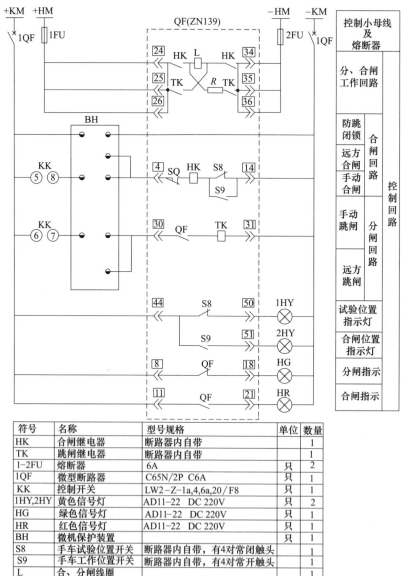

符号	名称	型号规格	单位	数量
HK	合闸继电器	断路器内自带		1
TK	跳闸继电器	断路器内自带		1
1-2FU	熔断器	6A	只	2
1QF	微型断路器	C65N/2P C6A	只	1
KK	控制开关	LW2−Z−1a,4,6a,20/F8	只	1
1HY,2HY	黄色信号灯	AD11−22 DC 220V	只	2
HG	绿色信号灯	AD11−22 DC 220V	只	1
HR	红色信号灯	AD11−22 DC 220V	只	1
BH	微机保护装置		只	1
S8	手车试验位置开关	断路器内自带，有4对常闭触头		1
S9	手车工作位置开关	断路器内自带，有4对常开触头		1
L	合、分闸线圈			1
QF	断路器辅助开关			3

注：1.虚线框内为断路器内部元件。

2.虚线框内小方框里的数字为二次插件编号。

3.本电路的操作电源为DC 220V。

图 2-46 ZN139 真空断路器永磁式操作机构控制电路实例

2.2.11　真空断路器的操作机构

真空断路器是电动机启动与控制以及电力线路一次回路中不可缺少的关键性设备，而真空断路器的合闸与分闸又必须依赖操作机构的支持，因此，断路器应尽可能地配置性能优异的操作机构。

电动机启动控制常用的操作机构有三类，即电磁操作机构、弹簧储能操作机构和永磁操作机构。

（1）电磁操作机构

电磁操作机构利用电磁铁将电能转变为机械能来实现断路器分闸与合闸，因此称为电磁操作机构。CD10 型操作机构是电磁操作机构的一种，型号中的"C"指操作机构，"D"为电磁式，"10"为设计序号。这款操作机构为户内动力式机构，供操作真空断路器和 SN10-10 系列高压少油断路器用。此机构可以电动合闸、电动分闸和手动分闸，也可以进行自动重合闸，合闸分闸时所消耗的能量由辅助的直流电源供给。操作机构装有脱扣电磁铁，能保证使用电动或手动方式使断路器分闸。

CD10 型电磁操作机构的技术数据见表 2-32。

表 2-32　CD10 型电磁操作机构的技术数据

线圈		机　构　型　号		
		CD10 I	CD10 II	CD10 III
DC 220V 合闸线圈	电流/A	98	120	147
	电阻/Ω	2.22±0.18	1.82±0.15	1.5±0.12
DC 110V 合闸线圈	电流/A	196	240	294
	电阻/Ω	0.56±0.05	0.46±0.04	0.38±0.03
DC 24V 分闸线圈	电流/A	37		
	电阻/Ω	0.65±0.03		
DC 48V 分闸线圈	电流/A	18.5		
	电阻/Ω	2.6±0.13		
DC 110V 分闸线圈	电流/A	5		
	电阻/Ω	22±1.1		
DC 220V 分闸线圈	电流/A	2.5		
	电阻/Ω	88±4.4		

（2）弹簧储能操作机构

弹簧储能操作机构是一种较新的断路器操作机构，这种操作机构的出现，对提高断路器的整体性能起到了较大作用。因为传统电磁操作机构在提高合闸速度上受到一定限制，它的合闸功率较大，对电源要求较高。而弹簧储能操作机构采用的手动或电动操作，都不受电源电压的影响，既有较高的合闸速度，又能实现自动重合闸。

CT19 弹簧储能操作机构可供操作高压开关柜中 ZN28 型高压真空断路器及其合闸功与之相当的其他类型的真空断路器之用，其性能符合 GB 1984《交流高压断路器》的要求，其主要指标均达到和超过 IEC 标准。机构合闸弹簧有电动机储能和手动储能两种方法；分闸操作有分闸电磁铁、过流脱扣电磁铁及手动按钮操作等三种方式；合闸操作有合闸电磁铁及手动按钮两种。

CT19 弹簧储能操作机构的型号命名方法见图 2-47。根据图 2-47 的操作机构型号命名方法可以了解某操作机构的基本功能，例如，CT19 II/33100 型的弹簧储能操作机构是原型的（未经改进型），可操作 10kV、40kA 断路器，机构具有直流 220V 的合闸、分闸电磁铁各一个，两个 5A 过流电磁铁，没有过流脱扣器和欠压脱扣器。

① 机械部分原理简介　CT19、CT19B（A）型弹簧储能操作机构由电动机提供储能动力，

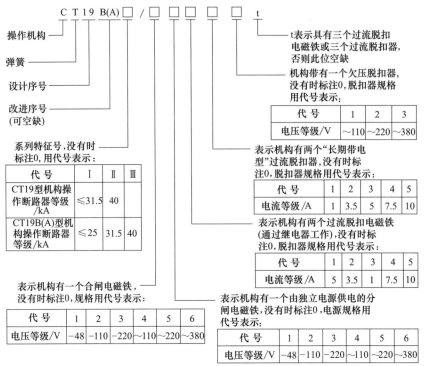

图 2-47　CT19、CT19B（A）型弹簧操作机构型号命名方法

经两级齿轮减速，带动储能轴转动，实现给储能弹簧储能。弹簧储能到位时，摇臂推动行程开关，切断电动机电源。

　　人力储能时，将人力储能操作手柄插入储能摇臂插孔中，然后上下摆动，通过摇臂上的棘爪驱动棘轮，并带动储能轴转动实现对合闸弹簧储能。

　　操作机构储能完成后即保持在储能状态，若准备合闸，可使合闸线圈通电，继而电磁铁动作，储能保持状态被解除，合闸弹簧快速释放能量，完成合闸动作。

　　分闸时，分闸线圈通电使电磁铁动作，连杆机构的平衡状态被解除，在断路器负载力作用下，完成分闸操作。

　　CT19B（A）、CT19 型弹簧储能操作机构外形样式见图 2-48。

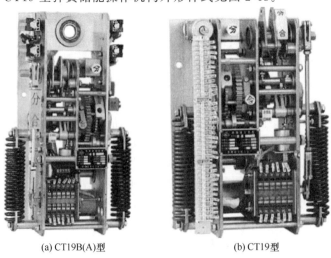

(a) CT19B(A)型　　　　　　(b) CT19型

图 2-48　CT19B（A）、CT19 型弹簧储能操作机构外形图

② 电气控制原理　图2-49是CT19弹簧储能操作机构的电气控制原理图。当机构处于分闸未储能状态时，行程开关CK常闭触点接通，此时合上开关K，中间继电器KA1的线圈得电，其常开触点KA1-1闭合，中间继电器KA2随之动作，KA2的常闭触点KA2-2打开，常开触点KA2-1闭合，电动机M与电源接通，合闸弹簧开始储能。如果合闸弹簧未储能到位，即行程开关CK的常闭触点未被打开，则常闭触点KA2-2不会闭合，这时即使将控制开关KK投向合闸位置，合闸线圈YC也不会通电，以免产生误动作。

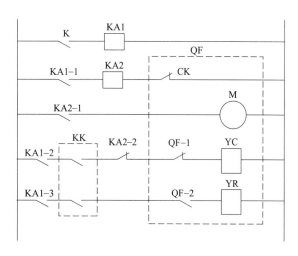

图 2-49　CT19弹簧储能操作机构的电气控制原理图
K—开关；KK—控制开关；KA1，KA2—中间继电器；QF—断路器；QF-1—断路器常闭辅助触点；QF-2—断路器常开辅助触点；CK—行程开关；M—电动机；YC—合闸线圈；YR—分闸线圈

储能完成以后，行程开关CK的常闭触点被打开，中间继电器KA2断电，触点KA2-1断开，电动机M断电停转。此时若将控制开关KK投向合闸位置，合闸线圈YC将通电使电磁铁动作，机构进行合闸操作。

操作机构使断路器合闸后，安装在操作机构内、被称作断路器辅助触点的QF-1和QF-2同时动作，其中常闭触点QF-1断开，切断合闸线圈的电源；常开触点QF-2闭合，为断路器分闸做好准备。此时若将控制开关KK投向分闸位置，分闸线圈YR将通电使电磁铁动作，操作机构使断路器实现分闸。分闸后常开触点QF-2断开，分闸线圈YR的电源被切断

③ 过流保护原理　弹簧操作机构的所谓合闸和分闸，即断路器的合闸和分闸。断路器合闸后，所控制的一次电路中就会有负荷电流。一次电路中负荷电流的过电流保护，是通过CT19型操作机构来实现的。保护原理参见图2-50。

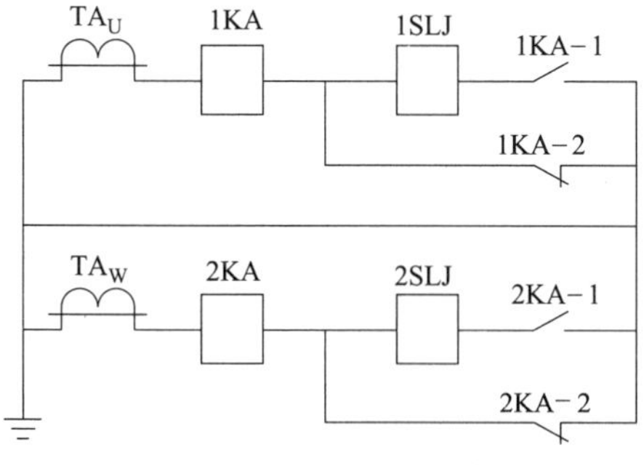

图2-50中的TA_U和TA_W是连接在一次电路中的电流互感器，1KA和2KA是电流保护继电器，1SLJ和2SLJ是弹簧操作机构内部的两个过流脱扣电磁铁。当负荷电流例如电动机运行电流出现过电流并超过电流保护继电器1KA（或2KA）的整定动作电流时，1KA（或2KA）立即或按反时限特性延时后动作（因所选的过流保护继电器型号不同而异），其常开触点1KA-1（或2KA-1）首先动作闭合，稍后常闭触点1KA-2（或2KA-2）断开，这时过流脱扣

图 2-50　CT19型操作机构过流保护原理图

电磁铁1SLJ（或2SLJ）得电动作，断路器通过操作机构实施跳闸，实现过电流保护。电流保护继电器1KA（或2KA）常开、常闭触点的动作顺序可以保证电流互感器二次回路始终不会开路，满足了电流互感器二次不允许开路的技术要求。

（3）永磁操作机构

永磁操作机构是国内近些年来开始制造并投入应用的真空断路器操作机构，具有出力大、重量轻、操控方便、动作可靠等优点。永磁操作机构使用的零件数量比弹簧机构减少了90％以上，结构大为简化。在合闸位置，操作机构永久磁铁利用动、静铁芯提供的低磁阻抗通道将

动铁芯保持在合闸位置；在分闸位置，通过分闸弹簧保持；因此机械传动非常简洁。真空灭弧室触点运动平稳，无拒合、拒分及误合、误分现象。手动分闸也灵活方便。

图 2-51 是一种永磁操作机构的外形图。

① 永磁操作机构工作原理　永磁操作机构驱动断路器合闸时，智能控制器控制外部电路向线圈提供驱动电流，线圈电流产生的磁场与永久磁铁产生的磁场方向一致，相互叠加，当驱动力大于断路器的分闸保持力时，动铁芯开始向下运动，并且驱动力随着磁隙的减小而急剧增大，最终将动铁芯推到合闸位置。此时控制器按程序设定的保护时间切断线圈电源。由于这时铁磁回路已经闭合，永磁体的磁场力已足以满足断路器维持合闸的需求，从而使断路器处于合闸位置，并保持在合闸状态。

图 2-51　永磁操作机构外形图

分闸时，向线圈施加一个与合闸时极性相反的分闸电流，该电流产生的磁场与永磁体产生的磁场方向相反，削弱了铁磁回路的磁场，使剩余磁力小于断路器的合闸保持力，在分闸电磁力、分闸弹簧和触点弹簧的共同作用下，动铁芯回复到分闸位置，并保持在分闸状态。

永磁操作机构的电路控制原理图可参阅图 2-46。

② 永磁操作机构的操作电源　断路器操作机构为了保证直流系统异常停电时断路器仍能可靠跳闸，通常配置蓄电池或电容器作为备用电源，正常工作时它们处于浮充电状态。当前常用配置蓄电池的直流屏作为合、分闸的直流电源，而永磁机构由于所需的电源容量较小，因此可以配置电容器作为合、分闸的直流电源，且具有很高的经济技术合理性。之所以如此，原因分析如下。一是永磁机构完成一次分—合—分的操作，所需能量在 250J 以下，电容器完全可以满足这一要求。由于电容器只需几秒至 10s 时间即可充满电，充电电流也在 2A 范围以内，所以给电容器充电的电源容量一般仅需 100V·A 或以下即可。二是从供电性质来看，合、分闸操作的冲击性负载性质很适合由电容器供电，而冲击性负载对蓄电池是很不利的。三是从充电电源来考虑，电容器对滤波、稳压要求不高。四是电容器能经受短路的冲击，可放电到任意电压不受损坏，而蓄电池在这些性能上都不及电容器。五是从经济上讲，电容器比蓄电池投资省，重量轻，寿命长，维护简单。因此，只要电容器容量足够大，作为合、分闸的能源是非常理想的。

2.2.12　高压真空接触器

真空接触器与一般空气式接触器相似，不同的是真空接触器的触点密封在真空灭弧室中。其特点是接通、分断电流大，额定电压较高。工作时仅产生能量较少的金属蒸气电弧，其强度、燃弧时间和对触点的烧蚀都比空气中少。从环保的角度来看，真空开关的触点系统是封闭在真空管壳中，触点开断时产生的电弧不会影响环境，因而它可以工作在苛刻的环境中。

真空接触器以真空为灭弧介质，其主触点密封在特制的真空灭弧管内。当操作线圈通电时，衔铁吸合，在触点弹簧和真空管自闭力的作用下触点闭合；操作线圈断电时，反力弹簧克服真空管自闭力使衔铁释放，触点断开。接触器分断电流时，触点间隙中会形成由金属蒸气和其他带电粒子组成的真空电弧。因真空介质具有很高的绝缘强度，且介质恢复速度很快，所以真空中燃弧时间很短。

在电气控制实践中，6kV、10kV 高压电动机采用干式电抗器降压启动时，常使用高压真空接触器作旁路开关，用于启动结束后对电抗器进行短路，使电动机进入全压运行状态。

（1）CKG3、CKG4系列交流高压真空接触器

CKG3、CKG4系列交流高压真空接触器采用当今国际流行的上、下布置组装式结构，使用维护方便。产品具有体积小、重量轻的特点，主要用于控制高压用电设备，特别适用于各种频繁操作领域，供直接或远距离接通和分断主电

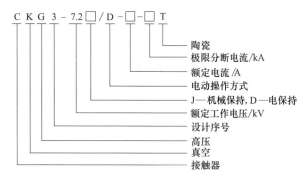

图2-52 CKG3系列交流高压真空接触器型号命名方法

路之用。两个系列真空接触器的主要区别是额定工作电压不同，前者为7.2kV，后者为12kV。

CKG3系列交流高压真空接触器的型号组成及其含义见图2-52。

CKG4系列交流高压真空接触器的产品技术参数见表2-33。

表2-33 CKG4系列交流高压真空接触器的产品技术参数

参数项目		CKG4-12/160	CKG4-12/250	CKG4-12/400	CKG4-12/630
额定工作电压/kV		12	12	12	12
额定工作电流/A		160	250	400	630
额定关合电流/kA		1.6	2.5	4.0	6.3
最大分断电流/kA		1.28	2.0	3.2	5.04
操作频率 /(次/h)	长期	120	120	120	120
	短期	360	360	360	360
机械寿命/万次		100			
电寿命AC3条件/万次		25			
控制电压/V		AC 110,220,380 或定制			
外形尺寸/mm		470×210×540			
质量/kg		40			

（2）JCZ5-7.2/12型高压真空接触器

JCZ5-7.2/12型高压真空接触器系50Hz或60Hz系统中用于控制三相户内电气设备的负荷开关，适用于额定电压6～12kV及以下电压等级，额定工作电流630A及以下的电力系统，对高压用电设备进行控制，适合进行频繁操作。

图2-53 JCZ5系列高压真空接触器外形图

① 结构与原理 真空接触器在结构上为上下布置方式，由真空灭弧室、绝缘框架、绝缘子、拍合式合闸电磁机构、机械锁扣机构（机械保持方案用）和底板等组成。外形图见图2-53。绝缘子、绝缘框架实现高压回路对地及相间的绝缘和支撑。控制回路由桥式整流器、合闸线圈、保持线圈（电保持方案用）、分闸线圈（机械保持方案用）、辅助开关及电容器等组成。电保持方案的接线图见图2-54，机械保持方案的接线见图2-55。在图2-54所示的接线图中，保持线圈HQ2与合闸线圈HQ1串联用以实现接触器长期合闸保持，而电容器C用来消除真空接触器辅助开关常闭触点FK转换合闸回路时的电火花，从而提高辅助开关常闭触点转换合闸回路的稳定性和可靠性。当接到合闸指令，即按压合闸按钮ON后，合闸继电器KA线圈得电，

其触点闭合，交流110V或220V电源经桥式整流加到合闸线圈HQ1两端，接触器合闸。合闸后真空接触器的常闭辅助触点FK断开，保持线圈HQ2串入电路，合闸状态得以保持。分闸时按压分闸按钮OFF，合闸继电器线圈断电，合闸线圈和保持线圈断电，真空接触器释放。

对于图2-55所示的机械保持方案，按压合闸按钮可使真空接触器合闸，合闸保持则由机械锁扣来实现。接到分闸指令，即按压分闸按钮OFF后，合闸线圈HQ断电，分闸线圈TQ通电，机械锁扣机构解扣，在分闸弹簧作用下使衔铁释放，真空接触器分闸。

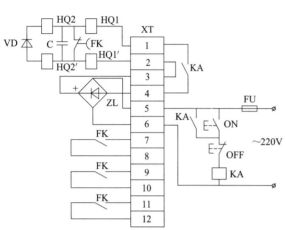

图 2-54　JCZ5-7.2/12 型真空接触器电保持
方案接线图

HQ1—合闸线圈；HQ2—保持线圈；FK—真空接触
器辅助触点；VD—二极管；C—电容器；ZL—整流器；
XT—接线端子排；KA—合闸继电器；
ON—合闸按钮；OFF—分闸按钮

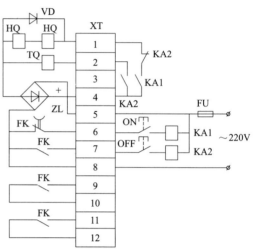

图 2-55　JCZ5-7.2/12 型真空接触器机械
保持方案接线图

HQ—合闸线圈；TQ—分闸线圈；FK—真空接触
器辅助触点；VD—二极管；ZL—整流器；XT—接线
端子排；KA1—合闸继电器；KA2—分闸继电器；
ON—合闸按钮；OFF—分闸按钮

② 主要技术参数　JCZ5-7.2/12 型高压真空接触器主要技术参数见表2-34。

表 2-34　JCZ5-7.2/12 型高压真空接触器主要技术参数

名　称	单位	参数	
		JCZ5-7.2	JCZ5-12
额定电压	kV	7.2	12
额定电流	A	400	400/630
额定关合电流（有效值）	A	4000	4000
额定最大分断电流	A	3300	4000
1min 工频耐受电压	kV	32	42
雷电冲击耐受电压	kV	60	75
额定短时耐受电流	kA	4	4
额定峰值耐受电流	kA	10	10
额定操作电压	V	AC(DC) 110/220	
合闸线圈吸合电流	A	DC 6.3	
保持线圈保持电流	A	DC 0.32/0.16	
分闸线圈脱扣电流	A	DC 2.5/1.3	
额定操作频率	次/h	350	
机械寿命	次	3×10^6	
电寿命（AC 3 条件下）	次	3×10^5	

2.2.13　电动机综合保护器

电动机综合保护器的品种型号较多，这里以 JD-6 型电动机综合保护器为例予以介绍。

JD-6 型电动机综合保护器具有缺相、过载和短路保护功能。电动机运行中出现缺相异常时，保护器可在 2s 时限内将电动机与电源断开。电动机运行电流超过设定的过载临界电流值或出现接近短路的异常大电流时，保护器按照反时限特性（过载倍数大，动作时限短；过载倍数小，动作时限长）进入保护延时状态，延时结束则通过交流接触器断开电动机电源，保护电动机的安全。

（1）综合保护器工作原理

JD-6 型电动机综合保护器的电气原理图见图 2-56，与电动机的配合接线见图 2-57。

为了便于对照，图 2-56 和图 2-57 中的元件符号采用了产品印制板上的标号。

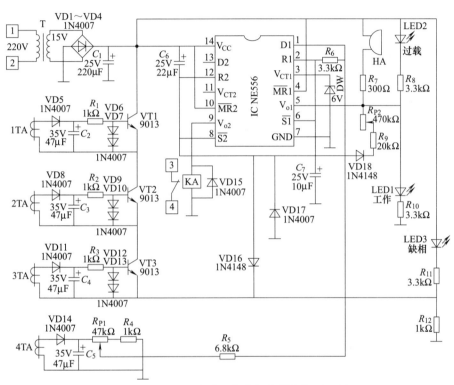

图 2-56　JD-6 型电动机综合保护器电气原理图

图 2-56 中 1TA～4TA 是综合保护器内部的穿芯式电流互感器，其接线位置可参见图 2-57。由图 2-57 还可发现，只有按压启动按钮 SB1 启动电动机后，保护器的 1、2 端子才能获得 AC 220V 工作电源。

图 2-56 中变压器 T 二次侧的 15V 电压经二极管 VD1～VD4 桥式整流、电容器 C_1 滤波后，得到 15V 左右的直流电压作为保护器的工作电源。双时基电路 NE556 是主控芯片。电动机运行时，串接在电动机主回路的电流互感器 1TA～3TA 用来检测电动机的运行电流，其中 1TA 二次的电流信号经 VD5 半波整流、C_2 滤波以及 R_1 限流，使三极管 VT1 处于导通状态。同理，2TA、3TA 的电流信号也使三极管 VT2 和 VT3 分别导通。

① 缺相保护　电动机的缺相保护由 NE556 的一个时基电路即 8～13 脚内外电路实施。电动机启动运行后，电流

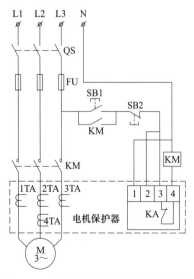

图 2-57　保护器与电动机的配合接线

互感器 1TA～3TA 的一、二次回路均有电流，三极管 VT1～VT3 均导通，电容器 C_1 正极的 15V 电压经三极管 VT1、VT2、VT3 和电阻 R_{12} 到地，此时 R_{12} 两端电压约为 14V。同时电容器 C_6 经二极管 VD16 和 R_{12} 充电，充电终止时 NE556 的 12 脚 $\overline{R_2}$ 端和 8 脚 $\overline{S2}$ 端电压约为 14.7V。根据时基电路的工作原理，此时其输出端 9 脚 V_{o2} 端被复位，为低电平，继电器 KA 线圈两端无电压不动作，常闭触点维持在闭合状态，由图 2-57 可见，已启动的电动机可以正常运行。如果电网缺相，或有熔断器 FU 熔断，相应相别的电流互感器电流为零，由该电流信号控制的三极管截止，电阻 R_{12} 上的电压发生变化，其数值由缺相指示灯 LED3、电阻 R_{11} 和 R_{12} 决定：缺相时 LED3 点亮，其两端电压约为 2V。电阻 R_{11} 和 R_{12} 对 13V 电压（15V 电源电压减去 LED3 的 2V 压降）分压，R_{12} 上可分得约 3V 电压。这时电容器 C_6 经二极管 VD16 和电阻 R_{12} 在新的电路状态下继续充电，当充电使 C_6 下端即 NE556 的 $\overline{S2}$ 端电位等于 $(1/3)V_{CC}$（约 5V）时，时基电路被置位，输出端 V_{o2} 电位变高，继电器 KA 得电动作，常闭触点断开，由图 2-57 可见，交流接触器 KM 失电释放，电动机停止运行，得到保护。缺相后 C_6 充电至继电器动作的时间即为缺相保护时限，大约为 2s。

② 过载与短路保护 由于短路是过载的一种极致情况，且保护器对过电流的保护具有反时限特性，因此下面对过载和短路一并进行讨论。电动机的过载与短路保护由 NE556 的另一个时基电路即 1～6 脚内外电路实施。这部分电路是一个较典型的多谐振荡器。过电流信号由电流互感器 4TA 拾取。4TA 二次的电流信号经二极管 VD14 整流、电容器 C_5 滤波，由过载电流设定电位器 R_{P1} 调整，再通过电阻 R_5 和 R_6 对电容器 C_7 充电，使 C_7 上有一个与电动机运行电流相对应的直流电压。时基电路的 V_{CT1} 端即 NE556 的 3 脚接有一只 6V 的稳压管 DW，这使该时基电路的复位、置位阈值由原来的 $(2/3)V_{CC}$、$(1/3)V_{CC}$ 改变为 V_{CT} 和 $(1/2)V_{CT}$，即 6V 和 3V。这实际上是给过载电流动作值提供了一个用作比较的准确基准电压，消除电网电压波动引起的阈值波动影响。当电动机正常运行时（未过载），电容器 C_7 即复位端 R_1（2 脚）上的电压低于 3 脚复位电平 6V（由电位器 R_{P1} 调整设定），时基电路输出端 V_{o1} 为高电平，发光管 LED1 点亮，指示电动机运行正常。当电动机过载，运行电流超过设定值时，与电动机运行电流有对应关系的电容器 C_7 两端电压也即复位端 R_1（2 脚）电压等于或超过复位电平 6V 时，时基电路复位，时基电路进入多谐振荡状态，输出端 V_{o1}（5 脚）和放电端 D1（1 脚）电位同时变低；之后 C_7 经 R_6 向 1 脚放电，当 C_7 上电压放电至 $(1/2)V_{CT}$ 即 3V 电压时，时基电路置位，输出端 V_{o1}（5 脚）电位变高，放电端 1 脚呈开路状态，C_7 重新开始充电，进入下一个振荡周期。这样在电动机过载期间，输出端 V_{o1}（5 脚）电位会不断地进行高低电平转换。接在 V_{o1} 端的蜂鸣器 HA 和过载指示灯 LED2 间歇鸣叫或闪光，提示电动机过载。振荡使 V_{o1} 端低电平时，电容器 C_6 经二极管 VD18、电阻 R_9、电位器 R_{P2} 充电，经过多个周期的充电，C_6 负极电位逐渐降低，当低至 NE556 置位端 $\overline{S2}$ 端 8 脚阈值电平时，输出端 V_{o2} 变高，继电器 KA 动作，电动机断电停止运行。电动机过载电流倍数较大时，电位器 R_{P1} 中间头电压较高，C_7 能较快地充电至 V_{CT} 即 6V 电压，而 C_7 的放电回路参数未变，因此，振荡脉冲中低电平所占时间相对较长，这时 C_6 充电速度较快；相反，过载电流倍数较小时，振荡脉冲中低电平所占时间相对较短，C_6 充电速度较慢。这使得电动机的过载保护具有反时限特性。

电位器 R_{P1} 可对过载保护启动电流进行整定，R_{P2} 可对过载保护的反时限特性进行调整。电动机停机，或缺相、过载保护动作后，二极管 VD17 给电容器 C_6 提供一个快速放电回路，例如，C_6 正极经 LED3、R_{11}、R_{12} 和 VD17 到 C_6 负极，为下一次启动电动机作好准备。并接在三极管 VT1～VT3 发射结上的 6 只二极管起限幅作用，当电动机出现异常过电流导致电容器 C_2～C_4 上电压过高时，可保护三极管发射结的安全。综合保护器内部使用的电源变压器 T，其初级电压有 220V 和 380V 等几种。

（2）维修实例

实例1：电动机启动时可见旋转动作，缺相灯亮，2s后交流接触器释放，启动失败。

电动机若在启动时就缺相，不会有旋转动作。用万用表测量可知并不缺相。将电动机综合保护器的3号和4号端子用导线短接再行启动，电动机启动成功，说明问题出在保护器内部。拆下保护器，打开外壳，检查与缺相保护相关的电路元件，发现电阻 R_2 虚焊，补焊后故障排除。应该说明的是，电流互感器二次可以短路，但不允许开路。电阻 R_2 虚焊开路相当于电流互感器 2TA 二次开路，这将导致电流互感器二次出现异常过电压，使电容器 C_3 击穿。当然电阻 R_2 虚焊开路或 C_3 击穿除了引发缺相误保护外，不会出现其他异常。本例维修中检查 C_3 并未损坏。

实例2：电动机运行中过载指示灯闪烁，蜂鸣器鸣叫，但长时间后仍未保护停机。过载灯闪烁说明过载保护电路已启动，长时间不保护停机应立即手动停机检查。因为保护器接在线路中检查非常不便，一般应拆下在实验台上检修。若无实验台具也可将保护器拆下，打开外壳，用万用表测量检查电容器 C_6，继电器 KA，以及控制芯片 NE556。NE556 可更换试验，C_6 应检查其充放电特性及是否漏电。本例中发现继电器 KA 线圈断线，更换后故障排除。

2.2.14 低压电动机微机监控保护器

WDB 系列微机监控电动机保护器是目前国内低压电动机保护器家族中较新的产品，它采用单片机技术和 EEPROM 存储技术研制而成，具有参数测量精度高、故障分辨准确可靠、保护功能齐全、参数显示直观等特点，保护器可配置 RS-485 串行数据通信接口，实现与计算机的通信功能，并由计算机对电动机实施远程检测和控制，因此是目前较理想的低压电动机保护产品，广泛应用于石油、化工、电力、冶金、煤炭、轻工、纺织等行业电动机的运行监测与保护。

（1）主要技术指标

① 测量范围：电流 0～9999A，电压 AC 150～500V。

② 测量精度：1.5 级。

③ 保护触点容量：AC 220V/5A，AC 380V/3A，电寿命≥10^5 次。

④ 启动时间整定范围：1～99s，在启动时间内，只对断相、过压、欠压、短路、漏电及三相电流不平衡进行保护。

⑤ 过压保护：当工作电压超过过压设定值时，动作时间≤5.0s。

⑥ 欠压保护：当工作电压低于欠压设定值时，动作时间≤10s。

⑦ 断相保护：当任何一相或两相断开时，动作时间≤2.0s。

⑧ 不平衡保护：当任何两相间的电流值相差≥60%时（不平衡电流百分比可设置），动作时间≤2.0s。

⑨ 堵转保护：当工作电流达到额定电流的3～8倍时（保护电流倍数可设置），动作时间≤0.5s。

⑩ 短路保护：当工作电流达到额定电流的8倍以上时，动作时间≤0.2s。

⑪ 漏电保护：漏电电流≥50mA 时，动作时间≤0.2s。漏电电流值可根据用户需要按设定值序号自行设定，漏电电流值与设定值序号的对应关系见表2-35。

表 2-35 漏电电流值与设定值序号的对应关系

设定值序号	0	1	2	3	4	5	6	7	8	9
漏电电流值/mA ≥	500	450	400	350	300	250	200	150	100	50

⑫ 过流保护：过流保护具有反时限动作特性，保护动作时间可根据用户需要自行设定。设定值序号对应的过电流倍数与保护动作时间特性见表 2-36。例如在表 2-36 中，将设定值序号设定为 4，则过电流倍数≥2 时，保护动作时间为 30s；而过电流倍数≥3 时，保护动作时间为 12s，可见过电流倍数越大，保护动作时间越短，保护动作具有反时限特性。

表 2-36 设定值序号对应的过电流倍数与保护动作时间特性表

过流倍数	设定值序号				
	1	2	3	4	5
	动作时间/s				
≥1.2	60	120	180	240	300
≥1.3	48	96	144	192	240
≥1.4	36	72	108	144	180
≥1.5	8	16	32	48	64
≥2.0	5	10	20	30	40
≥3.0	2	4	8	12	16
≥3.5	1	2	4	6	8

（2）型号规格

① 型号 WDB 系列微机监控电动机保护器根据功能要求的不同有表 2-37 列举的五个型号，各型号的相应功能见表中介绍。

表 2-37 WDB 系列微机监控电动机保护器的型号及相应功能

型号	功　能
WDB-A	对电动机实施监测、监控、保护和就地显示
WDB-B	由主体单元和显示单元组成,可分别安装于相距不大于 5m 的两个位置,对电动机实施监测、监控、保护和显示
WDB-C	除了具有 WDB-A 型功能外,另有 RS-485 通信接口可与上位机通信,上位机可对多至 256 台保护器进行监测、监控、显示、参数设定、启停操作、故障复位及打印等功能。通信距离≤1200m
WDB-D	除了具有 WDB-B 型功能外,另有 RS-485 通信接口可与上位机通信,上位机可对多至 256 台保护器进行监测、监控、显示、参数设定、启停操作、故障复位及打印等功能。通信距离≤1200m
WDB-S	除正常保护外,增加启动过程的电流保护功能,另有 RS-485 通信接口可与上位机通信,上位机可对多至 256 台保护器进行监测、监控、显示、参数设定、启停操作、故障复位及打印等功能。通信距离≤1200m

② 规格 WDB 系列微机监控电动机保护器根据被保护电动机功率的不同，有六种规格，详见表 2-38。

表 2-38 WDB 系列微机监控电动机保护器的规格

规格	整定电流范围/A	适用电动机功率/kW	说　明
10A	1～10	1～5	①应根据电动机的功率选择保护器的规格,使电动机的额定电流在保护器的整定电流范围以内。②规格为 400A、600A 的保护器,必须加装三个二次电流为 5A 的电流互感器
50A	5～50	4～25	
100A	10～100	20～50	
200A	20～200	50～90	
400A	50～400	75～200	
600A	100～600	200～300	

（3）电气接线

电气接线包括电动机一次回路接线和二次回路接线。

① 一次回路接线 保护器要对电动机进行过电流和过电压保护就必须获取相应的电信号。为了方便接线，减少故障，保护器的一次接线采用穿线式或穿绕式，即 10A、50A、100A、200A 的保护器预留有一次穿线孔，只须将电动机的一次导线从穿线孔一次性穿过即可。而对于 400A 和 600A 两种较大规格的保护器，则必须通过二次电流为 5A 的三只电流互感器接

入，即将电流互感器二次导线在保护器的穿线孔中穿绕 5 匝就能使保护器获取相应的电流信号。

过电压和欠电压保护的电压信号从保护器的工作电源上获取。

② 二次回路接线 二次回路接线因保护器的型号和功能不同而略有差异。

WDB-A 型和 WDB-B 型保护器无有通信功能，所以无须连接 RS-485 通信线。WDB-C 型、WDB-D 型和 WDB-S 型具有通信功能，应将两条通信线连接在保护器接线端子的 T_A 和 T_B 端，详见图 2-58。

漏电保护功能是 WDB 系列保护器的可选功能，如果订货时指明保护器应具有漏电保护功能，则应选用适当规格的零序电流互感器，将该互感器的二次连接到保护器接线端子的 K1 和 K2 端，详见图 2-58。

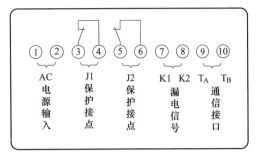

图 2-58 WDB 系列保护器二次接线示意图

保护器的工作电源为 AC 220V±15％或 AC 380V±15％（用户订货时可选），50Hz±2％。该电源还是过电压和欠电压保护的电压取样信号。可参见图 2-58 接到①号和②号端子上。

10A、50A、100A、200A 四种规格保护器的保护触点与电动机、启动停止按钮等元件的一般接线如图 2-59 所示。其中一次导线直接从穿线孔穿过。图中 J1 是保护器保护出口继电器的常闭接点，电动机停运及运行正常时该触点闭合，任何一种保护动作时该触点都会断开。该触点一旦断开，交流接触器 KM 线圈即失电释放，电动机断电停止运行得到保护。保护器保护出口继电器常闭接点 J1 的连接参见图 2-58，相关电路接至③号和④号端子即相当于将 J1 接入电路。

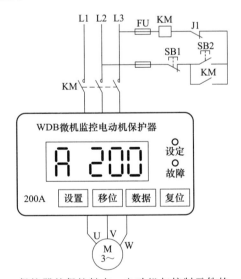

图 2-59 保护器的保护触点、电动机与控制元件的一般接线

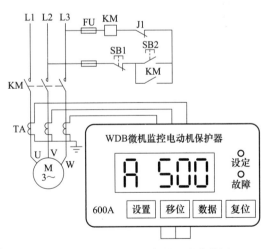

图 2-60 400A、600A 保护器的接线图

对于 400A 和 600A 两种较大规格的保护器，由于一次导线截面积较大，将其从穿线孔直接穿过具有一定难度，保护器设计时选择了一种方便操作的方案，即通过三只二次电流为 5A 的电流互感器接入，如图 2-60 所示。三只电流互感器的二次导线分别在三个穿线孔中穿绕 5 匝后连接成星形，保护器即可获取电动机的电流信号。电动机的其他二次电路连接与图 2-59

的介绍类似，此处不再赘述。

（4）参数设置

WDB 系列微机监控电动机保护器投入运行前必须对其进行功能参数设置才能正常工作。通过对保护器面板上的按键进行操作可以设置功能参数。保护器面板上的按键排列见图 2-61。

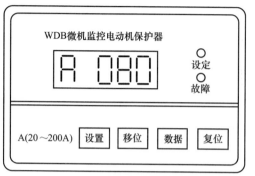

图 2-61　WDB 系列微机监控电动机保护器面板样式

各按键的功能说明如下：

① 设置键　按压该键可以进入设置状态，并选择设定的类别。

② 移位键　该键为多功能键，在设置状态按此键可以选择欲设定的字位，选中的字位会闪烁，之后通过数据键修改参数。正常状态下按移位键　显示以前发生的故障代号，按复位键退出故障代号显示。

③ 数据键　该键为多功能键，设置状态下按此键一次，闪烁位加 1，这样即可修改参数值。电动机正常运行时，显示器循环显示的是三相电流值，按此键后显示内容变换为电压值，再按一次复位键恢复循环显示电流值。

④ 复位键　该键为多功能键，在设置状态按复位键退出设置状态；保护动作后按此键保护器复位，可使电动机重新启动；正常运行中显示器循环显示三相电流值，按此键后暂停三相电流循环显示，改为显示当前某相电流值，再按此键恢复电流循环显示。

保护器的参数设置须在接通工作电源后、电动机启动之前进行，这时按一次设置键，设置指示灯亮，显示器显示"H 05"，提示可以设置启动时间，之后用移位键选择欲设置修改的位，选中的位数字会闪烁，用数据键修改闪烁位的数值（每按一下数据键数值加 1），修改完毕再按一次设置键，即可进入下一个参数的设置状态。如此直至所有参数设置完毕，按复位键退出设置状态，显示器显示"STOP"，设置过程结束。具体的设置过程可参见表 2-39。

表 2-39　参数设置的操作程序表

操作顺序	显示内容	代号定义	设定范围
第一次 按设置键	H 05	启动时间	1～99s
第二次 按设置键	A 100	电动机额定电流值	设定值应在整定电流值范围之内，参见表 2-38
第三次 按设置键	S 1	过流反时限 保护动作代号	参见表 2-36
第四次 按设置键	∪ 456	过压值	额定电压 120% 左右
第五次 按设置键	n 304	欠压值	额定电压 80% 左右
第六次 按设置键	E 6	堵转倍数	3～8 倍之间选择
第七次 按设置键	d 000	设定通信地址号	0～255
第八次 按设置键	L 1	漏电电流值代号	在漏电电流设定值序号 0～9 中选择，见表 2～35

续表

操作顺序	显示内容	代号定义	设定范围
第九次 按设置键	P　60	三相电流不平衡百分比值	60%左右
第十次 按设置键	F　300	电流互感器额定变比	设定为电流互感器 一次的额定电流值

电动机在启动或运行状态时按设置键无效。

如果没有 RS-485 通信接口，没有漏电保护功能，则第七次按设置键和第八次按设置键之后的参数设置无效，可用连续按压设置键的方法跳过相应设置程序。

第十次按设置键后的设置只对 400A 和 600A 的保护器有效。

参数设定完毕，按复位键，保存设定值，退出设定状态。

（5）保护器显示屏的显示

保护器接入工作电源后，显示器显示"STOP"，即停止、停机之意。电动机启动时显示"----"，启动结束进入运行状态时显示电流相别代号和三位电流值，例如图 2-61 中显示器显示的"A　080"，表示当前显示的是 A 相电流，电流值为 80A。此时按数据键，显示电压值，之后按复位键则固定显示某相电流值，再按复位键则恢复三相电流循环显示状态。

（6）电动机故障时的保护及显示

电动机在运行过程中，如果有任何一项运行参数达到或超过了设定的保护值，保护器的显示器就会显示相应的故障代码，并在跳闸前不停闪烁，显示内容因故障而异可能是图 2-62 中的某一种。经过设定的延时时间后电动机会受保护器控制跳

图 2-62　电动机故障保护时显示的故障代码

闸断电，从而使电动机受到保护。跳闸后继续显示故障代码及引起跳闸的故障参数值。例如图 2-62 中显示的"A　108"表示因为出现了 108A 的过电流从而使电动机保护跳闸。

（7）计算机远程通信系统与保护器的连接

WDB-C、WDB-D、WDB-S 型微机监控电动机保护器通过 RS-485 通信接口与远程计算机主机之间的连接示意图见图 2-63。通信距离≤1200m。每台上位机（计算机主机）可与多至 256 台 WDB-C、WDB-D、WDB-S 型微机监控电动机保护器进行通信。每台保护器都应设置自己的通信地址号。上位机可对每台电动机保护器的保护参数进行修改，并能对每台电动机进行启动或停机的操作控制。

2.2.15　高压电动机微机综合保护装置

（1）装置简介

WGB-150N 系列电动机微机综合保护装置（以下简称装置）是功能完善技术先进的微机型电动机保护装置，主要应用于 10kV 及以下各电压等级高压电动机的继电保护，可以直接安装在高压开关柜上，也可组屏安装。

为了与产品说明书对照阅读使用的方便，本节内容中使用的一些字符可能与产品说明书中的字符对应一致。

本系列装置共分三种型号：WGB-151N、WGB-152N 和 WGB-153N。各型号保护器的保护功能配置见表 2-40。

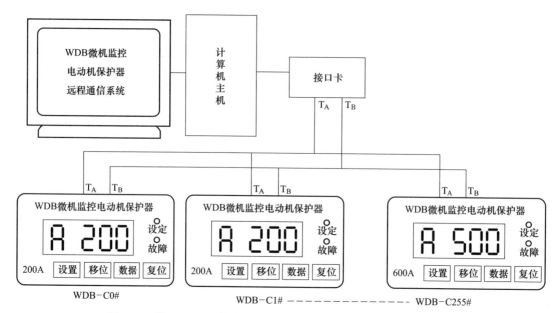

图 2-63 带 RS-485 通信接口的保护器与远程计算机主机连接示意图

表 2-40 各型号保护器的保护功能配置表

功能配置			装 置 型 号		
			WGB-151N	WGB-152N	WGB-153N
装置交流输入	电流	保护	I_a,I_c,$3I_o$	I_{a1},I_{c1},I_{a2},I_{c2},$3I_o$	I_a,I_b,I_c,$3I_o$
		测量	I_A,I_C		
	电压		U_a,U_b,U_c	U_a,U_b,U_c	U_a,U_b,U_c
启动时间过长保护			√	√	√
Ⅰ、Ⅱ段定时限过流保护			√	√	√
负序电流保护			√	√	√
零序电流保护			√	√	√
过负荷保护			√	√	√
过热保护			√	√	√
过电压保护			√	√	√
低电压保护			√	√	√
差动速断保护				√	
比率差动保护				√	
TA 断线检测				√	
控制回路异常告警			√	√	√
TV 断线检测			√	√	√
跳位异常告警			√	√	√
装置故障告警			√	√	√
遥信、遥控及遥测			√	√	√

（2）装置技术指标

① 装置测量及保护输入端的额定数据

a. 交流电流：5A 或 1A。

b. 交流电压：($100/\sqrt{3}$)V，100V。

c. 零序电流：1A。

d. 额定频率：50Hz。

② 装置电源电压 直流或交流，220V 或 110V。

③ 装置过载能力

a. 交流电流回路：$2I_N$ 时可长期运行。

$10I_N$ 时为 10s。

$40I_N$ 时为 1s。

b. 交流电压回路：$1.2U_N$ 时可长期运行。

④ 功率消耗 在额定电压下装置的功率消耗为：

a. 直流回路：正常工作时不大于 10W，保护动作时不大于 15W。

b. 交流电压回路：每相不大于 0.5V·A。

c. 交流电流回路：$I_N=5A$ 时，每相不大于 1V·A。

d. $I_N=1A$ 时，每相不大于 0.5V·A。

⑤ 环境条件

a. 环境温度范围：$-25\sim+55℃$。

b. 相对湿度：不大于 95%，无凝露。

⑥ 各保护组件工作范围及误差

a. 电流工作范围：$0.1I_N\sim15I_N$，误差不超过 $\pm5\%$。

b. 电压工作范围：$10\sim120V$，误差不超过 $\pm0.5\%$。

c. 零序电流工作范围：$0.02\sim12A$，误差不超过 $0.01I_{0N}$（I_{0N} 为零序额定电流）或 $\pm0.5\%$。

⑦ 测量精度

a. 测量电流误差不超过额定值的 $\pm0.5\%$。

b. 功率误差不超过额定值的 $\pm1\%$。

c. 开关量输入（24V）分辨率不大于 2ms。

（3）装置插件

本保护装置由以下插件构成：交流变换插件、电源插件、CPU 插件、通信插件及人机对话插件。

① 交流变换插件 交流变换部分包括电流变换器和电压变换器，用于将系统电流互感器 TA、电压互感器 TV 的二次侧电流、电压信号转换为弱电信号，供 CPU 插件转换，并起强弱电隔离作用。

② CPU 插件 CPU 插件采用了多层印制板及表面贴装工艺，外观小巧，结构紧凑。

③ 电源插件 装置电源采用交、直流两用开关电源。本插件输出一路 5V、一路 24V 直流电压。5V 用于装置数字器件工作，24V 用于继电器驱动及状态量输入使用。本插件中含有跳闸、合闸、信号、告警、防跳等继电器。

④ 通信插件 工业级 RS-422、RS-485 和 LonWorks 总线网络，组网经济、方便，可直接与微机监控或保护管理机联网通信。

⑤ 人机对话插件 此插件有液晶中文显示、键盘操作及信号灯指示功能。

（4）装置的功能与原理

① 电动机启动过长保护 本保护能自动识别电动机启动过程，当整定的启动时间到达后，电动机的任一相电流仍大于额定电流的 105% 时，启动过长保护动作。动作方式有告警和跳闸两种选择。

装置设有电动机启动结束开入端子，当接入此端子，保护跳过电动机启动过程，电动机直接处于正常运行状态。本端子只在测试时使用。

② 两段式定时限过流保护 装置设有两段式定时限过流保护，由压板选择投入或退出。Ⅰ段为电流速断保护，用于电动机短路保护。电动机启动过程中，保护速断定值自动升为 2 倍的速断整定电流值，以躲过电动机的启动电流；当电动机启动结束后，保护速断定值恢复原整定电流值，这样可有效防止启动过程中因启动电流过大而引起误动，同时还能保证运行中保护有较高的灵敏度。

Ⅱ段为过流保护，为电动机的堵转提供保护。Ⅱ段保护在电动机启动过程中自动退出。其保护原理如图 2-64 所示。图中虚线框内的逻辑元件符号在本图或以后各图中会经常使用，这里给出了其名称，供读图参考。

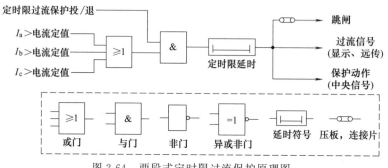

图 2-64 两段式定时限过流保护原理图

③ 负序电流保护 当电动机三相电流有较大不对称时，出现较大的负序电流，而负序电流将在转子中产生 2 倍工频的电流，使转子附加发热大大增加，危及电动机的安全运行。

装置设置负序电流保护，分别对电动机反相、断相、匝间短路以及较严重的电压不对称等异常运行情况提供保护。负序电流保护原理如图 2-65 所示。

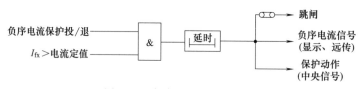

图 2-65 负序电流保护原理图

④ 零序电流保护 装置设有零序电流保护功能，可选择动作于跳闸或告警。其保护原理如图 2-66 所示。

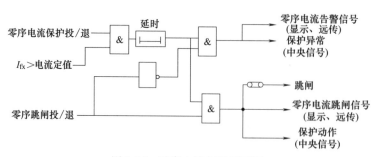

图 2-66 零序电流保护原理图

⑤ 过负荷保护 装置设有过负荷保护功能。过负荷保护可选择动作于跳闸或告警。其保护原理如图 2-67 所示。

⑥ 过热保护 过热保护考虑了电动机正序电流和负序电流产生的综合热效应、热积累过

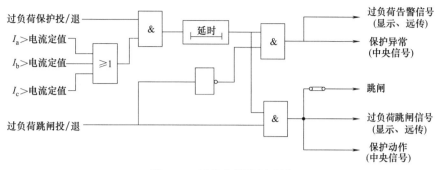

图 2-67 过负荷保护原理图

程和散热过程。

过热预告警：过热预告警由控制字进行投退，当热积累值达到热跳闸值的 75% 时发过热告警信号。

过热保护跳闸后，不能立即再次启动，等散热结束后方可再次启动。在需要紧急启动的情况下，可按住 "┼" 键 2s 进行热强制复归。

⑦ 低电压保护 当电源电压短时降低或短时中断时，为保证重要电动机自启动，要断开次要电动机，这就需要配置低电压保护。低电压保护原理如图 2-68 所示。

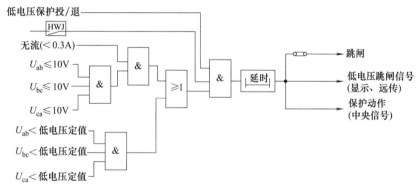

图 2-68 低电压保护原理图

⑧ 过电压保护 过电压保护原理如图 2-69 所示。

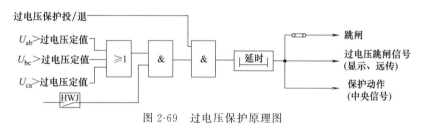

图 2-69 过电压保护原理图

⑨ 差动速断保护 该系列微机综合保护器中的 WGB-152N 型具有差动速断保护功能。

差动速断保护功能在电动机内部严重故障时快速动作。任一相差动电流大于差动速断整定值时瞬时动作于出口继电器。在电动机启动过程中，保护动作延时 120ms，以躲过电动机启动过程中瞬时暂态峰值电流，提高保护可靠性；启动结束后，保护无延时。

⑩ 比率差动保护 该系列微机综合保护器中的 WGB-152N 型具有比率差动保护功能。

比率差动保护是电动机内部故障的主保护，能保证外部短路不动作，内部故障时有较高的灵敏度。比率差动保护在电动机启动过程中，延时 120ms 保护，以躲过电动机启动过程中瞬时暂态峰值电流，提高保护可靠性；启动结束后，保护动作无延时。

⑪ 电流互感器（TA）断线检测　该系列微机综合保护器中的 WGB-152N 型具有电流互感器断线检测功能。

在任一相差动电流大于 $0.1I_N$ 时启动 TA 断线判别程序，满足下列条件时认为 TA 断线。TA 断线后发告警信号。

　　a. 本侧两相电流中一相无电流；

　　b. 对侧本相电流与启动前相等。

⑫ 控制回路异常告警　装置采集断路器的合闸位置继电器 HWJ 和跳闸位置继电器 TWJ 的触点状态，当控制电源正常、断路器上述控制继电器的位置触点正常时，必有一个处于闭合状态，否则，经 2s 延时报控制回路异常告警信号。

控制回路异常告警原理如图 2-70 所示。

图 2-70　控制回路异常告警原理图

⑬ 电压互感器（TV）断线告警　装置检测到电压互感器 TV 断线时，延时发出告警信号，在母线电压恢复正常（线电压均大于 80V）后，保护返回。其原理如图 2-71 所示。

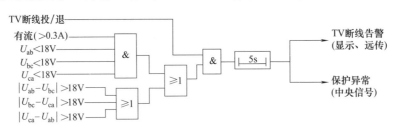

图 2-71　电压互感器（TV）断线告警原理图

⑭ 跳位异常告警　装置检测到跳位有开入且有流时，经延时报跳位异常告警信号，告警继电器动作。

⑮ 装置故障告警　保护装置的硬件发生故障，装置的 LCD 可以显示故障信息，并驱动装置异常继电器发告警信号，同时闭锁保护。

⑯ 遥信、遥控及遥测功能

a. 遥信：各种保护动作信号及断路器位置等开入量信号。

b. 遥控：远方控制跳合闸、调（修改）定值等。

c. 遥测：电流、电压、频率、有功功率、无功功率。

⑰ 通信功能　可直接与微机监控或保护管理机通信，通信接口可选用 RS-422、RS-485 或 LonWorks。通信规约可选用 Q/XJ11.050-2001 许继通信规约、IEC 60870-5-103 国际标准通信规约或 MODBUS 通信规约。

（5）定值清单及动作信息显示说明

① 定值清单及说明　所谓定值，即微机综合保护器工作时实施控制、保护的依据，某项保护功能需要启用，则在定值中将其设置为投入，不需要时则将其设置为退出。启用某项保护

时，达到什么参数值时启动，启动后到动作执行之间是否需要延时、延时多长时间，动作执行时是报警还是跳闸，这些内容都是在定值清单中确定的。

该保护装置可设置并存储10套定值，对应的定值区号为0～9。运行中根据运行工况选择一套定值执行。WGB-150N系列保护器的定值清单见表2-41。

表 2-41　WGB-150N 系列保护器定值清单

定值种类	定值项目	整定范围	整定步长
启动时间过长保护	启动时间过长电流保护定值	$0.1I_N\sim4I_N$	0.01A
	启动时限	$0.1\sim60s$	0.01s
	启动过长跳闸	投入或退出	
过流Ⅰ段保护	过流Ⅰ段压板	投入或退出	
	过流Ⅰ段定值	$I_N\sim15I_N$	0.01A
	过流Ⅰ段时限	$0\sim9.99s$	0.01s
过流Ⅱ段保护	过流Ⅱ段压板	投入或退出	
	过流Ⅱ段定值	$0.4I_N\sim10I_N$	0.01A
	过流Ⅱ段时限	$0\sim9.99s$	0.01s
负序电流保护	负序电流压板	投入或退出	
	负序电流定值	$0.1I_N\sim4I_N$	0.01A
	负序电流时限	$0\sim9.99s$	0.01s
零序电流保护	零序电流压板	投入或退出	
	零序电流定值	$0.02\sim12A$	0.01A
	零序电流时限	$0\sim9.99s$	0.01s
	零序跳闸投退	投入或退出	
过负荷保护	过负荷压板	投入或退出	
	过负荷定值	$0.2I_N\sim4I_N$	0.01A
	过负荷时限	$0\sim100s$	0.01s
	过负荷跳闸投退	投入或退出	
过热保护	过热保护压板	投入或退出	
	发热时间常数	$1\sim100min$	1min
	负序发热系数	$3\sim10$	0.01
	散热系数	$1\sim4.5$	0.01
	过热预告警	投入或退出	
低电压保护	低电压压板	投入或退出	
	低电压定值	$10\sim100V$	0.01V
	低电压时限	$0\sim9.99s$	0.01s
过电压保护	过电压压板	投入或退出	
	过电压定值	$100\sim120V$	0.01V
	过电压时限	$0\sim9.99s$	0.01s
差动速断保护（WGB-152N）	差动速断压板	投入或退出	
	差动速断定值	$0.1I_N\sim15I_N$	0.01A
比率差动保护（WGB-152N）	差动保护压板	投入或退出	
	最小动作电流	$0.1I_N\sim0.9I_N$	0.01A
	最小制动电流	$0.1I_N\sim2I_N$	0.01A
	制动系数	$0.1\sim0.9$	0.01
TA断线检测（WGB-152N）	TA断线压板	投入或退出	
TV断线检测	TV断线检测压板	投入或退出	

② 动作信息显示及说明　保护器运行中发生保护动作或告警时，将动作信息显示于显示屏LCD，同时上传到保护管理机或当地监控。保护动作后，如有多项信息，则交替显示。保护动作后如不复归，信息将不停止显示，复归方式为按住"─"键2s。另外，动作信息自动存入事件存储区，事件存储区记录最后发生的20次事件，且掉电不丢失。保护动作及告警信息见表2-42。

表 2-42　保护动作及告警信息

显示内容	动作信息
启动时间过长跳闸	跳闸继电器、跳闸信号继电器出口;跳闸指示灯亮
启动时间过长告警	告警继电器出口;告警指示灯亮
过流Ⅰ段跳闸	跳闸继电器、跳闸信号继电器出口;跳闸指示灯亮
过流Ⅱ段跳闸	跳闸继电器、跳闸信号继电器出口;跳闸指示灯亮
零序电流告警	告警继电器出口;告警指示灯亮
零序电流跳闸	跳闸继电器、跳闸信号继电器出口;跳闸指示灯亮
过负荷告警	告警继电器出口;告警指示灯亮
过负荷跳闸	跳闸继电器、跳闸信号继电器出口;跳闸指示灯亮
过热保护跳闸	跳闸继电器、跳闸信号继电器出口;跳闸指示灯亮
过热保护告警	告警继电器出口;告警指示灯亮
低电压跳闸	跳闸继电器、跳闸信号继电器出口;跳闸指示灯亮
过电压跳闸	跳闸继电器、跳闸信号继电器出口;跳闸指示灯亮
差动速断跳闸	跳闸继电器、跳闸信号继电器出口;跳闸指示灯亮
比率差动跳闸	跳闸继电器、跳闸信号继电器出口;跳闸指示灯亮
TA回路断线告警	告警继电器出口;告警指示灯亮
TV回路断线告警	告警继电器出口;告警指示灯亮
控制回路异常	告警继电器出口;告警指示灯亮
跳位异常	告警继电器出口;告警指示灯亮
定值故障	异常继电器出口;告警指示灯亮
定值区号故障	异常继电器出口;告警指示灯亮
开出回路故障	异常继电器出口;告警指示灯亮
RAM故障	异常继电器出口;告警指示灯亮

（6）保护装置接线

① 装置的接线图　该装置的外形样式见图 2-72，在高压电动机启动柜中与断路器的配合参考接线见 2-73。装置的接线端子安排在机壳背部，具体排列见图 2-74。

图 2-72　WGB-151N 微机电动机保护装置外形图

② 保护装置的工作电源　参见图 2-73 和图 2-74。端子 28、30 为装置电源输入端，电源为直流时，如图 2-73 所示为＋DYM 和-DYM，则 28 接正极性端＋DYM，30 接负极性端-DYM；为交流时不分极性接入。

端子 29 为装置屏蔽接地端子。

③ 保护或测量的交流电流及电压输入　WGB-150 系列综合保护器背面的 1～10 号接线端子，在 151N、152N 和 153N 三种型号中，接线方法略有不同，介绍如下。

a. WGB-151N 型保护器，1～10 号及相关接线端子的接线示意图见图 2-75。由图可见，端子 1、2 和 3、4 分别接 A 相、C 相电流信号，用作过电流与短路速断保护；端子 5、6 和 7、8 分别接另一组电流互感器的 A 相、C 相电流信号，用作电流测量；端子 9、10 为零序电流输入，用作零序电流保护。23～26 号端子连接经电压互感器输出的电压信号，用作低电压与过电压保护，以及电压测量电路。

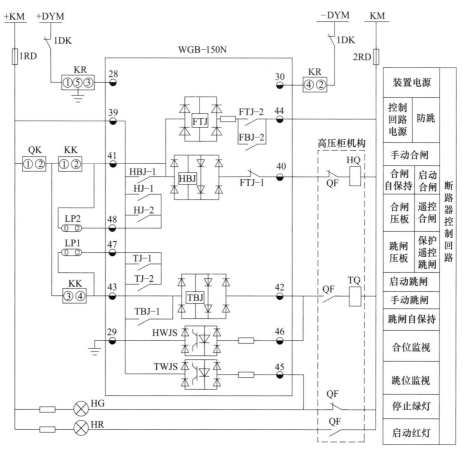

图 2-73　WGB-150N 系列电动机微机保护器接线原理图

QK—切换开关；LP1，LP2—连接片；KK—复位式控制开关；KR—电源滤波器

31	告警			11	24V+						
32	告警			12	24V−						
33	异常			13	闭锁遥控投切						
34	异常			14	远方/就地						
35	跳闸信号			15	开入5			端子号	WGB-151N	WGB-152N	WGB-153N
36	跳闸信号			16	弹簧未储能			1	I_a	I_{a1}	I_a
37	合闸信号			17	开入7			2	$I_{a'}$	$I_{a1'}$	$I_{a'}$
38	合闸信号			18	启动结束	1	I_a	3	I_c	I_{c1}	I_b
39	+KM			19	TXD+	2	$I_{a'}$	4	$I_{c'}$	$I_{c1'}$	$I_{b'}$
40	去合闸回路			20	RXD+	3	I_c	5	I_A	I_A	I_C
41	手动合闸	47	跳闸压板	21	TXD−	4	$I_{c'}$	6	$I_{A'}$	$I_{A'}$	$I_{C'}$
42	去跳闸回路	48	合闸压板	22	BXD−	5	I_A	7	I_C	I_C	3I0
43	手动跳闸	27		23	U_a	6	$I_{A'}$	8	$I_{C'}$	$I_{C'}$	3I0′
44	−KM	28	220V+	24	U_b	7	I_C	9	3I0	3I0	
45	跳位监视	29	PGND	25	U_c	8	$I_{C'}$	10	3I0′	3I0′	
46	合位监视	30	220V−	26	U_n	9	3I0				
						10	3I0′				

1~10号端子在不同型号中的差异接线

图 2-74　微机综合保护装置接线端子排列图

b. WGB-152N 型保护器，1～10 号及相关接线端子的接线示意图见图 2-76。图中端子 1、2 和 3、4 分别为机端 A 相、C 相电流输入；端子 5、6 和 7、8 分别为中性点侧（高压大功率电动机绕组一般为星形接法）A 相、C 相电流输入；以上 1～8 号端子输入的电流信号用作差动速断保护。端子 9、10 为零序电流输入，用作零序电流保护。23～26 号端子连接经电压互感器输出的电压信号，用作低电压、过电压保护，以及电压测量电路。

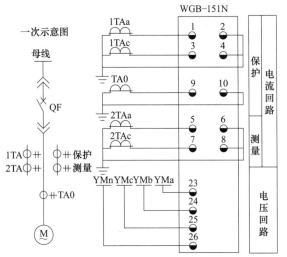

图 2-75　WGB-151N 型保护器测量保护信号输入

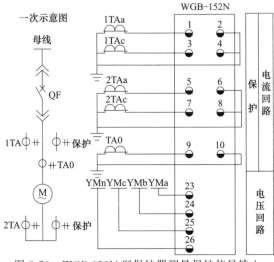

图 2-76　WGB-152N 型保护器测量保护信号输入

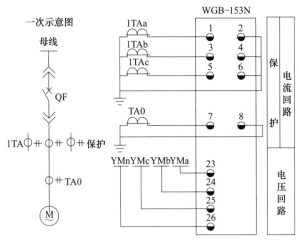

图 2-77　WGB-153N 型保护器测量保护信号输入

c. WGB-153N 型保护器，1～10 号及相关接线端子的接线示意图见图 2-77：端子 1、2、3、4、5、6 分别为 A 相、B 相、C 相保护电流输入；端子 7、8 为零序电流输入。

交流电压输入：端子 23、24、25、26 分别接电压互感器二次的电压信号输入，用于测量与保护电路。

（7）装置运行

保护装置与被保护的高压电动机完成配合接线，自身接通工作电压，设置完成定值参数，报警继电器、保护跳闸继电器的触点与相关电路连接完毕，即可启动电动机投入运行。

2.2.16　XSHT 型智能巡回检测仪

XSHT 型智能数字式多回路巡回检测显示报警仪是一台最多可检测 16 路不同输入信号的自动化仪表。在电动机的电参数和非电参数的测控保护中，功能表现非常优异。例如巡检仪在煤矿风机运行保护中的应用。一台风机通常配置两台电动机驱动，大型矿井的风机电动机功率都在几百千瓦以上，每台电动机的三相定子绕组、电动机的轴承，在运行中都要进行实时的温度测量显示和超温报警，这时即可使用 XSHT 型温度巡检仪实现相应功能。测控信号还可以通过 RS-485 通信接口远传至上位机或相关监控装置。因此这种仪表在电动机的运行控制与保护中得到广泛的应用。

XSHT 型智能数字式多回路巡回显示报警仪可以接收处理多类型的输入信号（热电偶、热电阻、线性电压、线性电流、线性电阻、频率等），具有可编程功能，仪表的显示量程、报警控制等可由用户现场设置，可与各类传感器、变送器配合使用，实现对温度、压力、液位、容量等物理量的测量显示、调节、报警控制、数据采集和记录。

智能数字式多回路巡回显示报警仪具有零点和满度修正、冷端补偿、数字滤波、通信接口，可选配继电器报警输出，还可选配变送输出，或标准通信接口输出等。

（1）性能特点和技术指标

在可巡检的 16 个通道范围内，1～16 通道数可选择，即可以屏蔽任意一个或多个通道，使其退出工作。屏蔽的通道在巡检时被绕过，可以缩短巡检周期，加快巡检速度，简化参数设置的程序。

各通道输入类型，可在热电偶、Pt100 热电阻、电压信号、电流信号中任意选择设置。

各通道可根据需要分别设置小数点位置和显示范围。

多种报警方式可选择：16 通道相同输入类型情况下可实现集中设置报警值，统一继电器输出；独立设置报警值，统一继电器输出；独立设置报警值，独立继电器输出。16 通道不同输入类型情况下可实现独立设置报警值统一继电器输出；独立设置报警值，独立继电器输出。独立继电器分别报警由巡检仪和报警盒配合完成（由于分别报警使用继电器数量较多，故将报警继电器集中安装在报警盒内）。

多种变送输出类型和方式可选择：可选择输出 0～10mA、0～20mA、4～20mA、0～5V、1～5V、0～10V 信号；可选择所有通道测量值的平均值、最大值、最小值变送输出；可指定 16 通道中任何一通道进行变送输出；所有输出方式的变送范围均可设置。

采用双窗口显示方式，每个窗口各有四位数码管。显示窗口布置见图 2-78。测量显示范围：－1999～9999。

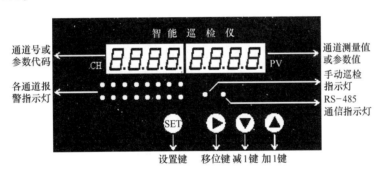

图 2-78 XSHT 型智能巡检仪面板排列示意图

具备手动巡检功能，可手动查看各通道测量值。

具备 RS-485 或 RS-232 可选的通信输出，采用标准 MODBUS 协议，通用性强，可靠性高。

可用 85～265V 的宽电压范围交流电源供电，也可由 16～32V 直流电源供电。

① 测量准确度　±0.2%FS±1 字；还可特殊订制±0.1%FS±1 字精度。

② 输入信号　热电偶：K、E、S、B、J、T、R、WRE，冷端温度自动补偿范围 0～50℃，补偿准确度±1℃；热电阻：Pt100、Cu100、Cu50、G、BA2、BA1，引线电阻补偿范围≤15Ω；直流电压：0～20mV、0～75mV、0～200mV、0～5V、1～5V 线性或开方信号；直流电流：0～10mA、4～20mA 线性或开方信号。

③ 模拟输入阻抗　电流信号 R_i=100Ω；电压信号 R_i=500kΩ。

④ 报警精度　±1 字。

⑤ 自身保护　输入信号回路断线或输入信号超/欠量程均可报警。

⑥ 设定方式　面板轻触式按键数字设定，设定值断电永久保存。

⑦ 功耗　＜5W。

（2）仪表参数设置

① 仪表面板简介　仪表面板排列示意图见图 2-78。采用两个数码管显示窗显示相关内容：测量状态时，左显示窗（CH 窗口）显示通道号，右显示窗（PV 窗口）显示当前通道的测量值；参数设置状态下，左显示窗显示参数代码，右显示窗显示参数值。

仪表面板上有 16 个双色 LED 指示灯，分别指示 16 个通道的报警状态，当某通道有报警信号时，该通道对应的指示灯点亮，上限报警亮红色，下限报警亮绿色，无报警时指示灯不亮。

在输入线性信号（4～20mA 或 1～5V）、热电偶、热电阻输入断线，或者输入信号超过测量量程时，仪表会以数码管闪烁的方式进行报警。

巡检仪面板上的按键功能说明如下。

SET 键：设置键。按该键可以实现进入、退出参数设置功能；可以确认、保存已变更的设定值。

"▶"键：移位键。参数设置时"PV"显示窗中有一位数码的小数点在闪动，该位就是可修改的位，此时每按一下"▶"键，小数点向右移一位，即改变了可修改参数的位。至个位的小数点闪动时再按一下"▶"键，闪动的小数点移动到左侧首位。"▶"键与"▲"键共同按下可退回到上一步操作，即回到上一个参数的设置状态。在自动巡检状态按"▶"键则进入手动巡检状态，之后继续按压该键可在自动巡检和手动巡检两种状态之间切换。在手动巡检状态，可按压"▲"键变更检测的通道。

"▲"键：加 1 键。手动巡检时用于增加通道数或者参数设置时用于增加参数值；与"SET"键组合按下可以快速退出菜单设置，回到巡检状态。

"▼"键：减 1 键。手动巡检时用于减小通道数或者参数设置时用于减小参数值。

② 参数设置的一般操作方法　按 SET 键 2s 进入参数设置状态，这时左显示窗 CH 显示"CLK"（参数锁），右显示窗 PV 显示"555"，用加 1 键"▲"、减 1 键"▼"配合"▶"移位键，将 555 修改为 655（655 是出厂密码，用户可修改），参数锁解禁，之后按 SET 键确认，左显示窗显示 Sn（可设置的第一个参数代码），即可进行参数设置。用加 1 键"▲"、减 1 键"▼"配合"▶"移位键修改参数值，修改完毕按 SET 键确认并保存参数值，这时左显示窗显示内容跳至下一参数，可对下一参数进行设置，方法同上。

参数设置过程中：同时按"▶"键和"▲"键可回到上一个参数；如果后续参数无须设置，可同时按 SET 键和"▲"键快速退出参数设置，返回巡回测量状态；如果所有参数已经设置完毕，仅按压 SET 键即可退出参数设置状态；在设置状态下如果 2min 无按键操作，仪表自动返回测量巡检状态。

在自动巡检测量状态下按"▶"键可进入手动巡检状态，手动巡检时，"▲"键和"▼"键可用于切换显示通道；通道切换后，右显示窗随即显示出该通道的测量值。在手动巡检状态下按"▶"键可回到自动巡检状态。

报警指示：在巡检仪面板上有 16 只双色指示灯，用于各通道报警状态显示，即任意通道有上限报警信号时，其对应通道的指示灯亮红色，统一报警时上限报警继电器吸合，分别报警时对应通道的上限报警继电器吸合。有下限报警信号时，对应通道的指示灯亮绿色，统一报警时下限报警继电器吸合，分别报警时对应通道的下限报警继电器吸合，若没有报警信号则指示灯不亮，也没有继电器动作吸合。

③ 各通道上下限报警值的设置　长按 SET 键进入参数设置菜单。设置时，AL1 设置上限报警值，AL2 设置下限报警值；A1h、A2h 分别是上限报警、下限报警的回差值；A1c、A2c 设置报警方式，即参数值等于 30 时为下限报警方式，参数值等于 31 时为上限报警方式。报警值设置必须遵循：量程上限≥上限报警值≥下限报警值≥量程下限。

④ 关于报警回差功能的说明　当测量信号的测量值在报警点附近波动时，仪表不断进入和退出报警状态，这样输出触点会经常跳动，产生频繁报警，容易导致外部联锁装置产生故障。本仪表具有回差设置功能，可以尽量减少这种情况的出现。例如图 2-79 中，下限报警值 AL2 为 50；下限报警回差 A2h 为 2；A2c＝30，为下限报警、上单回差方式。所谓上单回差方式，是当测量值达到下限报警值 AL2 时启动下限报警；测量值继续降低，无论降低到何值，报警将持续；测量值如果上升并达到下限报警值，报警不停止，直至测量值达到下限报警值 AL2 与下限报警回差 A2h 之和时，报警才结束。由于报警回差仅在报警值的单一方向有效，故称作上单回差方式。结合图 2-79，可以得出下限报警及其解除的实际效果：当仪表输入信号≤50 时，仪表报警，下限报警继电器触点动作；当输入信号值减小，由于这时是下限报警，报警回差参数设定为上单回差，因此报警继电器状态继续保持；当输入信号值增大，大于 50 时，仪表不会马上退出报警，直到仪表输入值大于 52 时（AL2＋A2h＝52），仪表才退出报警状态。同样图 2-80 中，上限报警值 AL1 为 80；回差值 A1h 为 2；A1c＝31，为上限报警下单回差方式。当仪表输入信号≥80 时，仪表报警，继电器触点动作；当输入值减小，小于 80 时，仪表不会马上退出报警，直到仪表输入值小于 78 时（AL1－A1h＝78），仪表才退出报警状态。

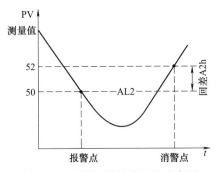

图 2-79　下限报警及其回差示意图

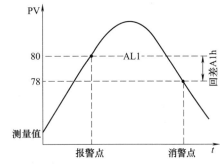

图 2-80　上限报警及其回差示意图

（3）仪表应用案例

XSHT 型十六通道智能巡检仪的接线板见图 2-81。由图 2-81 可见，每一路巡回检测信号通道对应有 3 个接线端子，成上下一列。端子右侧印刷有接线示意，即 3 线制的温度传感器 Pt100 使用 3 个接线端子，而其他信号，例如电压信号，包括 0～20mV、0～75mV、0～200mV、0～5V、1～5V 等，以及电流信号，包括 0～10mA、4～20mA 等，仅使用下边的 2 个端子。因此，当某一通道输入的是电压信号或电流信号时，则该通道的上部端子悬空。

编号为 8 和 9 的两个端子，是变送输出端子。所谓变送输出，就是将被测值成正比例地转换成 0～10mA、0～20mA、4～20mA、0～5V、1～5V、0～10V 信号，然后由该端子输出。

10～12 号端子是参数设置各通道分别报警时与报警继电器盒之间的通信接口。各通道统一报警时使用巡检仪自身内部的继电器，无须外接报警盒。13 和 14 号端子是 RS-485 通信接口。20～25 号端子分别是下限报警和上限报警继电器的常开接点或常闭接点。27 和 28 号端子是 AC 220V 电源端子。

① 煤矿风机电动机温度测控接线　本实例介绍煤矿风机电动机的温度测控方案。一般煤矿风机采用两台 660V、6kV 或 10kV，几百千瓦的电动机驱动，由于煤矿风机对于安全生产至关重要，设备价格也相对较高，因此对电动机有比较完善的安全保护措施。其中电动机绕组和轴承的温度测量控制与报警就是其技术措施之一。在电动机三相绕组的两端共安放 6 只温度传感器 Pt100，两端轴承上共安放 2 只 Pt100，这样每台电动机上有 8 只温度传感器，每台风机上的两台电动机上共安放 16 只 Pt100。将这 16 只 Pt100 按照以上所说连接到图 2-81 所示巡检仪的 16 路巡检通道的输入端。注意每个 Pt100 有三条线连接到巡检仪上，可以有更高的测量精度。

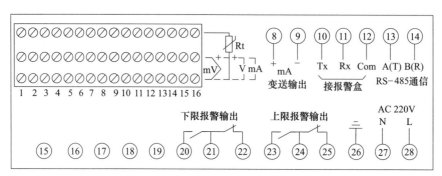

图 2-81　XSHT 型十六通道智能巡检仪背面接线端子排列图

为了保证电动机的运行安全，应对电动机重要部位进行温度监控，当运行温度异常升高时应及时给出报警信号。两台电动机的 16 个测温点的温度测量监控刚好可以使用 XSHT 型的智能巡检仪实现。使用中可以对所有的测温点设置上限报警，且使用公共报警继电器。这将是该型号智能巡检仪最基本的应用模式。

以上所述的温度传感器 Pt100 由电动机制造厂在生产过程中安放在电动机壳体内，并将其引出线接线端子安排在电动机外壳的适当位置。用三芯信号线将 Pt100 与智能巡检仪的相应输入通道连接好。具体应用接线时，温度传感器 Pt100 有一端仅引出一条引线，将这条线连接至图 2-81 中第一通道信号端子的上部端子，将测温传感器 Pt100 另一端的两条引线分别接至第一通道信号端子的中、下部两个端子，这两条线无须区分彼此。用同样的方法将 16 个温度传感器的引线全部接好。

将 AC 220V 电源接至图 2-81 中的 27 和 28 号端子。用 23、24 号端子（在仪表内部是继电器常开接点）控制一个报警电铃或其他报警器。因为本实例中没有分别报警所需的外接报警继电器盒，所以 10～12 号端子无须接线。不考虑变送输出，8、9 号端子也无须接线。13、14 号端子应视有误测控结果远传的需求决定是否接线，本实例选择不接线。

② 智能巡检仪的参数设置　接线完毕即可通电对巡检仪进行参数设置。本案例中需要设置的参数如表 2-43 所示，其余参数均默认出厂值。之后即可投入运行。有报警时可根据面板上通道指示灯判断报警涉及的报警点，当某一个报警指示灯点亮为红色时，表示相应测温点的温度超过上限。同时由于报警继电器的常开触点闭合，报警电铃会发出声音信号。这时运行值班人员可根据报警信息作出相应的处理。

自动巡检时若巡检到某通道，PV 显示窗出现闪动的"OFF"字符，说明该通道信号线断线，应该检查排除故障。

接线和参数设置完毕，电动机投入运行，智能巡检仪即可对电动机各个测温点的温度进行实时监控。

表 2-43　XSHT 型智能巡检仪在应用实例中的参数设置

参数代码	功能	设定值	说　明	可设定范围	出厂值
Sn	输入信号类型	20	巡检仪连接的是 Pt100 热电阻信号		
dPS	小数点位置	1	测量值显示 1 位小数:XXX.X	0～3	
CHn	最大巡检通道数及报警方式控制	16	有 16 个通道进入测量、显示、报警状态,16 个通道的显示范围及报警值相同	1～16	
CHt	通道显示间隔	2	自动巡检时,每一通道的显示时间,单位为 s。本通道显示时间结束随即进入下一通道显示	0.5～50(s)	1
oFS	显示位移量	0	例如显示范围 0～100,该参数设为 2,则显示 2～102,设为-2,则显示-2～98		0
AL_C	AL1、AL2 报警允许	0001	参数值□□XX,个位和十位分别对应AL1 和 AL2,百位、千位功能留用。X=0 表示禁止报警,X=1 表示允许报警。本设置表示允许上限报警	00XX	0011
AL1	上限报警值	75	任一通道测量值 PV>75℃时,上限报警继电器动作,且相应通道的红色指示灯长亮	全部测量范围	
A1h	上限报警回差值	1	当测量值在报警值上下频繁波动时,为防止继电器频繁动作而设置的保持范围。例如 A1h＝1,则在启动报警后,只要测量值PV≥(AL1－1),报警继电器将保持报警		
A1c	上限报警方式	31	上限报警,下单回差		31
CLK	参数密码	789	将密码修改为 789	任意三位数	655
End	参数设置结束		再按一次 SET 键结束参数设置,恢复到巡检状态		

2.3　电动机启动控制电路

2.3.1　电动机的直接启动控制电路

电动机的直接启动也称全压启动,这种启动方式是在电动机启动瞬间即将额定电压加到异步电动机的定子绕组上。

电动机选用直接启动方案时,应考虑电力系统应有足够的容量空间,同时,电动机的功率也不能太大。通常大于 10kW 的电动机不宜采用直接启动的电路方案。

电动机选用直接启动的电路接线图见图 2-82。图中按钮 SB2 是启动按钮,点按后交流接触器 KM 线圈得电,其主触点闭合,电动机定子绕组立即获得额定电压开始启动。按钮 SB1 是停机按钮。由熔断器 FU 实施短路保护,热继电器 FR 进行过电流保护。电动机启动后红灯 HR 点亮,停机时绿灯亮。

2.3.2　兼具点动和长动功能的控制电路

有时候电动机需要在点动与长动(持续运行)两种状态之间进行切换,图 2-83 的电路即具有这样的功能。图中 SB2 是长动启动按钮;SB3 是点动按钮。点动时,SB3 的常闭触点切断了交流接触器 KM 辅助触点 KM-1 的自保持功能,所以松开 SB3 后,电动机随即断电停机。

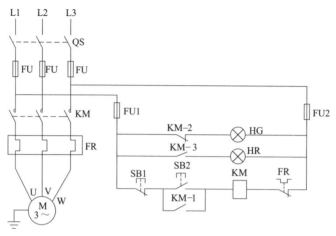

图 2-82 电动机的直接启动控制电路

电路中的熔断器 FU 实施短路保护，热继电器 FR 进行过电流保护。电动机启动后红灯 HR 点亮，停机时绿灯 HG 亮，用于信号指示。

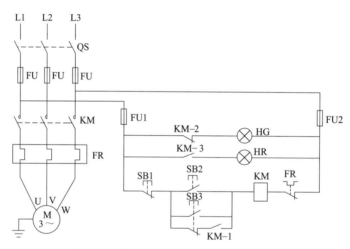

图 2-83 兼具点动和长动功能的控制电路

2.3.3 电动机的正反转启动控制电路

电动机的正反转控制电路可有几种，区别在于互锁电路的设计。电动机的正反转需要两台交流接触器分别接通电动机的电源电路，而这两台交流接触器又不能同时通电吸合，否则将造成电源短路。为了防止短路事故的发生，电动机在某一方向运转时，不允许控制电动机相反方向运转的接触器吸合动作，这就要使用互锁功能。互锁可使用按钮的常闭触点，也可使用交流接触器的常闭触点，当然也可将两种常闭触点同时使用，虽然接线稍显复杂，但可靠性更高。

图 2-84 就是一款具有双重互锁功能的电动机正反转启动控制电路。正转启动时按压按钮 SB2，SB2 的常闭触点切断接触器 KM2 线圈电源的同时，常开触点使正转接触器 KM1 的线圈得电，主触点闭合，电动机开始正转；KM1 的辅助触点 KM1-1 实现自保持，KM1-2 触点断开实现互锁。

反转按钮 SB3 和交流接触器 KM2 同样可对正转运行电路实施互锁控制，此处不赘述。

该电路由断路器 QF 实施短路保护，由热继电器进行过电流保护。

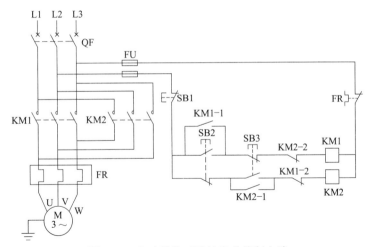

图 2-84　电动机的正反转启动控制电路

SB1 是停机按钮，正转与反转进行状态转换时，应使用 SB1 使电动机停机断电，并完全停稳后再启动相反方向的运转。

2.3.4　两台电动机顺序启动、逆序停止的控制电路

这种控制电路的控制效果是，第一台设备启动后，第二台设备才能启动；停机时，须先将第二台设备停机后才能使第一台设备停机。启动、停止顺序不能改变。但当第一台设备意外停机（例如过电流保护停机）时，则两台设备将同时停机，且停机顺序不分先后。图 2-85 就是具有这种控制功能的具体电路。

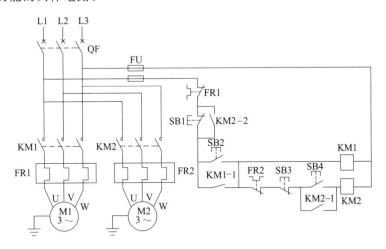

图 2-85　两台电动机顺序启动、逆序停止的控制电路

在图 2-85 中，操作按钮 SB2，由交流接触器 KM1 控制的第一台设备电动机 M1 得电开始运行，之后才能通过操作按钮 SB4 启动第二台设备电动机 M2。而停机时，则须先操作按钮 SB3，使接触器 KM2 线圈断电释放，让第二台设备电动机 M2 停机后，才可通过操作按钮 SB1 使第一台设备电动机停止运行。

两台设备运行过程中如果第一台设备电动机的热继电器 FR1 因故动作，其常闭触点断开，由图 2-85 可见，两台电动机将同时停止运行。

2.3.5　电动机自动往返控制电路

电动机自动往返控制电路是基于行程开关或终端开关而实现相应功能的一款简易自动化控制电路，在工程技术领域有一定的应用。由于这款电路是电动机处于某一方向正常运转的情况下即时切换旋转方向，电动机换向时可能会有较大的换向电流，因此适宜应用在负载惯性较小的场合。

电动机自动往返控制的具体电路见图 2-86，可由按钮 SB2 或 SB3 启动电动机开始运行，现以由 SB2 启动运行分析自动往返的控制机理。电动机开始运行后，当运行至某一端点时，挡块撞击行程开关 SQ2，其常闭触点切断接触器 KM1 线圈的电源，电动机停止原来运转方向的运行；SQ2 的常开触点此时闭合，使接触器 KM2 线圈得电，电动机开始换向运行。电动机换向运行至撞击另一行程开关 SQ1 时，其常闭触点切断接触器 KM2 的线圈电源，常开触点接通接触器 KM1 的线圈电源，电动机再次换向运转。

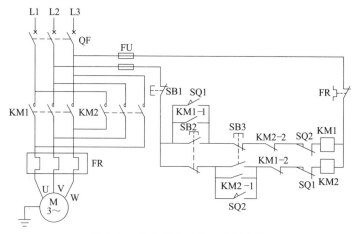

图 2-86　电动机自动往返控制电路

2.3.6　电动机的 Y-△ 启动控制

三相笼型异步电动机的 Y-△ 启动是一款应用较多的电动机启动控制电路。其特点是电路结构简单，启动电流小，维修方便，制作成本低。它的缺点是启动力矩较小，仅适用于轻载或空载情况。通常这种启动方案用于功率几十千瓦以下的电动机。

Y-△ 启动时，先将电动机接成星形接法并接通电源电压，由于加在电动机绕组上的电压仅为三角形接法时电压的 $1/\sqrt{3}$，所以启动力矩是全压启动时的 1/3。随着启动过程的持续，电动机转速逐渐升高，待接近额定转速时将电动机绕组改接成三角形接法，电动机进入三角形运行状态，启动过程结束。

以上所述的 Y-△ 接法的转换有两种方案：一是由运行人员根据经验，判断电动机启动时的转速，适时对电动机的接法进行切换；二是在控制电路中由时间继电器进行自动切换。

图 2-87 是电动机 Y-△ 启动控制、手动切换的具体电路。操作按钮 SB2，电动机开始启动，此时交流接触器 KM2 和 KM3 线圈同时得电，KM3 的主触点将电动机的三相绕组连接成星形接法，KM2 的主触点接通电动机的启动电源，电动机开始星形启动。待电动机转速逐渐升高接近额定转速时，由运行人员操作按钮 SB3，其常闭触点断开，KM3 线圈断电；常开触点闭合，KM1 线圈得电，电动机进入三角形运行状态，启动过程结束。

图 2-87 中的绿灯 HG 是停止运行指示灯，红灯 HR 是运行指示灯，黄灯 HY 在星三角启

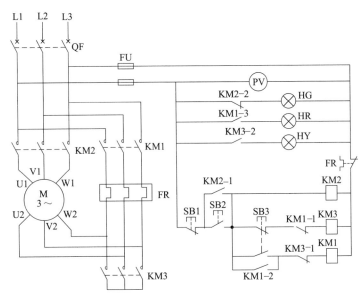

图 2-87 手动切换的电动机 Y-△ 启动控制电路

动过程中点亮，停机和启动过程结束后均不点亮。PV 是电压表，可测量线电压。

图 2-88 是电动机 Y-△ 启动控制、自动切换的具体电路。操作按钮 SB2，交流接触器 KM3、KM2 以及时间继电器 KT 的线圈得电，电动机开始星形启动，经过时间继电器 KT 的延时，当然时间继电器的延时时间长短是与电动机升速进程相匹配的，KT 的延时断开的常闭触点 KT-1 断开，接触器 KM3 线圈断电释放，KM1 线圈得电动作，电动机进入三角形运行状态，启动过程结束。

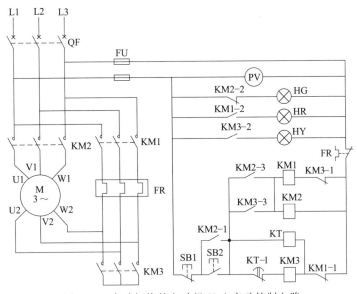

图 2-88 自动切换的电动机 Y-△ 启动控制电路

图 2-88 中使用的 KT 是一种通电延时型的时间继电器，它的线圈与断电延时型的时间继电器一样，都有各自不同的画法，但是当一个文档中只使用其中的一种时间继电器时，可以使用时间继电器线圈的一般符号，如图 2-88 所示。

图 2-88 中的绿灯 HG 是停机指示灯，红灯 HR 是运行指示灯，黄灯 HY 是星三角启动指

示灯，停机和启动过程结束后均不点亮。PV 是电压表，可测量线电压。

2.3.7 电动机的自耦降压启动控制电路

电动机采用星三角启动方式通常适用于功率在几十千瓦以内、所需启动力矩较小的负荷状况。如果电动机功率容量更大，或启动时需要较大的启动力矩，则不宜采用星三角启动，可选用自耦变压器降压启动方式。

电动机启动用的自耦变压器是一台三相自耦变压器，在每一相绕组中间设有两个抽头，其输出电压分别是额定电压的 65％ 和 80％。接入启动电路时可根据启动所需力矩和电网容量大小选择一组抽头。

（1）380V 电动机的自耦降压启动控制电路

图 2-89 是 380V 电动机的自耦降压启动的电路原理图。下面分析启动过程。按钮 SB1 是停机按钮。按下启动按钮 SB2，交流接触器 KM3 得电动作，其主触点在电流为零的情况下将自耦变压器 T 的三相绕组接成星形；接触器 KM3 的辅助触点 KM3-1 使接触器 KM2 和时间继电器 KT 得电进入工作状态，并由接触器 KM2 的辅助触点 KM2-1 自保持。接触器 KM2 的主触点接通自耦变压器 T 的三相电源，电动机开始降压启动过程。时间继电器 KT 的延时时间应根据负载等情况调整为 8～20s，延时结束后，其延时常开触点 KT-1 闭合，这将依次出现以下动作：①中间继电器 KA 线圈得电动作，触点 KA-1 进行自保持；它的常闭触点 KA-3 切断接触器 KM3 的线圈电源，KM3 线圈失电释放，变压器 T 的星中点打开；KM3 的辅助常闭触点 KM3-3 复位闭合，为接触器 KM1 吸合做好准备。②中间继电器 KA 的常开触点 KA-2 闭合，接触器 KM1 线圈得电动作，主触点闭合，电动机由启动状态转为全压运行状态。③接触器 KM1 的辅助触点 KM1-4 断开，使接触器 KM2 和时间继电器 KT 线圈断电而退出工作。④KM2 断电释放后，其常开触点 KM2-2 断开，中间继电器 KA 断电释放。至此，电动机完成启动过程。

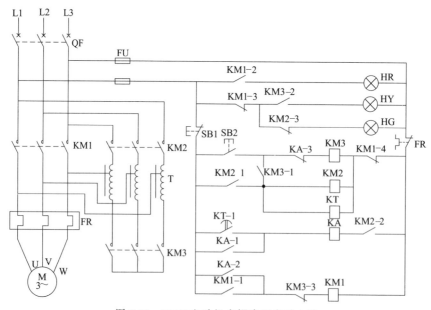

图 2-89　380V 电动机自耦降压启动电路

这里有一点需要说明，KM2 是在 KM1 吸合后才断电的，所以有一个 KM2 和 KM1 共同吸合的短暂瞬间。变压器 T 从两个回路接入电源电压，是否会导致变压器损坏？答案是：变压器是安全的。因为接触器 KM3 的主触点已先期断开，变压器星中点已打开，接入的两路电源因为电位相等而不会在变压器中形成电流。

SB1 是停止按钮，按压 SB1 可使电动机停止运行。热继电器 FR 可对电动机的过电流异常进行保护。出现异常时，其常闭触点断开，接触器 KM1 线圈断电释放，电动机停止运行。红灯 HR 是运行指示灯，黄灯 HY 是启动指示灯，绿灯 HG 是停止指示灯。

（2）660V 电动机的自耦降压启动控制电路

在一些负荷较重的应用场合，会使用电源电压为 660V 的电动机，而控制电动机接通或断开电源的交流接触器线圈额定电压最高为 380V，这时控制电路的工作电源应通过控制变压器将 660V 降低为 380V，但交流接触器主触点的额定工作电压应选 660V 或 690V 的。

图 2-90 所示为一台 660V、250kW 电动机的自耦降压启动控制电路原理图，图中 L1、L2、L3 是 660V 电源输入端；FU1~FU5 是二次熔断器；T1 和 T2 是两台控制变压器，变压比是 660V/380V；它们输出的 380V 电压作用有二，一是作为二次控制电路的控制电源，二是给电动机保护器 XJ 提供三相电压信号；这里使用的电动机保护器 XJ 具有功能完善的电压保护功能，这些功能包括过电压、欠电压、缺相和相序异常等保护。变压器 T1 的容量是 500V·A，T2 的容量是 50V·A。电路工作时，如果电源电压正常，而且相序正确，电动机保护器的常开触点 XJ 闭合，中间继电器 KA1 线圈得电，其常开触点闭合，二次电路可以正常工作。如果电源电压偏高、过低，或相序错误，电动机保护器的常开触点 XJ 断开，中间继电器 KA1 线圈失电，其常开触点断开，则所有交流接触器线圈断电并退出运行，实现对电动机的电压保护。

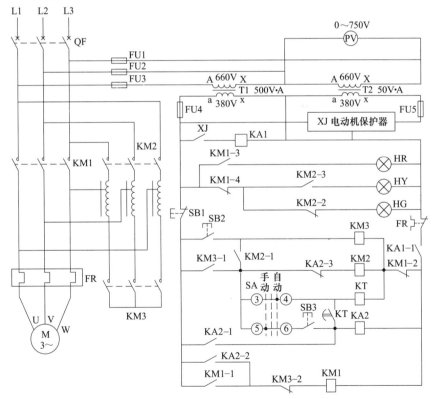

图 2-90　660V 电动机的自耦降压启动控制电路

图 2-90 所示的 660V 电动机启动控制电路有两种工作状态切换方式，这里所说的工作状态切换，是指电动机从自耦降压启动状态向全电压运行状态的切换。切换方式 1 是手动切换，方式 2 是自动切换。

电动机在手动切换方式时启动电动机，须将转换开关 SA 置于手动状态，SA 的触点⑤、⑥接通。启动时按压启动按钮 SB2，交流接触器 KM3 线圈得电动作，辅助触点 KM3-1 闭合，接触器 KM2 线圈也得电动作。KM2 和 KM3 的主触点使自耦降压变压器 T 绕组通电，并将降低以后的电压加到电动机绕组上，电动机开始降压启动。待电动机转速升高到接近额定转速时，按压按钮 SB3，中间继电器 KA2 线圈得电，其触点 KA2-1 使线圈自保持，常闭触点 KA2-3 切断接触器 KM2 的线圈电源，KM2-1 断开，KM3 线圈断电，KM3-2 闭合，此前 KA2-2 已经闭合，使得接触器 KM1 线圈得电并由 KM1-1 自保持。辅助常闭触点 KM1-2 断开，使得接触器 KM2、KM3 以及时间继电器 KT 的线圈彻底失去了通电的可能性。KM1 的主触点闭合，电动机开始全压运行，启动过程结束。

电动机在自动切换方式时启动电动机，须将转换开关 SA 置于自动状态，SA 的触点③、④接通。启动时按压启动按钮 SB2，之后的动作与手动切换相似，只是时间继电器 KT 的线圈几乎与 KM2、KM3 的线圈同时得电。电动机开始自耦降压启动的同时，时间继电器 KT 开始延时，经过精确调试的延时时间能在电动机转速接近额定转速时使其延时常开触点 KT 闭合，中间继电器 KA2 线圈得电，之后的动作与手动切换相同，直至启动过程结束。

图 2-90 中的红灯 HR 是通电运行指示灯，绿灯 HG 是停机指示灯，黄灯 HY 是启动指示灯。PV 是电压表，可测量线电压。

2.3.8 绕线转子式电动机的启动

绕线转子式电动机常用于需要较大启动转矩的负载中，例如卷扬机、球磨机、起重机等负载场合。

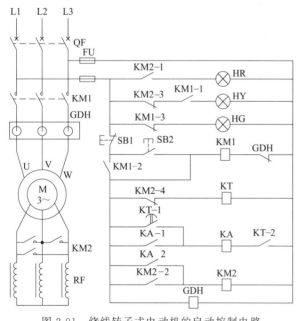

图 2-91 绕线转子式电动机的启动控制电路

图 2-91 是绕线转子式电动机使用频敏变阻器启动的一款电路方案。

频敏变阻器是一个特殊的三相铁芯电抗器，在三个铁芯柱上各绕有一个绕组线圈，三个线圈接成星形。频敏变阻器的阻抗会随着电流频率的变化而有明显的变化。频敏变阻器用作绕线转子式电动机的启动时，其三个接线端与电动机转子绕组的三个接线端相连接。电动机刚启动时，由于定子绕组产生的旋转磁场立即建立，而转子的转速从零逐渐升高，启动瞬间转子绕组上感应的转子电流频率很高，该电流通过频敏变阻器形成通路，此时频敏变阻器表现出很大的阻抗。随着电动机转速的逐渐提高，转子绕组上感应的电流频率逐渐降低，频敏变阻器呈现的阻抗也在逐渐减小。频敏变阻器对电流的频率比较敏感的特性，正是该产品名称的由来。

频敏变阻器的这一特性特别适合于绕线转子式电动机的启动过程，刚开始启动时，转子电流频率高，频敏变阻器的阻抗大，之后随着转速的升高，频敏变阻器的阻抗自动减小，所以电动机可以近似地得到恒转矩特性，实现电动机的无级启动。启动完成后，用交流接触器将频敏变阻器短路切除，启动过程结束。

使用图 2-91 所示的电路启动绕线转子式异步电动机时，可操作按压按钮 SB2，这时接触器 KM1 线圈得电动作，其主触点闭合，电动机开始启动；辅助触点 KM1-2 闭合实现自保持并接通后续控制电路的工作电源；辅助触点 KM1-1 闭合，黄灯 HY 点亮，提示电动机当前处于启动状态。KM1 得电动作后，时间继电器 KT 线圈也随即得电，并开始延时，根据运行经验精确调试的延时时间到达时，电动机的转速应该已经接近额定转速，KT 的延时触点 KT-1 闭合，中间继电器 KA 的线圈得电，其触点 KA-2 接通接触器 KM2 线圈电源，KM2 动作后，主触点将频敏变阻器短接切除，启动过程结束。之后辅助触点 KM2-4 断开，KT 线圈失电，其瞬时动作的常开触点断开，于是中间继电器 KA 线圈断电。也就是说，电动机启动完成后的正常运行过程中，只有接触器 KM1 和 KM2 的线圈通电，时间继电器和中间继电器线圈均不带电。

运行过程中红色指示灯 HR 点亮，按压按钮 SB1 后电动机停机，绿色指示灯 HG 点亮。

因绕线转子式异步电动机相对价格较高，所以图 2-91 中使用了性能更好的电动机保护器 GDH，电动机的电源线从保护器的三个圆孔中穿过即可，保护器的工作电源在图 2-91 右下方接入 380V 电源。保护器可对过电流、三相电流不平衡、断相等故障进行保护。出现异常时，保护器的常闭触点断开，接触器 KM1、KM2 的线圈相继断电释放，电动机得到保护。

2.3.9　电动机延边三角形降压启动电路

三相笼式异步电动机的延边三角形启动，是在启动过程中将定子绕组的一部分 Y 连接，而另一部分△连接，使整个绕组成为△连接，从图形上看，就好像把一个三角形的三条边延长，因此叫做延边三角形。待启动结束后，再将绕组接成△连接。这种电动机绕组的停机状态、启动状态、运行状态的接线情况如图 2-92 所示。

当电动机定子绕组作△连接时，每相绕组承受的相电压比三角形连接时低，比星形连接时高，介于二者之间，在电源线电压为 380V 的电路中，每相绕组的电压在 250～350V 之间。因此，△-△启动时电动机的启动转矩可以大于 Y-△启动时的启动转矩。这样既可以实现降压启动，又可以提高启动转矩，可以说，△-△降压启动是 Y-△降压启动的发展。

电动机△连接时定子绕组相电压与电源线电压的数量关系，由定子绕组三条延边中任何一条边的匝数与三角形内任何一条边的匝数之比来决定。

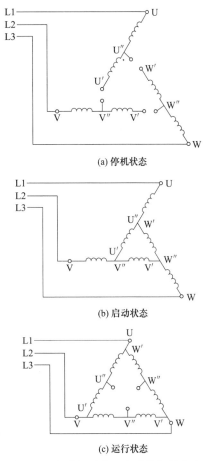

图 2-92　电动机延边三角形绕组的状态

图 2-93 是△-△降压启动时交流接触器对电动机绕组的切换模式，图 2-94 是△-△降压启动的具体电路。

现在结合图 2-92～图 2-94，对电动机的延边三角形（△-△）降压启动过程分析如下。

按下启动按钮 SB2，接触器 KM1 线圈通电并自锁，KM1 主触点闭合；同时，接触器

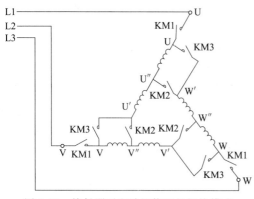

图 2-93 接触器对电动机绕组的切换模式

KM2 线圈通电，KM2 主触点闭合，电动机开始△连接降压启动。这时时间继电器 KT 线圈也得到工作电源，并开始延时。时间继电器 KT 延时结束后，其常闭触点 KT-1 断开，切断 KM2 线圈回路，KM2 主触点断开。与此同时，时间继电器常开触点 KT-2 闭合，KM3 线圈得电，KM3 主触点闭合，电动机进入三角形运行状态。

KM3 常闭触点 KM3-1 断开，切断 KM2 线圈回路。辅助触点 KM2-1 和 KM3-1 是实现接触器互锁功能的。

接触器 KM3 动作吸合后，其常开触点

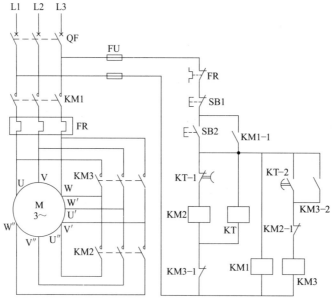

图 2-94 电动机延边三角形启动控制电路

KM3-2 闭合，KM3 线圈供电得以自保持。

按下停止按钮 SB1 电动机断电停止运行。

电动机由断路器 QF 实施短路保护，由热继电器 FR 进行过电流保护。

三相笼型异步电动机的△-△降压启动方法具有启动转矩较大，允许频繁启动，以及启动转矩可以在一定范围内选择等优点。但是，使用这种启动方法的电动机，不但应在电动机上备有 9 个出线端，而且应在绕组上备有一定数量的抽头，以备调整启动转矩，因此其制造工艺复杂，同时控制系统安装与接线的技术要求较高，难度较大，因此，延边三角形降压启动方式的应用受到较大限制。

2.3.10 三速电动机的启动电路

全国统一设计的 YD 系列多速三相异步电动机，利用改变电动机定子绕组的接线以改变其极数的方法变速，主要用于要求多种转速的机械设备装置。电动机的转速有双速、三速、四速三种。当机械设备的合理转速为中低速时，由于电动机功率相应较小，所以可以有效节约电能。本节介绍三速电动机的启动控制电路。

YD 系列多速电动机的功率容量从最小的不到 1kW，到最大的几十千瓦，有不同的功率等级。启动时先从低速挡开始，然后根据设备对转速的要求，依次启动中速挡和高速挡。低速启动时电动机功率较小，所以启动电流较小。其后启动中、高速挡时，电动机已具有一定转速，因此启动电流也不是特别大。通常情况下，各挡启动电路无须采用降压限流启动方式。

YD 系列三速电动机有 9 个接线端子，图 2-95 是三相电源与电动机接线端子在不同转速时的连接关系，图中 L1、L2 和 L3 是三相 380V 电源，没有连线的端子在各自的转速状态下被悬空。图 2-96 是启动电路的电路图。启动前，绿灯 HG 点亮，指示控制电路正常。启动时，先按下低速启动按钮 SB2，接触器 KM1 吸合动作，其主触点将三相电源接至电动机的 U1、V1、W1 端，由图 2-95 可见，电动机在 8 极低速下启动运行。辅助触点 KM1-1 进行自保持；KM1-2 接通中间继电器 KA1 的线圈回路，并由 KA1-2 对其自保持。KA1 的触点 KA1-4 切断绿灯 HG 电源，绿灯熄灭；触点 KA1-1 闭合，白灯 HW 点亮，指示电动机在 8 极低速下运行；触点 KA1-3 闭合，是电动机中速启动的允许信号。

图 2-95　三速电动机的接线端子

8极(低速)			6极(中速)			4极(高速)		
L1	L2	L3						
U1	V1	W1	U1	V1	W1	U1	V1	W1
U2	V2	W2	U2	V2	W2	U2	V2	W2
U3	V3	W3	U3	V3	W3	U3	V3	W3
			L1	L2	L3	L1	L2	L3

如果低转速不能满足设备要求，可接着启动中速挡。按一下中速启动按钮 SB3（SB3 是具有常开和常闭双触点的按钮），接触器 KM1 线圈断电释放，接触器线圈 KM2 得电吸合，并由 KM2-1 保持。KM2 的主触点将电源接至电动机的 U2、V2、W2 端，由图 2-95 可见，电动机

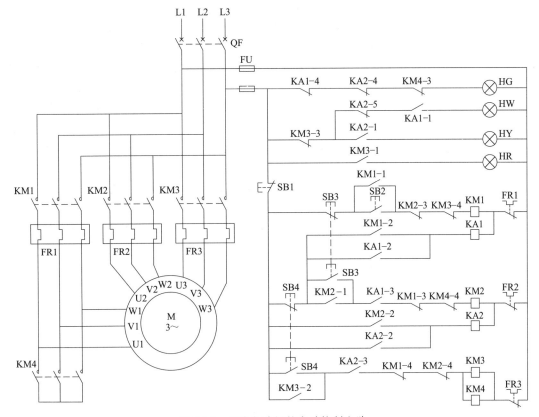

图 2-96　三速电动机的启动控制电路

在 6 极中速下启动运行。KM2-2 接通中间继电器 KA2 的线圈回路，并由 KA2-2 对其自保持。KA2 的触点 KA2-5 切断白灯 HW 电源，白灯熄灭；触点 KA2-1 闭合，黄灯 HY 点亮，指示电动机在 6 极中速下运行；触点 KA2-3 闭合，是电动机高速启动的允许信号。

如果需要更高的转速，可接着按压按钮 SB4，之后接触器 KM2 线圈断电释放，接触器 KM3、KM4 同时得电吸合，并由 KM3-2 保持。KM3 的主触点将电源接至电动机的 U3、V3、W3 端，KM4 的主触点将 U1、V1、W1 端短接，这种接线效果如同图 2-95 中 4 极高速状态。KM3 的辅助触点 KM3-3 使黄灯熄灭，KM3-1 使红灯点亮，指示电动机在 4 极高速下启动运行。

若欲将电动机从高转速调整到较低的转速挡，必须先按一下停止按钮 SB1，然后从低速挡逐级启动到合适的转速挡位。

热继电器 FR1、FR2 和 FR3 可在各自的转速（功率）挡位上实施过电流保护。

2.3.11 高压电动机的启动控制

所谓高压电动机，是相对于低压电动机而言的，低压电动机的额定电压有 220V、380V、660V 和 1140V 等几种，而高压电动机的额定电压有 3kV、6kV 和 10kV 等几种。当然一些特殊用途的电动机，其额定电压并不局限于以上几种电压规格。

与低压电动机相同，高压电动机也有直接启动和降压启动的区别。直接启动时，从发出启动指令的那个瞬间开始，就将额定电压加到电动机的定子绕组上。而降压启动，则在启动开始时以适当的方式降低电源电压，使其低于额定电压，并将该电压加到电动机定子绕组上。当电动机转速接近或达到额定转速时转换为全电压。

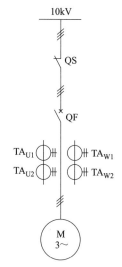

图 2-97 高压电动机直接启动的一次电路

（1）高压电动机的直接启动

高压电动机直接启动的一次电路图见图 2-97。该图采用单线画法，并用三条短斜线表示是三相电源系统（国标规定的标准画法）。图中 QS 是隔离开关，QF 是真空断路器，是电动机启动运行和停止运行的主开关，近年来它逐渐取代了过去在高压开关柜中大量使用的油断路器，几乎使后者退出了历史舞台。电动机启动前应首先合上 QS，然后通过二次控制电路合上真空断路器 QF，这时电动机得电开始启动，合闸瞬间电流可达到额定电流的 5～7 倍。随着电动机转速的逐渐提高，启动电流降低到额定电流，启动过程结束。直接启动通常应用在电动机功率相对较小（例如一二百千瓦）、供电容量相对充裕的系统中。电流互感器用于电流测量、计量与保护。

① 用电流继电器实现保护的直接启动电路　高压电动机直接启动的二次电路见图 2-98。启动时先合上开关 1SA，然后操作开关 2SA。2SA 是一个型号为 LW2-Z-1a、4、6a、40、20、6a/F8 的万能转换开关，该开关的手柄操作位置，与开关触点通断状态的对应关系见表 2-44。

将开关 2SA 顺时针旋转 90°，使其从"跳闸后"状态进入"预备合闸"状态，这时 2SA 开关的触点 9、10 接通（参见表 2-44），绿色指示灯 HG 经触点 9、10 与闪光小母线"（＋）SM"连接，HG 的另一端经断路器的常闭辅助触点 QF-1 以及合闸直流接触器 KM 的线圈与"KM-"母线接通，因此指示灯 HG 开始闪动，提示合闸回路正常，可以继续操作。接着将开关 2SA 再顺时针旋转 45°，使其进入"合闸"状态，这时开关 2SA 的触点 5、8 接通（参见表 2-44），合闸直流接触器 KM 线圈得电动作，触点 KM-1 和 KM-2 闭合，合闸线圈 YC 通电动作（见图 2-98），断路器合闸，电动机得电启动运行，待电动机达到额定

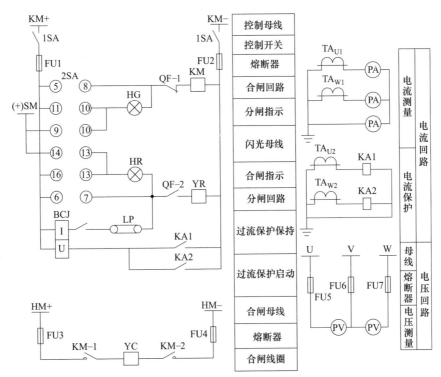

图 2-98 高压电动机直接启动的二次电路

转速时，启动过程完成。开关 2SA 在"合闸"以后，自复位到"合闸后"状态，触点 13、16 接通（参见表2-44），合闸指示灯 HR 经该触点、合闸后已经闭合的断路器常开辅助触点 QF-2 以及跳闸线圈 YR 接通电源而点亮，一方面指示断路器已经合闸，另一方面提示断路器跳闸线圈回路完好。这时虽然跳闸线圈 YR 流过红色指示灯 HR 的工作电流，但由于该电流较小，不足以使跳闸线圈 YR 实施跳闸动作。指示灯 HG 和 HR 还具有监视熔断器 FU1 和 FU2 是否完好的功能。

表 2-44　图 2-98 中开关 2SA 的触点通断状态

	触点编号		5-8	6-7	9-10	10-11	13-14	13-16
开关操作位置	跳闸后					×		
	预备合闸				×		×	
	合闸		×					×
	合闸后				×			×
	预备跳闸					×	×	
	跳闸			×		×		

注：表中的符号"×"表示相应触点接通。

若欲停止高压电动机的运行，可操作开关 2SA 使其逆时针旋转90°，开关手柄从"合闸后"状态转换至"预备跳闸"状态，这时开关 2SA 的触点 13、16 断开，红色指示灯 HR 的常亮供电被切断；13、14 接通（参见表2-44），红色指示灯 HR 经触点 13、14 与闪光小母线

"（+）SM"连接，HR的另一端经断路器的常开辅助触点QF-2以及跳闸线圈YR与"KM-"母线接通，因此指示灯HR开始闪动，提示跳闸回路正常，可以继续操作。接着继续逆时针旋转2SA开关手柄45°使达到"跳闸"位置，这时触点6、7接通，跳闸线圈YR经过已经闭合的断路器常开辅助触点QF-2得到额定电压，从而使断路器立即跳闸，电动机断电停止运行。开关2SA在"跳闸"以后，自复位到"跳闸后"状态，触点10、11接通（参见表2-44），跳闸指示灯HG经该触点、跳闸后已经闭合的断路器常闭辅助触点QF-1、合闸接触器KM的线圈接通电源而点亮，一方面指示断路器已经跳闸，另一方面提示断路器合闸接触器线圈回路完好。这时绿色指示灯HG的工作电流不足以使合闸接触器线圈KM动作。

高压电动机运行过程中如果出现过电流或短路，则经过电流互感器TA_{U2}、TA_{W2}和电流继电器KA1和KA2的检测，达到保护动作值时，电流继电器KA1或KA2的常开触点动作闭合，启动保护出口继电器BCJ。型号为DZB-138的保护出口继电器有两个线圈（见图2-98），一个是电压线圈，一个是电流线圈。当电流继电器KA1或KA2接通保护出口继电器BCJ的电压线圈电源时，其常开触点闭合，工作电源KM+经BCJ的导线足够粗、电阻也很小的电流线圈、BCJ的常开触点、跳闸压板LP、断路器的辅助触点QF-2、跳闸线圈YR，到KM-，该回路接通，使断路器跳闸，实现电流保护。

之所以使用双线圈的保护出口继电器BCJ，是因为电流继电器KA1或KA2的触点难以直接驱动断路器的跳闸线圈YR。使用BCJ继电器后，可以向跳闸线圈YR提供足够大的跳闸电流。

图2-98中的跳闸压板LP，是一个可连通、可拆断的金属连片，能使过电流故障出现时跳开断路器，也可在设备调试过程中暂时不跳开断路器。

② 用综保装置实现保护的直接启动电路　图2-99是采用WGB-151N型微机综合保护装置的直接启动二次电原理图。相应的一次电路见图2-97。

图2-99中的KM+和KM-是DC 220V控制电源，经控制开关1SA后给二次电路供电。KM±电源经熔断器FU3、FU4接至综保装置的28脚和30脚，是装置的系统工作电源；经熔断器FU1、FU2接至综保装置的39脚和44脚，是装置内部的控制输出电源，容量较大，有时要驱动装置外部的合闸线圈、分闸线圈等元件。

图2-99电路图的右侧有文字标注框，用于标注对应位置电路的名称、功能等信息，以利于读图。

欲使电动机合闸时，先合上图2-99中的控制开关1SA，绿灯HG点亮，指示断路器为分闸状态。之后持续按下储能按钮SB，电动机M1使断路器操作机构内的储能弹簧拉伸储能，所储能量是断路器合闸的能源。待储能结束，机构内的辅助常闭触点S-3断开，储能电动机M1立即断电，这时松开按钮SB。辅助常开触点S-2接通，黄灯HY点亮，指示弹簧已储能。储能过程大约持续十几秒钟。断路器辅助常闭触点QF-5保证只有断路器在分闸位置才允许储能。万能开关2SA是分合闸指令开关。将其旋转到合闸位置时，触点1、2接通，经S-1（储能机构辅助触点，储能后已闭合）使综保的41脚带电，再经内部逻辑控制电路使40脚带电。QF-1是断路器的辅助常闭触点，断路器分闸时呈闭合状态，所以此时断路器的合闸线圈YC得电动作，使储能弹簧的能量释放，驱动断路器合闸，同时，①QF-2闭合，为分闸线圈YR动作作好准备；②QF-3断开，绿灯HG熄灭；③QF-4闭合，红灯HR点亮，指示断路器已合闸；④储能辅助开关S-2断开，黄灯HY熄灭；⑤储能辅助开关S-1、断路器辅助开关QF-1断开，使重复发出的合闸指令为无效空操作。

断路器合闸后，由图2-97可见，高压电动机M开始全压启动运行。

分闸包括人工分闸和自动保护分闸两种情况。人工分闸时，将万能开关2SA旋转到分闸

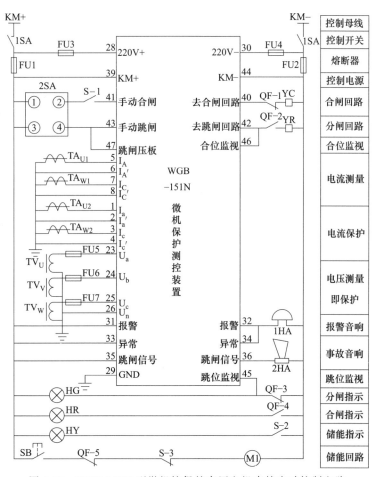

图 2-99　WGB-151N 型微机综保的高压电机直接启动控制电路

位置，其触点 3、4 接通，综保装置的 43 脚带电，经内部逻辑控制电路使 42 脚带电。经断路器的辅助常开触点 QF-2，使断路器的分闸线圈 YR 得电动作，断路器 QF 分闸，高压电动机 M 断电停止运行。电动机运行中出现过电流、短路、电源过电压、欠电压等异常情况，通过综保内部运算和逻辑处理，使内部保护继电器动作，其触点将综保的 39 脚和 47 脚接通，其后的动作与手动分闸相同，高压电动机断电得到保护。

综保装置的 5～8 脚接电流互感器 TA_{U1} 和 TA_{W1} 二次的测量绕组，用于高压电动机运行电流的测量，测量结果显示在综保装置的液晶屏上；这里的 TA_{U1} 输出的是习惯所称的 A 相电流信号，在综保装置内部相应端子旁标注的是 I_a 和 I_a'，这样标注是为了与综保装置上的接线标志、说明书上的图纸标注相一致。1～4 脚接电流互感器 TA_{U2} 和 TA_{W2} 二次的保护绕组，用于获取过电流保护信号。23～26 脚接电压互感器 TV 的二次 AC 100V 电压，测量结果也显示在综保装置的液晶屏上。综保装置接入上述电动机运行的电流信号和电压信号，同时通过保护参数的设置，即可实现相应的保护功能。若断路器因保护分闸，液晶屏上有故障类别显示，同时电笛 2HA 鸣响。

综保装置有跳闸位置和合闸位置监视电路，用于监视二次电路接线的正确性，接线有误时将发出报警信号。报警时液晶屏上有显示，同时电铃 1HA 鸣响。绿灯 HG 和红灯 HR 分别是分闸、合闸指示灯。

（2）高压电动机的降压启动

高压电动机的降压启动方案有多种。因为降压启动能调整和限制启动电流，因此适用于数百、数千千瓦甚至上万千瓦的电动机。降压启动的基本原理是启动时在电动机的电流回路中串联接入一个降压限流元件或装置，用以限制启动电流，减少过大的启动电流对电网造成的冲击，防止电压跌落太多导致的启动失败；同时也能减小或防止启动时机械冲击力可能对设备造成的损伤。

① 高压电动机降压启动的一次电路　高压电动机降压启动方案之一是串联电抗器降压启动，电动机启动时，电抗器 L 串入启动回路，较大的电抗值限制了启动电流，如图 2-100（a）所示。

另有改进型的可调电抗器启动电路，该装置采用闭环控制系统，通过图 2-100（b）中的电流互感器 1TA 检测启动电流，通过电压互感器 TV 检测启动过程中电抗器 L 两端的电压，由控制器自动调节电抗器的励磁电流，改变电抗器允许通过的电流值和电抗器两端电压，实现平稳启动。图 2-100（b）中的虚线框表示框内元件独立安装在一个柜体内，与安装有真空断路器的开关柜形成一个开关柜组，共同完成电动机的启动控制功能。

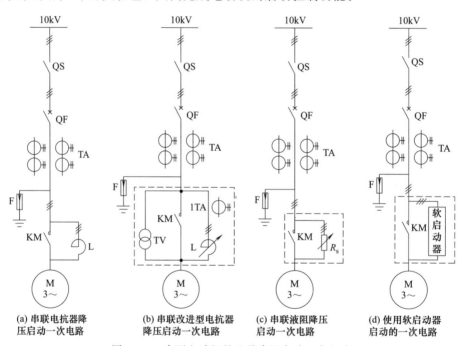

图 2-100　高压电动机的几种降压启动一次电路

还有一种液阻降压启动的电路方案。所谓液阻，是指将碳酸钠和水混合形成的液体电阻。混合液分装在三个相互绝缘的塑料箱体内，形成三相结构。每个液阻箱的底部有一个固定电极，而箱体上部各有一个活动电极。电动机启动时，通过活动电极与固定电极将液阻串入电路，如图 2-100（c）所示，R_s 是液阻。三个活动电极由一个小功率低压电动机拖动，使之逐渐与固定电极接近，液阻的阻值逐渐变小，电动机定子的端电压逐步升高，启动转矩逐步变大。当电动机转速升高至接近额定转速时，真空接触器 KM 合闸，将液阻切除，电动机开始全压运行。目前，液阻启动柜中普遍配置可编程控制器 PLC，很容易实现恒流启动。

图 2-100（d）所示是用软启动器对电动机实施启动的一次电路，注意这里要选用额定工作电压为 6kV 或 10kV 的软启动装置。

使用变频器也能对高压电动机进行降压启动，具体应用电路将在第 4 章进行介绍。

图 2-100 中的 F 是避雷器，用于电压保护。

② 高压电动机降压启动的二次电路　现以串联电抗器为例介绍高压电动机降压启动的一款实际应用电路。因为该电路中的电动机有正反转启动要求，所以首先简要介绍一下一次电路。

图 2-101 是串联电抗器降压启动的一次电路图。这台 10kV 电动机要求允许正反转，因此使用了两只隔离开关 QS1 和 QS2，两只隔离开关各自合闸时实际上改变了电动机电源的相序，因此可以实现电动机的正反转。但是，这两只隔离开关绝对不允许同时合闸，否则会引起电源短路，对此，启动柜采取机械闭锁和电气闭锁的双重防范措施来保证系统的安全运行。电动机启动时，选择一只隔离开关合闸，另一只隔离开关分闸，然后使真空断路器 QF 合闸，这时电动机经电抗器 L 降压启动，待电动机达到一定转速时，真空接触器 KM 合闸，短路电抗器，电动机进入全压运行状态并继续加速，当达到额定转速时，启动过程结束。

图 2-102 是高压电动机串联电抗器启动的二次电路。操作电源受万能转换开关 1SA 控制。电动机的启动与停止经操作万能转换开关 2SA 来实现。2SA 开关触点的分合顺序可参见表 2-44。

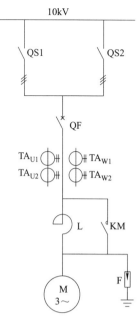

图 2-101　串联电抗器降压启动的一次电路

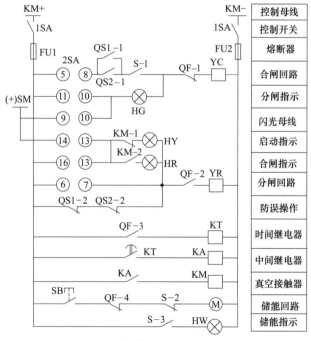

图 2-102　串联电抗器启动的二次控制电路

这台电动机启动柜选用了弹簧储能式操作机构。电动机启动时，首先根据电动机旋转方向的要求，选择合上一只隔离开关，同时确认另一只隔离开关处在未合闸状态（参见图 2-101）。操作开关 1SA，接通控制回路电源。这时断路器必然处在"跳闸后"状态，结合表 2-44 可知，这时开关 2SA 的触点 10、11 闭合，跳闸指示灯绿灯 HG 点亮（见图 2-102）。之后按住储能按钮 SB 使储能电动机 M 旋转，储能弹簧开始储能，十几秒钟储能完成后，操作机构内的行程开关 S-1 接通，这个触点串联在合闸线圈回路中，作为合闸线圈合闸动作的允许条件，即必须在弹簧储能后才允许给合闸线圈通电；行程开关常闭触点 S-2 断开，自动切断储能电动机的供电回路，储能电动机停止运转，这时松开储能按钮；行程开关 S-3 接通，"弹簧已储能"指示灯 HW 点亮。

储能结束将开关 2SA 顺时针旋转 90°，使其从"跳闸后"状态进入"预备合闸"状态，这时开关 2SA 的触点 9、10 接通（参见表 2-44），绿色指示灯 HG 经触点 9、10 与闪光小母线"（＋）SM"连接，HG 的另一端经断路器的常闭辅助触点 QF-1 以及合闸线圈 YC 与"KM-"母线接通，因此指示灯 HG 开始闪动，提示合闸回路正常，可以继续操作。接着将开关 2SA 再顺时针旋转 45°，使其进入"合闸"状态，这时开关 2SA 的触点 5、8 接通（参见表 2-44），合闸线圈 YC 得电动作，触发已储能的弹簧使其能量释放，断路器合闸，电动机得电开始经电抗器降压启动。开关 2SA 在断路器合闸后，自复位到"合闸后"状态，触点 13、16 接通（参见表 2-44），启动指示灯 HY 经该触点、真空接触器 KM 的常闭辅助触点、合闸后已经闭合的断路器常开辅助触点 QF-2 以及跳闸线圈接通电源而点亮，一方面指示断路器已经合闸、电动机开始降压启动，另一方面提示断路器跳闸线圈回路完好。这时虽然跳闸线圈 YR 流过启动指示灯 HY 的工作电流，但由于该电流较小，不足以使跳闸线圈 YR 实施跳闸动作。

断路器合闸后，其常开辅助触点 QF-3 闭合，接通时间继电器 KT 线圈的电源，KT 开始延时动作。时间继电器 KT 的延时时间结束，其延时触点 KT 闭合，使得中间继电器 KA 的线圈得电，中间继电器的常开触点 KA 闭合，接通真空接触器 KM 的线圈电源，KM 吸合动作后，其主触点将电抗器从启动电路中短路切除，高压电动机开始全压加速运行。待电动机达到额定转速时，启动过程完成。真空接触器 KM 吸合动作后，它的常闭辅助触点断开，启动指示灯 HY 熄灭，常开辅助触点闭合，运行指示灯 HR 点亮，指示电动机进入全压运行状态。指示灯 HG 和 HR 还具有监视熔断器 FU1 和 FU2 是否完好的功能。

图 2-102 中的隔离开关辅助触点 QS1-1 和 QS2-1 并联后，串联在断路器的合闸线圈回路中，可以保证只有隔离开关合闸后才能使断路器合闸。防止先合断路器、后合隔离开关的错误操作发生。辅助触点 QS1-2 和 QS2-2 串联后，并联在跳闸线圈的回路中，可以保证万一两台隔离开关同时断开的情况下，断路器必然跳闸。

若欲停止高压电动机的运行，可操作开关 2SA 使其手柄逆时针旋转 90°，开关手柄从"合闸后"状态转换至"预备跳闸"状态，这时开关 2SA 的触点 13、16 断开，红色指示灯 HR 的常亮状态结束；13、14 接通，（参见表 2-44），红色指示灯 HR 经真空接触器的常开辅助触点 KM-2 以及 2SA 的触点 13、14，与闪光小母线"（＋）SM"连接，HR 的另一端经断路器的常开辅助触点 QF-2 以及跳闸线圈 YR 与"KM-"母线接通，因此指示灯 HR 开始闪动，提示跳闸回路正常，可以继续操作。接着继续逆时针旋转 2SA 开关手柄 45°使达到"跳闸"位置，这时触点 6、7 接通，跳闸线圈 YR 经过已经闭合的断路器常开辅助触点 QF-2 得到额定电压，从而使断路器立即跳闸。开关 2SA 在"跳闸"以后，自复位到"跳闸后"状态，触点 10、11 接通（参见表 2-44），跳闸绿色指示灯 HG 经该触点、跳闸后已经闭合的断路器常闭辅助触点 QF-1 以及合闸线圈 YC 接通电源而点亮，一方面指示断路器已经跳闸，电动机已经停止运行，另一方面提示断路器合闸线圈回路完好。这时绿色指示灯 HG 的工作电流不足以使合闸线圈 YC 动作。断路器跳闸后，时间继电器 KT、中间继电器 KA 以及真空接触器 KM 的线圈相继断电，其触点均有相应动作。至此。停机过程全部结束。

降压启动电路中的电流测量与图 2-98 右上侧的电流测量电路相同。过电流与短路保护可参见图 2-50，出现电流故障时，通过弹簧储能操作机构实施保护，此处不赘述。

2.3.12　同步电动机的启动控制

（1）同步电动机简介

同步电动机由直流供电的励磁磁场与电枢的旋转磁场相互作用而产生转矩，常用于恒速大功率拖动的场合，例如用来驱动大型空气压缩机、球磨机、鼓风机、水泵和轧钢机等。

同步电动机的转子旋转速度与定子绕组所产生的旋转磁场的速度是一样的，所以称为同步电动机。

同步电动机仅在同步转速下才能产生平均的转矩。如在启动时将定子绕组接入电网且转子绕组同时加入直流励磁，则定子旋转磁场立即以同步转速旋转，而转子磁场因转子有惯性而暂时静止不动，此时所产生的电磁转矩将正负交变而其平均值为零，故同步电动机不能带励启动。同步电动机的启动通常采用异步启动法，或变频启动法等。

同步电动机不带任何机械负荷空载运行时，调节电动机的励磁电流可使电动机向电网发出容性或感性的无功功率，用以维持电网电压的稳定和改善电力系统功率因数。运行在上述状态的同步电动机称为同步调相机，而维持电动机空转和补偿各种损耗的功率则须由电力系统提供。

（2）同步电动机常用启动方法

① 异步启动法　同步电动机在转子磁极上装有启动绕组，当同步电动机定子绕组通入电源时，由于启动绕组的作用，转子产生转矩，电动机旋转起来（与异步电动机类似）。当同步电动机加速到亚同步转速，在转子的励磁绕组中通入励磁电流，依靠同步电机定、转子磁场的吸引力而产生电磁转矩，把转子牵入同步。

同步电动机投入励磁前的异步启动期间，励磁绕组不能开路，否则励磁绕组会感应出很高的电动势，破坏励磁绕组的绝缘；也不能短路，短路后，在励磁绕组中产生较大的电流。励磁绕组在启动时应串接一定阻值（通常为转子绕组电阻值的5～10倍）的电阻后可靠闭合，而转子的转速接近定子磁场旋转速度的95%时，将所串联的电阻去除，通上直流励磁电流，完成启动。

同步电动机在异步启动时，可以在额定电压下启动，即全压启动；也可以降压（例如采用串联电抗器等方法）启动。对于启动次数少或容量不大的同步电动机，可以全压启动，如图2-103所示。但全压启动电流较大，一般为额定电流的6～7倍或更大，对电网和同步电动机的

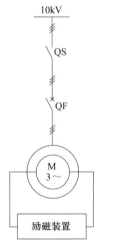

图 2-103　同步电动机全压
启动示意图

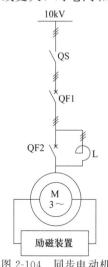

图 2-104　同步电动机
降压启动示意图

冲击都很大，因此对于电动机容量较大或电网容量相对较小的场合，应采用降压启动。图 2-104 是同步电动机降压启动电路的示意图。同步电动机降压启动时，隔离开关 QS 和断路器 QF1 先期合闸，电动机经电抗器 L 降压启动，适当延时后断路器 QF2 合闸，将电抗器 L 短路，电动机进入全压运行状态。

同步电动机全压启动和降压启动的基本工作原理与本章前几节介绍的异步电动机启动方式类似，详细分析可参考这部分内容。

② 变频启动法　变频启动近几年也得到广泛的应用，启动时，先在转子绕组中通入直流励磁电流，利用变频器逐步升高加在定子上的电源频率 f，使转子磁极在开始启动时就与旋转磁场建立起稳定的磁场吸引力而同步旋转，在启动过程中频率与转速同步增加，定子频率达到额定值后，转子的旋转速度也达到额定的转速，启动完成。

第**3**章

低压电力系统无功补偿

3.1 无功功率是怎么产生的

正弦交流电流过纯电阻、纯电容和纯电感时，流过这些元件的电流与电压之间的相位关系是各不相同的，其中电流流过感性元件或容性元件时都会产生无功功率。

3.1.1 纯电阻电路

交流电在电阻中的电流与电压同相位，如图 3-1 所示。图中显示电流与电压同时达到正的最大值，也同时达到负的最大值，电流与电压之间没有相位差。此时电压 U 与电流 I 之间的数值关系见公式（3-1）：

$$U = IR \qquad (3-1)$$

式中，U 为电压，单位为 V；I 为电流，单位为 A；R 是电阻，单位为 Ω。

电阻上消耗有功功率，该参数计算见公式（3-2）：

$$P = UI = U^2/R = I^2R \qquad (3-2)$$

式中，P 为功率，单位为 W；式中其他参数说明与公式（3-1）相同。

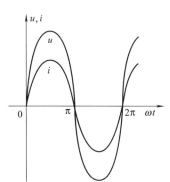

图 3-1 纯电阻中电流与
电压之间的相位关系

3.1.2 纯电感电路

铁芯线圈可看成电感性元件，严格地讲，它不属于纯电感，为了讨论分析问题方便，我们假定铁芯线圈为纯电感。纯电感中电流的相位滞后于电压90°，如图 3-2 所示。纯电感中电压与电流的数值关系见公式（3-3）：

$$U = IX_{\mathrm{L}} \qquad (3-3)$$

式中，U 为电压，单位为 V；I 为电流，单位为 A；感抗 $X_{\mathrm{L}} = \omega L = 2\pi fL$，$f$ 为电源频率，单位为 Hz；L 为电感量，单位为 H，即亨利；X_{L} 计算结果的单位为 Ω。

图 3-2 中，在 $\pi/2 \sim \pi$ 和 $3\pi/2 \sim 2\pi$ 期间，电流与电压方向相同，功率 P 为正值，线圈从电源吸收电功率，将电能转换为磁场能；而在 $0 \sim \pi/2$ 和 $\pi \sim 3\pi/2$ 期间，电流与电压方向相

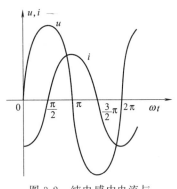

图 3-2 纯电感中电流与
电压之间的相位关系

反，功率 P 为负值。线圈向电源输出电功率，将储存在线圈中的磁场能转换为电能，这样在一个周期内的平均功率为零，即纯电感线圈在交流电路中不消耗有功功率。

但是电感中流过的电流以及对应电压形成了交流功率，这种交流功率就是无功功率。理论上讲，无功功率是不做功的，不会产生光和热，也不是电动机拖动机械旋转的动力源。

当然实际负载不可能是纯感性负载，一般都是混合型负载，例如电动机就是混合型的感性负载，这样电流在通过它们的时候，有部分功率能做功，有部分功率不能做功，不能做功的部分就是无功功率，此时称功率因数小于 1，并以功率因数的概念来表达电能的利用率。

无功功率是衡量电源和电感线圈之间进行能量互换速率的物理量，如果用 Q_L 表示感性无功功率的大小，则其计算式见公式（3-4）：

$$Q_L = U_L I = I^2 X_L \tag{3-4}$$

式中，Q_L 的单位是 var，即乏；U_L 是电感两端的电压，单位为 V；I 是流过电感的电流，单位为 A；X_L 是电感的感抗，$X_L = \omega L = 2\pi f L$。

3.1.3 纯电容电路

纯电容电路中，正弦交流电电流的相位超前于电压 90°，如图 3-3 所示。这时电路中电压 U_C 与电流 I 之间的数值关系可用公式（3-5）表示：

$$U_C = I X_C \tag{3-5}$$

式中，X_C 是电容器的容抗，$X_C = 1/(\omega C) = 1/(2\pi f C)$，当频率 f 用 Hz 作单位，电容量 C 用 F（法拉）作单位，电流用 A 作单位时，U_C 计算结果的单位是 V。

图 3-3 中，在 $0 \sim \pi/2$ 和 $\pi \sim 3\pi/2$ 期间，电压与电流同方向，电容从电源吸收电功率，将电能转换为电场能，这时功率 P 为正值；而在 $\pi/2 \sim \pi$ 和 $3\pi/2 \sim 2\pi$ 期间，电压与电流反方向，电容向电源送出电功率，将储存在电容中的电场能转换为电能，这时功率 P 为负值。这样，在一个电源周期中的平均功率为零，即纯电容在交流电路中，不消耗有功功率，有功功率为零。

衡量电源和电容之间进行能量互换速率的物理量，即容性无功功率的大小如果用 Q_C 表示，则其计算式如公式（3-6）所示：

$$Q_C = U_C I = I^2 X_C = U_C^2 / X_C \tag{3-6}$$

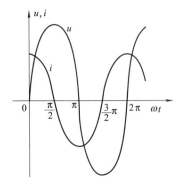

图 3-3 纯电容中电流与
电压之间的相位关系

图 3-4 指针式功率因数表外形图

在纯电感或感性电路中，电流的相位滞后于电压，功率因数称作滞后性功率因数或感性功率因数，对应的无功功率称作感性无功功率；而纯电容或容性电路中，电流的相位超前于电压，功率因数称作超前性功率因数或容性功率因数，对应的无功功率称作容性无功功率。

图 3-4 是一款指针式功率因数表的外形图。由图可见，这种表能指示滞后的功率因数，也能指示超前的功率因数。由于实际工频电源的负载不可能是纯电感或者纯电容，因此功率因数的指示值范围是 0.5～1，这已经能够满足电力系统的功率因数测量和显示需求。

3.2 为什么要进行无功补偿

无功需求是负载或电力传输线本身的特性所决定的，也是负载工作所必需的，否则负载也不可能吸收有功功率。那么有没有一种解决办法能够保证传输线的容量全部或基本上都用于传输有功功率，同时又能保证负载所需的无功功率呢？答案是肯定的。这就要采用无功补偿技术。所谓无功补偿，就是利用某种设备或装置提供负载所需的无功功率，而不是由传输线来提供，这样就能使传输线最大限度地传输有功功率，继而减少无功电流分量在传输线上的损耗。有时也将这种能提供无功功率的设备或装置称之为无功电源。

能作为无功电源的设备或装置很多，例如补偿用电力电容器、电感器、静止进相器、由电力电子装置构成的无功补偿智能补偿器 SVG 等。

做好电力系统无功补偿具有良好的社会经济效益，主要表现在以下几个方面。

一是可以提高供电系统的电压质量。电力系统的无功补偿通常采用就地补偿的方式，这样负载所需的无功功率就可就地解决，由电源点到负荷所在地点传输线上的电流就会有所减小，使得导线的电压降减小，所以负荷侧的供电电压和电压质量能够有所提高。

二是可以降低线路损耗。无功补偿后传输线上的电流值中减少了无功电流的成分，所以总的电流值减小，而传输线上的电能损耗与电流的平方成正比，因此可以减少传输线上的电能损耗。

三是可以释放供电系统的容量空间。该效能可使从发电厂的发电机开始，经由发电厂升压变压器、高压输电线路、负荷中心的降压变电所，直至用户的配电变压器均可受益。由于无功补偿使得电力系统功率因数得以提高，系统中传输的主要是有功电能，释放了传输无功电能的设备容量空间，从而提高供电系统的供电能力。

四是供电公司对用户的功率因数有考核指标，低于考核指标时就会产生无功罚款，经过积极地无功补偿，很容易满足供电公司的考核指标甚至能高于所需的指标，这就可以减少、消除无功罚款，甚至可以获得一定的奖励金，创造一定的经济效益。

3.3 我国无功补偿技术的发展进步

无功补偿是低压电力系统稳定运行、降低线损、提高供电电压质量的重要技术手段。我国的电力系统无功补偿技术经历了几十年的发展提高，已经达到相当高的技术水平。

无功补偿技术的发展提高，主要沿着减小、限制补偿电容器合闸涌流和提高电容器投切控制手段两个方向进行，两者相辅相成，协调发展，共同支撑着无功补偿技术不断攀登新的高峰。由电力电子技术支持的 SVG 技术更使无功补偿迈上了一个新的台阶。

3.3.1 限制电容器合闸涌流的技术发展

（1）无功补偿的初始阶段

我国从 20 世纪六七十年代开始将无功补偿技术提上议事日程。当时补偿电容器使用交流接触器直接合闸，不采取任何限流措施，由于电容器巨大的合闸涌流，使得交流接触器故障率很高。合闸时强烈的电火花烧伤操作人员的事故也不时发生。由于当时科技知识普及程度较低，甚至还出现在电容器通电情况下直接拉开补偿柜隔离开关而致使操作人员上臂严重烧伤的事故。

（2）用空心电抗器限制补偿电容器合闸涌流

因电容器两端的电压不能突变，所以传统无功补偿装置使用交流接触器控制电容器投入时，会产生很大的合闸涌流，该涌流值可达到电容器额定电流的几十倍甚至更大，引发系统电压的波动，影响系统中其他设备的正常运行。为了解决这一问题，20 世纪七八十年代，人们在电容器通电合闸电路中串联一种具有限流效果的空心电抗器，可以将电容器的合闸涌流限制在额定电流十几倍的范围内。这个方法在一定程度上解决了合闸涌流的问题，但是这种电抗器使用数量较多，一台三相电容器要配置三只电抗器，而且它的体积较大，价格不菲；另外还由于当年电抗器的外壳浇铸材料不阻燃的缘故，出现过因接线螺钉松动发热引发火灾的事故，因此这种限流方法的使用逐年减少。

（3）用限流接触器限制补偿电容器合闸涌流

针对以上技术缺陷，从 20 世纪 90 年代开始，具有限制电容器合闸涌流功能的一种专用交流接触器逐渐在无功补偿产品中得到应用。具有限制电容器合闸涌流功能的交流接触器型号较多，例如 Hi19 型、CJ19 型、CJX2-kd 型、CJ149 型等。这种接触器在电容器合闸时将一组阻值不大的电阻丝串联进电容器合闸回路中，用以限制合闸涌流；经过短暂延时后限流电阻退出运行，这样可以有效地抑制电容器合闸涌流。这种专用交流接触器用于电容器的投入和切除，对补偿装置的安全运行，延长交流接触器及电容器的使用寿命起着重要的作用。

（4）晶闸管投切技术

随着科学的发展，技术的进步，一种采用晶闸管控制电容器投切的方案应运而生。该技术在无功补偿系统中以其灵活、便捷和快速的控制特性得到用户的青睐，是目前应用较多的一种电容器投切技术。之所以能得到广泛应用，主要是因为该技术可以实现电容器电压过零投入、电流过零切除，可以有效限制合闸涌流和操作过电压，延长补偿设备的使用寿命和维修周期。

这种投切方案虽然有动态响应速度高的优点，但由于晶闸管导通时有压降的缘故，会消耗一定的能量并发热，如果处理不好，很容易造成晶闸管损毁，为此，须给晶闸管安装散热片降温，自然冷却效果不佳时还要采用风冷、水冷或其他冷却方式，这都将使补偿系统的体积变大，不能顺应系统小型化的发展方向。

有鉴于此，工程技术人员在思考另外一个方案，就是开关器件还使用晶闸管，但它只在电容投入或切除过程中发挥作用，开关结束后则由自保持继电器或接触器来维持投切后的稳态工作。这样晶闸管仅在电容器投切时有若干毫秒的持续工作时间，稳态时晶闸管没有导通电流，因而可省去晶闸管的散热器，但保留了晶闸管高动态的优点。这就是比较成熟的晶闸管投切电容技术，或者称作 TSC 复合投切开关技术。

（5）TSC 复合投切开关

这项新技术、新器件是 21 世纪研发并投入使用的科研成果。

TSC 复合投切开关技术，就是开关器件还使用晶闸管，但它只在电容投入或切除过程中发挥作用，开关结束后则由自保持继电器或接触器来维持投切后的稳态工作。这样晶闸管仅在电容器投切时有不超过几毫秒的持续工作时间，稳态时晶闸管没有导通电流，因而可省去晶闸管的散热器，但保留了晶闸管高动态的优点。这就是比较成熟的的晶闸管投切电容技术（Thyristor Switching Capacitor，TSC），或者称作 TSC 复合投切开关技术。

复合投切开关是由三个独立组合开关组成的，所谓组合开关，即将双向晶闸管（或者两个反向并联的单向晶闸管）和磁保持继电器组合在一起，用于低压无功补偿电容器的通断控制。复合开关的基本工作原理是将晶闸管与磁保持继电器触点并接，实现电压过零通和电流过零断开，使复合开关在接通和断开的瞬间具有晶闸管开关无涌流的优点，而在正常接通期间又具有物理开关无功耗的优点。其实现方法是：投入时在电压过零瞬间控制晶闸管先导通，稳定后再将继电器吸合导通；而切除时是先将继电器断开，晶闸管延时过零断开，从而实现电流过零切除。由于采用单片机控制投切并智能监控晶闸管、继电器、输入电源和负载的运行状况，从而具备完善的保护功能，包括：

①电源缺相保护：系统电压缺相时，开关拒绝闭合；②自诊断故障保护：系统自动监控晶闸管、继电器的运行状态，若其出现故障，则拒绝闭合或自动断开退出运行；③停电保护：接通后遇突然停电时，自动跳闸断开。复合开关无谐波产生：由于导通瞬间是由晶闸管过零触发，延时后由继电器吸合导通，所以工作时不会产生谐波。

复合投切开关还具有功耗小的优点。由于采用了磁保持继电器，控制装置只在投切动作瞬间耗电，平时不耗电；且由于继电器触点的接触电阻小，因而不发热，这样无须外加散热片或风扇，彻底避免了晶闸管的烧毁现象，降低了成本，真正达到了节能降耗的目的。

复合投切开关可对电容器实现分相补偿控制，也能实现三相共补控制，使无功补偿的效果更佳。

3.3.2　无功补偿控制器的技术发展

20 世纪六七十年代的电容器投切控制使用按钮与交流接触器，像启动单向运转的电动机那样，在每台电容器回路中串联一组熔断器进行短路保护，不采取任何合闸涌流限制措施。

七八十年代逐渐开始使用无功补偿自动控制器，控制路数最多可以达到 10 路；控制投切的参数阈值通常是功率因数，这种控制方案的缺点是，系统轻负荷运行时容易出现投切振荡。控制功能的实现使用的是 CD4000 系列的数字集成电路。

随着电子技术的快速进步，从 20 世纪八九十年代开始至 21 世纪初，工程师们开发出了使用单片机技术的无功补偿控制器，控制投切的阈值除了功率因数外，也有由系统无功功率决定投切的产品，这种控制方案能有效防止电容器投切振荡现象的发生，提高了无功补偿的质量和系统运行的可靠性。

近些年市场上出现的无功补偿控制器更是品种规格繁多，功能各异，总体技术水平有了极大的提高。主要表现在以下几个方面。一是既可向投切开关提供交流电压，用于驱动交流接触器的线圈，也可选择提供直流信号，用于控制复合投切开关的动作；二是投切控制路数大幅度增加，由 10 路、12 路提高到 24 路、48 路甚至更多；三是可对电力系统中的单相无功功率进行分相补偿，使得补偿效果更加精细；四是控制投切的电容器可以合理分组，每台电容器的容量经过合理选择，可一次性投入多台电容器，快速将系统补偿到最佳状态。

3.3.3　智能电容器自组网补偿技术

智能电容器是电力系统无功补偿技术发展历史上的重要里程碑。智能电容器之所以称为智能型产品，是因为它可以无需补偿控制器的支持，自我生成一个独立的无功补偿系统。它具有过零投切、自动保护功能，是低压电力无功自动补偿技术的重大突破，可灵活应用于低压无功补偿的各种场合，具有结构简单、组网成本低、性能优越、维护方便等优点。

　　智能电容器中的投切开关具有特殊的电磁式过零投切技术，其过零投切的偏移度小于2.5，投切涌流小于2.5倍额定电流。智能控制单元通过检测投切开关动静触点断开时两端的电压，控制其在电压过零点时闭合；通过检测投切开关动静触点闭合时的电流，控制其在电流过零点时断开，实现"过零投切"功能，使投运低压电力电容器时产生的涌流很小，退运低压电力电容器时不发生燃弧现象，从而延长了低压电力电容器和投切开关电器本身的寿命，也减小了开关电器投切时对电网的冲击，改善了电网的电能质量。

　　智能电容器在多台联机使用自我组成一个无功补偿系统时，可以自动生成一台主机，其余则为从机，构成低压无功补偿系统自动控制工作；个别从机出故障可自动退出，不影响其余智能电容器正常工作；主机出故障自动退出后，在其余从机中自动生成一台新的主机，组成一个新的系统正常工作；容量相同的电容器按循环投切原则，容量不同的电容器则按容量适补原则投切，确保投切无振荡。

　　在电网三相无功负荷分布不平衡的场合，智能电容器可采用三相共补和三相分补相结合方式，根据每相无功缺额大小，对三相电源分别投切电容器进行补偿，实现最优的无功补偿效果。

　　智能电容器具有自己的操作面板和LCD显示器，显示数据齐全完整，可显示内容包括配电电压、配电电流、配电功率因数，智能电容器自身的运行电流，电容器壳体内的温度等。

　　智能电力电容器的保护功能包括：配电过电压、欠电压及缺相保护；电源引入端过温度保护；电力电容器各相过电流分段保护；电力电容器本体内部过温度分段保护等。

　　智能电容器具有人机对话功能。这也是运行维护人员操作、调试、维护智能电容器的重要技术手段，只有通过人机对话，才能正确操控智能电容器。

3.3.4　绕线转子式异步电动机无功补偿技术的发展进步

　　绕线转子式异步电动机的无功补偿，传统技术是与笼型异步电动机采用相同的方案，对电动机所需的无功功率进行补偿。现代技术可采用静止式进相器对绕线转子式异步电动机进行无功补偿，这种装置是专为大中型绕线式异步电动机节能降耗设计的无功功率就地补偿装置。它串接在电动机转子回路中，通过改变转子电流与转子电压的相位关系，进而改变电动机定子电流与电压的相位关系，达到提高电动机自身功率因数和效率、提高电动机过载能力、降低电动机定子电流和自身损耗的目的。绕线式异步电动机专用静止式进相器对无功功率的补偿与电动机定子侧并联电容器补偿有本质的不同。电容补偿只是对电动机之外的电网无功进行补偿，它只是减少了电网上无功的传输量，电动机的电流、功率因数等电动机本身的运行参数无任何变化。而静止式进相器对无功功率的补偿是提高了电动机自身的功率因数。

　　无功补偿技术的发展日新月异，新理论、新技术、新产品、新器件不断出现，推动着补偿水平的提高。无功补偿技术的应用并不局限于低压电力系统，在6kV、10kV等各电压等级都有广泛的应用。无功补偿技术不仅应用于补偿感性无功功率，也适用于补偿容性无功功率。同时，随着技术的发展，科技的进步，静止无功发生器SVG（Static Var Generator）也在快速地进入电力系统无功补偿的领域。静止无功发生器SVG是一种静止型电气装置、设备或系统，它可从电力系统吸收可控的容性、感性电流，或是发出或吸收无功功率，从而达到无功补偿的目的。

3.4　电容器的容量计算及合闸涌流

　　电力系统对感性无功功率的补偿，当前应用较多的是电容器，它具有电路结构简单、成本低的突出优点，而电容器的铭牌上有用千乏标注的功率容量，用字符标记是 kvar；同时也标注有总的电容量，通常用微法（μF）作单位。补偿电容器在通电合闸时有较大的合闸涌流。电容器的功率容量、电容容量，以及合闸涌流的测算评估，与电力系统无功补偿的开发设计、元件参数的选择确定，无功补偿装置的安全运行息息相关，至关重要。

3.4.1 电容器功率容量与电容量的换算

补偿电容器的铭牌上一般都会标注产品的主要技术参数，包括型号、功率容量千乏（kvar）数、额定电压、电流、频率、电容量微法数等，但有时我们还是希望知道这些参数之间的关联性以及换算关系，以便增长理论知识，并提高实践动手操作的能力。

补偿电容器相关参数之间的换算可参见式（3-7）～式（3-10）。

$$Q_S = \sqrt{3}UI \tag{3-7}$$

$$Q_D = UI \tag{3-8}$$

$$I = (2\pi fCU)/\sqrt{3} \tag{3-9}$$

$$C = Q_S/(2\pi fU^2) \tag{3-10}$$

以上计算式中，Q_S 和 Q_D 为电容器的功率容量，单位为乏，即 var。其中式（3-7）用来计算三相三角形连接的电容器的功率容量 Q_S，式中 U 为线电压，单位为 V，I 为线电流，单位为 A；式（3-8）用来计算单相电容器的功率容量 Q_D，式中 U 为相电压，单位为 V；I 为电流，单位为 A；式（3-9）用来计算电容器的额定电流，式中的 C 是电容器的电容量，单位为法拉，即 F，$1F = 10^6 \mu F$，U 为线电压，单位为 V；式（3-10）用来计算电容器的额定电容量，式中 Q_S 是电容器的额定功率容量，单位是乏，即 var；U 为线电压，单位为 V。在三相电容器中，式（3-10）计算得到的是三相总电容量。以上各公式中的 f 是电源频率，按 50Hz 计算。

例如一台型号为 BSMJ-0.45-20-3 的补偿电容器，从型号可知，其额定电压为 450V，功率容量为 20kvar＝20000var，是一台三相电容器，我们可以用式（3-10）得到其电容量：

$$C = Q_S/(2\pi fU^2) = 20000/(2 \times 3.14 \times 50 \times 450^2) = 0.0003145(F) = 314.5(\mu F)$$

利用式（3-9）可计算得到其额定电流：

$$I = (2\pi fCU)/\sqrt{3} = (2 \times 3.14 \times 50 \times 314.5 \times 10^{-6} \times 450)/\sqrt{3} = 25.66(A)$$

用式（3-7）验证一下计算所得电流值的正确性：

$$Q_S = \sqrt{3}UI = \sqrt{3} \times 450 \times 25.66 = 19999.4(var)$$

与型号中标注的容量 20000var＝20kvar 极其接近。

应该指出的是，补偿电容器投入运行时的补偿容量是小于型号中的额定容量的，原因是实际加到电容器端子上的电压为 380V，低于型号中标示的 450V。也就是说，补偿电容器的功率容量是按型号中标示的额定电压 450V 计算的，实际用于补偿时的运行电压是 380V，与 380V 电压对应的补偿功率会较小。额定功率容量、实际补偿容量与电压的平方成正比。因此，考虑补偿电容器的额定电压时要心中明确，选额定电压高的运行更安全，但与相同功率容量而额定电压较低的电容器相比，前者的实际补偿容量要略小。这就是无功补偿控制器设置投入电容器的功率容量，可以大于系统实际占用的无功容量，而不至于出现过补偿的原因。例如无功补偿控制器检测到系统有 15kvar 待补偿的无功功率，控制器指令投入的是 16kvar 的电容器，投入后系统获得的补偿容量可能只有 14kvar 多点（与电容器的额定电压有关），不会因为用 16kvar 的电容器去补偿 15kvar 的待补偿无功功率出现过补偿，恰恰相反，补偿的可能还稍欠一点。当然这种补偿效果是合理的。

3.4.2 补偿电容器的合闸涌流

计算补偿电容器合闸涌流需要考虑的因素较多，在运行现场很难找到一个周密无瑕的计算方法，国家标准 GB/T 11024.1—2010 在附录 D 中提出了电容器合闸涌流的计算方法，它考虑到了影响合闸涌流的重要因素，使计算结果具有较高的准确度、可信度，又能满足无功补偿系统设计时对合闸涌流的数据需求。

① 标准提供的投入单个电容器组时合闸涌流的计算方法，我们在这里称其为式 (3-11)：

$$I_S = I_N \sqrt{2S/Q} \tag{3-11}$$

式中 I_S——电容器组涌流的峰值，A；

I_N——电容器组的额定电流（方均根值），A；

S——电容器安装处短路容量，MV·A；

Q——电容器组的容量，Mvar。

② 将电容器组投入含有运行中电容器的电力系统，先后投入的电容器相互并联，合闸涌流会更大，其计算方法见公式 (3-12)：

$$I_S \approx U \sqrt{Z} / \sqrt{X_C X_L} \tag{3-12}$$

式中 I_S——电容器组涌流的峰值，A；

X_C——电容器每相的串联容抗，Ω；

X_L——电容器组间每相的感抗，Ω；

U——相对地电压，V。

式 (3-12) 中的 X_C 可由公式 (3-13) 计算得到：

$$X_C = 3U^2 (1/Q_1 + 1/Q_2) \times 10^{-6} \tag{3-13}$$

式中 Q_1——接入的电容器组的容量，Mvar；

Q_2——已在运行中的电容器组的总容量，Mvar。

由以上国家标准规定的补偿电容器合闸涌流计算方法可见，该计算过程需要考虑的因素较多，既要考虑电容器的容抗，还要考虑感抗，以及已经投入的电容器组的总容量等。已经投入的电容器组的总容量越大，后续投入的电容器合闸涌流会越大，因此，电容器的合闸涌流是一个变量。由于最后投入的电容器组合闸涌流最大，因此行业标准 JB/T 10695—2007 的 7.7 条规定，"涌流试验只验证投入最后一组电容器时电路中的涌流值"。

电力系统无功补偿系统中电容器合闸涌流的计算适用于以上第二种情况，是将电容器组投入已运行中的电容器，投入后相互并联。

3.5 低压电力无功补偿所需的元器件

3.5.1 无功补偿用刀开关

无功补偿装置中一般使用单投刀开关，是低压无功补偿装置一次电路中影响运行安全的重要器件之一。刀开关在电容补偿柜中用作隔离开关。所谓隔离开关，其作用是在装置维修时，给我们提供一个明显的电路断开点，保证检修操作人员的安全。

补偿装置中使用 HD 系列的单投刀开关，其外形如图 3-5 所示。电流参数按补偿柜中安装补偿电容器的容量大小选择 200～1000A 的规格。

　　根据柜体结构形式的不同，刀开关的操作机构有多种样式可供选择，有侧面操作手柄式刀开关、中央正面杠杆操作机构刀开关、侧方正面杠杆操作机构式刀开关等。

　　图 3-6 所示是 HD 系列刀开关使用的一种操作机构。

图 3-5　HD 系列单投刀开关外形图

图 3-6　HD 系列刀开关的操作机构

3.5.2　断路器和熔断器

　　断路器和熔断器在低压无功补偿装置中，常用作各路补偿电容器的短路保护。

　　低压断路器俗称自动空气开关，是低压配电系统中的主要电器之一。低压断路器的种类很多，按用途分有保护电动机用低压断路器、保护配电线路用低压断路器和保护照明线路用低压断路器；按极数分有单极、双极、三极和四极断路器；按结构形式分有框架式和塑壳式两种断路器。在低压无功补偿装置中，常用作各路补偿电容器的短路保护，例如型号 DZ47 系列小型断路器。其外形结构见图 3-7。

　　低压无功补偿装置中也常用熔断器作各路补偿电容器的短路保护，例如 RT18 系列的。RT18 系列圆筒形熔断器适用于额定电压为交流 220V/380V，额定电流至 63A 的配电装置中作为过载和短路保护之用，可满足大部分无功补偿的需求，RT18 系列熔断器的外形结构可参见图 3-8。

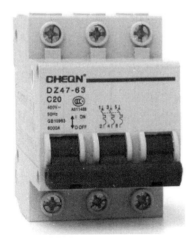
图 3-7　DZ47 系列断路器外形结构

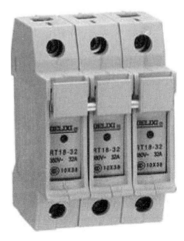
图 3-8　RT18 系列熔断器外形结构

3.5.3 无功补偿专用交流接触器

传统的低压无功补偿装置中，交流接触器是接通或断开补偿电容器的主要开关元件。

电力电容器在接入电路的瞬间有相当于额定电流数十倍的合闸涌流，特别是接入的电路中已经有先期投入的电容器正在运行时，情况更为严重，电流峰值有时可达到电容器额定电流的上百倍。将电力电容器接入电路实现补偿的优选开关器件就是切换电容器专用接触器，例如CJ19 系列切换电容器接触器。专用接触器在电容器合闸时可以有效地抑制涌流，对补偿装置的安全运行，延长接触器及电容器的使用寿命起着重要的作用。所以，正确选择切换电容器的接触器非常重要。

CJ19 系列切换电容器接触器主要用于交流 50Hz 或 60Hz、额定工作电压至 380V 的电力线路中，供低压无功功率补偿设备投入或切除低压并联电容器之用。接触器带有抑制涌流装置，能有效地减小合闸涌流对电容器的冲击和抑制开断时的过电压。

CJ19 系列接触器为自动式双断点结构，触点系统分上下两层布置，上层有三对限流触点与限流电阻构成抑制涌流装置。当合闸时它首先接通，经毫秒级的时间延迟之后工作触点接通，限流触点中永久磁铁在弹簧反作用下释放，断开限流电阻，使电容器正常工作。CJ19 系列接触器的主要技术参数见表 3-1。

表 3-1　CJ19 系列接触器的主要技术参数

参数名称		CJ19-25	CJ19-32	CJ19-43	CJ19-63	CJ19-95
电寿命/万次		10	10	10	10	10
额定电流 I_n/A		17	23	29	43	63
可控电容器容量/kvar	220V	6	9	10	15	22
	380V	12	18	20	30	40
额定绝缘电压/V		500	500	500	500	500
抑制涌流能力		$20I_n$	$20I_n$	$20I_n$	$20I_n$	$20I_n$
动作条件		吸合:$(85\%\sim110\%)U_n$;释放:$(20\%\sim75\%)U_n$				
线圈启动/保持功率/V·A		70/8	110/11	110/11	200/20	200/20
辅助触点控制容量		AC-15:360V·A;DC-13:33W				
质量/kg		0.44	0.63	0.64	1.4	1.5

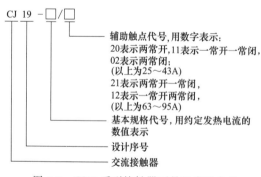

图 3-9　CJ19 系列接触器型号组成及含义

CJ 19 - □/□

辅助触点代号，用数字表示:
20表示两常开，11表示一常开一常闭，
02表示两常闭，
(以上为25～43A)
21表示两常开一常闭，
12表示一常开两常闭，
(以上为63～95A)
基本规格代号，用约定发热电流的数值表示
设计序号
交流接触器

CJ19 系列接触器的型号组成及含义见图 3-9，外形图见图 3-10。接触器内部电路连接见图 3-11，图中示出的是 CJ19-63、CJ19-95 的内部电路连接，它比同系列其他较小规格的接触器多了一对辅助触点，即有三对辅助触点，各触点都有相对固定的数字标号。

可用于切换电容器的接触器还有其他一些型号规格，除了上面介绍的 CJ19 外，CJX2-kd 型就是其中一种。该接触器主要适用于交流 50Hz 或 60Hz，额定绝缘电压至 690V，在 AC-6b 使用类别下，额定工作电压为 400V 时，额定工作电流至 87A 的低压控制设备中，通断低压无功功率补偿用的电容器组，用以调整电力系统的功率因数 $\cos\varphi$ 值。接触器附有抑制涌流装置，能有效地减少合闸涌流对电容器组的冲击和降低操作过电压，可以替代同类国外进口产品和国内传统产品。CJX2-kd 系列切换电容器的接触器由一台 CJX2 系列交流接触器、一台转换触头组和六根阻流电阻线等组成。转换触点组挂接在 CJX2 接触器的上方，主触点系统分上、下两层布置，上主触点 3 对接通瞬间（约 5～9ms）后自行断开复位，下主触点 3 对继续闭合。接触器具有两对或三对辅助触点组：出厂一般为一常开和一常闭（CJX2-25kd～40kd），或两常开和一常闭（CJX2-50kd～125kd）。

图 3-10 CJ19 系列接触器外形图

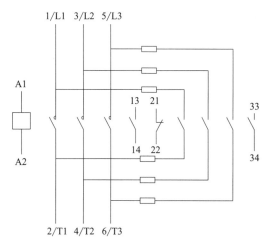

图 3-11 CJ19 系列接触器内部电路连接

CJ149 系列是另一种可用于切换电容器的接触器，适用于交流 50Hz 或 60Hz、额定电压 380V，投切电容量为 60kvar 以下的无功功率补偿装置中，用来接通和分断电容器所在电路，能有效地抑制电容器合闸时出现的涌流，并能与热过载继电器组成单元以保护可能发生的过电流。该接触器采用专利技术，在电容器合闸时首先闭合串联有限流电阻的主电路，用以限制电容器的合闸涌流；若干毫秒后，直通主触点接通，限流电阻退出运行。电容器断电时，接触器同样能够起到良好的保护作用。

3.5.4 避雷器

低压无功补偿系统使用额定电压 220V 的氧化锌避雷器，用于吸收电容器投入、切除操作时可能产生的过电压。

FYS-0.22 型氧化锌避雷器的外形及结构尺寸见图 3-12。

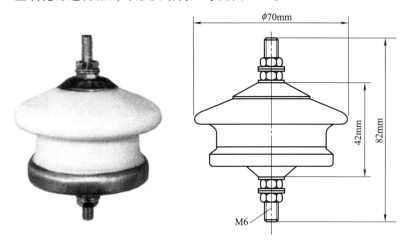

图 3-12 FYS-0.22 型氧化锌避雷器外形及结构尺寸

在三相无功补偿系统中，须使用三只避雷器。图 3-12 中，避雷器上部的接线螺钉接相线，下部的接线螺钉接地线。

3.5.5 无功补偿控制器

这是无功补偿装置中最重要的具有自动控制功能的电子仪表，具有较多种类，各类无功补偿控制器之间最大的区别介绍如下。

一是控制电容器投切的路数不同。所谓控制路数，就是控制器根据检测到的无功功率的大小或功率因数的高低，指令投入或切除补偿电容器的台数或组数，有的可控制投切 8 路、10 路或 12 路，这几种控制路数的控制器属于同一技术层次，产品使用数字集成电路或单片机作为控制核心；有的可以控制投切 24 路、48 路或更多投切路数，属于更高一些技术层次的产品，这类控制器使用较高级的单片机作为控制核心，再辅以功能完善的外围电路，实现对电容器的投切控制。

二是发出的控制信号不同。控制路数较少的补偿控制器，通常向投切电容器的交流接触器线圈提供 AC 220V 电压信号，有 AC 220V 输出时，接触器线圈得电吸合，电容器投入，否则电容器退出。而 24 路或更多控制路数的控制器，除了可以向交流接触器线圈提供 AC 220V 电压外，还可根据需求，选择输出 DC 5V 的信号，该信号通过内含电力电子器件的复合投切开关，可以实现电容器的电压过零投入和电流过零切除，使补偿装置具有更高更好的运行安全性。

三是较高技术层次的补偿控制器可以实现分相补偿。所谓分相补偿，是区别于传统补偿方式的一种较精细的补偿方式。补偿控制器根据检测到的各个不同相别中产生的无功功率的大小，按相别进行补偿，使产生无功功率较多的相别获得较多的无功补偿。

各种不同类别的无功补偿控制器的详细功能介绍，以及在无功补偿装置中的电路连接关系，将在以后的章节中给以说明。

3.5.6 电流互感器

无功补偿用低压电流互感器的外形及其图形符号、文字符号见图 3-13，其中图（a）和图（b）图是两种不同变比的电流互感器外形图，图（c）是电流互感器的图形符号，两种画法均符合国家标准。其文字符号是 TA。

(a) 变比较大的电流互感器   (b) 变比较小的电流互感器   (c) 图形符号与文字符号

图 3-13   不同电流变比两种电流互感器外形及图形符号

电流互感器接线使用时应注意其接线极性，一次导线应从其标注有"P1"的一侧穿入，从另一侧穿出。二次侧的"S1"与一次侧的"P1"是同名端。

在无功补偿装置中，有两个地方需要安装电流互感器，一是待补偿电力系统的电源侧，这里的电流信号可用于检测系统无功功率的大小和功率因数的高低。应通过不小于 BV2.5mm² 的导线连接至无功补偿控制器的电流信号输入端。对于三相共补的情况，即对三相电源中无功功率进行同步补偿时，在 A 相安装一台电流互感器。对于三相分补的情况，须在三相电源线上安装三台电流互感器。注意电流互感器的安装位置，须使流过电流互感器一次线圈的电流包含待补偿电路中的全部负荷电流，以及补偿电容器的补偿电流。

无功补偿装置中需要安装电流互感器的另一个位置是该装置自身的电源输入侧，通常安装在无功补偿柜隔离开关的出线侧。这里的电流信号可通过电流表指示补偿电流的大小，也可作为判断补偿装置工作正常与否的重要依据。

3.5.7　热继电器

热继电器是根据两种金属材料受热后线胀系数不同这一特性制成的，它是一种过载保护电器，利用电流热效应原理工作。热继电器的双金属片从升温到发生形变断开常闭触点有一个时间过程，不可能在短路瞬间迅速切断电路，所以不能用作短路保护，只能用于过载保护。

热继电器主要由热元件、触点、动作机构、复位按钮、电流整定装置和温度补偿元件等部分组成。其外形见图 3-14。在电路中的图形符号和文字符号见图 3-15。

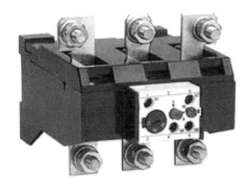

图 3-14　热继电器的外形图

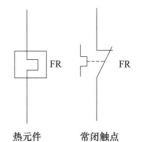

热元件　　　常闭触点

图 3-15　热继电器的图形符号与文字符号

热继电器在结构上为两相或三相双金属片式，具有连续可调的电流整定装置以及电气上可分的一常开、一常闭触点。热继电器的触点可以用于过载保护。

3.5.8　电容器

低压电力系统无功补偿用电容器的型号规格很多，常用的有内部呈三角形连接的三相电容器、星形连接的补偿电容器和智能电容器等。

（1）内部呈三角形连接的三相电容器

这类电容器生产厂家很多，图 3-16 就是其中的一种，它的型号是 BSMJS0.45-15-3，型号含义表明它是一台额定电压450V、额定容量15kvar 的三相电容器。电容器内部装有放电电阻，可使电容器断开电源 5 分闸时间后，将内部电容器上存储的电荷电压泄放降低到安全电压值以下。

低压补偿电容器还有更高额定电压的产品，例如有额定电压525V 的，在运行过程中安全性更高，但与额定电压较低的（例如额定电压450V）补偿电容器相比，实际补偿的 kvar 值

图 3-16　三相电容器外形图

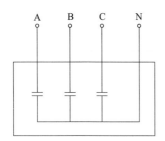

图 3-17 星形连接的补偿
电容器内部连接示意图

要略小一些，这是因为补偿电容器的额定容量 kvar 值是按照其额定电压计算出来的，但实际运行电压总是低于其额定电压的，所以实际补偿的 kvar 值会小于额定容量 kvar 值。

（2）星形连接的补偿电容器

为了实现无功补偿的分相补偿功能，就要使用如图 3-17 所示的星形连接的补偿电容器。在这种电容器中，每一相电容器的额定电压会低于相同电压等级的线电压 AC 380V，例如它的额定电压是 AC 250V。在工程中具体应用时，将电容器的 N 线与电力系统的 N 线固定连接，当电容器的某一相线接线端子与电源相线接通时，即可对接通电源的相别进行单相无功补偿，实现分相补偿。

（3）智能电容器

智能电容器的外形样式见图 3-18。

智能电容器是包含检测、控制、保护、显示以及人机操作界面的多功能元器件。它可最多由 54 只智能电容器自行组网构建一个无功补偿网络（不同厂家生产的智能电容器的最大组网数量略有不同），而无需补偿控制器的支持。在该网络系统中，地址为 01 的电容器是系统主机，并接收通过人机界面设置的控制参数。主机电容器检测到有无功功率生成时，通过 RS-485 通信线向网络系统中的电容器发布投切指令，实现无功补偿。当系统中有电容器出现运行异常时将自动退出系统且不影响其他电容器的运行。当主机电容器故障时，由于先期已将控制参数通过 RS-485 通信线配置到所有的智能电容器，因此，与主机电容器相邻编号的电容器立即担当起主机电容器的职责，保证补偿系统的持续运行。

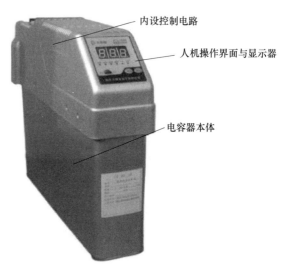

图 3-18 智能电容器外形图

内设控制电路
人机操作界面与显示器
电容器本体

3.6 低压电力无功补偿的具体应用电路

低压成套无功补偿装置的种类较多，这里介绍应用较多的 8～16 路的无功补偿柜的电路结构、工作原理、参数设置等方面的内容，以及 48 路的具有智能化功能的无功补偿装置。

3.6.1 16 路无功补偿控制装置

该装置配套使用 JKW 系列 D 型无功补偿自动控制器，它以单片机技术为控制核心，选用中文液晶显示器，适用于交流 0.4kV、50Hz 的低压配电系统进行无功补偿控制。控制器具有实时监测电网各项参数、谐波保护、无功补偿及保护警示等功能。

（1）补偿控制器的型号及前面板样式

JKW 系列 D 型无功补偿自动控制器的型号含义如图 3-19 所示。

控制器的中文液晶显示屏可以实时显示电网功率因数、电压、电流、有功功率、无功功

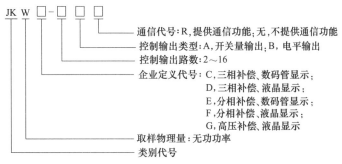

图 3-19 JKW 系列 D 型无功补偿自动控制器的型号含义

率、电压总谐波畸变率、电容器投切状态和故障警示；以及参数设置的电流变比、过压保护、投切延时、投切门限、电容器组编码方式、电容路数、电容器容量等。

控制器可对无功补偿所需的所有功能参数进行设置，并且永久保存。设置无功补偿的投切阈值时取样物理量为无功功率，可以保证没有投切振荡，没有补偿呆区。能根据系统无功功率的大小实现自动投切，也可在必要时进行人工干预、手动投切。最多可控制输出 16 路。控制输出能适应外接交流接触器，每路输出允许负荷 AC 220V、5A，完全能够满足 CJ19 或类似型号的投切电容器专用接触器的控制需求；控制器也可外接复合电子开关等不同投切元件，每路输出 DC 12V、60mA，用作外接电子控制开关的启动控制信号。

JKWD-16AR 型无功功率自动补偿控制器的正面液晶显示屏及按键排列情况见图 3-20。

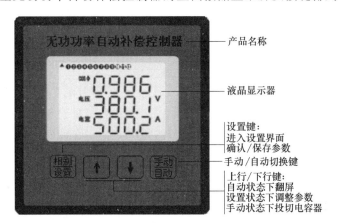

图 3-20 JKWD-16AR 型补偿控制器正面液晶显示屏及按键排列

（2）控制器在无功补偿柜中的电路连接

控制器后侧接线端子排列及接线示意图见图 3-21。接线完毕须对相关参数进行设置才能使控制器进入正常运行状态。下面介绍这款控制器端子的接线、液晶显示器显示的内容以及参数设置的方法。

① 电路连接 控制器实现自动无功补偿必须连接待补偿电力系统 A 相的电流信号，通过电流互感器将该电流信号连接至控制器后部的 I_A 和 I_a 端子，见图 3-21，将 B 相和 C 相电压信号经熔断器连接至控制器后部的 U_b 和 U_c 端子。该控制器最多可以控制 16 路电容器的投入和切除，图 3-21 中示出的是选用交流接触器作为补偿电容器投切开关的连接关系。报警蜂鸣器、散热风扇、温度传感器以及 RS-485 通信线路是可选功能，如果选用并订购了这些功能，则须连接相应的外部元件或网络线，否则，这些端子与控制器内部没有连接关系。

控制器安装接线完毕检查无误后，即可通电并对参数进行设置。通电约 10s 后，进入自动

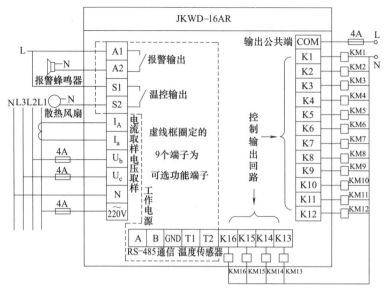

图 3-21　JKWD-16AR 型补偿控制器后侧接线端子排列及外连接线

图 3-22　补偿控制器可循环显示的三屏内容

运行状态。在这种状态下，液晶显示屏可在三屏显示内容之间循环切换，如图 3-22 所示。其中第一屏显示功率因数（cosφ）值、电压、电流、输出指示和投/切状态指示；第二屏显示有功功率、无功功率、频率、输出指示和投/切状态指示；第三屏显示谐波电压畸变率、谐波电流畸变率、温度、输出指示和投/切状态指示。

当要投入某路电容器时，投入指示符号"▲"（在图 3-22 中显示屏左上角）点亮闪烁，相应路数指示符号被点亮，显示在液晶屏上。

当要切除某路电容器时，切除指示符号"▼"（在图 3-22 中显示屏左上角，切除时才会显示出来）点亮闪烁，相应路数指示符号在液晶屏上消隐。

当无任何电容投切时，"▲"和"▼"符号全不显示。

图 3-22 中的电容器投切符号共 12 个，当软件设置的投切路数超过 12 时，显示的指示符号数量会随设置变化。

在自动运行状态显示任意一屏参数内容时，操作补偿控制器前面板上的"手动/自动"键（可参见图3-20）即可进入手动运行状态，此时液晶显示屏左上方出现"手动控制"字样，如图 3-23 所示。

这时操作一次"上行"键（可参见图 3-20），路数向上递增一路（投入一路）；操作一次"下行"键，路数向下递减一路（切除一路）。当某路电容量被设置为"00"时（该路不配置电容器），则该路不能投入。

② 参数设置　产品有关控制及保护参数，出厂已经预置。如首次使用，用户可根据现场

需要对相关参数进行修改，步骤如下：

连续按 3 次控制器前面板上的"相别/设置"键，显示屏弹出"TA 变比"项。右侧显示相应设置值如 100，如图 3-24 所示，表示电流互感器的变比为 500A/5A，操作"上行"或"下行"键修改参数，使 TA 变比与实际使用的互感器变比相一致。参数修改完毕，再按一下"相别/设置"键，该操作产生两个效果，一是确认保存刚才修改的参数，二是进入下一个参数的设置程序。

图 3-23 控制器进入手动控制状态

图 3-24 电流互感器变比参数设置

这时显示屏弹出"保护设置"的"U1"项，即过压保护设置项，右侧显示相应设置值如 456V，这里的 456V 表示过压保护值。操作"上行"或"下行"键修改参数，使过压保护值与系统运行状态相适应。显示屏的显示模式与图 3-24 类似。

按"相别/设置"键，显示屏弹出"保护设置"的"U2"项，即欠压保护项，右侧显示相应的欠压保护设置值如"304V"，操作"上行"或"下行"键修改参数至理想值。

按"相别/设置"键，显示屏弹出"保护设置"的"THDu"项，表示电压谐波畸变率保护值。右侧显示相应保护设置值如"10.0%"，操作"上行"或"下行"键修改参数即可。

按"相别/设置"键，显示屏弹出"保护设置"的"THDi"项，表示电流谐波畸变率保护值。右侧显示相应保护设置值如"30.0%"，操作"上行"或"下行"键修改参数。

按"相别/设置"键，显示屏弹出"保护设置"的"温度"项，右侧显示相应温度保护设置值如"70.0℃"，操作"上行"或"下行"键修改参数即可。温度保护参数只有在选用了温度保护功能的机型中才可设置。

按"相别/设置"键，显示屏弹出"目标 cosφ"项。右侧显示相应设置值如"1.00"，操作"上行"或"下行"键修改参数。

按"相别/设置"键，显示屏弹出"投切门限"项。可分别对"投入门限系数"和"切除门限系数"进行设置。右侧显示相应设置值如"1.0"，操作"上行"或"下行"键修改参数即可。

"投入门限系数"与"切除门限系数"的和是 1.2。例如，当"投入门限系数"设为 1.0，则"切除门限系数"＝1.2－1.0＝0.2。如此设置的效果是：

电力系统功率因数滞后时，如果电网无功＞（投入门限 1.0×预投电容器容值），那么投入该电容器。这里所谓的"预投电容器容值"，可由参数设置，详见后述。

电力系统功率因数超前时，如果电网无功＞（切除门限 0.2×已投电容器容值），那么切除该电容器。

按"相别/设置"键，显示屏弹出"控制延时"项。右侧显示相应设置值如"5.0"，表示设置为"5s"。操作"上行"或"下行"键修改延时参数。该参数设置的意义在于，当电容器满足投切条件时，相邻两路电容器投切动作之间的延时时间间隔。如果设置值大于 10s 且需要投切多路电容器，则第一路按此参数设置延时，后边的电容器每隔约 1s 执行一个投切动作，直到补偿平衡为止。

按"相别/设置"键，显示屏弹出"投切方式"项。操作"上行"或"下行"键即可修改参数选择投切方式（部分机型支持）。设置为"00"表示控制器按循环投切方式执行投切动作，即先投先切，后投后切；设置为"01"表示控制器按线性的投切方式执行投切动作，即先投后切，后投先切。

按"相别/设置"键，显示屏弹出"电容配置"项。可对每一台电容器的容量进行设置，例如显示屏左侧显示"C01"，右侧显示相应电容器的容量值如"30"，表示此时可将第一台电容器的实际容量设置进控制器。"30"表示该路电容器的电容量是"30kvar"。操作"上行"或"下行"键即可修改电容器的容量参数值。之后对 C02 及其所有电容器的实际容量值均通过设置赋值给控制器，用于运行控制。

按"相别/设置"键，显示屏弹出"通信参数"项的地址 Add。右侧显示相应设置值如"01"，操作"上行"或"下行"键修改参数即可（选用通信功能的机型支持）。

按"相别/设置"键，显示屏弹出"通信参数"项的波特率。右侧显示相应设置值如"9600"，操作"上行"或"下行"键修改参数选择通信波特率（选用通信功能的机型支持）。

完成最后一个参数设置后，按"相别/设置"键予以确认保存。

控制器在电网某项指标超出控制器所设置的报警值时，会自动切除已投入电容器，此时超限的参数项会闪烁，且在控制器显示屏的右上角出现报警提示符号。

参数设置完毕后，如果持续 10s 不操作任何键，控制器返回自动运行状态。

3.6.2 48 路智能化无功补偿装置

使用智能型无功补偿控制器可以组建出更新型的无功补偿装置，装置中配套的智能化无功补偿控制器采用高档次的微处理器技术，使产品可以实现的功能更多，无功补偿更加准确，不但可以实现三相共补，还可根据三相运行过程中不平衡的无功参数值实现分相补偿，补偿控制的回路数由十几路猛增至四五十路，控制器与电容器之间使用 RS-485 通信线进行连接控制，因此，近年来智能无功补偿装置的推广应用步伐大大加快，为提高我国无功补偿智能化水平作出了巨大贡献。

（1）智能化无功补偿控制器

智能化的无功补偿装置，必须配置智能化的无功补偿控制器。这里介绍 NAD-868K1 低压智能无功补偿控制器，它可与低压智能电容器配套使用，控制回路最大可达 48 路，控制器通过大尺寸液晶显示屏和按键实现人机对话，具备采集并显示电测量数据，监测和显示智能电容器的技术参数，以及根据无功功率与功率因数自动控制投切电容器等功能。采用新型的无功趋势潮流判断算法，特别适合用于功率因数变动幅度大、变动频次高的场合。

① 控制器基本功能

a. 采集并动态显示电网的各项运行参数值，参数设置简单，设置的参数断电不丢失。

b. 自动检测低压智能电容器的数量、类型、壳内运行温度、容量等信息，并按电网无功参数控制低压智能电容器投切。

c. 具有过压、欠压、过流、过温、谐波保护，电容器故障报警，当电网参数超过各自设定的限值时，控制器快速切除已投入的电容器，并闭锁输出，保护电容器安全，延长其使用寿命。

d. 根据电压、电流、功率因数、无功功率及电压回差等参数综合计算，判断并发出电容器投切的指令，使补偿更精确，防止投切振荡。

e. 在动作延时时间内多点采样上述值，根据各次的采样值来进行无功趋势潮流判断，避免了常规控制器单点采样、采样周期长所造成的判断失常，在功率因数变动大的场合，可以准确判断所需补偿的无功功率及补偿方向（投入或切除）。

f. 具有手动/自动切换功能。置手动时，能手动操作电容器的投入或切除；置自动时，根据电压、负荷、功率因数和无功缺额等综合因素控制电容器的投入或切除。

g. 控制器具有电压、电流相序检测功能，当相序错误或缺相时，提示出错警告。

h. 输出为编码循环方式，容量相同的智能电容器循环投切以延长电容使用寿命，容量不同的则按要求编码，进行动态适配补偿，提高补偿精度，用较少的动作次数获得最好的补偿效果。

② 控制器应用接线及参数设置　NAD-868K1 低压智能无功补偿控制器背面有应用接线示意，如图 3-25 所示。

图 3-25 上部是两个 RS-485 通信接口（8 芯水晶头插口），用其中一个与智能电容器连接。中部是电气接线示意图，其中左端是电源侧，右端是负载侧。下部的接线螺钉是连接三相四线电源和电流互感器二次电流信号的。

按照上述接线示意图连接完毕，即实现了所谓的组网，当然这些安装是在无功补偿控制柜中完成的。

组网完毕要对无功补偿控制器进行参数设置。图 3-26 是 NAD-868K1 低压智能无功补偿控制器的面板图，其中中部是液晶显示屏，下部有四个按键，参数设置就是通过操作这四个按键并根据液晶显示屏的字符提示完成的。

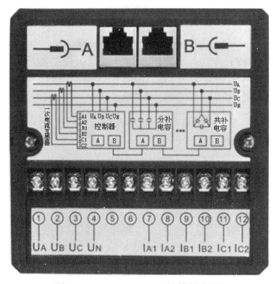

图 3-25　NAD-868K1 补偿控制器
背面接线端排列示意图

图 3-26　NAD-868K1 控制器面板上液晶屏及
按键排列位置图

由于按键的数量较少，参数设置所需的按键功能较多，所以每个按键都有多重功能。下面结合对参数设置方法的介绍，来了解这些按键的功能。

无功补偿电路系统连接完毕组网成功通电 1min 后无任何操作，控制器的液晶显示屏进入自动轮回显示界面，将对图 3-27 中的图（a）和图（b）轮回显示，若要进行参数设置，点按图 3-26 中的"确认"键，显示屏转为显示图 3-27（c）的主菜单页面。为了描述方便，将图 3-26 下部的 4 个按键从左至右依次称为"上翻页"键、"下翻页"键、"返回"键和"确认"键。

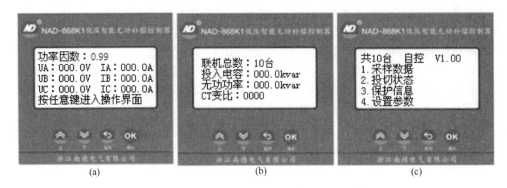

图 3-27　控制器通电 1min 后自动进入的轮回显示页面

　　控制器显示图 3-27（c）页面主菜单时，通过点按"上翻页"键或"下翻页"键，可以选择二级子菜单，例如选中主菜单中的"4. 设置参数"，选中的标志是在"设置参数"4 个字上覆盖阴影，如图 3-28（a）所示。这时点按"确认"，进入下一级菜单；显示屏内容如图 3-28（b）所示，提示可以设置运行参数，包括 TA 变比和目标功率因数。这两个参数是每个无功补偿系统都必须设置的，因此以这两个参数的设置为例介绍参数设置方法。

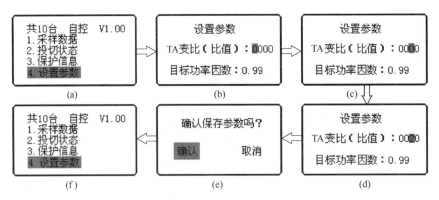

图 3-28　显示屏上显示的参数设置子菜单

　　如果选用的电流互感器额定电流为 100A/5A，则变比为 20。这时点按"上翻页"键或"下翻页"键，使 TA 变比 4 个 0 中居于十位的那个 0 被阴影覆盖（"上翻页"键或"下翻页"键可以移动覆盖阴影的数位），如图 3-28（c）所示。逐次点击"确认"键修改覆盖阴影的十位数的数值，使其变为 2，如此电流互感器的变比已经修改为 0020，如图 3-28（d）所示。接着修改目标功率因数的参数值，例如欲将目标功率因数修改为 0.98，这时逐次点击"下翻页"键，使"目标功率因数：0.99"中的最右边一位"9"被阴影覆盖，并用"确认"键将其修改为 8，至此，参数值修改完毕。之后点按"返回"键，这时显示屏上提出一个问题："确认保存参数吗？"并同时给出两个选项"确认"和"取消"，用"上翻页"键或"下翻页"键选中"确认"，选中的两个字被淡淡的阴影覆盖，如图 3-28（e）所示，点击"确认"键，修改的参数被保存，并返回主菜单如图 3-28（f）。

　　③ 可以设置的参数项及设置范围　NAD-868K1 低压智能无功补偿控制器可以设置的参数有运行参数和保护参数两大类，运行参数包括 TA 变比，参数设置范围 0～9999；目标功率因数，参数设置范围 0.70～0.99。保护参数包括动作间隔，即相邻两路电容器投切的时间间隔，参数设置范围 5～210s；判断延时，参数设置范围 5～180s；一级过电压保护阈值，参数设置

范围 200～400V（以相电压 220V 为参比电压，以下与电压保护有关的参数设置与此相同）；二级过电压保护阈值，参数设置范围 200～400V；欠压保护阈值，参数设置范围 100～255V；过电流保护阈值，参数设置范围是额定电流的 100%～200%；过温度保护阈值，参数设置范围 30～90℃；过电压谐波保护阈值，参数设置范围 1%～20%；过电流谐波保护阈值，参数设置范围 1%～99%。

保护参数设置方法与以上举例的 TA 变比参数设置方法相同，只是由主菜单进入保护菜单时，对"确认"键的操作不是点按，而是持续按压 5s 以上。这样规定的目的，一是与进入运行参数设置菜单的方法有所区别，二是提示保护参数设置完以后，不要轻易修改这些参数。

④ 自动与手动投切的切换　如果希望将电容器的投切方式在自动与手动之间切换，可在图 3-28（a）页面状态时点击"下翻页"键，使出现图 3-29（a）所示的显示内容，"投切方式"被阴影覆盖，这时点击"确定"键，出现图 3-29（b）所示的页面，再次点击"确定"键，显示屏内容如图 3-29（c）所示。之后继续点击"确定"键，则显示内

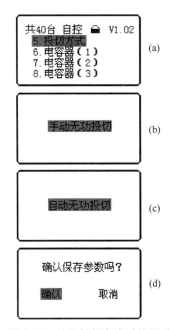

图 3-29　设置投切方式时的显示

容在图 3-29（c）与图 3-29（b）之间切换。当希望的投切方式（手动或自动）被阴影覆盖时，点击"返回"键，出现图 3-29（d）所示的页面，这时点击"确定"键，即可选中希望的投切方式。

（2）智能型电容器在补偿柜中的应用

国内目前生产智能电容器的厂家较多，这里以 NAD-868 系列低压智能电力电容器为例，介绍智能电容器的基本结构、工作原理以及应用解决方案。该系列智能电容器通常以两组△形连接的补偿电容器或一组 Y 形连接的低压电力电容器为主体，采用微电子技术、微型传感技术、微型网络技术和电器制造技术等技术成果，替代由无功补偿控制器、熔断器、接触器、热继电器、指示灯、低压电力电容器等多种分散电气元件组装而成的传统无功补偿装置。

图 3-30　NAD-868 系列低压智能电力电容器外形样式

由智能电容器组成的共补（三相同步补偿）、分补（根据每相无功功率的大小分别进行补偿）装置，具有过零投切、自动保护、自身组网等功能，无须外联无功补偿控制器的支持，是低压电力无功自动补偿技术的重大突破，可灵活应用于低压无功补偿的各种场合，具有结构简单、组网成本低、性能优越、维护方便等优点。

当然，智能电容器除了摆脱无功补偿控制器自成系统实现无功补偿外，也可以与无功补偿控制器联合组网实现补偿。由于智能电容器的显示屏和人机界面通常可视面积较小，运行过程中运行参数的读取相对困难。与无功补偿控制器联合组网时，由安装在适读高度上的控制器液晶屏显示运行参数会更方便。

① 外形结构及基本功能描述　NAD-868 系列低压智能电力电容器的外形样式见图 3-30，整机结构分解图见图 3-31。

NAD-868 系列常规型智能电容器主要由智能控制单元、过零投切开关电器、低压电力电

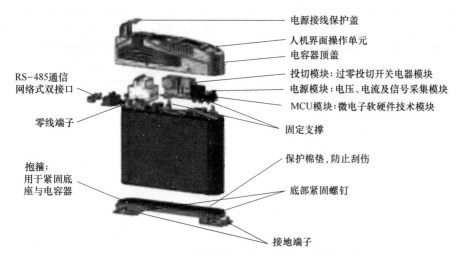

图 3-31　NAD-868 系列智能电力电容器整机结构分解图

容器及电容器内部温度和电流信号的采集单元等组成，共补型智能电容器的工作电气原理示意图见图 3-32，分补型智能电容器的工作电气原理示意图见图 3-33。

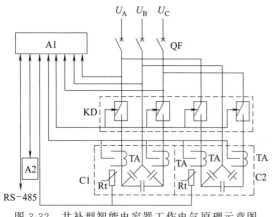

图 3-32　共补型智能电容器工作电气原理示意图
QF—断路器；C1、C2—两组三相式低压电力电容器；
A2—人机交互界面；U_A、U_B、U_C—三相三线电源；
RS-485—网络通信接口；A1—智能组件单元；
Rt—微型温度传感器；TA—微型电流互感器
KD—过零投切开关电路

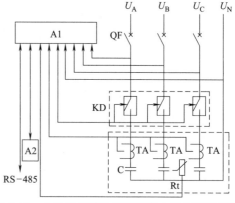

图 3-33　分补型智能电容器工作电气原理示意图
QF—断路器；C—1 组分相式低压电力电容器；
A2—人机交互界面；RS-485—网络通信接口；
Rt—微型温度传感器；TA—微型电流互感器；
KD—过零投切开关电器；A1—智能组件单元

　　智能电容器中的投切开关具有特殊的电磁式过零投切技术，其过零投切的偏移度小于2.5、投切涌流小于 2.5 倍额定电流。智能控制单元通过检测投切开关电器动静触点断开时两端的电压，控制其在电压过零点时闭合；通过检测投切开关电器动静触点闭合时的电流，控制其在电流过零点时断开，实现"过零投切"功能，使投运低压电力电容器时产生的涌流很小，退运低压电力电容器时不发生燃弧现象，从而延长了低压电力电容器和投切开关电器本身的寿命，也减小了开关电器投切时对电网的冲击，改善了电网的电能质量。

　　智能控制单元通过置于低压电力电容器内部的微型温度传感器（热敏电阻 Pt100），实时监测电力电容器的内部工作温度，同时可根据该温度测量值设置电容器本体温度的分级保护。电容器的内部温度保护是其重要的保护之一。工作电源电压过高、谐波过高及环境温度过高均会引起低压电力电容器内部温度升高，设置低压电力电容器内部过温保护，使其内部温度超值时退出运行，由其他自身温度较低的电容器替换运行，从而延长低压电力电容器的使用性能及使用寿命。

智能电容器使用的电磁式投切开关，其耐压冲击能力达到交流电压 3500V（直流电压 5000V）以上，耐电流冲击能力达到 100 倍额定电流以上，投切额定次数达到 100 万次以上。因此，电磁式过零投切开关具有极好的工作可靠性。

② 型号规格　NAD-868 系列常规型低压智能电力电容器的型号含义见图 3-34。

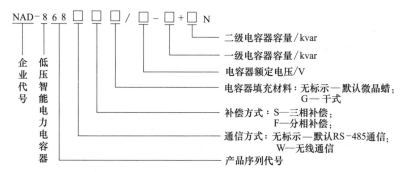

图 3-34　NAD-868 系列智能电力电容器的型号含义

例如，NAD-868SG/450-20＋10N，表示三相共补干式低压智能电力电容器，通信方式为 RS-485，额定电压 450V，额定容量 30kvar，其中一级容量为 20kvar，二级容量为 10kvar。型号中的最后一个字母 N 是表示区别于其他类型智能电容器的一个辅助代号。

NAD-868 系列常规型低压智能电力电容器的型号规格见表 3-2。

表 3-2　NAD-868 系列低压智能电力电容器的型号规格

补偿方式	型号规格	容量/kvar	额定电压/V
三相共补	NAD-868S/450-20＋20N	40(20＋20)	450
	NAD-868S/450-20＋15N	35(20＋15)	
	NAD-868S/450-20＋10N	30(20＋10)	
	NAD-868S/450-15＋15N	30(15＋15)	
	NAD-868S/450-15＋10N	25(15＋10)	
	NAD-868S/450-10＋10N	20(10＋10)	
	NAD-868S/450-10＋5N	15(10＋5)	
	NAD-868S/450-5＋5N	10(5＋5)	
三相分补	NAD-868F/250-30N	30	250
	NAD-868F/250-20N	20	
	NAD-868F/250-15N	15	
	NAD-868F/250-10N	10	
	NAD-868F/250-5N	5	

注：1. 分相补偿智能低压电力电容器无二级容量。

2. 本产品适用于谐波电压总畸变率≤5%的用电场所。

3. 表中列出的是常用产品型号规格。

③ NAD-868 系列智能电力电容器的控制功能　NAD-868 系列低压智能电力电容器具有如下良好的控制功能。

a. 投切开关电器触点断开状态下电压过零投运低压电力电容器，触点闭合状态下电流过零切除低压电力电容器。

b. 手动控制：可手动控制投运或切除低压电力电容器。

c. 自动控制：根据测得的电压、无功功率、功率因数和这些物理量的设定值自动投运或切除低压电力电容器。

d. 通信控制：智能电力电容器可以外接无功补偿控制器（但不是必需的），根据控制器的控制指令投运或切除低压电力电容器；智能电力电容器也可以外接显示器，显示运行电压、电流、功率因数以及电容器的投切运行状态。这里所谓的外接是通过 RS-485 网络通信线的连接来实现的。

e. 多台联机自动控制：多台使用时自动生成一台主机，其余则为从机，构成低压无功补偿自动控制系统工作；个别从机出故障可自动退出，不影响其余智能电容器正常工作；主机出故障自动退出后，在其余从机中自动生成一台新的主机，组成一个新的系统正常工作；容量相同的电容器按循环投切原则，容量不同的电容器则按容量适补原则投切，确保投切无振荡。智能电容器内部的电流互感器是用于本台电容器的电流测量的。当多台智能电容器自组网不使用无功补偿控制器、也不使用状态显示器时，须使用配套的微型电流互感器用于获取待补偿系统的电流信号，如图 3-35 所示。左侧图（a）是三相共补电容器与互感器的连接方法，图中标注字母"B"的互感器串联在待补偿系统电路的 B 相电源中，颜色发黑的是单相微型电流互感器，它通过 RS-485 网络线与智能电容器的相应接口连通；右侧图（b）是三相分补电容器与互感器的连接方法，三相微型电流互感器通过 RS-485 网络线与智能电容器的相应接口连通。图 3-35（b）中的电流互感器 A、B、C，安装在待补偿电力系统的电源侧，即将系统母排从电流互感器的一次导线孔中穿过即可。

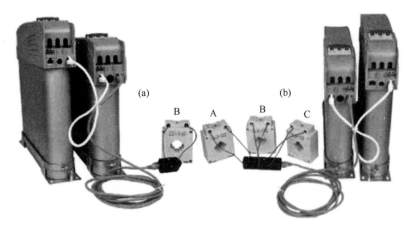

图 3-35　专用微型电流互感器与智能电容器的连接示意图

f. 混合补偿功能：在电网三相负荷不平衡场合，可采用三相共补和三相分补相结合方式，根据每相无功缺额大小，对三相分别投切补偿达到无功最优化。

④ 测量显示与保护功能　NAD-868 系列低压智能电力电容器具有如下测量与显示功能。

a. 配电电压、配电电流、配电功率因数的测量、显示。

b. 各台低压电力电容器本体内部各相电流测量、显示。

c. 各台低压电力电容器本体内部温度测量、显示。

d. 各台低压电力电容器容量自动校正测量、显示。

e. 配电电流互感器相位自动校正和变比自动测量、显示。

NAD-868 系列低压智能电力电容器具有如下保护功能。

a. 配电过电压、欠电压及缺相保护。

b. 电流速断总保护。

c. 电源引入端过温度保护。

d. 电容器各相过电流分段保护。

e. 电容器本体内部过温度分段保护。

⑤ 人机对话界面 人机对话功能是运行维护人员操作、调试、维护智能电容器的重要技术手段，只有通过人机对话，才能正确操控该款智能电容器。人机对话经过对人机界面上的指示信号、显示数据的读取，以及对开关、按键的操作予以实现。共补型人机操作界面与分补型人机操作界面示意图见图 3-36。

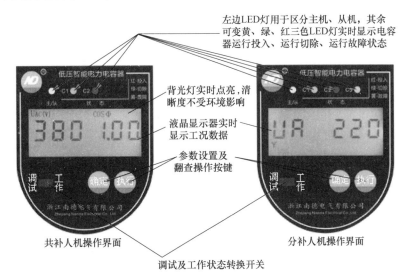

图 3-36 智能电容器的人机操作界面

人机对话的图示界面中，顶部有三只或四只发光管，其中最左边的一只是表示主机、从机的，红色的是主机，绿色的是从机。其余两只或三只表示电容器当前处于投入（红色）、切除（绿色）或开关故障状态（黄色）。

图示界面中的中间是液晶显示区，包括上部信息区、下部信息区和中部数值显示区。上部信息区显示 AC 相电压 $U_{ac}(\mathrm{V})$、C 相电流 $I_c(\mathrm{A})$、和功率因数 $\cos\varphi$。下部信息区显示 B 相电流 $I_b(\mathrm{A})$、A 相电流 $I_a(\mathrm{A})$ 和无功功率值 $Q(\mathrm{kvar})$。中部数值显示区可显示两个三位数字，左右横向排列。

图示界面中的下端是按键操作区，从左至右分别为"调试/工作"拨动开关，"确定"键和"执行"键。拨动开关拨动到左侧调试状态时，投切开关动作不实际投入或切除电容器；拨动到右侧工作状态时，投切开关动作实际投入或切除电容器。

确定键在不同的显示模式下具有不同的功能，包括进入编辑模式、上翻页、编辑模式焦点切换（类似于普通智能产品中设置参数时的移位键）和编辑模式保存退出等功能。

执行键在不同的显示模式下具有不同的功能，包括退出编辑模式、下翻页、编辑模式参数修改（参数值增大或减小）和编辑模式不保存退出等功能。

对于确定键和执行键，有四种操作模式，即短按确定键、长按确定键、短按执行键、长按执行键。所谓短按和长按是以按压键钮的时间长短来定义区分的：按压不超过 500ms 时为短按，超过 500ms 时为长按。

⑥ 参数设置程序 三相共补式智能电力电容器需要设置的参数见表 3-3；三相分补式智能电力电容器需要设置的参数见表 3-4。现以电流互感器的变比参数设置为例，介绍参数设置的方法。

第一步：长按确定键，进入编辑模式。

第二步：逐次短按执行键（实现下翻页）或短按确定键（实现上翻页），使液晶显示屏上显示 CT 000。

第三步：长按确定键，此时 000 中的百位数闪烁，提示可以修改百位数，接着短按执行键修改百位数，直至百位数符合设置要求；之后短按确定键实现移位功能，十位数闪烁，修改十位数；用同样的方法修改个位数。

第四步：长按确定键保存设置数据并退出设置界面，或长按执行键不保存设置数据并退出设置界面。

其他参数的设置，参照以上方法进行。

表 3-3　三相共补式智能电力电容器参数设置表

序号	参数码	参数名称	显示内容	功能描述
1	Id	本机地址	Id　006	设置本机 Id 地址,006 是示例值
2	Ct	互感器变比	Ct　100	设置互感器一次、二次电流的比值
3	cos	功率因数	cos　0.95	设置目标功率因数值
4	C_1	电容器 C_1 容量	C_1　20.0	电容器 C_1 容量
5	C_2	电容器 C_2 容量	C_2　10.0	电容器 C_2 容量
6	U_{H1}	一级过电压阈值	U_{H1}　436	设置一级过电压闭锁阈值 $1.15U_n$
7	U_{H2}	二级过电压阈值	U_{H2}　457	设置二级过电压闭锁阈值 $1.20U_n$
8	U_L	欠电压阈值	U_L　305	设置欠电压闭锁阈值 $0.80U_n$
9	I_H	过电流闭锁阈值	I_H　1.35	设置过电流闭锁阈值 $1.35I_n$
10	t_H	过温度闭锁阈值	t_H　060	设置过温度闭锁阈值(60℃)
11	H	强制投切	H	强制投切使能设置
12	C_1-	强制投切 C_1	C_1-	设置强制投切 C_1
13	C_2-	强制投切 C_2	C_2-	设置强制投切 C_2
14	dLy	投切判断时间	dLy　040	设置投切判断延时时间/s
15	Jg	投切间隔时间	Jg　180	设置电容器投切间隔时间/s

表 3-4　三相分补式智能电力电容器参数设置表

序号	参数码	参数名称	显示内容	功能描述
1	Id	本机地址	Id　006	设置本机 Id 地址,006 是示例值
2	Ct	互感器变比	Ct　100	设置互感器一次、二次电流的比值
3	cos	功率因数	cos　0.95	设置目标功率因数值
4	CAP	电容器总容量	CAP　20.0	电容器三相总容量
5	U_{H1}	一级过电压阈值	U_{H1}　253	设置一级过电压闭锁阈值 $1.15U_n$
6	U_{H2}	二级过电压阈值	U_{H2}　264	设置二级过电压闭锁阈值 $1.20U_n$
7	U_L	欠电压阈值	U_L　176	设置欠电压闭锁阈值 $0.80U_n$
8	I_H	过电流闭锁阈值	I_H　1.35	设置过电流闭锁阈值 $1.35I_n$
9	t_H	过温度闭锁阈值	t_H　060	设置过温度闭锁阈值(60℃)
10	H	强制投切	H	强制投切使能设置
11	C_A-	强制投切 C_A	C_A-	设置强制投切 C_A,即 A 相电容
12	C_b-	强制投切 C_b	C_B-	设置强制投切 C_B,即 B 相电容
13	C_C-	强制投切 C_C	C_C-	设置强制投切 C_C,即 C 相电容
14	dLy	投切判断时间	dLy　040	设置投切判断延时时间/s
15	Jg	投切间隔时间	Jg　180	设置电容器投切间隔时间/s

（3）48 路智能化无功补偿装置电路接线原理

① 智能电容器与智能控制器联合组网　使用 NAD-868 型智能电力电容器可以与智能补偿控制器构成无功补偿系统，这种联合组网模式的优点是，补偿装置柜体的前面板适当高度布置安装补偿控制器，其较大的显示屏可供操作运行人员方便地查阅运行数据，或调试设置参数。

智能电容器与智能控制器联合组网的应用电路见图 3-37。图中 U_A、U_B、U_C、U_N 是三相四线电源，对于分补电容器须连接三相四线电源，而对于三相共补型电容器仅连接三条相线，

无需连接零线 U_N。QS 是隔离开关，BL1～BL3 是额定电压为 AC 220V 的氧化锌避雷器，用于吸收电容器投切过程中可能产生的操作过电压。K 是智能化的无功补偿控制器。分补 1～分补 n 是分补型智能电容器，它可根据各相无功功率的不平衡状况对功率因数进行分相补偿，共补 1～共补 n 是三相共补型智能电容器。RS-485 是通信连接线。无功补偿智能控制器和每一台智能电容器都有两只 RS-485 通信接口，这两只接口可以不分彼此地随意使用。控制器仅需与一台智能电容器之间用一条 8 芯 RS-485 通信线连接，如图 3-37 那样，无需控制器与每一台电容器之间都安装连接线。这使得电路连接线的数量得以减少，整个系统的安装、运行、维护变得简洁。

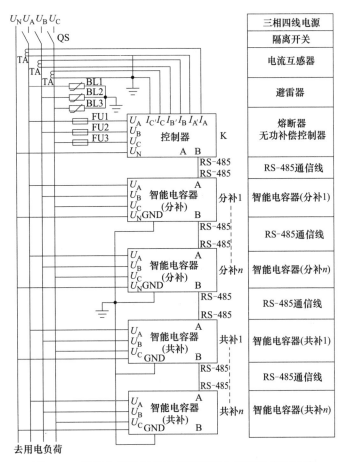

图 3-37　智能电容器与智能控制器联合组网的应用电路

　　智能控制器的工作原理、参数设置，智能电容器的功能以及参数设置方法已如上文介绍，此处不赘述。这里需要说明的是，使用智能控制器时，智能电容器即可不再设置参数，控制器通过 RS-485 通信线将控制参数传送至所有智能电容器。运行过程中，智能电容器根据控制器的设置参数，对自身的运行温度、过压欠压异常以及其他运行异常实施保护。

　　② 智能电容器独立成网的补偿系统　智能电容器也可摆脱补偿控制器自行组网构成无功补偿系统，这将使电路系统变得更加简洁，有利于降低系统成本。电路连接原理见图 3-38。图中三只电流互感器 TA 的二次侧额定电流为标准值 5A，这个较大的电流值不宜由智能电容器直接处理，图 3-38 中采取的技术措施是经由一个专用的微型一体化电流互感器，将 TA 输出的 5A 电流变换成适合智能电容器处理的较小电流，经技术处理后由 RS-485 通信线将电流信号传送至智能电容器。

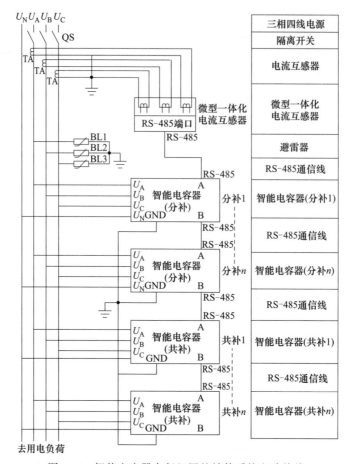

图 3-38　智能电容器自行组网的补偿系统电路接线

　　智能电容器自行组网的无功补偿系统中，可以全部使用三相共补电容器，也可全部使用分补电容器，将三相共补电容器和分补电容器组合使用也是可以的。按照图 3-38 将补偿系统电路连接完成后，即可对补偿系统设置参数。对任意选定的的某一台智能电容器设置参数后，这台电容器就成为主机电容器，其地址编号 ID 默认为 01，其余电容器的 ID 编号自动排序。每台三相共补电容器内部的两只电容器容量以及分补电容器的总容量已经在出厂前由厂家设置，用户无需重新设置或修改。对主机电容器设置参数后，该参数自动传送覆盖至所有电容器，所以运行过程中有电容器故障退出运行，或者主机电容器故障退出后，与主机电容器 ID 编号相邻的智能电容器会立即承担主机电容器的控制任务，不会影响补偿系统的持续运行。

　　运行过程中，补偿系统根据检测到的无功功率大小，无功功率在三相系统中的分布情况，系统电压的高低大小，系统谐波的量值，电容器内部的温升情况，自动控制三相共补电容器或分补电容器的投入或切除，某个参数超出参数设置的保护阈值时，会及时采取相应的保护措施，保证系统运行安全。

　　③ 智能电容器与显示器联合运行的补偿系统　每台智能电容器都有指示灯的插孔，在智能电容器自行组网运行时，可通过延长线将指示灯安装在便于察看的地方，用于指示电容器的投入、切除或故障状态，尽管如此，电容器其他的运行参数只能从其人机界面显示屏上看到，由于该显示屏面积较小，且有安装位置的关系，因此略显不便。为了解决这一问题，可以在自行组网的基础上用 RS-485 通信线连接一台显示器，并安装在方便观察的位置。智能电容器与显示器联合运行的电路接线图见图 3-39，这时应将微型一体化电流互感器的输出电流信号经

通信线连接至显示器的 RS-485 通信接口 A 口,将显示器的 RS-485 通信接口 B 口,连接至主机智能电容器的 A 口。显示器无须设置参数。另外显示器应连接 AC-380V 工作电源。接通连线即可投入工作。显示器上的显示内容是由主机电容器提供的,包括运行参数、保护参数及相应的指示灯。

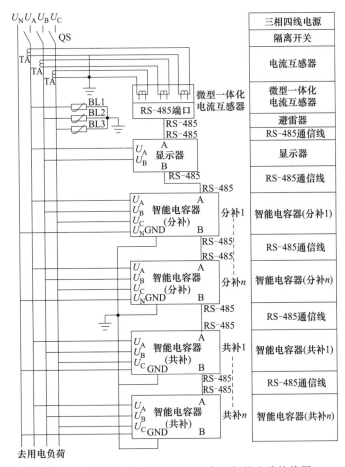

图 3-39   智能电容器与显示器联合运行的电路接线图

3.6.3   使用静止式进相器进行无功补偿

静止式进相器是为大中型绕线式异步电动机设计开发的无功功率就地补偿装置。它串接于电机转子回路中,用以提高电动机的功率因数,降低电动机的定子电流和改善电动机的运行状况。

投入使用静止式进相器后,可以延长电动机的使用寿命;提高用户设备的利用率,节省供用电设备投资,挖掘现有设备的潜力;降低运行成本,给用户带来经济效益和社会效益。被广泛应用于水泥、化工、矿山、冶金、钢铁、造纸、制药、饲料加工等行业的大中型绕线式异步电动机。

(1) 静止式进相器与其他类型产品的区别

① 静止式进相器与补偿电容器的区别   静止式进相器对无功功率的补偿与电动机定子侧并联电容器的补偿有着本质的区别。电容补偿是在电动机之外的电网上对电动机的无功进行补偿,无法改善电动机本身的运行状况;而静止式进相器是串接在电动机转子回路中,不仅可显著提高功率因数,使电动机定子电流大幅度降低,而且电动机温升明显降低,电动机的效率和过载能力也得以提高。

② 静止式进相器与自励旋转式进相机的区别　静止式进相器与自励旋转式进相机也不同。静止式进相器采用了先进的交-交变频技术和微机、晶闸管控制技术，可自动跟踪电机运行状态的变化并自动调整相关参数以达到最佳的补偿效果，这是自励式进相机无法做到的。而且静止式进相器从根本上克服了自励式进相机整流子结构特别怕尘埃、寿命短、维修频繁的缺点，结构上无转动部件，不怕灰尘、可靠性高、使用寿命长、维护方便。

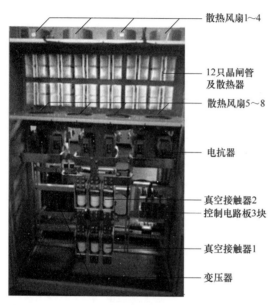

图 3-40　TJ 系列静止进相器柜内元器件布置示意图

（2）TJ 系列静止进相器的结构及电气原理

① 柜体结构　腾辉电气制造的 TJ 静止式进相器由柜体、通风系统、器件板及器件支撑架等组成。电气元器件在柜体内的安装布置见图 3-40。

② 电气工作原理　静止式进相器主要由四大单元组成：进退相机构、信号采集与单片机处理单元、晶闸管变频装置及操作控制回路。进退相机构的作用是进相补偿时，将电动机转子切换到进相器，退相不补偿或进相器出现故障时，将电动机转子切换到星点短路状态，防止转子开路。信号采集与单片机处理单元的作用是采集工频电压信号和电动机转子电流信号后进行处理，给晶闸管发出触发信号。晶闸管变频装置根据触发信号将工频电源变为与转子电流同频率的附加电势。操作控制回路是用来进行进、退相操作和故障时自动退相的。绕线转子式异步电动机配合进相器运行时，必须严格遵守"先启动，后进相"的开机顺序，以及"先退相，后停机"的停机顺序，不得反序操作，而操作控制回路就是从技术上保证执行这些运行规则的。

TJ 静止式进相器的一次主电路原理图见图 3-41。图中 L1、L2、L3 是进相器用于进相补偿的电源输入端；断路器 QF 控制两路负载，一是标注为 U、W 的进相器控制电路工作电源，二是标注为 MF1～MF4 的散热风扇。交流接触器 KM3 的触点闭合标志着进相器进入进相补偿状态，这时中间继电器 KA 的线圈带电，其触点接通散热风扇的电源，对晶闸管进行强制风冷；同时，变压器 TM 一次线圈有电，二次侧有 5～18V 不同电压的几个抽头（图中未示出多个抽头），用于调整进相补偿的效果。变压器 TM 的功率为几千伏安，一次电压为 380V。

绕线转子式异步电动机启动时，真空接触器 KM2 触点断开，进相晶闸管与电动机转子电路断开。真空接触器 KM1 触点闭合，将由三只液阻 R_{Qa}、R_{Qb}、R_{Qc} 组成的液阻启动器串联接入转子回路，参见图 3-41。启动过程中三只液阻 R_{Qa}、R_{Qb}、R_{Qc} 的阻值由大逐渐变小，最终阻值变为零（液阻启动器的金属动触点与静触点紧密接触，使阻值为零，启动完成后 R_{Qa}、R_{Qb}、R_{Qc} 的阻值保持在零阻值状态）。

绕线转子式异步电动机启动完成后，KM1 触点断开，KM2 触点闭合，信号采集与单片机处理单元采集工频电压信号和电动机转子电流信号后进行处理，给晶闸管发出触发信号。晶闸管变频装置根据触发信号将工频电源变为与转子电流同频率的附加电势，实现进相补偿，提高电动机运行时的功率因数。

进相器万一出现故障，它可自动退相，即断开 KM2，接通 KM1，电动机仍可继续正常运行。

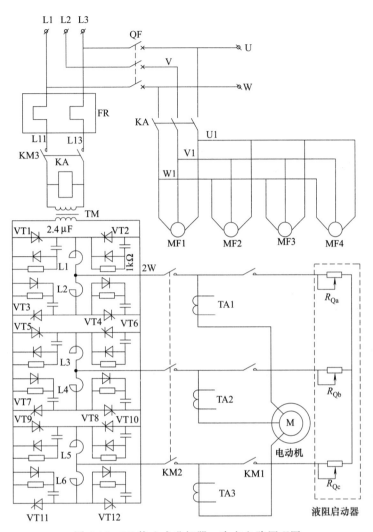

图 3-41 TJ 静止式进相器一次主电路原理图

第④章

软启动器与变频器

4.1 软启动器及其应用

自从电动机研制发明成功并投入工业应用开始，工程师们就在努力寻找解决电动机启动时的一些问题，即启动电流过大致使系统电压降低较多，以及电动机启动时对设备的机械冲击问题，但一直没有发现理想的解决方案。期间曾使用 Y-△ 启动方案、自耦降压启动方案等，而直到电动机软启动器的问世才使问题的解决有了一个较大的突破。

软启动器能有效地减小启动电流，使电动机平稳启动加速，降低启动过程对被拖动设备的机械冲击，也可以在电动机停机时实施有效控制，甚至向电动机绕组施加直流电压对电动机进行制动并准确停机，是一种较好的电动机启动控制设备。

电动机用软启动器是基于计算机技术和大功率电力电子元器件制造技术的一种新型电力设备，目前已经在各行各业得到相当程度的普及。现以 CMC-XL 系列软启动器为例，简要介绍其基本结构、工作原理和应用方法。这里介绍的内容对其他不同厂家、不同品牌的软启动器均具有借鉴意义。

CMC-LX 系列软启动器有多种启动方式：电流斜坡启动、电压斜坡启动等；多种停车方式：自由停车、软停车等。用户可根据负载不同及具体使用条件选择不同的启动方式和停车方式。

4.1.1 启动模式

（1）电流斜坡启动模式

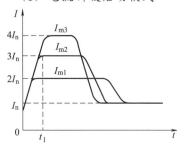

图 4-1 电流斜坡启动模式电流曲线

使用电流斜坡启动模式时，软启动器得到启动指令后，其输出电流会按照设定曲线增加，直至输出电流达到设定电流限幅值 I_m，输出电流不再增大，并以该电流值持续启动，电动机运转加速一段时间后电流开始下降，输出电压迅速增加，直至全压输出，启动过程完成。这种启动模式的电流变化曲线见图 4-1。图中有三条电流变化曲线，是在不同的应用案例中，将参数 L005 设置了不同的限流倍数而出现的电流曲线，在一个应用案例中只能有一条电流曲线。

在电流斜坡启动模式下，需要设置的参数见表 4-1。参数设置的方法见后述。

表 4-1　电流斜坡启动时的参数设置

参数	参数名称	可设置范围	设置值	出厂值
L000	启动方式	0,电压斜坡;1,电流斜坡	1	0
L003	起始电压/电流	$(20\%\sim100\%)U_n$,$(20\%\sim100\%)I_n$	30%	30%
L004	斜坡时间	$0\sim120s$	20	10
L005	限流倍数	$(100\%\sim500\%)I_n$	300%	350%

表 4-1 中将参数 L000 设置为 1，是选择了电流斜坡启动模式；参数 L004 斜坡时间设置为 20s，参见图 4-1，是从电动机开始启动至启动电流达到参数 L005 设置的限流倍数所需的时间。这个时间就是图 4-1 中从坐标 0 点至 t_1 这段时间，在 t_1 时刻，启动电流是额定电流 I_n 的 300%，即 3 倍，之后启动电流不再增加，一直持续到电动机转速达到额定转速，启动电流逐渐减小，恢复到额定电流值。

由图 4-1 可见，电流的提升并不是从零开始，而是由一个给定的电流值开始，这就是表 4-1 中参数 L003 的设定值，即额定电流的 30%，当然这个设定值只是一个示例，应在具体案例中由工程技术人员根据运行工况确定参数值。

参数 L003 的参数名称是"起始电压/电流"，当参数 L000 设置为 0 选择电压斜坡启动模式时，则 L003 的设置值默认为起始电压；当参数 L000 设置为 1 选择电流斜坡时，则 L003 的设置值默认为起始电流。

（2）电压斜坡启动模式

这种启动方式适用于大惯性负载，在对启动平稳性要求比较高的场合，可大大降低启动冲击及机械应力。

在电压斜坡启动模式下，需要设置的参数见表 4-2。

表 4-2　电压斜坡启动时的参数设置

参数	参数名称	可设置范围	设置值	出厂值
L000	启动方式	0,电压斜坡;1,电流斜坡	0	0
L003	起始电压/电流	$(20\%\sim100\%)U_n$,$(20\%\sim100\%)I_n$	35%	30%
L004	斜坡时间	$0\sim120s$		10

电压斜坡启动模式下的电压曲线见图 4-2。图中 U_n 是电源额定电压，L003 是参数设置的起始电压，对于电压斜坡启动模式，参数 L003 设置为 35%，表示电压斜坡从额定电压的 35% 开始。1、2、3 三条电压斜坡是参数 L004 设置不同斜坡时间所对应的曲线，曲线 1 对应的斜坡时间是 $0\sim t_1$，曲线 2 对应的斜坡时间是 $0\sim t_2$，曲线 3 对应的斜坡时间是 $0\sim t_3$。不同的斜坡时间对应不同的转速、转矩提升速率。

（3）电压斜坡＋限流启动模式

这种启动模式兼具电压斜坡和限流启动模式的特点。启动时的电流、电压变化曲线见图 4-3。需要设置的参数见表 4-3。其中 L000 启动方式设置为 0，即电压斜坡；L003 起始电压/电流设置为 32%（仅为示例，不包含技术上的考量），即从 32% 的额定电压值开始电压斜坡；L005 设置为 360%，即启动电流以 3.6 倍额定电流为启动电流最大值，当启动电流达到 L005 的设置值时，电压暂停升高，在图 4-3 中出现一个电压平台和电流平台。当电动机转速接近或达到额定转速时，启动电流逐渐减小，与此同时，启动电压相应升高，并达到额定电压值。

这就是电压斜坡＋限流启动模式的运行特点及效果。

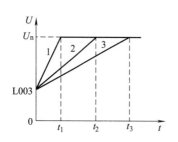

图 4-2   电压斜坡启动模式电压曲线

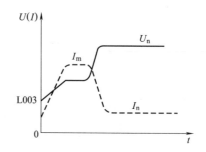

图 4-3   电压斜坡＋限流启动
模式的电流、电压曲线

表 4-3   电压斜坡＋限流启动时的参数设置

参数	参数名称	可设置范围	设置值	出厂值
L000	启动方式	0,电压斜坡;1,电流斜坡	0	0
L003	起始电压/电流	$(20\%\sim100\%)U_n$,$(20\%\sim100\%)I_n$	32%	30%
L005	限流倍数	$(100\%\sim500\%)I_n$	360%	350%

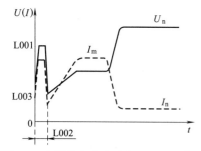

图 4-4   突跳转矩软启动电压、电流曲线

（4）突跳转矩启动模式

突跳转矩启动主要应用在静态阻力比较大的负载电动机上，通过施加一个瞬时较大的启动力矩以克服大的静摩擦力矩。突跳转矩启动模式时必须与其他软启动方式配合使用，即在施加瞬时较大启动力矩之后，配合以上介绍的启动模式之一，继续完成启动过程，如图 4-4 所示。使用该模式启动时，输出电压迅速达到设定的突跳电压（由参数 L001 设定），并保持参数设定的突跳时间（由参数 L002 设定）后，再由与之配合的其他启动模式完成启动过程。

突跳转矩启动模式需要设置的参数见表 4-4，还应将与之配合的后续启动模式的参数一并设置。

表 4-4   突跳转矩软启动模式时的参数设置

参数	参数名称	可设置范围	设置值	出厂值
L000	启动方式	0,电压斜坡;1,电流斜坡	0	0
L001	突跳电压	$(20\%\sim100\%)U_n$	—	20%
L002	突跳时间	$0\sim2000$ms	—	0
L003	起始电压/电流	$(20\%\sim100\%)U_n$,$(20\%\sim100\%)I_n$	32%	30%

4.1.2   停机模式

（1）自由停车

当参数停车时间 L008 设置为 0 时（见表 4-5）为自由停车模式，软启动器接到停机指令后，立即封锁旁路接触器（软启动器完成启动过程后，电动机由旁路接触器接通工作电源）的控制继电器，切断旁路接触器线圈的供电电源，并随即封锁软启动器内部主电路晶闸管的输出，电动机依负载惯性自由停机。

表 4-5 自由停车时的参数设置

参数	参数名称	可设置范围	设置值	出厂值
L008	停车时间	0~120s	0	0

（2）软停车

当参数停车时间 L008 设定不为 0 时，在全压状态下停车则为软停车，在该方式下停机，软启动器首先断开旁路接触器，输出电压在设定的软停车时间内逐渐降至参数 L009（停车终止电压）所设定的软停终止电压值，然后切断与电动机之间的连接，电动机在断电情况下自由停车。软停车时的电压变化曲线见图 4-5。

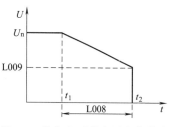

图 4-5 软停车时的电压变化曲线

软停车需要设置的参数见表 4-6。

表 4-6 软停车时的参数设置

参数	参数名称	可设置范围	设置值	出厂值
L007	停车方式	0，自由停车；1，软停车；2，泵停车	1 或 2	0
L008	停车时间	0~120s	10	0
L009	停车终止电压	(20%~80%)U_n	30%	30%

4.1.3　CMC-LX 型软启动器的基本电路结构

基本电路接线图见图 4-6。

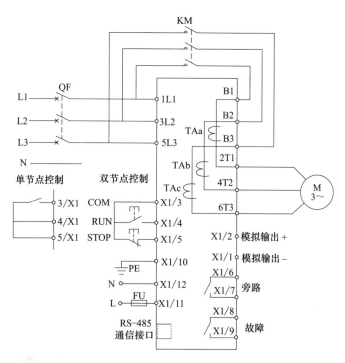

图 4-6 CMC-LX 型软启动器基本电路接线图

图 4-6 中，三相电源经断路器 QF 接软启动器的 1L1、3L2、5L3 端，三相电源同时还须连接旁路接触器 KM 的电源侧，旁路接触器的负载侧连接软启动器的 B1、B2、B3 端子。电动机的三条电源线连接软启动器的 2T1、4T2、6T3 端。在电动机软启动或软停机过程中，由软启

动器内部电路控制电动机的工作电流，软启动结束直至软停机（或自由停车）开始之前的时间段，软启动器的二次控制端子 X1/6 和 X1/7 内部的继电器触点接通，将旁路接触器 KM 的线圈电源接通，电动机的控制权由软启动器的内部电路移交给旁路接触器。

软启动器自身工作所需的工作电源由端子 X1/11 和 X12 接入 AC 220V 电源。

软启动器对电动机的启动停止控制可有几种方式，由参数设置和二次接线确定。控制方式一，将参数 L200（控制选择）设置为 0，即键盘控制，并将软启动器的二次端子 X1/3 和 X1/5 短接，则可使用软启动器面板上的启动和停止按键启停电动机。控制方式二，将参数 L200（控制选择）设置为 0，并将软启动器的二次端子 X1/3 和 X1/5 之间连接一个继电器触点，则该触点闭合期间，电动机得电运行，触点断开时停机，这时面板操作无效。这种控制方式的二次端子接线即图 4-6 中的单节点控制模式。控制方式三，将参数 L200（控制选择）设置为 0，软启动器的二次端子按照图 4-6 中的双节点控制接线，这时点击启动按钮 RUN 电动机启动，开机后点击按钮 STOP 电动机停机。

其他控制方式还有，将参数 L200（控制选择）设置为 1 或 2，则为通信控制或键盘通信控制，由于应用较少，此处不赘述。

图 4-6 中的软启动器二次端子 X1/2 模拟输出＋，和 X1/1 模拟输出－，可以输出 0～20mA 或 4～20mA 的模拟电流信号，根据参数 L208 的设置，使 4～20mA 对应 0～$2I_n$ 或者 0～$4I_n$，0～20mA 对应 0～$2I_n$ 或者 0～$4I_n$。

软启动器的二次端子中的 X1/8 和 X1/9，它们连接着软启动器内部的一对触点，当系统出现过电流、短路、缺相、相序错误、三相电流不平衡、晶闸管温度过高等运行异常时，该内部接点闭合，连接在这对触点外部的报警电路会发出相应报警信号，具体报警原因可查阅面板显示屏上的报警字符。

若需通过 RS-485 通信接口实现远程监控，可在图 4-6 中的 RS-485 通信接口上连接相应通信线与上位机建立通信联系。

4.1.4 CMC-LX 型软启动器的接线端子

该系列软启动器在标准配置时的接线端子设置见表 4-7。

表 4-7 CMC-LX 型软启动器标准配置时的接线端子

	端子号	端子名称	说明
主电路	1L1、3L2、5L3	主回路电源输入	接三相交流电源，旁路接触器
	2T1、4T2、6T3	主回路电源输出	接三相异步电动机
	B1、B2、B3	旁路接触器	接旁路接触器
控制回路	X1/1	模拟输出－（AO－）	0～20mA 或 4～20mA
	X1/2	模拟输出＋（AO＋）	输出负载阻抗 150～500Ω
	X1/3	COM	公共端
	X1/4	外控启动（RUN）	X1/4 与 X1/3 短接则启动
	X1/5	外控停止（STOP）	X1/5 与 X1/3 断开则停止
	X1/6	旁路输出继电器	输出有效时 K11、K12 闭合
	X1/7	（K11、K12）	接电容量 AC 250V/5A，DC 30V/5A
	X1/8	故障输出继电器	输出有效时 K21、K22 闭合
	X1/9	（K21、K22）	接电容量 AC 250V/5A，DC 30V/5A
	X1/10	PE	接地端
	X1/11	L	控制电源：
	X1/12	N	AC 110～220V±15%，50/60Hz
通信接口	X2/1	RS-485-A	CMC-LX 软启动器中的微型机的标准配置
	X2/2	RS-485-B	

4.1.5 CMC-LX 型软启动器的参数表及其说明

CMC-LX 系列软启动器的参数按照功能可以分为四类：启停控制参数组 L0、保护参数组 L1、端口参数组 L2 和厂家参数 L3。其中启停控制参数组 L0 的相关数据信息见表 4-8。

表 4-8 启停控制参数组 L0 的相关数据信息

参数码	参数名称	可设置范围	出厂值
L000	启动方式	0,电压斜坡;1,电流斜坡	0
L001	突跳电压	$(20\%\sim100\%)U_n$	20%
L002	突跳时间	$0\sim2000ms$	0
L003	起始电压/电流	$(20\%\sim100\%)U_n,(20\%\sim100\%)I_n$	30%
L004	斜坡时间	$0\sim120s$	10
L005	限流倍数	$(100\%\sim500\%)I_n$	350%
L006	启动延时	$0\sim120s$	0
L007	停车方式	0,自由停车;1,软停车;2,泵停车	0
L008	停车时间	$0\sim120s$	0
L009	停车终止电压	$(20\%\sim80\%)U_n$	30%
L010	二次启动允许	$0\sim60s$	0
L011	二次限流倍数	$(150\%\sim500\%)I_n$	400%

可以通过对参数启动方式（L000）的设置，选择期望的启动曲线，使得启动曲线与实际负载相配合，以达到最佳的启动效果。如果设置了突跳电压（L001）和突跳时间（L002），则在启动开始时将首先施加一个瞬时较大的启动转矩，然后按照设定的起始电压（L003）、斜坡时间（L004）开始启动。如果二次启动允许（由参数 L010 设置）的值不为 0，则在启动达到参数 L010 设置的时间后，启动过程仍未完成，将会按照所设定的起始电压、斜坡时间进行二次启动，直至启动完成。在启动过程中，启动电流限制在参数 L005 的设定值以下，二次启动电流限制在参数 L011 的设定值以下。

参数 L004 斜坡时间的长短可决定在什么时间内将启动转矩提高到最终转矩。当斜坡时间较长时，就会在电机启动过程中产生较小的加速转矩。这样就可实现较长时间的电动机软加速，应适当选择斜坡时间的长短，使电动机能够进行软加速，直至达到其额定转速为止。这里的斜坡时间代表了转速变化的速率，并不完全等同于电动机的启动时间。

保护参数组 L1 的相关数据信息见表 4-9。

表 4-9 保护参数组 L1 的相关数据信息

参数码	参数名称	可设置范围	出厂值
L100	电动机额定电流	$15\sim9999A$	—
L101	运行过流保护设定	$(100\%\sim500\%)I_n$	150%
L102	运行过流时间	$0\sim10s$	2
L103	相电流不平衡保护	$0\sim100\%$	70%
L104	电流不平衡时间	$0\sim10s$	2
L105	过载保护级别	10A、10、15、20、25、30、OFF	20
L106	SCR 保护	0,关闭;1,开启	0
L107	相序检测	0,不检测;1,检测	0
L108	频率选择	0,50Hz;1,60Hz	0
L109	启动时间限制	$10\sim250s$	80
L110	电动机接线方式	0,内接;1,外接;2,未定义	0
L111	启动时间间隔	$0\sim60s$	0

保护参数组 L1 的设置。L1 参数组的设置可以根据负载电动机功率的大小设定电动机的额定电流（L100），使得软启动器与电动机很好地匹配并能完善地对电动机进行保护。若运行过

程中的电流超过了 L101 所设定的过流保护值，且持续时间大于 L102 所设定的时间值，软启动器将会进行过流保护；超过了 L105 所设置的电子热过载等级和脱扣时间，软启动器将会进行过载保护。保护的同时将会在界面上显示相应的故障代码，便于用户查询。如果在使用过程中对电源相序没有要求，则将 L107 设置为 0，否则将其设置为 1。设置了相序检测后，如果电动机启动前出现相序错误，则电动机不能启动，并显示故障原因。如果在使用过程中不需要对晶闸管 SCR 进行保护，则将 L106 设置为 0，否则将其设置为 1。如果使用相电流不平衡保护，则应对参数 L103、L104 进行设置。

端口设置参数组 L2 的相关数据信息见表 4-10。

表 4-10 端口设置参数组 L2 的相关数据信息

参数码	参数名称	可设置范围	出厂值
L200	控制选择	0,键盘控制；1,通信控制；2,键盘通信控制	0
L201～L203	未定义	—	—
L204	通信地址	1～32	1
L205	波特率	0,1200；1,2400；2,4800；3,9600；4,19200	3
L206	制造商参数		
L207	制造商参数		
L208	模拟输出方式	0,4～20mA 对应 0～$2I_n$；1,4～20mA 对应 0～$4I_n$； 2,0～20mA 对应 0～$2I_n$；3,0～20mA 对应 0～$4I_n$； 4,设置为电流校正状态	0
L209～L215	未定义		
L216	模拟电流校正	1～1000 必须令 L208＝4 才能进行校正,校正后令 L208≠4	—

端口设置参数组 L2。通过 L200 参数的设置，可对启动方式进行选择，例如选择面板启停、按钮启停，或者通信控制启停等。参数 L208 可以设置软启动器模拟输出的电流信号与电动机运行电流的对应关系。可根据需要选择 4～20mA 对应 0～$2I_n$ 或者 0～$4I_n$；0～20mA 对应 0～$2I_n$ 或者 0～$4I_n$。而当 L208 设置为 4 时可通过调节参数 L216 对模拟输出进行校正。L204 可设置本机通信地址，L205 可设置本机通信波特率。

另有厂家设置参数组 L3，参数名称等信息此处从略。

4.1.6 CMC-LX 型软启动器的具体应用电路

图 4-7 是一款 CMC-LX 型软启动器的具体应用电路，图中左侧是一次电路图，由图可见，X1 端子采用单节点控制方式，即中间继电器 KA1 的触点 KA1-4 闭合，软启动器使电动机启动，触点断开，电动机停止。

图 4-7 右侧是二次控制电路。

将参数控制选择 L200 设置为 0，并将软启动器的二次端子 X1/3 和 X1/5 之间连接一个继电器触点，则该触点闭合期间，电动机得电启动运行，触点断开时停机。操作图 4-7 中的开机按钮 SB1，中间继电器 KA1 线圈得电，其触点 KA1-1 闭合实现自保持；KA1-4 闭合，软启动器按照参数 L0 的设置对电动机进行软启动，并在启动完成后，使软启动器的 X1 端子 X1/6 和 X1/7 内部触点接通闭合，旁路接触器 KM 线圈得电（见图 4-7），电动机经过接触器 KM 的主触点与电源接通开始运行。KA1 的触点 KA1-3 闭合，红灯 HR 点亮，指示电动机处于运行状态。

若欲停止电动机的运行，可按压按钮 SB2，解除中间继电器 KA1 的自保持状态，其触点 KA1-4 断开，电动机按照参数 L0 的设置软停车或自由停车。

关于旁路接触器的作用，说明如下。软启动器在软启动与软停车过程中，由内部的晶闸管

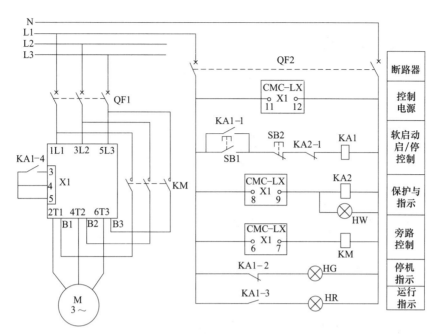

图 4-7　CMC-LX 型软启动器应用电路

控制电动机的工作电流，晶闸管在导通时具有一定的电压降，该电压降与工作电流的乘积是功率，这个功率以发热的方式消耗掉，并将热量聚集在晶闸管上，这就要求晶闸管加装散热器，既增加了设备成本，又增加了设备体积，故障率也会上升。旁路接触器可在启动完成后接过电动机工作电流的控制权，既可避免软启动器内部的较多发热，减少了发生故障的概率，又可降低设备生产成本。

CMC-LX 软启动器有内置的电流互感器，可以检测电动机的运行电流。软启动器根据保护参数 L1 的设置，将检测到的电动机工作电流与参数设置的电动机额定电流进行比较，并由微处理器的运算处理，可对电动机实施保护。当出现过电流或短路故障时，X1 端子中的 X1/8 和 X1/9 闭合，中间继电器 KA2 线圈得电，其常闭触点 KA2-1 断开，切断中间继电器 KA1 的线圈供电，触点 KA1-4 断开，相当于下达了停机指令，实现保护。

系统的缺相保护、相序错误均可通过该保护通道实现。

软启动器对电动机实施保护后，指示灯 HW 点亮，提示当前处于保护停机状态。显示屏上也有相应字符显示，方便运行人员查询故障原因。

4.1.7　CMC-LX 型软启动器的参数设置方法

CMC-LX 型软启动器的面板样式见图 4-8，其上部是 LED 显示屏，显示屏左侧可显示 4 位数字或字符，用于参数设置或显示运行参数；右侧有三个 LED 发光管，用于显示运行状态。面板下部有 6 个按键，分别是"启动"键（RUN）、"停止"键（STOP）、"确认"键（ENTER）、"返回"键（CLEAR）、"增加"键（UP）和"减小"键（DOWN）。

设置参数时，点按"确认"键，显示屏显示"L000"，表示可以设置"L0"参数组的参数，用增减键选择参数组，显示屏循环显示"L000""L100""L200""L300"，当希望设置修改的参数组名称显示在显示屏上时，点按"确认"键，即选择了相应的参数组。之后用增减键选择该参数组中的参数码，例如点按增加键，"L000"参数组中的参数码就从 L000 依次变化为 L001、L002、L003……直至出现需要设置修改的参数码显示出来，点按"确认"键，这时显

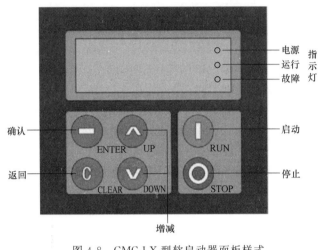

图 4-8　CMC-LX 型软启动器面板样式

示屏上显示的是该参数的出厂值，用增减修改参数值，改好后点按"返回"键，显示屏上显示下一个参数码，即可修改这个参数码。若该参数码无须修改，可用增加键选择下一个参数码，确认后进行参数设置。

一个参数组中需要修改的参数码全部修改完毕后，点按"返回"键，返回到另一个需要修改参数的参数组，用同样方法修改参数。各个参数组的参数全部修改设置完毕，用"返回"键返回等待开机的状态，这时显示屏上显示"STOP"，之后即可根据需要启动电动机。

4.2　变频器的基础知识及功能简介

变频调速技术是应交流电动机无级调速的需求而诞生的。对交流电动机的无级调速是人们梦寐以求的追求，20 世纪 60 年代，电力电子技术开始快速发展，电力电子器件从 SCR（晶闸管）、GTO（门极可关断晶闸管）、BJT（双极性功率晶体管）、MOSFET（金属氧化物场效应管）、MCT（MOS 控制晶闸管），发展到后来的 IGBT（绝缘栅双极性晶体管）、HVIGBT（耐高压绝缘栅双极性晶体管），这一进程极大地促进了电力变换技术的发展。在电力电子元器件制造技术快速发展的同时，微电子技术，信息与控制等多个学科领域也成为变频技术发展的重要推动力。20 世纪 70 年代，脉宽调制变压变频（PWM-VVVF）调速的研究引起了人们的重视。20 世纪 80 年代，科研人员对作为变频技术核心的 PWM 模式优化问题作了进一步研究，得出诸多优化模式，其中以鞍形波 PWM 模式效果最佳。在此研究成果的基础上，美国、日本、英国、德国等发达国家的 VVVF 变频器在 20 世纪 80 年代后期开始投放市场，并逐渐得到广泛推广和应用。

我国的变频调速技术紧跟世界科技发展潮流，在 20 世纪 90 年代以后获得了突飞猛进的发展，各种通用、专用变频器纷纷面市，规格齐全，性能优异。目前功率可以做到几千千瓦，工作电压最高可达 10kV，基本可以满足国民经济各行各业对变频调速装置的不同需求。

4.2.1　变频器的分类

（1）按电源电压高低分类

按变频器的工作电源电压高低分类，有高压和低压两大类别。高压变频器的电压等级有 3kV、6kV 和 10kV 等几种；低压变频器的电压等级有 220V、380V、660V 和 1140V 等几种。其中大部分变频器的输入和输出都是三相交流电，仅有少量小功率变频器采用单相输入、三相输出的结构形式。

上述低压变频器的电压规格中，任意相邻两种电压规格的数值关系都是相差 $\sqrt{3}$ 或 $1/\sqrt{3}$ 倍。

（2）按直流电源的性质分类

按直流电源的性质分类，有电压型变频器和电流型变频器。

电压型变频器的中间直流环节采用大电容器滤波，在波峰（电压较高）时，电容器储存电场能；波谷（电压较低）时，电容器释放电场能进行补充，从而使直流环节的电压比较平稳，内阻较小，相当于电压源，常应用于负载电压变化较大的场合。电路结构示意图见图4-9。

电流型变频器的中间直流环节采用电抗器作为储能元件进行滤波。在波峰（电流较大）时，电抗器储存磁场能；波谷（电流较小）时，电抗器释放磁场能进行补充，从而使直流电流保持平稳。由于这种直流环节内阻较大，有近似电流源的特性，故将采用这种直流环节的变频器称作电流型变频器。常应用于负载电流变化较大的场合。电路结构示意图见图4-10。

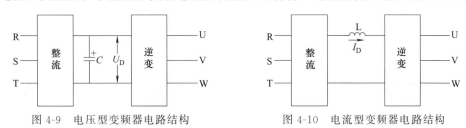

图 4-9　电压型变频器电路结构　　　　图 4-10　电流型变频器电路结构

（3）其他分类方法

按调制方法分类，有脉宽调制（SPWM）变频器和脉幅调制（PAM）变频器。脉宽调制（SPWM）变频器电压的大小是通过调节脉冲占空比来实现的，中、小容量的通用变频器几乎全部采用这种调制方式。脉幅调制（PAM）变频器电压的大小通过调节直流电压的幅值来实现。

按电能变换的方式分类，有交-直-交变频器和交-交变频器。交-直-交变频器先把工频交流电通过整流器变换成直流电，再把直流电变换成频率电压可调的交流电。交-直-交变频器是目前广泛应用的通用型变频器。交-交变频器中不设置整流器，它将工频交流电直接变换成频率电压可调的交流电，所以又称直接式变频器。

按输入电源的相数分类，有三进三出变频器和单进三出变频器。其中前者输入侧和输出侧都是三相交流电；而后者输入侧为单相交流电，输出侧为三相交流电。

4.2.2　内部主电路结构

采用"交-直-交"结构的低压变频器，其内部主电路由整流和逆变两大部分组成，如图4-11所示。从 R、S、T 端输入的三相交流电，经三相整流桥整流成直流电压 U_D。电容器 C_1 和 C_2 是滤波电容器。6 只 IGBT 管（绝缘栅双极性晶体管）V11～V16 构成三相逆变桥，把直流电逆变成频率和电压任意可调的三相交流电。

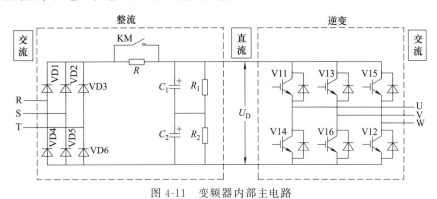

图 4-11　变频器内部主电路

图 4-11 中，滤波电容器 C_1 和 C_2 两端各并联了一个电阻，这两只电阻称作均压电阻。两只电阻 R_1、R_2 的阻值明显地小于与之并联的电容器的漏电电阻，且阻值相等，这样，电容器的漏电阻与电阻的并联值基本上等于电阻的阻值。两只电容器上的电压也基本相等，防止电容

器在工作中损坏。

　　在整流桥和滤波电容器之间接有一个电阻 R 和一对接触器触点 KM，其作用是，变频器刚接通电源时，滤波电容器上的电压为 0V，而电源电压为 380V 时的整流电压峰值是 537V，这样在接通电源的瞬间将有很大的充电冲击电流，有可能损坏整流二极管；另外，端电压为 0 的滤波电容器会使整流电压瞬间降低至很低，形成对电源网络的干扰。为了解决上述问题，在整流桥和滤波电容器之间接入一个限流电阻 R，可将滤波电容器在通电瞬间的充电电流限制在一个允许范围内。但是，如果限流电阻 R 始终接在电路内，其压降将影响变频器的输出电压，也会降低变频器的电能转换效率，因此，滤波电容器充电完毕后，由接触器 KM 将限流电阻 R 短接，使之退出运行。

4.2.3　主电路的对外连接端子

　　各种变频器主电路的对外连接端子大致相同，如表 4-11 所示。

表 4-11　变频器对外连接的主电路接线端子

端子类别	端子符号	连接去向与要求
交流电源输入	R	连接三相交流电源中的 L1
	S	连接三相交流电源中的 L2
	T	连接三相交流电源中的 L3
直流电源端子	P+	三相桥式整流输出的正极，与 P 端短接，或者与 P 端连接直流电抗器
	P	与 P+ 端短接，或者与 P+ 端连接直流电抗器；可与 N 端连接制动单元和制动电阻
	N	三相桥式整流输出的负极；可与 P 端连接制动单元和制动电阻
电动机接线端	U	连接负载电动机
	V	连接负载电动机
	W	连接负载电动机
接地端	PE	接地端，用足够截面积（例如 10mm² 铜芯线）导线连接专用接地极

图 4-12　变频器外接主电路

4.2.4　外接主电路结构

　　变频器的外接主电路如图 4-12 所示。三相交流电源经断路器 QF、交流接触器 KM 与变频器的电源输入端 R、S、T 连接；变频器的输出端 U、V、W 则与电动机直接相连。断路器连接在此处有两个作用，一是变频器停用或维修时，可通过断路器切断与电源之间的连接；二是断路器具有过电流和欠电压等保护功能，可对变频器起一定的保护作用。而接触器可通过按钮开关方便地控制变频器的通电与断电，同时，当变频器或相关控制电路发生故障时可自动切断变频器的电源。

4.2.5　变频器与电动机之间的允许距离

　　变频器说明书上介绍的输出电压是正弦交流电，而实际上输出的是电压脉冲序列，该脉冲序列的频率等于载波频率。载波频率是一个可设置的参数，不同品牌、不同型号的变频器，其载波频率可设置范围略有不同，但大约为几千赫兹至 20kHz。当变频器与电动机之间的连接线很长时，导线间分布电容的作用将不可忽视，线间分布电容与电动机的漏磁电感之间有可能因接近于谐振点而导致电动机的输入电压偏高，使电动机损坏，或运行时发生振动。有时还会因为载波频率设置过高，导致导线分布电容的容抗偏小［容抗与频率成反比，即容抗 $X_C = 1/(2\pi f C)$］，使得导线分布电容的容性电流过大，变频器出现过电流保护，电动机启动失败。因此，变频器与电动机之间的允许导线长度受到了限制。由于各种变频器内部采用了不同的技术方案，因此其允许距离也有区别。表 4-12 是几种变频器与电动机之间允许距离规定值。

表 4-12   几种变频器与电动机导线允许长度的规定

变频器品牌型号	相关条件	规定距离/m
深圳易能电气 EDS2000		50
森兰 SB12	载波频率≤9kHz	<50
	载波频率≤7kHz	<100
	载波频率≤3kHz	≥100
富士 G11S	P_N≤3.7kW	<50
	P_N>3.7kW	<100
艾默生 TD3000		≤100
康沃 CVF-G2		≤30
英威腾 INVT-G9	载波频率≤5kHz	≤100
	载波频率≤10kHz	<100
	载波频率≤15kHz	<100
格立特	载波频率<4kHz	≤50
	载波频率≥4kHz	<50
博世力士乐 CVF-G3		≤30
德力西 CDI9100	载波频率≤3kHz	>100
	载波频率≤5kHz	≤100
	载波频率≤10kHz	≤50

如果电动机与变频器之间的距离无法减小到规定的数值以内，可以在变频器输出侧接入输出电抗器，如图 4-13 所示。输出电抗器对变频器输出电流中的高频成分具有滤波作用，可以适当延长电动机与变频器之间的距离。输出电抗器是变频器的选购件，不是标配件。

4.2.6 功能参数设置的意义

由于变频器面对众多需求各异的用户，所以其程序设计时，某些程序语句的赋值是不确定的，要求用户根据应用需求，从多个赋值中选择一个适合自己项目运行要求的给予确认。这就是变频器应用时必须事先根据项目要求进行功能参数设置的缘由。

对变频器功能参数进行赋值选择的过程，就是对变频器功能参数的设置。

表 4-13 是几种低压变频器的功能参数代码表。

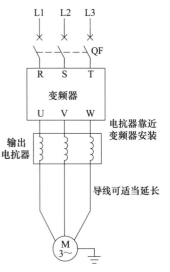

图 4-13   输出电抗器的连接

表 4-13   几种低压变频器功能参数代码表（非全部）

功能参数名称	变频器型号					
	海利普 HLP-A	格利特 VF-10	普传 PI7100	博世力士乐 CVF-G3	森兰 SB12	德力西 CDI9100
控制方式选择				L-0	F02	
最大输出电压	CD 001	03			F06	
基本频率	CD 002	16	F14		F05	
U/f 的选择			F67	L-1～2		
自动转矩补偿			F07		F07	P03.05
节能运行			F57	H-3		P03.00
转差补偿	CD 135		F11	H-0		P01.16
电动机额定参数设定	CD 130～134	24～26			F40	P03.18
加速时间	CD 012	19	F09	b-7	F08	P00.12
减速时间	CD 013	20	F10	b-8	F09	P00.13
点动加减速时间		34～35	F28～29	L-16～17		P01.21～22
频率给定方式	CD 033	10	F04	b-1～b-2	F01	P00.01

续表

功能参数名称	变频器型号					
	海利普 HLP-A	格利特 VF-10	普传 PI7100	博世力士乐 CVF-G3	森兰 SB12	德力西 CDI9100
最大频率	CD007	15	F13		F04	P00.04
频率给定线的调整功能				L-49~50		
模拟量给定的滤波时间	CD 074	21	o00　o03	L-55	F23	
点动频率	CD 036	33	F31	L-15		P01.20
频率的上限		17	F17	L-3	F12	P00.14
频率的下限	CD009	18	F16	L-4	F13	P00.15
回避频率	CD 044~046	51~53	F37~39	H-36~41	F14~17	P01.29~32
回避频率范围	CD 047	54	F40			
载波频率	CD 035	28	F15	L-57	F24	P03.01
程序控制选择			F50	H-14		P02.20
程序段预置功能			H00~34	H-15~35		P02.21~48
系统闭环控制			F72	H-48		P03.08
目标给定选择	CD154		P03	H-49	F47	P03.09
反馈选择功能			P02	H-50~52	F50~52	P03.11
比例增益选择	CD150	C7	P07	H-55	F60	P03.12
积分时间选择	CD151	C8	P05	H-56	F61	P03.13
微分时间选择	CD152	C9	P06	H-57		P03.14
启动功能			F43	L-6~10	F21~22	P01.18~19
停机功能			F27	L-11~14	F76	P01.03
直流制动功能			F47			P01.04~06
操作方式选择			F05	b-3		P00.00
旋转方向选择			F54~55	b-4	F27	P00.03
自锁控制功能				L-33		
输入端子功能			F63	L-63~69		P02.00~07
多挡速频率设定		70~84		L-18~32		
模拟量输出端子功能		A0　A1		b-10~14	F28~29	P02.18~19
开关量输出端子功能				b-15~16	F33~34	P02.09~11
反馈信号异常功能			P00	H-60~61		
过载保护功能			F45~46	H-1~2	F10~11	P00.17~18
过电流保护功能				H-9		
过电压保护功能						P03.02~03
自动电压调整			F41	H-8	F37	P01.36
瞬时停电的重合闸功能	CD145	57		H-4~5		P01.35
故障跳闸的重合闸功能			F48	H-6~7	F35~36	P01.12~13
过转矩保护功能				L-61~62		
显示内容选择			F65~66			P03.23
通信功能				H-78~83		P03.19~21
数据的初始化功能				L-73	F38	P03.25
数据的锁定与密码				L-72	F39	P03.24
冷却风扇控制功能			F53			P03.07

4.2.7　功能参数设置的方法

　　包括变频器在内的数字仪表，都是以单片机为核心控制单元的智能化设备，使用前均应对其功能参数进行设置,这已成为电子电气技术人员的一项基本功。变频器功能参数的设置,通常通过操作控制面板上的按键来完成。因此应对变频器控制面板上的按键安排及其基本功能有所了解。图 4-14 是某变频器面板上的按键及显示屏排列示意图,其他品牌的变频器面板与图 4-14 中的按键排列大同小异。因此,下面介绍的参数设置方法对各种变频器都有参考意义。

表 4-14 是面板上的按键名称及功能说明。

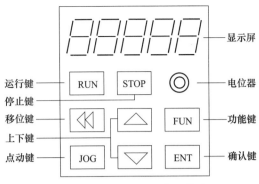

图 4-14 变频器面板典型样式

表 4-14　图 4-14 中按键名称及功能说明

按键或显示屏	功　　能
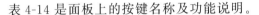	显示屏。显示参数代码、参数值或故障码
△键	① 按此键可连续增加频率值; ② 在编程模式中按此键,可增大参数值
▽键	①按此键可连续减小频率值; ② 在编程模式中按此键,可减小参数值
◁◁键	移位键。参数码及参数值的位数选择键
RUN键	运行键,用于启动运行的指令键
STOP键	停止/复位键,用于停止运行,或者因为保护功能动作停止运行时复位变频器
FUN键	功能键。运行监测模式(显示变频器运行参数模式)与编程模式(设置功能参数模式)的切换键。在运行监测模式下,按一下该键进入编程模式,配合其他键设置完参数后,按该键返回监测模式
ENT键	确认键。在运行监测模式下,连续多次按该键,可依次循环显示变频器输出频率、输出电流、输出电压、直流母线电压、输入信号、模块温度等。在参数设定模式下,按一下该键显示当前参数内容(参数值),配合其他键修改完参数后,按该键将修改后的数据存入EEPROM中保存
JOG键	点动键。按下此键 2s 后,以点动频率开始点动运行
◎	电位器,用于设定频率值

现在介绍功能参数的设置方法。上电后变频器进入运行监测模式并显示频率值,这时:①按一下功能键 FUN,进入编程模式,显示屏显示参数码×××;②用▽键、△键和移位 ◁◁ 键三键配合选择所需设定的参数代码号,例如 F005,用确认键 ENT 确认后,显示屏显示内容由参数代码号 F005 变为 F005 的参数值;③再用▽键、△键和移位 ◁◁ 键三键配合修改参数值,修改完毕按确认键 ENT 保存,显示屏显示下一个参数代码号;④重复上述②、③两步操作,直至将所有需要修改设置的参数设置完毕;⑤按功能键 FUN 返回运行监测模式。参数设置工作结束。

对于型号各异的变频器,参数设置的方法大同小异。一个基本思想是:首先按一下功能键

（有的变频器是按模式键或其他类似功能键，有的是按两下或 n 下），使变频器进入参数设置状态，显示屏上会显示一个参数代码；接着用▽键、△键和移位◁键三个键配合修改，使显示的参数代码变成欲修改的代码（这三个键在所有变频器中都有配置），这时按确认键（所有变频器都配置具有确认功能的按键），显示内容变成欲修改代码的参数值；然后用▽键、△键和移位◁键三个键配合修改代码的参数值；最后确认保存。如此反复操作直至设置完全部参数，并返回运行状态。

4.2.8　变频器的制动方式

变频器的制动有两层含义，一是电动机有时候会处于发电状态，所发电能反馈回变频器，使变频器内部滤波电容器两端的电压升高，威胁变频器自身的运行安全，应采取技术措施泄放滤波电容器上的电压；二是电动机在停机过程中，既可能发电，也需要平稳停机，这就要求在泄放电能的同时，配合电磁抱闸或其他措施，对电动机进行制动。

那么在什么情况下电动机会处于发电状态呢？分析如下。

变频器用于矿用提升机、轧钢机、大型龙门刨床、卷绕机及机床主轴驱动等系统时，由于要求电动机四象限运行，当电动机带位能性负载重物下放时，电动机转速加快，超过同步转速，就会使其处于再生发电状态。

当变频器输出频率降低时，电动机的同步转速随之下降，而由于机械惯性的作用，电动机的实际转速可能大于同步转速，这时电动机从电动状态转变为发电状态。

电动机再生发电的电能经并联在变频器逆变管 V11～V16 上的续流二极管全波整流后反馈到直流电路（参见图 4-11），使电容器 C_1 和 C_2 两端电压升高，形成"泵升电压"。过高的泵升电压有可能损坏开关器件、电解电容，甚至破坏电动机的绝缘。为使系统在发电制动状态能正常工作，必须采取适当的制动方式。

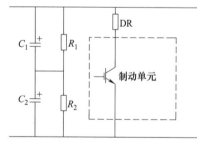

图 4-15　制动单元与制动
电阻接线示意图

（1）能量消耗型

这种制动方法是在变频器直流回路中并联制动单元和制动电阻，通过检测直流母线上的电压来控制制动单元功率管的导通与否，从而实现制动电阻的接入和断开，如图 4-15 所示，虚线框内是制动单元，DR 是制动电阻。当直流母线上的电压，即电容器 C 两端的电压达到或超过门槛电压（例如 700V）时，功率管导通，制动电阻 DR 接入电路，再生能量在制动电阻上以热能的形式被消耗掉，从而防止直流电压的上升。由于再生能量未能得到利用，因此属于能量消耗型。当直流母线上的电压低于门槛电压时，制动过程结束。

制动电阻的外形样式见图 4-16。

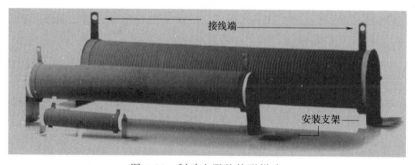

图 4-16　制动电阻的外形样式

虽然变频器滤波电容器两端都并联有均压电阻 R_1 和 R_2，但均压电阻的电阻值往往很大，例如 $100k\Omega$，不足以泄放电动机发电生成的电能。而制动电阻的阻值一般较小，工作时通流容量较大，所以必须使用专用的大功率、小阻值的制动电阻来泄放电能。

制动电阻是用于将变频器的再生能量以热能方式消耗掉的载体，它包括电阻阻值和功率容量两个重要的参数。通常在工程上选用较多的是波纹电阻和铝合金电阻两种，波纹电阻采用表面立式波纹，这有利于散热并降低寄生电感量，选用高阻燃无机涂层，有效保护电阻丝不被老化，延长使用寿命；铝合金电阻易紧密安装、易附加散热器，外形美观，高散热性的铝合金外包封结构，具有极强的耐振性、耐气候性和长期稳定性；体积小，功率大，安装方便稳固，外形美观，广泛应用于高度恶劣工业环境。

制动电阻阻值的选定有一个重要的原则：应保证流过制动电阻的电流 I_c 小于制动单元允许的最大电流输出能力，即：

$$R>800/I_c$$

式中　800——变频器直流侧可能出现的最大直流电压；
　　　I_c——制动单元的最大允许电流。

为充分利用所选用的变频器专用型制动单元的容量，通常制动电阻阻值的选取以接近上式计算的最小值为最经济，同时还可获得最大的制动转矩，然而这需要较大的制动电阻功率。在某些情况下，并不需要很大的制动转矩，此时比较经济的办法是选择较大的制动电阻阻值，这就可以减小制动电阻的功率，从而减少购买制动电阻所需的费用，这样的代价是制动单元的容量没有得到充分利用。

（2）并联直流母线吸收型

适用于多台电动机传动系统，在这种系统中，每台电动机配置一台变频器，所有变频器的逆变单元都并联在一对共用直流母线上。系统中往往有一台或数台电动机工作于制动状态，处于制动状态的电动机产生再生能量，这些能量通过并联于直流母线上处于电动状态的电动机所吸收。在不能完全吸收的情况下，则通过共用的制动单元控制，使未被完全吸收的再生能量消耗在制动电阻上。这种方式有部分再生能量被吸收利用，具有一定的节能效益。

（3）能量回馈型

能量回馈型变频调速系统要求变频器网侧变流器是可逆的。当有再生能量产生时，可逆变流器将再生能量回馈给电网，使再生能量得以完全利用。但这种方法对电源的稳定性要求较高。

（4）直流制动型

实现变频调速系统的直流制动，应对变频器的相关功能参数进行设置。这种制动模式通常是指当变频器的输出频率接近为零，电动机的转速降低到一定数值时，变频器输出直流至异步电动机的定子绕组。由于异步电动机的定子绕组因直流电流而形成静止磁场，转动着的转子切割该静止磁场而产生制动转矩，此时电动机处于能耗制动状态使旋转的转子存储的动能转换成电能，以热损耗的形式消耗于异步电动机的转子回路中，从而使电动机迅速停止。

采用直流制动的变频调速系统，仍应在变频器直流环节接入制动单元和制动电阻。

4.2.9　变频器的 PID 控制

PID 控制是使控制系统的被控物理量能够迅速而准确地尽可能接近控制目标的一种闭环控制手段。要实现闭环的 PID 控制功能，首先应将 PID 功能预置为有效。具体方法有如下两种。一是通过变频器的功能参数码预置，将 PID 功能设置为有效或无效。二是由变频器的外接多功能端子的状态决定，例如在富士 G11S 系列变频器中，将多功能输入端子 X1 对应的功能码

E01 设置为 20，则该端子即具有决定 PID 控制是否有效的功能，这时多功能端子 X1 与公共端子 CM 之间的触点"ON"（闭合）时，PID 功能无效；触点"OFF"（断开）时有效。

　　大量变频器应用实践表明，大部分变频器兼有上述两种预置方式，但有少数品牌的变频器只有其中的一种方式。

　　（1）目标信号与反馈信号

　　欲使变频系统中的某一个物理量稳定在预期的目标值上，变频器的 PID 功能电路将反馈信号与目标信号不断地进行比较，并根据比较结果来实时地调整输出频率和电动机的转速。所以，变频器的 PID 控制至少需要两种控制信号：目标信号和反馈信号。这里所说的目标信号是某物理量预期稳定值所对应的电信号，也称目标值或给定值；而该物理量通过传感器测量到的实际值对应的电信号称为反馈信号，也称反馈量或当前值。

　　（2）目标信号的输入通道与数值大小

　　实现变频器的闭环控制，对于目标信号来说，有两个问题需要解决，一是选择将目标值（目标信号）传送给变频器的输入通道，二是确定目标值的大小。对于第一个问题，各种变频器大体上有如下两种方案。一是自动转换法，即变频器预置 PID 功能有效时，其开环运行时的频率给定功能参数设定自动转为目标值给定，如表 4-15 中的安川 CIMR-G7A 与富士 G11S 变频器。二是通道选择法，如表 4-15 中的格立特 VF-10 系列变频器。

表 4-15　变频器目标信号输入通道举例

变频器型号	功能码	功能名称	设定值及相应含义
格立特 VF-10	FC2	PID 给定量选择	0:键盘数字给定 1:键盘电位器 2:模拟端子 VS1:0~10V 给定 3:模拟端子 VS2:0~5V 给定 4:模拟端子 IS:4~20mA 给定
安川 CIMR-G7A	b5-01 b1-01	选择 PID 功能是否有效	当通过 b5-01 选择 PID 功能有效时,b1-01 的各项频率给定通道均转为目标值输入通道
富士 G11S	H20	选择 PID 功能是否有效	当通过 H20 选择 PID 功能有效时,目标值即可按"F01 频率设定 1"选定的通道输入
	F01	频率设定 1	0:键盘面板,用增加、减小键设定 1:由控制端子 12 输入 0~+10V 电压信号设定 2:由控制端子 C1 输入 4~20mA 电流信号设定 3:电压输入+电流输入 4:-10~+10V 有极性电压信号设定 5:有极性电压信号输入+频率命令辅助输入 6:端子 12 电压信号+10~0 V 输入反动作设定 7:端子 C1 电流信号 20~4mA 输入反动作设定 8:增/减(UP/DOWN)控制模式 9:增/减(UP/DOWN)控制模式 2 10:程序运行设定 11:数字输入或脉冲列输入设定

　　第二个问题是确定目标值的大小。由于目标信号和反馈信号有时不是同一种物理量，难以进行直接比较，所以，大多数变频器的目标信号都用传感器量程的百分数来表示。例如，某储气罐的空气压力要求稳定在 4.8MPa，压力传感器的量程为 8MPa，则与 4.8MPa 对应的百分数为 60%，目标值就是 60%。而有的变频器的参数列表中，有与传感器量程上下限值对应的参数，例如某变频器，将参数 E40 显示系数 A 设为 2，即压力传感器的量程上限 2MPa；参数 E41 显示系数 B 设为 0，即量程下限为 0；则目标值为 1.5，即压力稳定值为 1.5MPa。目标值即是预期稳定值的绝对值。

（3）PID 的反馈逻辑

所谓反馈逻辑，是指被控物理量经传感器检测到的反馈信号对变频器输出频率的控制极性。例如中央空调系统，夏天制冷和冬天制热，温度传感器都可能反馈回温度过低的信号，但夏天温度过低的反馈信号要求变频器输出频率降低，减少制冷量；而冬天反馈回来的温度过低信号，则要求变频器输出频率增高，增加送热量。由此可见，同样是温度偏低，反馈信号减小，但要求变频器的频率变化方向却是相反的。这就是引入反馈逻辑的缘由。变频器反馈逻辑的功能选择举例见表 4-16。

表 4-16 变频器反馈逻辑功能选择举例

变频器型号	功能码	功能名称	设定值及相应含义
博世力士乐 CVF-G3	H-51	反馈信号特性	0：正特性（正反馈） 1：逆特性（负反馈）
普传 PI7100	P00	PID 调节方式	1：负作用 2：正作用

（4）反馈信号输入通道

通常变频器都有若干个反馈信号输入通道，表 4-17 是变频器的反馈信号输入通道举例。

表 4-17 变频器反馈信号输入通道举例

变频器型号	功能码	功能含义	数据码及含义
博世力士乐 CVF-G3	H-50	PID 反馈 通道选择	0：外部电压信号 1（0～10V） 1：电流输入 2：脉冲输入 3：外部电压信号 2（−10～＋10V）
富士 G11S	H21	反馈选择	0：控制端子 12 正动作（电压输入 0～10V） 1：控制端子 C1 正动作（电流输入 4～20mA） 2：控制端子 12 反动作（电压输入 10～0V） 3：控制端子 C1 反动作（电流输入 20～4mA）

（5）PID 参数值的预置与调整

工程实践中，PID 的参数需要进行设置与调整，可暂时默认出厂值，待设备运转时再按实际情况细调。开始运行后如果被控物理量在目标值附近振荡，首先加大积分时间 I，如仍有振荡，可适当减小比例增益 P。被控物理量在发生变化后难以恢复，首先加大比例增益 P，如果恢复仍较缓慢，可适当减小积分时间 I，还可加大微分时间 D。

不同品牌、型号变频器的 PID 功能参数调整方法有一定的差异，应根据工程项目需求，参照变频器说明书介绍的方法与技巧反复调整，获得最佳的运行控制效果。

4.2.10 变频器的简易应用案例

电气控制项目中，变频器的应用通常是一个复杂的系统工程，对于初始接触变频器的技术人员来说，独立完成一个项目的策划、设计、图纸绘制、参数设置，是有一定难度的。本节以 PI500 系列变频器为例，绕开复杂的工程项目的设计难点，介绍几款变频器的简易应用，据此可以举一反三，逐渐熟悉变频器，进而成为一位行家里手。

（1）用端子排控制电动机正反转

图 4-17 是使用端子排控制电动机正反转的具体电路。

按图将电路连接好后，还要设置相应参数。PI500 变频器参数很多，约有几百个。具体应用项目的参数设置中，有的可以默认出厂值，也有些参数是不可修改的，实际需要修改的参数可能是几个或几十个。需要修改设置的参数可如表 4-18 那样，列出一个表格，包括需要修改

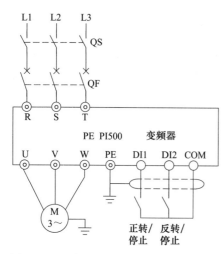

图 4-17　用端子排控制电动机正反转电路

的参数码、参数名称、参数可设置范围、本案中的设定值。表 4-18 中的"修改"一栏，标注"√"的，是指该参数在变频器停机和运行状态均可修改，标注"×"的，是指该参数只能在变频器停机状态修改。

根据表 4-18 的参数设置，F0.11 设置为 1，选择了运行命令由端子排控制有效；F1.00 设置为 1，选择了 DI1 端子与 COM 端子之间的触点控制电动机正转，即该触点闭合时电动机启动正转，断开时停止；F1.01 设置为 2，选择了 DI2 端子与 COM 端子之间的触点控制电动机反转，即该触点闭合时电动机启动反转，断开时停止。如果 DI1 端子和 DI2 端子上的触点同时闭合，则电动机停转。

图 4-17 的电路选用 380V、50Hz 电源。运行时先合上隔离开关 QS，再合上断路器 QF，若欲正转，则合上端子 DI1 连接的触点；断开该触点，电动机停止。若欲使电动机反转，可使端子 DI2 连接的触点合上，断开该触点，电动机停止。

至于如何合上和断开以上触点，则以现场情况确定。可使用按钮并通过中间继电器来实现；也可通过 PLC 或上位机来控制上述触点的通与断，实现对电动机的启动与停止的控制。

表 4-18　电动机正反转时的参数设置

参数码	参数名称	参数可设置范围	参数值	修改
F0.11	命令源选择	0：键盘控制 1：端子排控制 2：通信命令控制 3：键盘控制＋通信命令控制 4：键盘控制＋通信命令控制＋端子台控制	1	√
F1.00	DI1 端子功能选择	0：无功能，可将不使用的端子设定为"无功能"，以防止误动作 1：正转运行（FWD），通过外部端子来控制变频器正转运行 2：反转运行（REV），通过外部端子来控制变频器反转运行 3：三线式运行控制，通过端子来确定变频器运行方式是三线控制模式 4：正转点动（FJOG），FJOG 为点动正转运行，点动运行频率、点动加减速时间参见功能码 F7.00、F7.01、F7.02 的说明 5：反转点动（RJOG），RJOG 为反转点动，点动运行频率、点动加减速时间参见功能码 F7.00、F7.01、F7.02 的说明 以下设置为 6～51 时的功能介绍从略，由此可见，变频器的功能相当丰富	1	×
F1.01	DI2 端子功能选择	0：无功能，可将不使用的端子设定为"无功能"，以防止误动作 1：正转运行（FWD），通过外部端子来控制变频器正转运行 2：反转运行（REV），通过外部端子来控制变频器反转运行 以下设置为 3～51 时的功能介绍从略	2	×

（2）变频器外接电位器调速

变频器的调速方法很多，在端子排上连接电位器调速就是方法之一。图 4-18 是一款具体应用电路。图中电位器连接在 ＋10V、AI1 和 GND 三个端子上。其中 ＋10V 和 GND 两个端子是变频器固有的端子，AI1 是经参数设置，可以实现用电位器调速的控制端。电位器连接时，须注意两个端点的连接位置，不可接反。连接正确时，电位器旋柄顺时针旋转输出频率升高，逆时针旋转输出频率降低。与本功能有关的参数设置见表 4-19。

表 4-19 将参数 F0.03 设置为 2，是将频率的设定权交给端子 AI1，该端连接着电位器的中

间可调抽头，通过该抽头的调整变化，输出频率得以调整。参数 F0.11 设置为 1，选择频率的调整命令来端子排，是对参数 F0.03 设置有效性的技术支持。参数 F1.00 设置为 1，将端子 DI1 的功能确定为触点闭合时电动机正转。

表 4-19 变频器外接电位器调速需要设置的功能参数

参数码	参数名称	参数可设置范围	参数值	修改
F0.03	频率源主设	0:键盘设定频率(F0.01,UP/DOWN 可修改，掉电不记忆) 1:键盘设定频率(F0.01,UP/DOWN 可修改，掉电记忆) 2:模拟量 AI1 设定 3:模拟量 AI2 设定 4:面板电位器设定 5:高速脉冲设定 6:多段速运行设定 7:简易 PLC 程序设定 8:PID 控制设定 9:远程通信设定 10:模拟量 AI3 设定	2	×
F0.11	命令源选择	0:键盘控制 1:端子排控制 2:通信命令控制 3:键盘控制＋通信命令控制 4:键盘控制＋通信命令控制＋端子台控制	1	√
F1.00	DI1 端子功能选择	0:无功能,可将不使用的端子设定为"无功能",以防止误动作 1:正转运行(FWD),通过外部端子来控制变频器正转运行 2:反转运行(REV),通过外部端子来控制变频器反转运行 以下 3～51 的功能设置从略	1	×

注：表中"修改"一栏中的符号"√"表示相关参数在运行和停机时均可修改；符号"×"表示相关参数只有在停机时才可修改。

（3）端子排外接模拟量电压信号调速

使用变频器的端子排连接外部的 0～10V 电压信号调频调速的接线图见图 4-19。这里所谓的外部电压信号，可以来自各种传感器，例如压力传感器、温度传感器、温差仪、液位仪表等输出的 0～10V 电压信号，也可以接收上位机送来的电压信号。

图 4-19 的电路可以由外部 0～10V 的电压信号控制电动机的正转或反转转速。即当外部电压信号为 0～10V 时，变频器有 0～50Hz 的频率输出。外部电压信号与变频器连接时，应将模拟电压信号的正极连接到变频器的 AI1 端子上，将电压信号的负极连接到变频器的 GND 端子上。

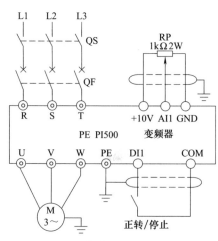

图 4-18 用外接电位器调速的电路

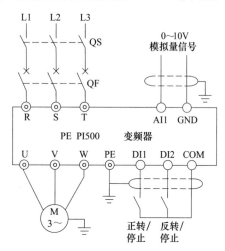

图 4-19 端子排外接模拟量电压信号调速的电路

实现上述应用功能应设置相应的功能参数，如表 4-20 所示。

表 4-20　端子排外接电压信号调速时需要设置的参数

参数码	参数名称	参数可设置范围	参数值	修改
F0.03	频率源主设	0:键盘设定频率(F0.01,UP/DOWN 可修改,掉电不记忆) 1:键盘设定频率(F0.01,UP/DOWN 可修改,掉电记忆) 2:模拟量 AI1 设定 3:模拟量 AI2 设定 4:面板电位器设定 5:高速脉冲设定 6:多段速运行设定 7:简易 PLC 程序设定 8:PID 控制设定 9:远程通信设定 10:模拟量 AI3 设定	2	×
F0.11	命令源选择	0:键盘控制 1:端子排控制 2:通信命令控制 3:键盘控制＋通信命令控制 4:键盘控制＋通信命令控制＋端子台控制	1	√
F1.00	DI1 端子 功能选择	0:无功能,可将不使用的端子设定为"无功能",以防止误动作 1:正转运行(FWD),通过外部端子来控制变频器正转运行 2:反转运行(REV),通过外部端子来控制变频器反转运行 以下 3～51 的功能设置从略	1	×
F1.01	DI2 端子 功能选择	0:无功能,可将不使用的端子设定为"无功能",以防止误动作 1:正转运行(FWD),通过外部端子来控制变频器正转运行 2:反转运行(REV),通过外部端子来控制变频器反转运行 以下 3～51 的功能设置从略	2	×

注：表中"修改"一栏中的符号"√"表示相关参数在运行和停机时均可修改；符号"×"表示相关参数只有在停机时才可修改。

表 4-20 将参数 F0.03 设置为 2，是将频率的设定权交给端子 AI1，该端连接着外部仪表或上位机送来的模拟电压信号，当外部电压信号变化时，输出频率也会相应调整。此案例中的输出频率随电压信号的大小呈正向变化，即电压信号增大，输出频率相应增高。参数 F0.11 设置为 1，选择频率的调整命令来自端子排，是对参数 F0.03 设置有效性的必要技术支持。参数 F1.00 设置为 1，将端子 DI1 的功能确定为触点闭合时电动机正转。参数 F1.01 设置为 2，将端子 DI2 的功能确定为触点闭合时电动机反转。

（4）端子排外接模拟量电流信号调速

使用变频器的端子排连接外部的 0～20mA 电流信号调频调速的接线图见图 4-20。这里所谓的外部电流信号，可以来自各种传感器，如压力传感器、温度传感器、液位仪表等输出的 0～20mA 电流信号，也可以接收上位机送来的电流信号。

图 4-20 的电路可以由外部电流信号控制电动机的正转或反转的转速。即通过 0～20mA 的外部电流信号控制，使变频器输出 0～50Hz 的频率。

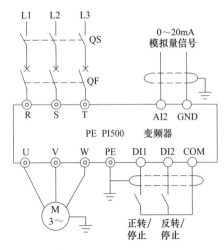

图 4-20　端子排外接模拟量
电流信号调频调速的电路

外部电流信号与变频器连接时，应将模拟电流信号的正极连接到变频器的 AI2 端子上，将电流信号的负极连接到变频器的 GND 端子上。该电路功能需要设置的参数见表 4-21。

表 4-21　端子排外接电流信号调速时需要设置的参数

参数码	参数名称	参数可设置范围	参数值	修改
F0.03	频率源主设	0：键盘设定频率（F0.01，UP/DOWN 可修改，掉电不记忆） 1：键盘设定频率（F0.01，UP/DOWN 可修改，掉电记忆） 2：模拟量 AI1 设定 3：模拟量 AI2 设定 4：面板电位器设定 5：高速脉冲设定 6：多段速运行设定 7：简易 PLC 程序设定 8：PID 控制设定 9：远程通信设定 10：模拟量 AI3 设定	3	×
F0.11	命令源选择	0：键盘控制 1：端子排控制 2：通信命令控制 3：键盘控制＋通信命令控制 4：键盘控制＋通信命令控制＋端子台控制	1	√
F1.00	DI1 端子功能选择	0：无功能，可将不使用的端子设定为"无功能"，以防止误动作 1：正转运行（FWD），通过外部端子来控制变频器正转运行 2：反转运行（REV），通过外部端子来控制变频器反转运行 以下 3～51 的功能设置从略	1	×
F1.01	DI2 端子功能选择	0：无功能，可将不使用的端子设定为"无功能"，以防止误动作 1：正转运行（FWD），通过外部端子来控制变频器正转运行 2：反转运行（REV），通过外部端子来控制变频器反转运行 以下 3～51 的功能设置从略	2	×

注：表中"修改"一栏中的符号"√"表示相关参数在运行和停机时均可修改；符号"×"表示相关参数只有在停机时才可修改。

表 4-21 将参数 F0.03 设置为 3，是将频率的设定权交给端子 AI2，该端连接外部仪表或上位机送来的模拟电流信号，当外部电流信号变化时，输出频率也会相应调整。此案例中的输出频率随电流信号的大小呈正向变化，即电流信号增大，输出频率相应增高。参数 F0.11 设置为 1，选择频率的调整命令来自端子排，是对参数 F0.03 设置有效性的必要技术支持。参数 F1.00 设置为 1，将端子 DI1 的功能确定为触点闭合时电动机正转。参数 F1.01 设置为 2，将端子 DI2 的功能确定为触点闭合时电动机反转。

（5）切换频率源给定的应用案例

有时候对频率的调整需要在面板电位器和外接电位器之间切换，例如开机时用变频器的面板电位器调整频率和转速，开机后又需要在离开变频器的地方进行调速，图 4-21 的电路可以实现这样的功能。

图 4-21 中，电位器 RP 是远处安装的调速电位器，端子 DI1 与 COM 之间的触点是控制正转启动与停止的，触点闭合时正转，断开时停止。端子 DI3 与 COM 之间的触点可以切换使面板电位器调速有效，还是外接电位器操作有效。触点闭合时，外接电位器调速，断开时由面板电位器调速。

实现图 4-21 电路功能需要设置的参数见表 4-22。

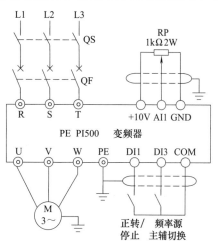

图 4-21　频率源给定模式可切换应用电路

表 4-22　频率源给定模式可切换的功能电路需要设置的参数

参数码	参数名称	参数可设置范围	参数值	修改
F0.03	频率源主设	0:键盘设定频率(F0.01,UP/DOWN 可修改,掉电不记忆) 1:键盘设定频率(F0.01,UP/DOWN 可修改,掉电记忆) 2:模拟量 AI1 设定 3:模拟量 AI2 设定 4:面板电位器设定 5:高速脉冲设定 6:多段速运行设定 7:简易 PLC 程序设定 8:PID 控制设定 9:远程通信设定 10:模拟量 AI3 设定	4	×
F0.04	频率源辅设	与 F0.03 相同	2	×
F0.11	命令源选择	0:键盘控制 1:端子排控制 2:通信命令控制 3:键盘控制+通信命令控制 4:键盘控制+通信命令控制+端子台控制	1	√
F1.00	DI1 端子 功能选择	0:无功能,可将不使用的端子设定为"无功能",以防止误动作 1:正转运行(FWD),通过外部端子来控制变频器正转运行 2:反转运行(REV),通过外部端子来控制变频器反转运行 以下 3~51 的功能设置从略	1	×
F1.02	DI3 端子 功能选择	DI3 端子的功能,有 0~51 共 52 种选择,此应用案例中将参数 F1.02 设置为 18,所以仅对设置为 18 时的功能说明如下,以节约 篇幅 18:频率源切换,用来切换选择不同的频率源。根据频率源选择 功能码(F0.07)的设置,当在某两种频率源之间选择切换作为频率 源时,该端子用来实现在两种频率源中切换	18	×
F0.07	频率源 叠加选择	该参数可设置两位数字,即个位和十位,其中个位是频率源选择, 十位是频率源主辅运算关系。具体设置选择如下 一、个位　频率源选择 0:频率源主设 1:主辅运算结果(运算关系由十位确定) 2:频率源主设与频率源辅设切换 3:频率源主设与主辅运算结果切换 4:频率源辅设与主辅运算结果切换 二、十位　频率源主辅运算关系 0:频率源主设与频率源辅设之和作为指令频率,实现频率叠加给 定功能 1:频率源主设与频率源辅设之差作为指令频率 2:max,取频率源主设与频率源辅设中绝对值最大的作为指令 频率 3:min,取频率源主设与频率源辅设中绝对值最小的作为指令 频率 4:(频率源主设×频率源辅设)/最大频率的结果作为指令频率。 式中的最大频率由参数 F0.19 设定	2	√

　　注：表中"修改"一栏中的符号"√"表示相关参数在运行和停机时均可修改；符号"×"表示相关参数只有在停机时才可修改。

　　根据表 4-22 对图 4-21 电路进行的参数设置，即可对频率源进行选择切换。通过按钮对中间继电器触点通断的控制（中间继电器的触点连接在端子 DI1、DI3 与 COM 之间），或者由上位机对连接在端子 DI1、DI3 上的触点通断状态进行控制，即可实现相应功能。电动机启动时，使 DI1 上的触点接通，电动机开始正转启动，当 DI3 上的触点接通时，图 4-21 中的外接电位器 RP 调频操作有效；DI3 上的触点断开时，变频器操作面板上的电位器调频操作有效，实现了频率源的切换控制。若对参数 F0.07 进行设置，则可实现功能更加丰富的功能控制。

（6）变频器外接频率表与电流表

PI500 系列变频器有两个模拟量输出端，端口名称分别是 DA1 和 DA2，它们的输出范围是 0～10V 直流电压，或者 0～20mA 的直流电流。变频器出厂默认设置 DA1 输出 0～10V 直流电压，DA2 输出 0～20mA 的直流电流。这个电压或电流对应显示的物理量由参数 F2.07 和 F2.08 设置。

该款应用的相应参数设置见表 4-23。变频器外接频率表与电流表具体接线图可参见图 4-22。

表 4-23　变频器外接频率表与电流表需要设置的参数

参数码	参数名称	参数可设置范围	参数值	修改
F2.07	DA1 输出功能选择	0：运行频率，0～最大输出频率 1：设定频率，0～最大输出频率 2：输出电流，0～2 倍电动机额定电流 3：输出转矩，0～2 倍电动机额定转矩 4：输出功率，0～2 倍电机额定功率 5：输出电压，0～1.2 倍变频器额定输出电压 6：高速脉冲收入，0.01～100.00kHz 7：模拟量 AI1，0～10V（或 0～20mA） 8：模拟量 AI2，0～10V（或 0～20mA） 9：模拟量 AI3，0～10V 10：长度值，0～最大设定长度	0	√
F2.08	DA2 输出功能选择	11：计数值，0～最大计数值 12：通信设定，0.0%～100.0% 13：电动机转速，0～最大输出频率对应的转速 14：输出电流，0.0～100.0A（变频器功率≤55kW）；0.0～1000.0A（变频器功率>55kW） 15：直流母线电压，0.0～1000.0V 16：保留 17：频率源主设，0～最大输出频率	2	√
F2.16	DA1 零偏系数	−100%～+100%	0%	√
F2.17	DA1 输出增益	−10.00～+10.00	0.50	√
F2.18	DA2 零偏系数	−100%～+100%	20.0%	√
F2.19	DA2 输出增益	−10.00～+10.00	0.80	√

注：上述功能码（F2.16～F2.19）一般用于修正模拟输出的零点偏移及输出最大值的调整，也可以用于自定义所需要的模拟量输出曲线。例如，根据表 4-23 中相关参数的设置，可将 0～10V 调整为 0～5V，或者将 0～20mA 调整为 4～20mA。

由表 4-23 可见，参数 F2.07 设置为 0，即图 4-22 中端子 DA1 连接的应该是一只频率表，指示的是变频器的运行频率。参数 F2.17 将端子 DA1 输出增益设置为 0.5，则其输出电压由 0～10V 调整为 0～5V。这个电压对应的是 0～最大输出频率（最大输出频率由参数 F0.19 设定），如果最大输出频率设置为 50Hz，则 DA1 端子输出电压为 0V 时，频率表的指针应指在刻度盘的 0Hz 处，DA1 端子输出电压为 5V 时，频率表的指针应指在刻度盘的 50Hz 处。频率表的刻度盘应根据这样的原则绘制。

参数 F2.08 设置为 2，表示端口 DA2 输出的电流信号对应 0～2 倍电动机额定电流。端口 DA2 输出电流的出厂默认值为 0～20mA，由于受参数 F2.18 的调整，端口 DA2 输出电流最小值的零偏系数为 20%，则该最小值为 20mA×20%＝4mA。端口 DA2 输出电流最大值由参数 F2.18 和 F2.19 共同调整，计算式为：输出电流最大值＝20mA×（F2.18＋F2.19），由于 F2.18＝20%＝0.2，因此只有 F2.19＝0.8 时，输出电流的最大值才能为 20mA。这样，端口 DA2 的输出电流由 0～20mA 调整为 4～20mA。图 4-22 中端子 DA2 连接的是一只电流表，当

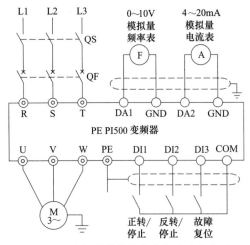

图 4-22 变频器外接频率表与电流表电路

电动机停止运行时，端口 DA2 输出电流为 4mA，相当于零输出，电流表指示为 0。电动机运行过程中，端口 DA2 的输出电流在 4~20mA 变化。由于最大输出电流 20mA 对应 2 倍电动机额定电流，所以电动机正常运行时 DA2 端口的电流应该小于 20mA。只有电动机出现过电流时，才可能出现较大的输出电流。变频器参数的这样设置也是为了能在电动机偶然出现过电流异常时，能够正常显示电动机的运行电流。

（7）端子排控制点动正反转

PI500 系列变频器可以使用端子排实现点动正反转，具体电路见图 4-23，相关参数设置见表 4-24。

表 4-24　端子排控制的点动正反转功能需要设置的功能参数

参数码	参数名称	参数可设置范围	参数值	修改
F0.11	命令源选择	0：键盘控制 1：端子排控制 2：通信命令控制 3：键盘控制＋通信命令控制 4：键盘控制＋通信命令控制＋端子台控制	1	√
F1.02	DI3 端子功能选择	0：无功能，可将不使用的端子设定为"无功能"，以防止误动作 1：正转运行（FWD），通过外部端子来控制变频器正转运行 2：反转运行（REV），通过外部端子来控制变频器反转运行 3：三线式运行控制，通过端子来确定变频器运行方式是三线控制模式	4	×
F1.03	DI4 端子功能选择	4：正转点动（FJOG），FJOG 为点动正转运行 5：反转点动（RJOG），RJOG 为点动反转运行 以下 6~51 的功能设置从略	5	×
F7.00	点动运行频率	0.00Hz~F0.19（最大频率）	6.00Hz	√
F7.01	点动加速时间	0.0~6500.0s	5.0s	√
F7.02	点动减速时间	0.0~6500.0s	5.0s	√

注：表中"修改"一栏中的符号"√"表示相关参数在运行和停机时均可修改；符号"×"表示相关参数只有在停机时才可修改。

根据表 4-24 中的参数设置，图 4-23 中端子 DI3 与端子 COM 之间连接的是一只正转点动按钮，DI4 与 COM 之间连接的是一只反转点动按钮。系统通电后，按压 DI3 端子上的按钮，电动机按照参数 F7.00 设置的点动运行频率和参数 F7.01 设置的点动加速时间开始点动正转。松开该按钮后，电动机以参数 F7.02 设置的点动减速时间开始减速直至停机。

按压 DI4 端子上的按钮，电动机按照参数 F7.00 设置的点动运行频率和参数 F7.01 设置的点动加速时间开始点动反转。松开该按钮后，电动机以参数 F7.02 设置的点动减速时间开始减速直至停机。

（8）用变频器面板电位器调速

PI500 系列变频器面板上有一只电位器，该电位器有多种功能，其中功能之一就是调速。图 4-24 是变

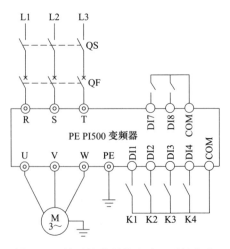

图 4-23　端子排控制的点动正反转电路

频器的面板图，中央位置有一只电位器。

使用面板电位器调速时需要设置的参数见表 4-25。

根据表 4-25 中参数 F0.03 的设置，变频器的输出频率由面板电位器设定。顺时针旋转电位器的旋柄，输出频率升高，逆时针旋转电位器的旋柄，输出频率降低。旋转电位器旋柄对输出频率的调整变化速率，由参数 F1.42 设置。由表 4-25 可见，该参数可设置的范围是 0～100.00%，这个百分比是针对参数 F0.19 设定的最大输出频率的。当最大输出频率设置为 50Hz、F1.42 设置为 100%，电位器的旋转角度 100% 时，将使输出频率调整至 50Hz。当 F1.42 设置为小于 100.00% 的某值例如 50.00%，电位器旋转角度达到一半时，输出频率即被调整到 50Hz。

参数 F1.42 与其他参数配合应用时，可能会有另外的控制功能，由于与本案例无关，此处从略。

图 4-24　变频器面板图

表 4-25　面板电位器调速时需要设置的参数

参数码	参数名称	参数可设置范围	参数值	修改
F0.03	频率源主设	0:键盘设定频率(F0.01,UP/DOWN 可修改,掉电不记忆) 1:键盘设定频率(F0.01,UP/DOWN 可修改,掉电记忆) 2:模拟量 AI1 设定 3:模拟量 AI2 设定 4:面板电位器设定 5:高速脉冲设定 6:多段速运行设定 7:简易 PLC 程序设定 8:PID 控制设定 9:远程通信设定 10:模拟量 AI3 设定	4	×
F1.42	面板电位器 X2	0.0%～100.00%	100.00%	√

注：表中"修改"一栏中的符号"√"表示相关参数在运行和停机时均可修改；符号"×"表示相关参数只有在停机时才可修改。

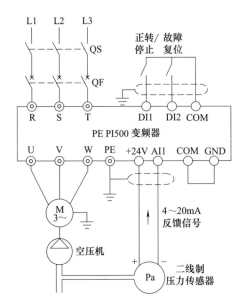

图 4-25　用二线制传感器实现的恒压控制电路

（9）用二线制压力传感器实现恒压控制

图 4-25 是使用二线制压力传感器通过变频器实现恒压控制的应用电路。所谓二线制传感器，就是传感器的电源线与信号反馈线共用两条线，这两条线既是电源给传感器的供电线，又时传感器向仪表反馈信号的传输线。图 4-25 中的传感器使用变频器提供的 ＋24V 电源，并将压力信号传送到变频器的模拟量输入端 AI1 端。该款应用电路中，注意须将变频器的 COM 端与 GND 端短路连接起来，电路才能正常工作。另外，变频器的 DI1 端与 COM 端连接"正转/停止"命令触点，DI2 端与 COM 端连接"故障复位"命令触点。

恒压控制电路需要设置的功能参数如表 4-26 所示。

表 4-26　用二线制压力传感器实现恒压控制需要设置的功能参数

参数码	参数名称	参数可设置范围	参数值	修改
F0.03	频率源主设	0:键盘设定频率(F0.01,UP/DOWN 可修改,掉电不记忆) 1:键盘设定频率(F0.01,UP/DOWN 可修改,掉电记忆) 2:模拟量 AI1 设定 3:模拟量 AI2 设定 4:面板电位器设定 5:高速脉冲设定 6:多段速运行设定 7:简易 PLC 程序设定 8:PID 控制设定 9:远程通信设定 10:模拟量 AI3 设定	8	×
F0.11	命令源选择	0:键盘控制 1:端子排控制 2:通信命令控制 3:键盘控制＋通信命令控制 4:键盘控制＋通信命令控制＋端子台控制	1	√
F0.13	加速时间 1	0.0～6500s	50.0s	√
F0.14	减速时间 1	0.0～6500s	50.0s	√
F0.18	载波频率	0.5～16.0kHz	4.0kHz	√
F0.21	上限频率	0.00kHz～最大频率(最大频率由参数 F0.19 设置)	48.00Hz	√
F0.23	下限频率	0.00kHz～上限频率(上限频率由参数 F0.21 设置)	25.00Hz	√
F1.00	DI1 端子 功能选择	0:无功能,可将不使用的端子设定为"无功能",以防止误动作 1:正转运行(FWD),通过外部端子来控制变频器正转运行 2:反转运行(REV),通过外部端子来控制变频器反转运行 以下 3～51 的功能设置从略	1	×
F1.01	DI2 端子 功能选择	DI2 端子的功能,有 0～51 共 52 种选择,此应用案例中将参数 F1.01 设置为 9,所以仅对设置为 9 时的功能说明如下,以节约篇幅 9:故障复位(RESET),利用 DI2 端子进行故障复位,与面板上的 RESET 复位键功能相同,但使用此功能可以实现远距离故障复位	9	√
F1.12	AI1 最小输入	0.5V 对应 1mA	2.00V	√
F3.07	停机方式	0:减速停车 1:自由停车	1	√
E2.01	PID 键盘给定	0.0%～100.0% 此参数用于选择 PID 的目标量给定值。PID 的设定目标量为相对值,设定范围为 0.0%～100.0%。同样,PID 的反馈量也是相对量。PID 的作用就是使这两个相对量相同	依实际需要设定百分比	√
E2.29	PID 自动 减频选择	0:无效 1:有效 此参数用于选择 PID 反馈值和给定值相等时,变频器自动减频是否有效。当 PID 自动减频有效时,变频器间隔 E2.31 检测时间进行减频,每次减频 0.5Hz,如果减频过程中反馈值小于给定值,变频器直接加速到设定值	1	√
E2.27	PID 停机运算	0:停机不运算 1:停机继续运算 用于选择停机状态下 PID 是否继续运算	1	√

注:表中"修改"一栏中的符号"√"表示相关参数在运行和停机时均可修改;符号"×"表示相关参数只有在停机时才可修改。

　　根据表 4-26 对相关参数的设置可见,参数 F0.03 设置为 8,将输出频率调整的控制权交由 PID 控制设定。而 PID 需要有给定目标值和反馈值,PID 对这两个参数值进行比较,由计算结果调整输出频率;而目标值和反馈值分别由参数 F2.01 和 F1.12 设定,F2.01 的设定值是一个百分数，是压力传感器量程的百分数，例如压力传感器的量程是 2MPa，F2.01 设置为 50%，则目标值为 2MPa×50%＝1MPa。当压力传感器通过端子 AI1 反馈给变频器的压力信号小于 1MPa 时，说明系统压力较低，变频器将提高输出频率，空压机增大输出压力；当压力传感器通过端子 AI1 反馈给变频器的压力信号大于 1MPa 时，说明系统压力较高，变频器将降低输出频率，空压机减小输出压力。

由图 4-25 可见，压力传感器反馈给变频器的是 4～20mA 电流信号，电流信号与压力信号的换算关系介绍如下。压力传感器输出 4～20mA 电流信号，对应 0～2MPa 的压力信号，则 4mA 对应 0MPa 压力，20mA 对应 2MPa 压力，1MPa 对应的电流信号为 4mA＋(20－4)mA× (1MPa/2MPa)＝12mA。如果压力传感器反馈给变频器的电流信号能在 12mA 的一个极小范围内变化，则压力已经基本稳定。反馈信号在 12mA 电流信号附近变化的幅度越小，说明压力控制的精度越高。

参数 E2.01 设置的是"PID 键盘给定"，具体操作方法是：由运行监控模式进入参数设置模式，然后通过相应按键找到"PID 目标值键盘给定"这个参数，这时用递增键、递减键，将面板给定值修改为所需的数值（例如 50%）即可。

表 4-26 中其他常规参数的设置说明此处从略，不再赘述。

（10）单泵恒压供水应用电路

变频器恒压供水是一种常见的应用案例，可有单泵恒压供水、双泵恒压供水和多泵恒压供水等方案。这里介绍的是一款单泵恒压供水电路方案，如图 4-26 所示。由于水泵运行只能有一种运转方向，故图 4-26 中使用端子排的 DI1 端口进行正转启动、停止控制。方案使用三线式远传压力表检测供水压力，并将压力信号转换成 0～10V 电压信号反馈至变频器的 AI1 端口，实现 PID 控制的恒压供水。

图 4-26 电路方案需要设置的功能参数见表 4-27。

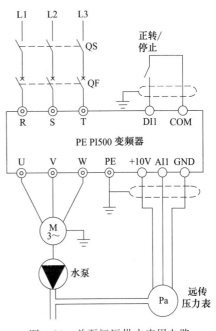

图 4-26 单泵恒压供水应用电路

该应用电路方案采用 PID 控制方式，可以实现理想的恒压供水。由表 4-27 可见，参数 F0.03 设置为 8，确定了 PID 控制模式。该控制模式的目标值由参数 E2.00 和 E2.01 给定，E2.01 设定的百分比与压力表量程的乘积，就是给定的目标压力值。参数 E2.02 设置为 0，确定了压力表的反馈信号由 AI1 端口引入。

一般情况下，恒压供水系统应设置唤醒频率和休眠频率以节约电能。设置的唤醒频率应大于等于休眠频率。如果设置的唤醒频率与休眠频率均为 0.00Hz，则唤醒与休眠功能无效。在启用休眠功能且频率源使用 PID，则必须选择 PID 停机时运算有效（E2.27＝1）。

E2.01 键盘给定信号值参数的计算方法是，E2.01＝设定压力/压力表满量程压力×100%，例如，压力表满量程是 2.5MPa，要求管网压力恒定在 1MPa，则 E2.01 参数的设定值就是 1MPa/2.5MPa×100%＝40.0%。

表 4-27 用三线制压力传感器实现恒压控制需要设置的功能参数

参数码	参数名称	参数可设置范围及相关功能说明	参数值	修改
F0.03	频率源主设	0：键盘设定频率(F0.01,UP/DOWN 可修改，掉电不记忆) 1：键盘设定频率(F0.01,UP/DOWN 可修改，掉电记忆)	8	×

参数码	参数名称	参数可设置范围及相关功能说明	参数值	修改
F0.03	频率源主设	2:模拟量 AI1 设定 3:模拟量 AI2 设定 4:面板电位器设定 5:高速脉冲设定 6:多段速运行设定 7:简易 PLC 程序设定 8:PID 控制设定 9:远程通信设定 10:模拟量 AI3 设定	8	×
F0.11	命令源选择	0:键盘控制 1:端子排控制 2:通信命令控制 3:键盘控制＋通信命令控制 4:键盘控制＋通信命令控制＋端子台控制	1	√
E2.00	PID 给定源	0:E2.01 设定 1:模拟量 AI1 给定 2:模拟量 AI2 给定 3:面板电位器给定 4:高速脉冲给定 5:通信给定 6:多段速指令给定 7:模拟量 AI3 给定	0	√
E2.01	PID 键盘给定	可设置范围:0.0%～100.0% 此参数用于选择 PID 的目标量给定值。PID 的设定目标量为相对值,设定范围为 0.0%～100.0%。同样,PID 的反馈量也是相对量。PID 的作用就是使这两个相对量相同	依实际需要设定百分比	√
E2.02	PID 反馈源	0:模拟量 AI1 给定 1:模拟量 AI2 给定 2:面板电位器给定 3:AI1－AI2 给定 4:高速脉冲给定 5:通信给定 6:AI1＋AI2 给定 7:由 AI1 和 AI2 中绝对值较大者给定 8:由 AI1 和 AI2 中绝对值较小者给定 9:模拟量 AI3 给定	0	√
E2.04	PID 给定反馈量程	可设置范围:0～65535 PID 给定反馈量程是无量纲单位,用于 PID 给定显示 d0.15 与 PID 反馈显示 d0.16。PID 的给定反馈的相对值 100%,对应给定反馈量程 E2.04。例如,如果 E2.04 设置为 2000,则当 PID 给定 100.00%时,PID 给定显示 d0.15 为 2000	按现场压力的量程设定	√
E2.06	PID 偏差极限	可设置范围:0.0%～100.0% 当 PID 给定量与反馈量之间的偏差小于 E2.06 的设定值时,PID 停止调节动作,这样,给定与反馈的偏差较小时输出频率稳定不变,对有些闭环控制场合很有效	0.2%	√
E2.27	PID 停机运算	0:停机不运算 1:停机继续运算 用于选择停机状态下 PID 是否继续运算	1	√
F7.46	唤醒频率	可设置范围:休眠频率(F7.48)～最大频率(F0.19) 若变频器处于休眠状态,且当前运行命令有效,则当设定频率≥F7.46 唤醒频率时,经过 F7.47 设定的时间延迟后,变频器开始启动	35Hz	√

续表

参数码	参数名称	参数可设置范围及相关功能说明	参数值	修改
F7.47	唤醒延迟时间	0.0~6500.0s	0.1s	√
F7.48	休眠频率	可设置范围：0.00Hz~唤醒频率(F7.46) 变频器运行过程中，当设定频率≤F7.48设定的休眠频率时，经过F7.49设定的时间延迟后，变频器进入休眠状态，并自动停机	30Hz	√
F7.49	休眠延迟时间	0.0~6500.0s	0.1s	√
FC.02	PID启动偏差	PID给定值—PID启动值 PID给定值与反馈值偏差绝对值大于该参数的设定值，且PID的输出大于唤醒频率时，变频器才启动，可防止变频器的重复启动 使用该参数设置的"PID启动偏差"功能，须将PID停机运算有效，即将E2.27设置为1	5.0	√

注：表中"修改"一栏中的符号"√"表示相关参数在运行和停机时均可修改；符号"×"表示相关参数只有在停机时才可修改。

（11）上升/下降控制调速

这种调速控制电路在某些场合应用具有一定方便性，正转启动、反转启动、升速（UP）调整、降速（DOWN）调整以及停机操作均可由端子排外联的按钮实现。把这些按钮安装在一个控制盒内，可以固定安放在一个操作方便的地方。具体应用电路见图4-27。

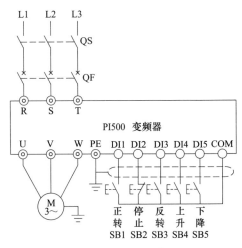

图4-27　上升/下降控制调速电路

实现该应用案例需要设置的参数见表4-28。根据参数F1.00~F1.04的设置，端子DI1为正转控制端子，DI3为反转控制端子，DI2设置为三线制控制1，在这种控制模式下，按钮SB2闭合时，按钮SB1按下时在变频器内部生成的脉冲上升沿将使电动机正转启动；此时若欲转换旋转方向，可按一下按钮SB2，待电动机停稳后按一下反转启动按钮SB3，电动机即开始反转运行；同样，再按一下按钮SB2，电动机停机。

在电动机正转或反转运行过程中，若欲升速，可以持续按压按钮SB4，使电动机转速逐渐升高（UP），升速的速率由参数F1.11设定，查表可知，转速将以每秒1Hz的速率升高，而升速的频率基础由参数F0.10设定。该参数设置为0，表示升速将以当前运行频率为基础。转速升高到需要的频率时，松开按钮SB4，升速停止。

若欲在运行中降低电动机的转速，则可持续按压下降（DOWN）按钮SB5，转速将以当前运行频率为基础，以每秒1Hz的速率降速，直至运行频率降至合适值后，松开按钮SB5。

参数F0.11设置为1，确定由端子排完成操作控制。F0.03设置为1，确定由端子排上安装连接的按钮键盘进行频率调节。

表4-28　上升/下降控制调速需要设置的功能参数

参数码	参数名称	参数可设置范围及相关功能说明	参数值	修改
F0.03	频率源主设	0：端子键盘设定频率(F0.01，UP/DOWN可修改，掉电不记忆) 1：端子键盘设定频率(F0.01，UP/DOWN可修改，掉电记忆) 2：模拟量AI1设定 3：模拟量AI2设定 4：面板电位器设定 5：高速脉冲设定 6：多段速运行设定	1	×

续表

参数码	参数名称	参数可设置范围及相关功能说明	参数值	修改
F0.03	频率源主设	7:简易 PLC 程序设定 8:PID 控制设定 9:远程通信设定 10:模拟量 AI3 设定	1	×
F0.11	命令源选择	0:键盘控制 1:端子排控制 2:通信命令控制 3:键盘控制＋通信命令控制 4:键盘控制＋通信命令控制＋端子台控制	1	√
F1.10	端子命令方式	0:两线式 1,该模式时,端子电平控制有效 1:两线式 2,该模式时,端子电平控制有效 2:三线式控制模式 1 3:三线式控制模式 2	2	×
F1.11	端子 UP/DOWN 变化率	0.001Hz/s～65.535Hz/s 该参数用于设置端子 UP/DOWN 调整设定频率时,频率变化的速度,即每秒钟频率的变化量	1.00Hz/s	√
F1.00	DI1 端子功能选择	该参数设置为 1,DI1 端子为正转运行(FWD)控制端子。与 COM 之间连接按钮,操作按钮产生的脉冲上升沿使电动机正转。该端子为脉冲上升沿有效	1	×
F1.01	DI2 端子功能选择	三线式控制 1。DI2 端子是使能端子,与 COM 之间的触点闭合时,正转运行与反转运行的操作控制才能有效。触点断开时,正转、反转均停机。该端子为电平操作有效	3	×
F1.02	DI3 端子功能选择	该参数设置为 2,DI3 端子为反转运行(REV)控制端子。与 COM 之间连接按钮,操作按钮时在变频器内部产生的脉冲上升沿使电动机反转	2	×
F1.03	DI4 端子功能选择	参数 F1.03 有 0～51 共 52 种选择,此应用案例中将参数 F1.03 设置为 6,所以仅对设置为 6 时的功能说明如下,以节约篇幅 6:端子 UP 参数 F1.03 设置为 6,使得端子 DI4 具有频率递增功能(UP),当该端子与 COM 之间的按钮接通时,输出频率将按参数 F1.11 设定的速率增加。松开按钮,增速停止。增速开始的基准频率由参数 F0.10 设定	6	×
F1.04	DI5 端子功能选择	参数 F1.04 有 0～51 共 52 种选择,此应用案例中将参数 F1.04 设置为 7,所以仅对设置为 7 时的功能说明如下,以节约篇幅 7:端子 DOWN 参数 F1.04 设置为 7,使得端子 DI5 具有频率递减功能(DOWN),当该端子与 COM 之间的按钮接通时,输出频率将按参数 F1.11 设定的速率递减。松开按钮,减速停止。减速开始的基准频率由参数 F0.10 设定	7	×
F0.10	UP/DOWN 基准	0:运行频率 1:设定频率	0	×

注:表中"修改"一栏中的符号"√"表示相关参数在运行和停机时均可修改;符号"×"表示相关参数只有在停机时才可修改。

4.3 变频器的多段速运行

有些机械加工设备需要在操作过程中不断变换转速,以满足产品加工的需求,传统的方法是使用多级齿轮随时换挡实现调速,这将使设备的机械结构相当复杂,体积较大,维修难度也相应增高。使用变频器的多段速运行将使问题得到圆满的解决，转速变换的快捷性、准确性也都大大提高，因此变频器的多段速运行应用几乎已经完全取代了机械齿轮换挡调速。

实现变频器的多段速运行有两种技术方案，第一种称为端子控制法。这种方法首先要通过参数设置使变频器工作在端子控制的多段速运行状态，并使变频器的若干个输入端子成为多段速频率控制端，然后对相关功能参数进行设置，预置各挡转速对应的工作频率，以及加速时间、减速时间。之后即可由逻辑控制电路、PLC 或上位机给出频率选择命令，实现多段速频率运行。另一种控制方案称作程序控制法，仅须对相关功能参数进行设置即可实现相应功能，虽然涉及参数较多，但运行方式灵活，且可重复循环运行。

4.3.1　端子控制的多段速运行

在变频器外接输入多功能控制端子中，通过功能预置，将 2~4 个输入端指定为多挡（4~16 挡）转速控制端。转速的切换由外接的开关器件通过改变输入端子的状态及其组合来实现。转速的挡次按二进制的顺序排列，所以两个输入端最多可以组合成 4 挡转速，三个输入端最多可以组合成 8 挡转速，四个输入端最多可以组合成 16 挡转速。

下面以普传 PI500 系列变频器为例，介绍具体的操作方法。首先将功能参数 F0.03 预置为 "6"，即将变频器设置为多段速运行方式。接着将参数 F1.00 预置为 "12"，使多功能数字输入端子 DI1 成为多段速端子 1；将参数 F1.01 预置为 "13"，使多功能数字输入端子 DI2 成为多段速端子 2；将参数 F1.02 预置为 "14"，使多功能数字输入端子 DI3 成为多段速端子 3；将参数 F1.03 预置为 "15"，使多功能数字输入端子 DI4 成为多段速端子 4。

在 DI1~DI4 这四个端子与 COM 端子之间各连接一个开关 K1~K4，如图 4-28 所示。开关 K1~K4 的通断状态及其组合决定着当前的段速选择。具体对应关系见表 4-29。由开关 K1~K4 的开关状态及其组合选择了段速序号后，即可由对应的参数设定选择段速的运行频率。例如，选定 0 段速度时，0 段速度的运行频率由参数 E1.00 设置。

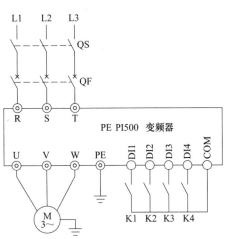

图 4-28　多段速控制端子的连接

表 4-29　开关 K1~K4 状态与段速的对应选择关系

K4	K3	K2	K1	对应的二进制数	指令设定	对应参数
OFF	OFF	OFF	OFF	0000	0 段速度设定 0X	E1.00
OFF	OFF	OFF	ON	0001	1 段速度设定 1X	E1.01
OFF	OFF	ON	OFF	0010	2 段速度设定 2X	E1.02
OFF	OFF	ON	ON	0011	3 段速度设定 3X	E1.03
OFF	ON	OFF	OFF	0100	4 段速度设定 4X	E1.04
OFF	ON	OFF	ON	0101	5 段速度设定 5X	E1.05
OFF	ON	ON	OFF	0110	6 段速度设定 6X	E1.06
OFF	ON	ON	ON	0111	7 段速度设定 7X	E1.07
ON	OFF	OFF	OFF	1000	8 段速度设定 8X	E1.08
ON	OFF	OFF	ON	1001	9 段速度设定 9X	E1.09
ON	OFF	ON	OFF	1010	10 段速度设定 10X	E1.10
ON	OFF	ON	ON	1011	11 段速度设定 11X	E1.11
ON	ON	OFF	OFF	1100	12 段速度设定 12X	E1.12
ON	ON	OFF	ON	1101	13 段速度设定 13X	E1.13

K4	K3	K2	K1	对应的二进制数	指令设定	对应参数
ON	ON	ON	OFF	1110	14 段速度设定 14X	E1.14
ON	ON	ON	ON	1111	15 段速度设定 15X	E1.15

参数 E1.00～E1.15 可以设定的各段速运行频率可参见表 4-30。表中的频率"可设定范围"是以参数 F0.19 设定的最大频率为基数的。例如，F0.19 设定的最大频率为 50Hz，E1.00 设置为 50%，则 0 段速度的设定值＝50Hz×50%＝25Hz。如果设定值是一个负的百分数，则这个段速是反转运行的。

表 4-30　各段速运行频率参数设置表

参数码	参数名称	可设定范围	出厂设定	修改
E1.00	0 段速度设定 0X	−100.0%～100.0%	0.0%	√
E1.01	1 段速度设定 1X	−100.0%～100.0%	0.0%	√
E1.02	2 段速度设定 2X	−100.0%～100.0%	0.0%	√
E1.03	3 段速度设定 3X	−100.0%～100.0%	0.0%	√
E1.04	4 段速度设定 4X	−100.0%～100.0%	0.0%	√
E1.05	5 段速度设定 5X	−100.0%～100.0%	0.0%	√
E1.06	6 段速度设定 6X	−100.0%～100.0%	0.0%	√
E1.07	7 段速度设定 7X	−100.0%～100.0%	0.0%	√
E1.08	8 段速度设定 8X	−100.0%～100.0%	0.0%	√
E1.09	9 段速度设定 9X	−100.0%～100.0%	0.0%	√
E1.10	10 段速度设定 10X	−100.0%～100.0%	0.0%	√
E1.11	11 段速度设定 11X	−100.0%～100.0%	0.0%	√
E1.12	12 段速度设定 12X	−100.0%～100.0%	0.0%	√
E1.13	13 段速度设定 13X	−100.0%～100.0%	0.0%	√
E1.14	14 段速度设定 14X	−100.0%～100.0%	0.0%	√
E1.15	15 段速度设定 15X	−100.0%～100.0%	0.0%	√

注：表中"修改"一栏中的符号"√"表示相关参数在运行和停机时均可修改。

当前一个段速为正转，紧接着的下一个段速为反转，这种旋转方向的切换要经过正转结束时的减速时间和反转开始时的加速时间过渡的。即先将正转减频到 0，再将反转加速到设定的频率。在正转、反转切换旋转方向时，还可以在正转降频到 0 时，设置一个死区时间，即在 0Hz 时保持一段时间，让电动机挺稳当，然后再反转运行。死区时间的长短可由参数设定。死区时间可以设置为 0。

PI500 系列变频器有 4 组加速时间和减速时间，分别由参数 F0.13（加速时间 1）、F0.14（减速时间 1）、F7.08（加速时间 2）、F7.09（减速时间 2）、F7.10（加速时间 3）、F7.11（减速时间 3）、F7.12（加速时间 4）、F7.13（减速时间 4）设置。

多段速运行时的加减速时间选择参数设定见表 4-31。

表 4-31　多段速运行时的加减速时间选择参数设定

参数码	参数名称	设定值	修改
F1.06	DI7 端子功能选择	16：加减速时间选择端子 1 参数 F1.06 设置为 16，使得端子 DI7 具有加减速时间选择的功能，该端子与 COM 之间的触点，配合 DI8 端子的触点，可对 4 组加减速时间进行选择	×
F1.07	DI8 端子功能选择	17：加减速时间选择端子 2 参数 F1.07 设置为 17，使得端子 DI8 具有加减速时间选择的功能，该端子与 COM 之间的触点，配合 DI7 端子的触点，可对 4 组加减速时间进行选择	×

注：表中"修改"一栏中的符号"×"表示相关参数只有在停机时才可修改，运行中不可修改。

由以上介绍可知，多段速运行的段速选择由端子 DI1～DI4 连接的触点状态及其组合确定，每一个段速的加减速时间则由 DI7 和 DI8 端子上的触点状态及其组合确定。显然，根据二进制数制的原理，DI7 和 DI8 端子上的触点状态及其组合共可组合出 4 个状态，对应着 4 组加减速时间。

如此，多段速运行应使用 6 个数字输入端子，即 DI1～DI4，以及 DI7 和 DI8。前 4 个端子用来选择多段速的序号，后两个端子用来选择加减速时间。将这 6 个端子与 COM 端子之间各连接一个触点，由这 6 个触点的状态及其组合选择多段速的序号与加减速时间，即可实现多段速运行。触点的通断组合可由 PLC 或上位机控制，向触点发送通断指令。

加速时间和减速时间是各种品牌、型号、系列变频器均应具有的功能参数，几乎通用的定义是：变频器输出频率由 0Hz 增加到最大输出频率所需的时间是加速时间。输出频率由最大输出频率降低至 0Hz 所需的时间是减速时间。如图 4-29 所示。图中 $0～t_1$ 之间的时间是加速时间，$t_2～t_3$ 之间的时间是减速时间。

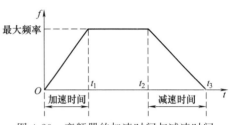

图 4-29 变频器的加速时间与减速时间

最大输出频率是由变频器的某个参数设置的。普传 PI500 变频器的最大输出频率由参数 F0.19 设置。

对于 PI500 系列变频器来说，它的加速时间、减速时间与很多变频器略有区别，其加速的终止频率与减速的开始频率是由参数 F0.16 确定的，如表 4-32 所示。当 F0.16 设置为 1 时，加减速时间的基准频率会随着设定频率的变化而变化，这在具体应用时应特别注意。

表 4-32 PI500 系列变频器参数 F0.16 的设定值

参数码	参数名称	可设定范围	出厂值	修改
F0.16	加减速基准频率	0:最大输出频率(由参数 F0.19 设定) 1:设定频率 2:100Hz	0	×

注：表中"修改"一栏中的符号"×"表示相关参数只有在停机时才可修改，运行中不可修改。

4.3.2 程序控制的多段速运行

程序控制的多段速运行可以不像端子控制那样，依赖 PLC、上位机或其他方式的技术支持，仅靠变频器本身的参数设置即可实现多段速运行，因此是一种便捷的多段速运行方式。

首先要将变频器进行设置，使其工作在程序控制的多段速运行状态，然后对相关参数进行设置，并启动设备运行。

（1）进入程序控制的多段速运行模式

这种模式也可称为可编程多段速运行模式。现以 CVF-G3 系列变频器为例介绍进入程序控制的多段速运行模式的参数设置。

通过对参数 H-14 的设置，将可编程多段速运行的方式进行设置，使其工作在多段速运行的某一模式下。设置选择见表 4-33。

（2）设置多段速的运行参数

CVF-G3 系列变频器的可编程多段速运行最多可以编程设置 7 个段速。每个段速的运行频率、运行时间、运转方向、加减速时间均可由参数设置，如表 4-34 所示。

如果生产工艺过程所需的转速挡次少于 7 挡，可将不需要的转速挡次运行时间设置为零，这样变频器运行时就将零运行时间的转速挡次跳过。

表 4-33 CVF-G3 系列变频器可编程多段速运行模式选择

参数码	参数名称	设置选择	修 改
H-14	可编程多段速运行设置	0:可编程多段速功能关闭 1:单循环,各段速只运行一次 2:连续循环,各段速连续循环运行 3:保持最终值,单循环结束后以最后一个运行时间不为零的段速持续运行 4:摆频运行,以预先设定的加减速时间使设定频率周期性的变化 5:单循环停机模式,运行完每一段速度后,先减速到零频率,再从零频率加速到下一段频率运行,其他动作同方式 1 单循环 6:连续循环停机模式,运行完每一段速度后,先减速到零频率,再从零频率加速到下一段频率运行,其他动作同方式 2 连续循环 7:保持最终值停机模式,运行完每一段速度后,先减速到零频率,再从零频率加速到下一段频率运行,其他动作同方式 3	×

注:表中"修改"一栏中的符号"×"表示相关参数只有在停机时才可修改,运行中不可修改。

表 4-34 CVF-G3 系列变频器可编程多段速运行参数的设置

参数码	参数名称	设置选择	修改
L-18	多段速 1 运行频率	0.00Hz～上限频率	
H-15	多段速 1 运行时间	0.1～6000s	×
H-16	多段速 1 运行方向	0:正转;1:反转	
H-17	多段速 1 加减速时间	0.1～6000s	
L-19	多段速 2 运行频率	0.00Hz～上限频率	
H-18	多段速 2 运行时间	0.1～6000s	×
H-19	多段速 2 运行方向	0:正转;1:反转	
H-20	多段速 2 加减速时间	0.1～6000s	
L-20	多段速 3 运行频率	0.00Hz～上限频率	
H-21	多段速 3 运行时间	0.1～6000s	×
H-22	多段速 3 运行方向	0:正转;1:反转	
H-23	多段速 3 加减速时间	0.1～6000s	
L-21	多段速 4 运行频率	0.00Hz～上限频率	
H-24	多段速 4 运行时间	0.1～6000s	×
H-25	多段速 4 运行方向	0:正转;1:反转	
H-26	多段速 4 加减速时间	0.1～6000s	
L-22	多段速 5 运行频率	0.00Hz～上限频率	
H-27	多段速 5 运行时间	0.1～6000s	×
H-28	多段速 5 运行方向	0:正转;1:反转	
H-29	多段速 5 加减速时间	0.1～6000s	
L-23	多段速 6 运行频率	0.00Hz～上限频率	
H-30	多段速 6 运行时间	0.1～6000s	×
H-31	多段速 6 运行方向	0:正转;1:反转	
H-32	多段速 6 加减速时间	0.1～6000s	
L-24	多段速 7 运行频率	0.00Hz～上限频率	
H-33	多段速 7 运行时间	0.1～6000s	×
H-34	多段速 7 运行方向	0:正转;1:反转	
H-35	多段速 7 加减速时间	0.1～6000s	

对变频器的上述设置完成后,即可启动运行,实现参数 H-14 设置的运行模式下的多段速运行。

4.4 变频器应用实例

这里介绍一个变频器在中央空调系统中的应用。

中央空调夏天可以制冷，冬天可以制热。实现稳定制冷或制热的关键，是冬天控制循环水泵让适当流量的热水或夏天以适当流量的冷水（或冷媒介质）流经所有受调节房间，当房间的控制开关打开时，盘管风机即向室内释放热空气（冬天）或冷空气（夏天），使室内稳定在一个令人舒适的温度范围内。以冬天为例，中央空调系统向所有房间提供的热量，与循环水的流量以及出水（经水泵加压后流向房间的热水）、回水（从房间流回系统的水）的温差有直接关系。只要保证了出水、回水的温差相对稳定，室内温度也就稳定了。而室内温度的高低，则取决于温差值的大小。如果冬天出水、回水的温差值过大，说明室内温度偏低，需要加大循环水的流量；如果温差值过小，则说明室内温度偏高。传统操作手动阀门的调温方法既浪费人力，又不能保证温度的稳定，并且浪费电能，与当前积极倡导的创建节约环保型社会的国情格格不入。

某大楼的中央空调系统，选用富士牌 FRN30P11S-4CX 型 55kW 风机水泵专用变频器，配合 UL-906H 型智能化仪表温差仪对中央空调的循环水进行控制，实现了节约人力，节约能源，稳定室内温度的良好效果。电路控制方案见图 4-30。

图 4-30 中的温差仪是 UL-906H 型的智能化仪表，它的输入端可以连接两只 Pt100 型温度传感器，在本系统中就是用来测量出水管道上的温度传感器 Rt1 和回水管道上的温度传感器 Rt2。温差仪通过参数设置可以输出 4～20mA 的 PID 控制信号。送到变频器的频率控制端，用于调节变频器的输出频率，实现水泵转速的闭环反馈控制。温差仪和变频器均可启用 PID 功能，这里将温差仪的 PID 功能设置为有效，就可以不使用变频器的 PID 功能。对于中央空调这样的要求具有恒温控制的闭环控制系统，开启 PID 功能是必需的。

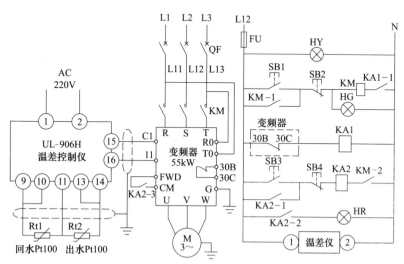

图 4-30 变频器在中央空调系统中的应用

温差仪与变频器的参数设置分别见表 4-35 和表 4-36。由于温差仪使用 LED 显示，受显示效果限制，其参数码中的字母为大小写混用。

变频器的参数中，必须设置"下限频率"，如果默认使用该参数的出厂值为 0，则水泵电机有可能停转。空调循环水一旦停止流动，温度传感器 Rt1 和 Rt2 测值经温差仪处理后输出的 PID 控制信号即丧失了实用意义。"下限频率"参数设置的原则是：水泵电机在"下限频率"持续运行，制热时尚不足以使空调房间的温度达到需要的温度，同样制冷时不能使房间温度降到合适值，这时，Rt1 和 Rt2 的温差值增大，温差仪输出的控制信号增大，变频器输出频率上升，循环水流量增加，室内温度得到调节。其后，变频器根据出水、回水温差的变化，温差仪输出信号的大小，随时调整水泵的转速和流量，控制空调房间温度的稳定。

表 4-35　温差仪的现场调试参数

参数码	参数名称	可设定范围	实际设定值	设定目的
Loc	参数锁	ON/OFF	ON	允许修改参数
Ldis	下显示状态	P/S	P	确定下显示内容
cool	正反作用	ON/OFF	ON(制冷)/OFF(制热)	制冷/制热选择
P1	控制参数	0～9999	1400	PID 的比例参数
P2	控制参数	0～9999	320	PID 的积分参数
r t	控制参数	0～9999	180	响应时间设定
dAL	温差值设定	±0～9999	5(制冷)/-5(制热)	制冷/制热选择
Sn	输入类型	0～17	8	传感器为 Pt100
FiL	输入滤波系数	0～100	1	
ctrL	控制方式	oN. oF bPid tune	bPid	PID 控制
oP	输出方式	SSr 0～10 4～20	4～20	4～20mA 输出

表 4-36　变频器的现场调试参数

功能码	参数名称	单位	设置值	注　释
F00	数据保护		0	可修改参数
F01	频率设定		2	由 4～20mA 设定频率
F02	运行操作		0	键盘操作运行
F03	最高输出频率	Hz	50	
F05	额定电压	V	380	
F07	加速时间	s	32	
F08	减速时间	s	32	
F09	转矩提升		0.1	水泵用转矩特性
F10	热继电器动作选择		1	选择有热继电器保护
F11	热继电器动作值	A	103	电动机参数值
F12	热继电器热时间常数	min	10	
F14	停电再启动		3	电源瞬停再启动动作有效
F15	上限频率	Hz	50	
F16	下限频率	Hz	26	
F23	启动频率	Hz	8.0	启动时输出频率瞬间升至该频率
F24	启动频率保持时间	s	0.0	启动时立即从启动频率加速
F25	停止频率	Hz	6.0	停机时频率降至该频率时切断输出
F26	载频	kHz	5	可调整电动机噪声
F27	音调		0	调整电动机噪声音调
F36	报警继电器动作模式		0	报警时继电器常闭触点 30B-30C 断开
P01	电动机极数	极	4	电动机参数
P02	电动机容量	kW	55	电动机参数
P03	电动机电流	A	103	电动机参数

按照电路图连接好电路，设置好参数，就可通电开始运行。首先合上断路器 QF，变频器经过 R0、T0 端子获得工作电源。这时按压按钮 SB1，交流接触器 KM 线圈得电，变频器的 R、S、T 端获得电源。绿灯 HG 点亮，指示接触器已向变频器供电。接着按压按钮 SB3，中间继电器 KA2 线圈得电吸合，并由其常开触点 KA2-1 自保持。常开触点 KA2-3 闭合，接通

变频器的 FWD 和 CM 端子，变频器启动，向电动机供电，变频器从 8Hz 的启动频率开始加速，加速的速率由参数 F07 加速时间设定。启动完成后，变频器的输出频率由温差仪输出的电流信号调整，保证中央空调系统中的所有房间温度稳定舒适。KA2 的常开触点 KA2-2 闭合接通红灯 HR 的供电通路，红灯点亮，指示变频器处于正常工作中。按压按钮 SB4 可停止变频器的运行。变频器停止运行后，可按压按钮 SB2 切断接触器的线圈电源，断开变频器的输入端电源。

变频器在运行过程中出现过电流或短路等异常情况，变频器可及时实施保护。

中央空调的循环水流量控制中，水泵属于二次方律负载，在忽略空载功率的情况下，负载的功率与转速的三次方成正比，所以，只要转速稍微降低一点，负载功率就会下降很多，具有明显的节能效果。经过实际测算，本方案的节电效果达到了 28％，同时还具有节约人力、稳定空调房间温度、延长设备寿命等诸多效益。

第5章

高压开关柜

　　高压开关及其相应的控制、信号、测量、保护和调节装置的组合，以及上述开关和装置与内部连接、辅件、外壳和支持件所组成的成套设备称为高压成套开关设备，统称高压开关柜。

　　高压开关柜的生产、安装及运行应符合国家标准 GB 3906—2006《3.6～40.5kV 交流金属封闭开关设备和控制设备》。该标准曾有 GB 3906—83、GB 3906—1991 等版本，这些版本的标准名称是《3～35kV 交流金属封闭开关设备》，由标准的名称可以看出，标准适用的产品电压范围由"3～35kV"调整为"3.6～40.5kV"；涉及的产品内涵在"交流金属封闭开关设备"的基础上，增加了"控制设备"。由此可见，关于高压开关柜的较新国家标准较之过去的标准，在电压等级及对产品质量的管控范围上都有较大的提高和变化，对于保障生产、运行人员的安全和生产安全，均具有重要的现实意义。

5.1　高压开关柜简介

　　我国 3.6～40.5kV（3～35kV）高压开关柜技术的发展大体经历了三个发展阶段：

　　20 世纪 50～60 年代是第一阶段，当时的产品以仿苏联产品为主，GG-1A 型固定式开关柜是当时的主要产品之一，GG-1A 型高压开关柜使用少油断路器作为主开关。20 世纪 80 年代对高压开关柜进行了"五防技术改造"（所谓"五防"，包括防止误分、误合断路器，防止带负荷拉、合隔离开关，防止带电挂接地线或闭合接地开关，防止带接地线闭合隔离开关，防止误入带电间隔），用真空断路器替代了少油断路器，使产品的安全可靠性有了显著的提高，至今尚有少量该型号产品在企业中使用。

　　20 世纪 60 年代末至 70 年代是第二阶段，这个时期国内自行开发了许多手车式开关柜，包括 35kV 级别的 GBC 型、10kV 级别的 GFC 型、GC 型产品。

　　20 世纪 80 年代以后是第三阶段，由科研单位和生产企业联合研制并引进国外技术，生产了 JYN 型间隔式手车柜、KYN 型铠装式手车柜、BA/BB 型手车柜、XGN 型箱式固定柜、HXGN 型环网柜等产品。

　　环网开关柜一般由三个间隔组成，即两个电缆进出线间隔和一个变压器回路间隔。环网开关柜内的主要电气元件有负荷开关、熔断器、隔离开关、接地开关、电流互感器、电压互感器、避雷器等。大容量的环网开关柜主开关也有采用真空断路器或六氟化硫（SF_6）断路器的。环网开关柜具有可靠的防误操作设施，并达到"五防"要求。环网开关柜的防护等级一般不低于 IP2X。

关于防护等级的技术要求、检测标准以及检测方法可参见第 2 章 2.1.5 节中关于"整体结构防护等级"的相关内容的介绍。

高压开关柜的一般使用条件：

① 海拔高度不超过 1000m。

② 周围介质温度不高于＋40℃，不低于－5℃。

③ 室内相对湿度不超过 90％（温度为＋25℃时）。

④ 没有导电尘埃与足以腐蚀金属和破坏绝缘的气体的场所。

⑤ 没有火灾、爆炸危险的场所。

⑥ 没有剧烈振动和颠簸，且垂直倾斜度不超过 5°的场所。

⑦ 对于高原型和湿热型的 10kV 户内高压开关柜，可与生产厂家协商定制。

10～35kV 高压开关柜的柜体结构一般由角钢、槽钢及薄钢板采用焊接、铆接和螺栓固定等方式制成，各种不同结构类型高压开关柜的技术特点见表 5-1。

表 5-1   不同结构类型高压开关柜的技术特点

分类方式	基本类型	技术特点	型号举例
按主开关的安装方式分类	固定式	主开关固定安装,柜内装有隔离开关,制造方便,成本较低	GG-1A(F)
	手车式	主开关可移至柜外。采用隔离触头的啮合实现可移开元件与固定回路的电气连通。主开关的更换与维修方便,结构紧凑。加工精度要求比较高	JYN1-10
按开关柜隔室的构成形式分类	铠装型	主开关及其两端相连的元件均具有单独的隔室,隔室由接地的金属隔板构成。隔板均满足规定的防护等级要求。当柜内发生内部电弧故障时,可将故障限制在一个隔室中。在相邻室带电时,也可使主开关室不带电,保证检修主开关人员的安全	KYN28-12
	间隔型	隔室的设置与铠装型相同,但隔室可由非金属板构成,结构比较紧凑	JYN1-35(F)
	箱型	隔室的数目少于铠装型和间隔型,结构比较简单,成本低	XGN15-12
	半封闭型	母线室不封闭,结构简单,成本低	GG-1A(F)
按主母线系统分类	单母线	高压开关柜的基本母线形式,检修主开关和母线时需对负载停电	KYN-35
	单母线带旁路母线	具有主母线和旁路母线,检修主开关时,可由旁路开关经旁路母线对负载供电	GPG-10
	双母线	具有两路主母线,当一路母线退出时,可由另一路母线供电	GSG-11(F)
按柜内绝缘介质分类	空气绝缘	极间和极对地的绝缘强度靠空气间隙来保证,绝缘稳定性好,造价低,但柜体体积大	GFC-35
	复合绝缘	极间和极对地的绝缘强度靠固体绝缘材料加较小的空气间隙来保证。柜体体积小,造价高	

5.2 KYN28-12 型高压开关柜

KYN28-12 型高压开关柜属于户内金属铠装抽出式开关设备，系三相交流 3～10kV、50Hz 单母线及单母线分段系统的成套配电装置，主要用于发电厂、中小型发电机组、工矿企事业单位配电以及电力系统的二次变电所的受电、送电及大型高压电动机的启动等。本开关设备满足电力行业标准 DL/T 404—2007《3.6～40.5kV 交流金属封闭开关设备和控制设备》、国际电工委员会标准 IEC 298—1990《交流金属封闭开关设备和控制设备》和国家标准 GB 3906—2006《3.6～40.5kV 交流金属封闭开关设备和控制设备》等标准的技术要求，具有防止带负荷推拉断路器手车、防止误分合断路器、防止接地开关处在闭合位置时关合断路器、防止误入带电隔离、防止在带电时误合接地开关的联锁功能，可配用 VS1 或 VD4 等真空断路器，是一款性能优越的 10kV 高压开关柜。

5.2.1　KYN28-12 型高压开关柜的技术特性

KYN28-12 型高压开关柜的主要技术参数见表 5-2。

表 5-2　KYN28-12 型高压开关柜的主要技术参数

参数名称	参数值	参数名称	参数值
额定电压/kV	3/6/10	额定热稳定电流(4s)/kA	16～50
最高工作电压/kV	3.6/7.2/12	额定动稳定电流/kA	40～125
工频耐受电压(1min)/kV	42	额定短路开断电流/kA	16～50
冲击耐受电压/kV	75	额定短路开合电流/kA	40～125
额定频率/Hz	50	分合闸和辅助回路额定电压/V	DC 24 30 48 60 110 220 AC 110 220
额定电流/A	630～3150	防护等级	IP4X

KYN28-12 型高压开关柜的型号命名方法见图 5-1，外形见图 5-2。

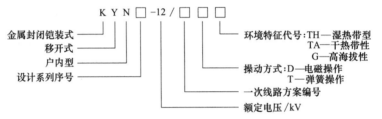

图 5-1　KYN28-12 型高压开关柜型号命名方法

5.2.2　KYN28-12 型高压开关柜的壳体结构

（1）高压开关柜的四个隔室

KYN28-12 型高压开关柜的壳体结构可参见图 5-3，柜体可分为四个单独的隔室。

图 5-2　KYN28-12 型高压开关柜外形

隔室 A 是母线室，三条铜排母线 4 在柜内被母线套管 3 固定，使母线从本柜通过，并向左侧柜或右侧柜延伸。

隔室 B 是手车室，其中手车式断路器在此室内可以处于试验位置或工作位置，并可从此隔室移出柜外检修或更换。除了断路器手车外，还有电压互感器手车、计量手车、隔离手车等。各类手车按模数、积木式变化，同规格手车可以自由互换。各种手车均采用蜗轮、蜗杆摇动推进、退出，操作轻便灵活。

隔室 C 是电缆室，三相电缆 9 的芯线连接断路器的出线端，或者通过电流互感器 7 的一次线圈与断路器连接。每相可并联 1～3 根单芯电缆，甚至最多可并联 6 根单芯电缆。高压柜的接地开关 8 安装在隔室后壁上，避雷器 10 安装在该隔室后下部。接地主母线贯通本高压系统的所有高压开关柜，并与柜体良好接触。接地主母线使用（10×40）mm² 独立铜牌，使整个柜体处于良好的接地状态。柜内所有需要接地的元器件均与接地主母线可靠连接。

隔室 D 是继电器仪表室，继电保护装置、测量仪表及控制操作元件安装在此隔室或隔室前门上。

为了防止在高湿度和温度变化较大的气候环境中产生凝露带来的危险，在断路器手车室和电缆室分别装设加热器16，以方便在上述环境中使用并防止腐蚀发生。

（2）高压柜的五防联锁

KYN28-12型高压开关柜的壳体结构具有完善的机械联锁装置，保证满足"五防"要求。

① 仪表门上装有提示性按钮或者KK型转换开关，可以防止误合、误分断路器。

② 断路器手车在试验或工作位置时，断路器才能进行合分操作，而且在断路器合闸后，手车无法移动，可以防止带负荷误推拉断路器。

③ 仅当接地开关处在分闸位置时，断路器手车才能从试验/断开位置移至工作位置；仅当断路器手车处于试验/断开位置时，接地开关才能进行合闸操作。这样即可防止负载带电误合接地开关，以及防止接地开关处在闭合位置时关合断路器。

④ 接地开关处于分闸位置时，下门及后门都无法打开，可防止误入带电间隔。

⑤ 断路器手车在试验或工作位置，而没有控制电压时，仅能手动分闸，不能合闸。

⑥ 断路器手车在工作位置时，二次插头被锁定不能拔除。

除了以上机械联锁外，各柜体可装电气联锁。高压开关柜可在接地开关操作机构上加装电磁铁锁定装置以提高可靠性。

（3）手车式断路器二次回路插头的联锁

手车式断路器的二次控制电路线缆通过一个尼龙波纹伸缩管与高压柜手车隔室右上方的二次线航空插座连接，其插入与拔除都是手动操作的。断路器手车只有在试验、断开位置时，才能插上和解除二次插头。断路器手车处于工作位置时由于机械联锁作用，二次插头被锁定，不能被解除。由于断路器手车的合闸结构被电磁铁锁定，因此断路器手车在二次插头未接通之前仅能进行分闸，而无法使其合闸。

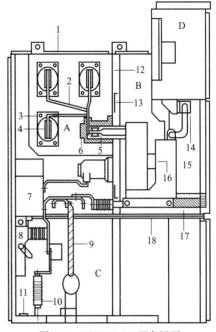

图 5-3　KYN28-12 型高压开关柜的壳体结构

A—母线室；B—断路器手车室；C—电缆室；D—继电器仪表室；1—外壳；2—分支小母线；3—母线套管；4—主母线；5—静触头装置；6—静触头盒；7—电流互感器；8—接地开关；9—电缆；10—避雷器；11—接地主母线；12—装卸式隔板；13—隔板（活门）；14—二次插头；15—断路器手车；16—加热装置；17—可抽出式水平隔板；18—接地开关操作机构

KYN28-12型高压开关柜壳体内的其他未述及结构件可参见图5-3中的标注。

5.2.3 KYN28-12型高压开关柜的主电路一次方案

高压开关柜的主电路一次线路方案是由该型号高压开关柜的研发单位依据国家相关标准设计完成的。研发单位完成的设计任务还包括柜体结构、柜体尺寸、柜内可选用的一次电路元器件的型号规格、安装方式与运行环境条件，并推荐常用的柜体组合应用方案等。

KYN28-12型高压开关柜的主电路一次方案是由研发单位设计完成的，为了方便学习了解研发单位绘制的这些一次线路图形符号，表5-3中对这些图形符号予以说明。

KYN28-12型高压开关柜的主电路一次方案线路编号见表5-4。

表 5-3　KYN28-12 型高压开关柜主电路一次方案中使用的图形符号

图形符号	解释与说明
	KYN28-12 型高压开关柜主母线
	手车式断路器,可免用隔离开关
	单只电流互感器,有两个二次绕组,通常安装在 V 相,即 B 相
	两只电流互感器,各有两个二次绕组,通常安装在 U、W 相,即 A、C 相
	三只电流互感器,各有两个二次绕组,安装在 U、V、W 相,即 A、B、C 相
	两只单相电压互感器
	三只单相电压互感器
	电缆头
	母线左联络、右联络、(左)右联络
	避雷器,在三相电路中,一般三只一组使用

表 5-4　KYN28-12 型高压开关柜的主电路一次方案线路编号

方案号		01	02	03	04	05
一次接线方案						
柜体尺寸(宽×深×高)/mm		800×1500×2300 　或　 1000×1500×2300				
额定电流/A		630~3150				
一次主要设备元件	真空断路器 VD4 或 VS1	1	1	1	1	1
	电流互感器 LZZBJ9-12/150B/2 LZZBJ9-12/150B/4	2	2	2	3	3
	电压互感器 LDZ10-10 10/0.1kV LDZX10-10 $\frac{10}{\sqrt{3}}\Big/\frac{0.1}{\sqrt{3}}\Big/\frac{0.1}{3}$ kV					
	高压熔断器 RN2-10					
	接地开关 JN15 或 ES1		1	1		1
	避雷器 HY5WS-17/50			3		
	变压器 SC9-50/10					
	电容器 BW12.7-16-1					
回路名称		受电、馈电	受电、馈电	受电、馈电	受电、馈电	受电、馈电
备注		额定电流 1600A 以下,柜宽为 800mm；1600A 及以上,柜宽为 1000mm				

续表

方案号	06	07	08	09	10
一次接线方案	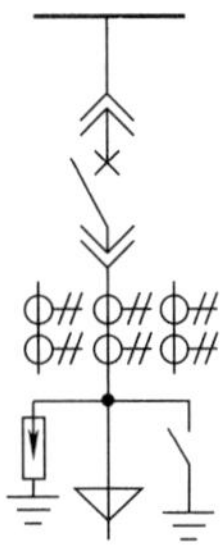	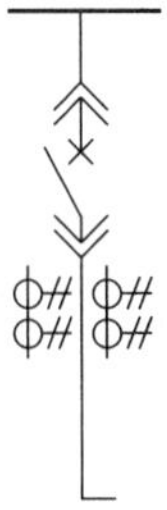	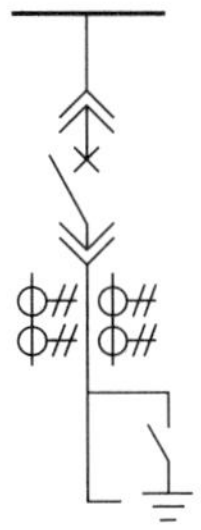	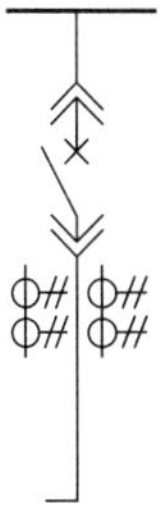	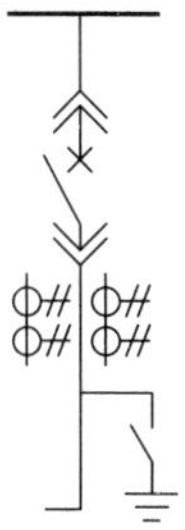
柜体尺寸(宽×深×高)/mm	800×1500×2300 或 1000×1500×2300				
额定电流/A	630～3150				
一次主要设备元件：真空断路器 VD4 或 VS1	1	1	1	1	1
一次主要设备元件：电流互感器 LZZBJ9-12/150B/2 LZZBJ9-12/150B/4	3	2	2	2	2
一次主要设备元件：电压互感器 LDZ10-10 10/0.1kV LDZX10-10 $\frac{10}{\sqrt{3}}/\frac{0.1}{\sqrt{3}}/\frac{0.1}{3}$kV					
一次主要设备元件：高压熔断器 RN2-10					
一次主要设备元件：接地开关 JN15 或 ES1	1		1		1
一次主要设备元件：避雷器 HY5WS-17/50	3				
一次主要设备元件：变压器 SC9-50/10					
一次主要设备元件：电容器 BW12.7-16-1					
回路名称	受电、馈电	右联络	右联络	左联络	左联络
备注	额定电流 1600A 以下，柜宽为 800mm；1600A 及以上，柜宽为 1000mm				

续表

方案号	11	12	13	14	15
一次接线方案					
柜体尺寸(宽×深×高)/mm	800×1500×2300　或　1000×1500×2300				
额定电流/A	630～3150				
一次主要设备元件 / 真空断路器 VD4 或 VS1	1	1	1	1	1
电流互感器 LZZBJ9-12/150B/2 LZZBJ9-12/150B/4	3	3	3	3	3
电压互感器 LDZ10-10 10/0.1kV LDZX10-10 $\frac{10}{\sqrt{3}}\left/\frac{0.1}{\sqrt{3}}\right/\frac{0.1}{3}$kV					
高压熔断器 RN2-10					
接地开关 JN15 或 ES1		1		1	
避雷器 HY5WS-17/50					
变压器 SC9-50/10					
电容器 BW12.7-16-1					
回路名称	右联络	右联络	左联络	左联络	架空进线 左联络
备注	额定电流1600A以下,柜宽为800mm;1600A及以上,柜宽为1000mm				

续表

方案号		16	17	18	19	20
一次接线方案		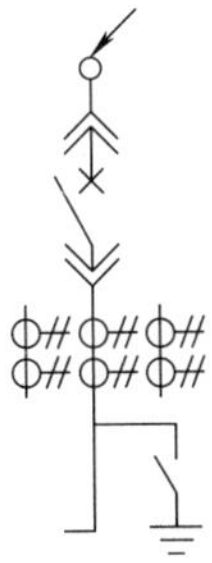	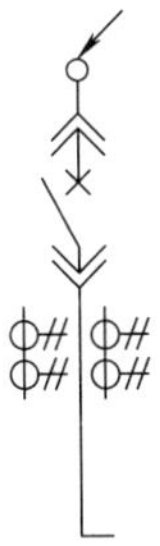	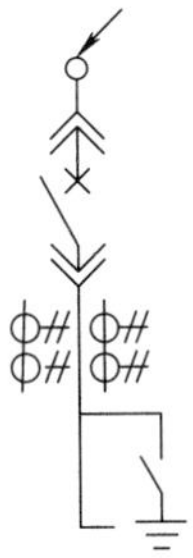	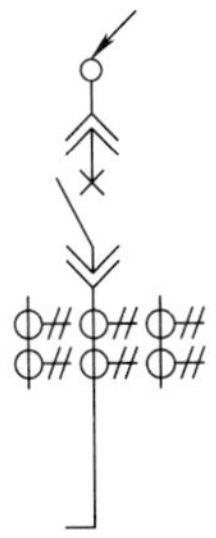	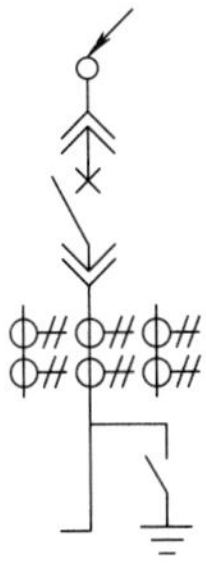
柜体尺寸(宽×深×高)/mm		800×1500×2300 或 1000×1500×2300				
额定电流/A		630～3150				
一次主要设备元件	真空断路器 VD4 或 VS1	1	1	1	1	1
	电流互感器 LZZBJ9-12/150B/2 LZZBJ9-12/150B/4	3	2	2	3	3
	电压互感器 LDZ10-10 10/0.1kV LDZX10-10 $\frac{10}{\sqrt{3}}\Big/\frac{0.1}{\sqrt{3}}\Big/\frac{0.1}{3}$kV					
	高压熔断器 RN2-10					
	接地开关 JN15 或 ES1	1		1		1
	避雷器 HY5WS-17/50					
	变压器 SC9-50/10					
	电容器 BW12.7-16-1					
回路名称		架空进线 左联络	架空进线 右联络	架空进线 右联络	架空进线 左联络	架空进线 左联络
备注		额定电流 1600A 以下，柜宽为 800mm；1600A 及以上，柜宽为 1000mm				

续表

方案号	21	22	23	24	25
一次接线方案	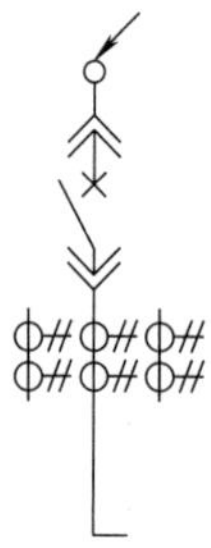	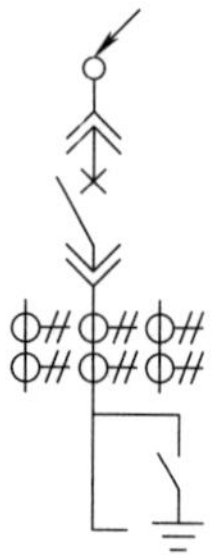	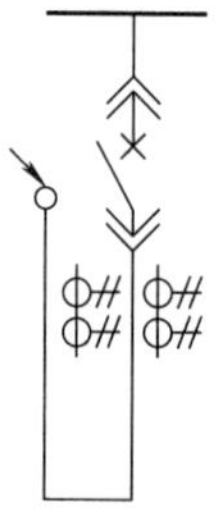	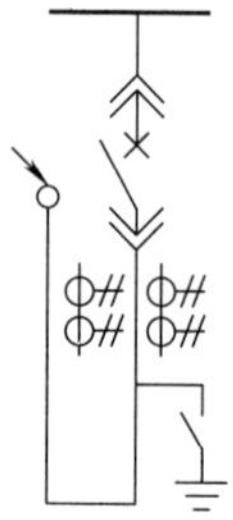	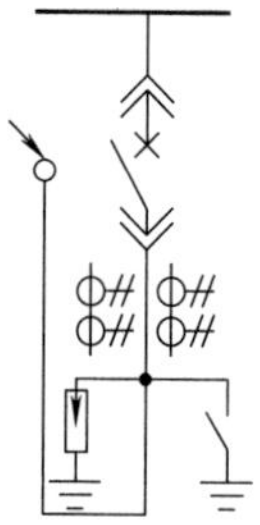
柜体尺寸(宽×深×高)/mm	800×1500×2300　或　1000×1500×2300				
额定电流/A	630～3150				
真空断路器 VD4 或 VS1	1	1	1	1	1
电流互感器 LZZBJ9-12/150B/2 LZZBJ9-12/150B/4	3	3	2	2	2
电压互感器 LDZ10-10 10/0.1kV LDZX10-10 $\frac{10}{\sqrt{3}}/\frac{0.1}{\sqrt{3}}/\frac{0.1}{3}$kV					
高压熔断器 RN2-10					
接地开关 JN15 或 ES1		1		1	1
避雷器 HY5WS-17/50					3
变压器 SC9-50/10					
电容器 BW12.7-16-1					
回路名称	架空进线右联络	架空进线右联络	架空进出线	架空进出线	架空进出线
备注	额定电流1600A以下,柜宽为800mm;1600A及以上,柜宽为1000mm				

(一次主要设备元件)

续表

方案号	26	27	28	29	30
一次接线方案					
柜体尺寸(宽×深×高)/mm	800×1500×2300 或 1000×1500×2300				
额定电流/A	630～3150				
一次主要设备元件 真空断路器 VD4 或 VS1	1	1	1	1	1
电流互感器 LZZBJ9-12/150B/2 LZZBJ9-12/150B/4	3	3	3	2	2
电压互感器 LDZ10-10 10/0.1kV LDZX10-10 $\frac{10}{\sqrt{3}}\Big/\frac{0.1}{\sqrt{3}}\Big/\frac{0.1}{3}$kV				2	2
高压熔断器 RN2-10				3	3
接地开关 JN15 或 ES1		1	1		1
避雷器 HY5WS-17/50			3		
变压器 SC9-50/10					
电容器 BW12.7-16-1					
回路名称	架空进出线	架空进出线	架空进出线	电缆进线+PT	电缆进线+PT
备注	额定电流1600A以下,柜宽为800mm;1600A及以上,柜宽为1000mm				

续表

方案号		31	32	33	34	35
一次接线方案		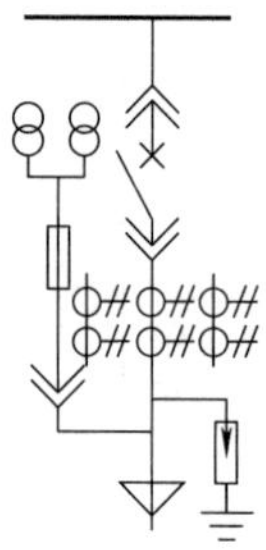	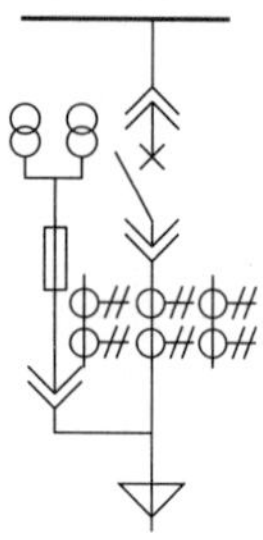	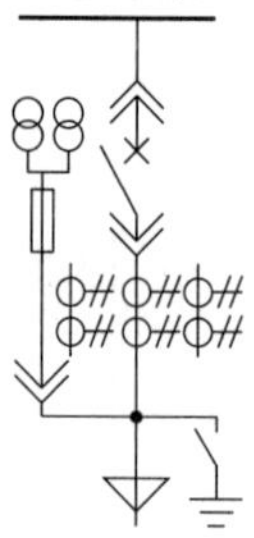	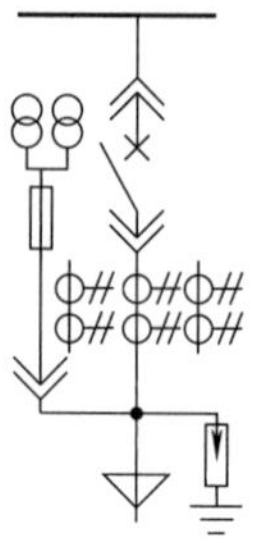	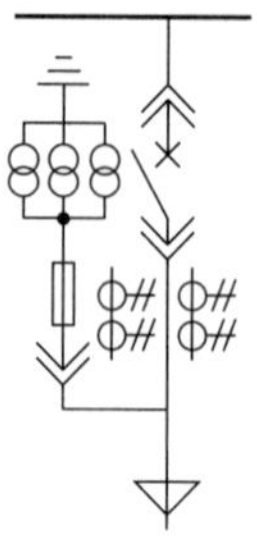
柜体尺寸(宽×深×高)/mm		800×1500×2300 或 1000×1500×2300				
额定电流/A		630～3150				
一次主要设备元件	真空断路器 VD4 或 VS1	1	1	1	1	1
	电流互感器 LZZBJ9-12/150B/2 LZZBJ9-12/150B/4	3	3	3	3	2
	电压互感器 LDZ10-10 10/0.1kV LDZX10-10 $\frac{10}{\sqrt{3}}\Big/\frac{0.1}{\sqrt{3}}\Big/\frac{0.1}{3}$kV	2	2	2	2	3
	高压熔断器 RN2-10	3	3	3	3	3
	接地开关 JN15 或 ES1			1		
	避雷器 HY5WS-17/50	3			3	
	变压器 SC9-50/10					
	电容器 BW12.7-16-1					
回路名称		电缆进线＋TV	电缆进线＋TV	电缆进线＋TV	电缆进线＋TV	电缆进线 ＋TV
备注		额定电流 1600A 以下,柜宽为 800mm;1600A 及以上,柜宽为 1000mm				

续表

方案号	36	37	38	39	40
一次接线方案					
柜体尺寸(宽×深×高)/mm	800×1500×2300　或　1000×1500×2300				
额定电流/A	630～3150				

	一次主要设备元件	36	37	38	39	40
一次主要设备元件	真空断路器 VD4 或 VS1	1	1			
	电流互感器 LZZBJ9-12/150B/2 LZZBJ9-12/150B/4	2	2			
	电压互感器 LDZ10-10 10/0.1kV LDZX10-10 $\frac{10}{\sqrt{3}}\Big/\frac{0.1}{\sqrt{3}}\Big/\frac{0.1}{3}$kV	3	3	2	3	2
	高压熔断器 RN2-10	3	3	3	3	3
	接地开关 JN15 或 ES1	1				
	避雷器 HY5WS-17/50		3			3
	变压器 SC9-50/10					
	电容器 BW12.7-16-1					
回路名称		电缆进线＋TV	电缆进线＋TV	电压测量	电压测量	电压测量 ＋避雷器
备　　注		额定电流1600A以下,柜宽为800mm;1600A及以上,柜宽为1000mm				

续表

方案号	42	43	46	47	48
一次接线方案					
柜体尺寸(宽×深×高)/mm	800×1500×2300	800×1500×2300 或 1000×1500×2300			
额定电流/A		630～3150			

	一次主要设备元件	42	43	46	47	48
	真空断路器 VD4 或 VS1					
	电流互感器 LZZBJ9-12/150B/2 LZZBJ9-12/150B/4					
	电压互感器 LDZ10-10 10/0.1kV LDZX10-10 $\frac{10}{\sqrt{3}}\Big/\frac{0.1}{\sqrt{3}}\Big/\frac{0.1}{3}$kV	2	3	3	3	2
	高压熔断器 RN2-10	3	3	3	3	3
	接地开关 JN15 或 ES1					
	避雷器 HY5WS-17/50	3	3			3
	变压器 SC9-50/10					
	电容器 BW12.7-16-1					
	回路名称	电压测量 +避雷器	电压测量 +避雷器	电压测量 +母联	电压测量 +母联	电压测量 +避雷器+母联
	备注	额定电流1600A以下,柜宽为800mm;1600A及以上,柜宽为1000mm				

续表

方案号	49	50	51	52	53
一次接线方案	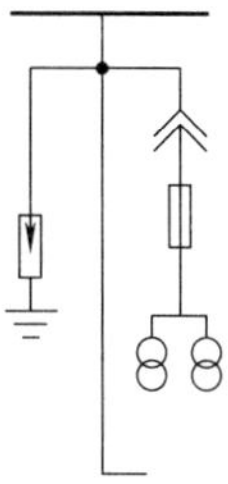	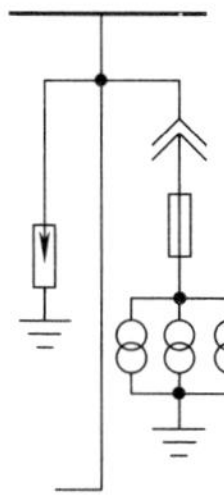	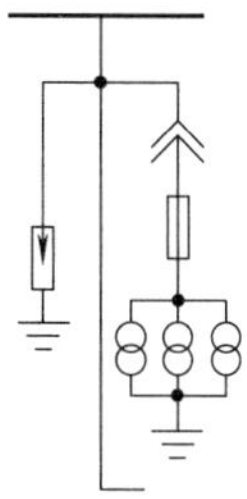	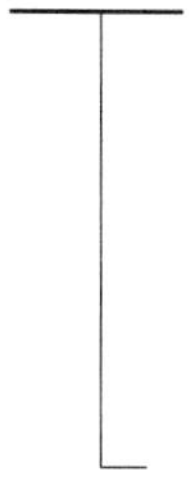	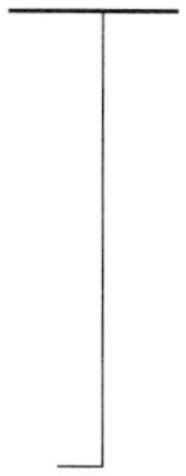
柜体尺寸(宽×深×高)/mm	800×1500×2300　或　1000×1500×2300				
额定电流/A	630～3150				
真空断路器 VD4 或 VS1					
电流互感器 LZZBJ9-12/150B/2 LZZBJ9-12/150B/4					
电压互感器 LDZ10-10 10/0.1kV LDZX10-10 $\frac{10}{\sqrt{3}}\Big/\frac{0.1}{\sqrt{3}}\Big/\frac{0.1}{3}$kV	2	3	3		
高压熔断器 RN2-10	3	3	3		
接地开关 JN15 或 ES1					
避雷器 HY5WS-17/50	3	3	3		
变压器 SC9-50/10					
电容器 BW12.7-16-1					
回路名称	电压测量＋避雷器＋母联	电压测量＋避雷器＋母联	电压测量＋避雷器＋母联	母联	母联
备注	额定电流1600A以下,柜宽为800mm;1600A及以上,柜宽为1000mm				

（一次主要设备元件）

续表

方案号	54	55	56	57	58
一次接线方案	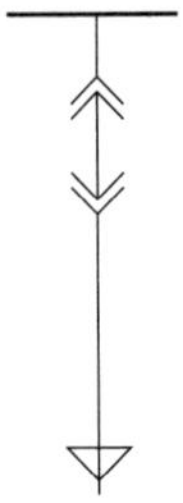	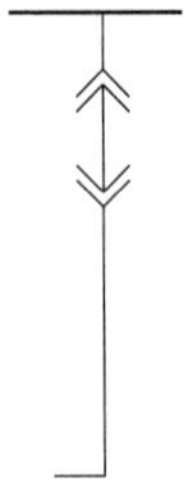	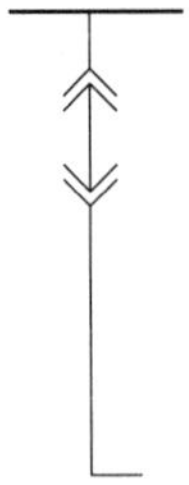		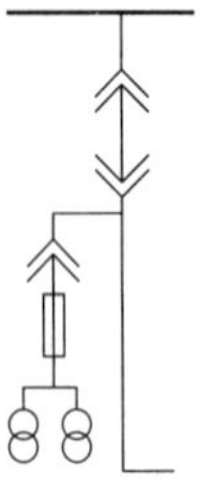
柜体尺寸(宽×深×高)/mm	800×1500×2300　或　1000×1500×2300				
额定电流/A	630～3150				
真空断路器 VD4 或 VS1					
电流互感器 LZZBJ9-12/150B/2 LZZBJ9-12/150B/4					
电压互感器 LDZ10-10 10/0.1kV LDZX10-10 $\frac{10}{\sqrt{3}}\Big/\frac{0.1}{\sqrt{3}}\Big/\frac{0.1}{3}$kV				2	2
高压熔断器 RN2-10				3	3
接地开关 JN15 或 ES1					
避雷器 HY5WS-17/50					
变压器 SC9-50/10					
电容器 BW12.7-16-1					
回路名称	隔离	隔离+左联络	隔离+右联络	隔离+左联络+电压测量	隔离+右联络+电压测量
备注	额定电流1600A以下,柜宽为800mm;1600A及以上,柜宽为1000mm				

一次主要设备元件

续表

方案号		59	60	61	62	63
一次接线方案		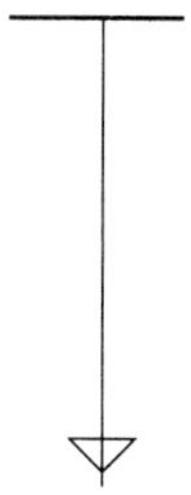	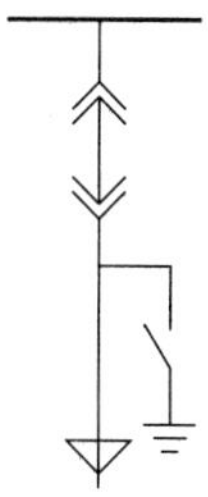	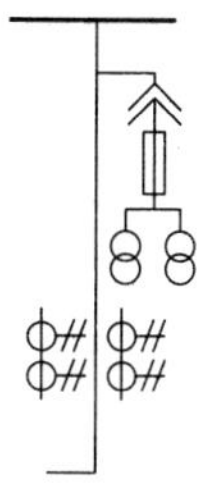	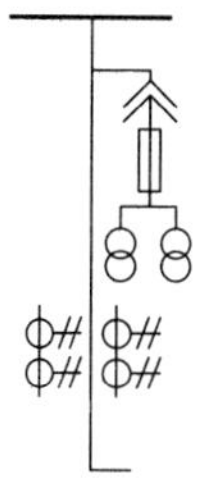	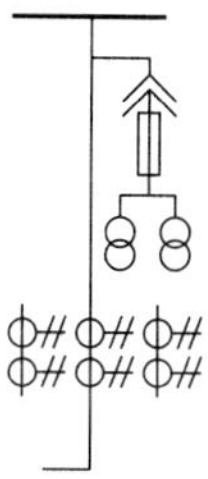
柜体尺寸(宽×深×高)/mm		800×1500×2300 或 1000×1500×2300				
额定电流/A		630～3150				
一次主要设备元件	真空断路器 VD4 或 VS1					
	电流互感器 LZZBJ9-12/150B/2 LZZBJ9-12/150B/4			2	2	3
	电压互感器 LDZ10-10 10/0.1kV LDZX10-10 $\frac{10}{\sqrt{3}}\Big/\frac{0.1}{\sqrt{3}}\Big/\frac{0.1}{3}$kV			2	2	2
	高压熔断器 RN2-10			3	3	3
	接地开关 JN15 或 ES1		1			
	避雷器 HY5WS-17/50					
	变压器 SC9-50/10					
	电容器 BW12.7-16-1					
回路名称		出线变相	出线变相	计量＋左联络	计量＋右联络	计量＋左联络
备注		额定电流 1600A 以下，柜宽为 800mm；1600A 及以上，柜宽为 1000mm				

续表

方案号	64	65	66	67	68
一次接线方案	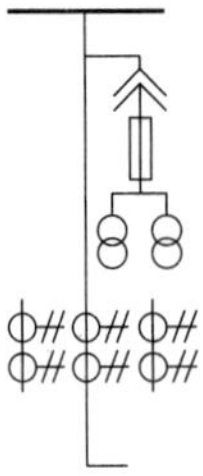	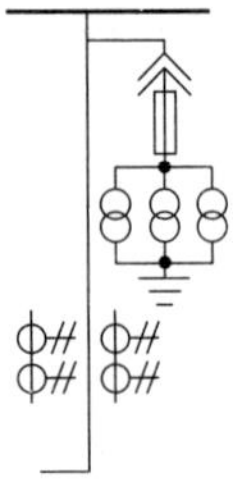	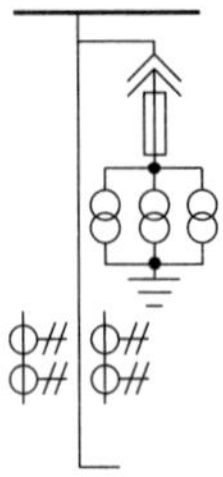	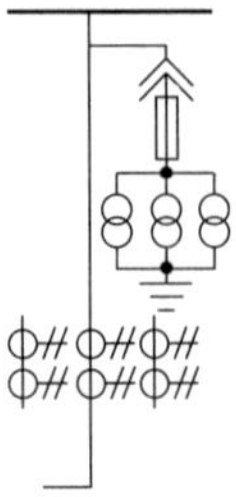	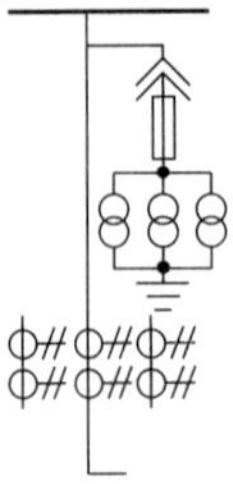
柜体尺寸(宽×深×高)/mm	800×1500×2300　或　1000×1500×2300				
额定电流/A	630~3150				
真空断路器 VD4 或 VS1					
电流互感器 LZZBJ9-12/150B/2 LZZBJ9-12/150B/4	3	2	2	3	3
电压互感器 LDZ10-10 10/0.1kV LDZX10-10 $\frac{10}{\sqrt{3}}\Big/\frac{0.1}{\sqrt{3}}\Big/\frac{0.1}{3}$kV	2	3	3	3	3
高压熔断器 RN2-10	3	3	3	3	3
接地开关 JN15 或 ES1					
避雷器 HY5WS-17/50					
变压器 SC9-50/10					
电容器 BW12.7-16-1					
回路名称	计量+右联络	计量+左联络	计量+右联络	计量+左联络	计量+右联络
备注	额定电流1600A以下,柜宽为800mm;1600A及以上,柜宽为1000mm				

(一次主要设备元件)

续表

方案号		69	70	71	72	73
一次接线方案		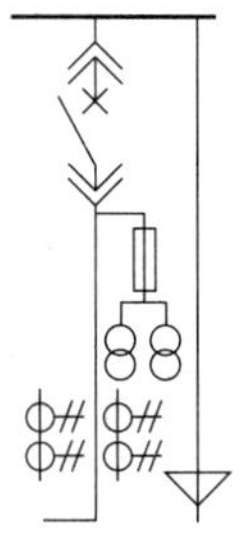	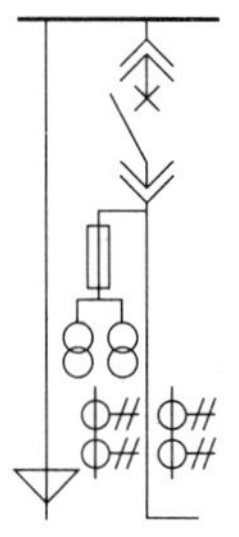	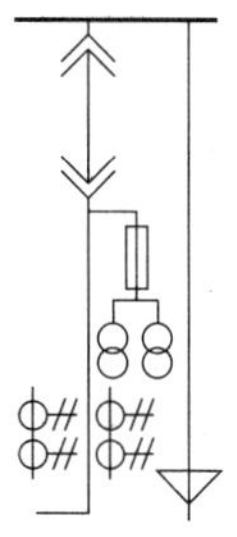	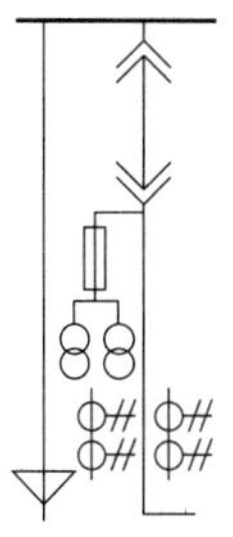	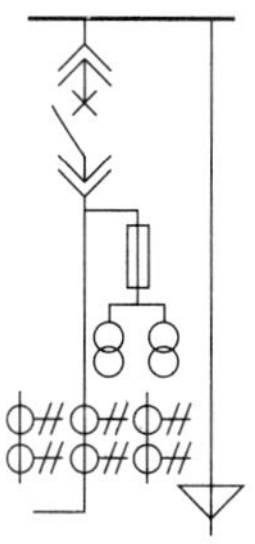
柜体尺寸(宽×深×高)/mm		800×1500×2300　或　1000×1500×2300				
额定电流/A		630～3150				
一次主要设备元件	真空断路器 VD4 或 VS1	1	1			1
	电流互感器 LZZBJ9-12/150B/2 LZZBJ9-12/150B/4	2	2	2	2	3
	电压互感器 LDZ10-10 10/0.1kV LDZX10-10 $\frac{10}{\sqrt{3}}\Big/\frac{0.1}{\sqrt{3}}\Big/\frac{0.1}{3}$kV	2	2	2	2	2
	高压熔断器 RN2-10	3	3	3	3	3
	接地开关 JN15 或 ES1					
	避雷器 HY5WS-17/50					
	变压器 SC9-50/10					
	电容器 BW12.7-16-1					
回路名称		进线＋计量	进线＋计量	进线＋计量	进线＋计量	进线＋计量
备　　注		额定电流 1600A 以下，柜宽为 800mm；1600A 及以上，柜宽为 1000mm				

续表

方案号		74	75	76	77	78
一次接线方案		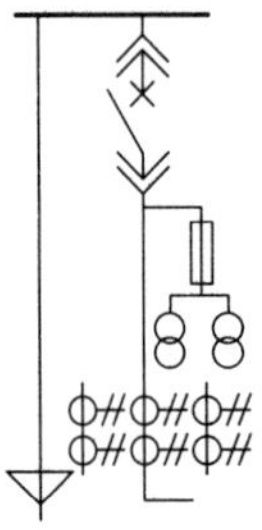	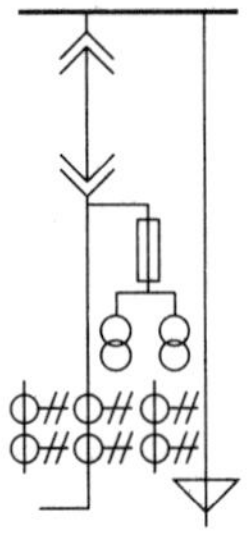	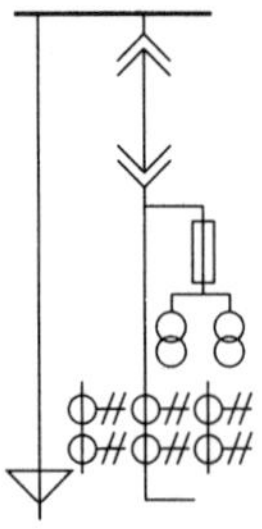	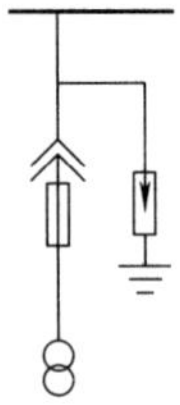	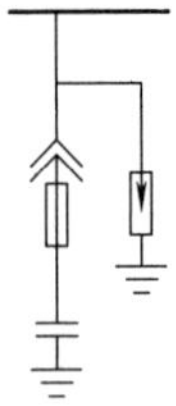
柜体尺寸(宽×深×高)/mm		800×1500×2300　或　1000×1500×2300				
额定电流/A		630～3150				
一次主要设备元件	真空断路器 VD4 或 VS1	1				
	电流互感器 LZZBJ9-12/150B/2 LZZBJ9-12/150B/4	3	3	3		
	电压互感器 LDZ10-10 10/0.1kV LDZX10-10 $\frac{10}{\sqrt{3}}\Big/\frac{0.1}{\sqrt{3}}\Big/\frac{0.1}{3}$kV	2	2	2		
	高压熔断器 RN2-10	3	3	3	3	
	RN3-10 熔断器					3
	接地开关 JN15 或 ES1					
	避雷器 HY5WS-17/50				3	3
	变压器 SC9-50/10				1	
	电容器 BW12.7-16-1					3
回路名称		进线＋计量	进线＋计量	进线＋计量	所用变	电容器柜
备注		额定电流 1600A 以下，柜宽为 800mm；1600A 及以上，柜宽为 1000mm				

5.2.4 一次线路方案组合及二次电路

一般说来，表 5-4 中介绍的 KYN28-12 型高压开关柜一次线路方案可以任意组合，使多台高压开关柜构成一个具有独立完整功能的电力系统。能展示设计人员智慧与技巧的是，设计人员应能参照国家标准和相关规程，设计完成符合项目需求、操作维修方便、运行安全可靠、性价比高的系统。这依赖于设计人员对相关标准及规程的充分了解，对项目需求的认真分析，对各种型号开关柜功能了如指掌的把控。因此，一个电气行业的从业人员，要在尽可能深入掌握理论知识的基础上，结合日常工作中积累的实践经验，不断探索，努力攀登，才能不断走向成功。

高压开关柜的二次电路功能比较丰富，归纳起来有控制、测量、信号、保护等功能。所谓控制，就是使设备启动或者调速、停止运行等功能。测量则包括电压、电流、频率、有功功率、无功功率、功率因数、谐波等电气参数的测量、显示指示或数据存储及远传。信号是指能给出运行正常的指示信号，或者运行异常时的开关量输出、灯光提示、声音提示，或者将这些信息远传。保护功能则可对过电流、短路、过电压、欠电压、三相负荷不平衡等故障情况进行报警或跳闸以断开故障线路。

二次电路通常由设计人员根据控制需求绘制完成。

5.2.5　KYN28-12型高压开关柜的操作运行与维护

（1）无接地开关高压断路器柜的操作

① 将手车式断路器可移开部件装入柜体：准备将断路器手车由柜外推入柜内前，认真检查断路器是否完好，有无漏装部件，有无工具等杂物放在机构箱或开关内，确认无问题后将小车装在转运车上并锁定好。将转运车推至柜前，把小车升高到合适位置，将转运车前部定位锁板插入柜体中隔板插口并将转运车与柜体锁定之后，打开断路器的锁定钩，将断路器小车平稳推入柜体同时锁定。当确认已将断路器小车与柜体锁定好后，解除转运车与柜体的锁定，将转运车推开。

② 手车式断路器在柜内的操作：断路器小车刚从转运车装入柜体时，断路器在柜内处于断开状态，若欲使其空载运行，应确认小车处在试验位置，并将二次回路航空插头插好，这时控制电路如果有电则仪表隔室面板上试验位置指示灯点亮，此时可在主回路未接通情况下对断路器进行合、分闸试验。若欲使断路器在与主电路接通的情况下运行，则须将所有柜门关好，将钥匙插入门孔锁，把门锁好，并确认断路器处于分闸状态，此时可将手车操作摇把插入手车隔室面板上的操作孔内，顺时针转动摇把，直到摇把明显受阻并听到清脆的辅助开关切换声，同时仪表隔室面板上工作位置指示灯亮，然后取下摇把。此时主电路接通，断路器处于工作位置，即可通过控制电路对断路器进行合、分闸操作。

③ 断路器小车从工作位置退出：首先应确认断路器已处于分闸状态，插入手车操作摇把，逆时针转动直到摇把明显受阻并听到清脆的辅助开关切换声，小车便回到试验位置。此时主电路已经完全断开，金属阀门关闭。

④ 从高压柜中取出断路器小车：若准备从高压柜中取出断路器小车，首先应确定小车已处于试验位置，然后拔除二次回路插头，并将动插头扣锁在小车架上，此时将转运推车推到柜前，把小车升高到合适位置，将转运车前部定位锁板插入柜体中隔板插口并将转运车与柜体锁定之后，将断路器小车解锁并向外拉出，当断路器小车完全进入转运车并确认已与转运车锁定时，把转运车向后拉出适当距离后，将转运车停放稳当。

当断路器小车要用转运车运输较长距离时，在推动转运车过程中要格外小心，以免运输过程中发生意外。

⑤ 断路器在高压柜内分、合闸状态确认：断路器的分、合闸状态可由断路器手车隔室面板（中面板）上的分、合闸指示牌及仪表隔室面板上的分、合闸指示灯判定。

若通过柜体中面板观察玻璃窗看到手车面板上绿色的分闸指示牌，则可判定断路器处于分闸状态。此时如果二次回路航空插头有电，则仪表隔室面板上分闸指示灯点亮。

若通过柜体中面板观察玻璃窗看到手车面板上红色的合闸指示牌，则可判定断路器处于合闸状态。此时仪表隔室面板上合闸指示灯同时点亮。

（2）有接地开关高压断路器柜的操作

将断路器手车推入高压柜内以及从高压柜中取出断路器手车，与无接地开关的断路器柜的操作程序完全相同，这里仅介绍断路器手车与接地开关配合操作时须注意的事项。

① 当准备将断路器手车推入工作位置时，应确认接地开关处于分闸位置。

② 若要闭合接地开关，首先应确定断路器处于断开状态并退回到试验位置，并取下推进摇把，然后按下接地开关操作孔处联锁弯板，插入接地开关操作手柄，顺时针转动90°，接地开关即处于合闸状态。若欲将接地开关分闸，再逆时针转动90°即可。

（3）一般隔离柜的操作

隔离手车不具备接通和断开负荷电流的能力，因此在带负荷的情况下不允许推拉隔离手车。在进行隔离手车柜内操作时，必须保证将与之配合的断路器分闸，同时断路器分闸后其辅助触点转换，解除与之配合的隔离手车上的电气联锁，只有这时才能操作隔离手车。隔离手车的操作程序与断路器手车相同。

（4）使用联锁功能的注意事项

① KYN28-12型高压开关柜的联锁以机械联锁为主，辅以电气联锁实现联锁功能，能实现高压开关柜（五防）闭锁的要求，而操作人员仍然不可掉以轻心，只有操作规程与技术手段相结合才能有效发挥联锁装置的保障作用，防止误操作事故的发生。

② KYN28-12型高压开关柜联锁功能的投入与解除，一般是在正常操作过程中同时实现的，不需要增加额外的操作步骤。当发现操作受阻，如操作阻力过大等情况出现时，应首先检查当前是否具备操作的可能，而不应强行操作以致损坏设备，甚至导致事故的发生。

③ 有些联锁因特殊需要允许紧急解锁，但紧急解锁的使用必须慎重，不宜经常使用，使用时也要采取必要的防护措施。一经处理完毕，应立即恢复联锁原状。

（5）检修注意事项

高压开关柜的检修应遵守相关规程和技术标准，并应注意如下事项。

① 按真空断路器安装使用的技术要求，随时检查断路器的情况，并进行必要的调整。

② 检查手车推进机构及其联锁的情况，使其满足高压开关柜的设计技术要求。

③ 检查主回路触头的情况，擦除动静触头上的陈旧油脂，查看触头有无损伤，弹簧力有无明显变化，有无因温度过高引起镀层异常氧化现象。如有以上情况，应及时处理。

④ 检查二次辅助回路触头有无异常情况，并进行必要的修整。

⑤ 检查接地回路各部分的情况，如接地触头、主接地线及过门接地线等，保证其导电连续性。

⑥ 检查各处的紧固件，若有松动，应及时紧固。

5.3　HXGN-12型环网交流金属封闭开关柜

HXGN-12型交流金属封闭箱式负荷环网开关柜系三相交流额定电压3～10kV、额定频率50Hz的户内成套配电装置，适用于工厂企业、住宅小区、高层建筑及矿山港口等的配电系统，作为三相交流环网、双辐射供电单元或线路终端的供配电设备。开关电气设备（以下简称环网柜）起着接受、分配、控制电能及保护电气设备安全运行的作用。环网供电实现了在环网系统内的用户享有两条以上回路供电，以其中一条为主供电回路、一条为备用供电回路的完善服务。

HXGN-12 型环网交流金属封闭开关柜符合国际电工委员会标准 IEC 298 和国家标准 GB 3906 的相关规定。

5.3.1 HXGN-12 型环网柜的型号与结构

HXGN-12 型环网柜的型号命名方法见图 5-4。

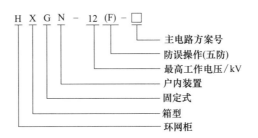

图 5-4 HXGN-12 型环网柜型号命名方法

HXGN-12 型环网柜由基本骨架、顶板、面板、侧板等组成封闭结构，基本骨架用角钢焊接而成，顶板、面板与侧板用钢板制作。环网柜的顶部为母线室，母线室的前面为仪表室，之间用钢板隔开。柜的上部为负荷开关室，中下部为电缆进出线和其他电气元件室。环网柜的主要设备有负荷开关、接地开关、熔断器、电流互感器、电压互感器、避雷器、电容器、高压带电显示器等。仪表室内可装设电压表、电流表、换向开关、指示器及操作元件。在仪表室底部可装设二次回路的端子板、柜内照明灯及击穿保险器等。计量柜的仪表室可增装有功电能表、无功电能表、峰谷表等。

环网柜的负荷开关、接地开关、门板、隔板之间设有联锁装置，其联锁功能包括：

① 负荷开关合闸时，接地开关不能合闸，前门板无法打开。

② 负荷开关分闸时，接地开关可以合闸。接地开关处于合闸状态时，隔板插入后，前门板可以打开。

③ 接地开关合闸时，负荷开关无法合闸。隔板插入后，前门板可以打开。

④ 接地开关分闸时，负荷开关可以分合闸。隔板插入后，前门板可以打开。

⑤ 电缆进线柜中，在进线有电时，无论负荷开关处于合闸或分闸状态，接地开关都由电磁锁控制而无法合闸，门板也无法打开。

图 5-5 HXGN-12 型环网柜外形样式

HXGN-12 型环网柜的外形样式见图 5-5。柜体高度为 1900mm，宽度为 750mm，前后深度为 800mm。

HXGN-12 型环网柜的防护等级为 IP3X，可靠墙安装。

5.3.2 HXGN-12 型环网柜的主要技术数据与一次线路

电气产品的技术数据是选购、安装、调试、运行、维修的重要技术信息。HXGN-12 型环网柜的主要技术数据见表 5-5。

表 5-5 HXGN-12 型环网柜的主要技术数据

参 数 名 称			单位	参数值
额定电压			kV	12
主母线额定电流			A	630
额定电流			A	630
额定频率			Hz	50
额定短时耐受电流			kA	25
额定短时持续时间			s	3
额定峰值耐受电流			kA	63
额定短路关合电流			kA	63
额定有功负载开断电流			A	630
额定闭环开断电流			A	630
额定电缆充电开断电流			A	10
额定绝缘水平	额定雷电冲击耐受电压(峰值)	相间、相对地	kV	75
		断口		85
	1min 工频耐受电压(有效值)	相间、相对地		42
		断口		48
主电路电阻			μΩ	≤400
负荷开关机械寿命			次	5000
接地开关机械寿命			次	2000

HXGN-12 型环网柜的一次线路方案及各种线路方案柜内安装的主要元器件见表 5-6。

表 5-6 HXGN-12 型环网柜一次线路方案及柜内主要元器件

一次线路方案编号	01	02	03	04	05	06
一次线路方案图						
环网柜用途	电缆进出线				电缆出线	
柜内器件名称	柜内器件安装数量					
FN5-12D 负荷开关	1	1	1	1	1	1
FN5-12 负荷开关						
RN3-12 熔断器					3	3
RN2-12 熔断器						
LZJC-10 型电流互感器		1	2	3		1
JDZ-10 型电压互感器						
FS4-10 型避雷器						
BWF-12.5 型电容器						

续表

一次线路 方案编号	07	08	09	10	11	12
一次线路 方案图						
环网柜用途	电缆出线		电压互感器		电压互感器、电缆进出线	
柜内器件名称	柜内器件安装数量					
FN5-12D 负荷开关	1	1		1	1	1
FN5-12 负荷开关			1			
RN3-12 熔断器	3	3				
RN2-12 熔断器			3	3	3	3
LZJC-10 型电流互感器	2	3				1
JDZ-10 型电压互感器			2	2	2	2
FS4-10 型避雷器						
BWF-12.5 型电容器						

一次线路 方案编号	13	14	15	16	17	18
一次线路 方案图						
环网柜用途	电压互感器,电缆进出线		电压互感器		电压互感器、电缆进出线	
柜内器件名称	柜内器件安装数量					
FN5-12D 负荷开关	1	1		1	1	1
FN5-12 负荷开关			1			
RN3-12 熔断器						
RN2-12 熔断器	3	3	3	3	3	3
LZJC-10 型电流互感器	2	3				1
JDZ-10 型电压互感器	2	2	3	3	3	3
FS4-10 型避雷器						
BWF-12.5 型电容器						

续表

一次线路方案编号	19	20	21	22	23	24
一次线路方案图						
环网柜用途	电压互感器、电缆进出线		避雷器		避雷器、电缆进出线	
柜内器件名称	柜内器件安装数量					
FN5-12D 负荷开关	1	1		1	1	1
FN5-12 负荷开关			1			
RN3-12 熔断器						
RN2-12 熔断器	3	3				
LZJC-10 型电流互感器	2	3				1
JDZ-10 型电压互感器	3	3				
FS4-10 型避雷器			3	3	3	3
BWF-12.5 型电容器						
一次线路方案编号	25	26	27	28	29	30
一次线路方案图						
环网柜用途	电缆进出线		电缆出线			
柜内器件名称	柜内器件安装数量					
FN5-12D 负荷开关	1	1	1	1	1	1
FN5-12 负荷开关						
RN3-12 熔断器			3	3	3	3
RN2-12 熔断器						
LZJC-10 型电流互感器	2	3	1	2	3	
JDZ-10 型电压互感器						
FS4-10 型避雷器	3	3	3	3	3	3
BWF-12.5 型电容器						

续表

一次线路方案编号	31	32	33	34	35	36
一次线路方案图						
环网柜用途	避雷器、电压互感器				避雷器、电容器	
柜内器件名称	柜内器件安装数量					
FN5-12D 负荷开关		1		1		1
FN5-12 负荷开关	1		1		1	
RN3-12 熔断器						
RN2-12 熔断器	3	3	3	3		
LZJC-10 型电流互感器						
JDZ-10 型电压互感器	2	2	3	3		
FS4-10 型避雷器	3	3	3	3	3	3
BWF-12.5 型电容器					3	3

注：FN5-12D 型负荷开关中的字母"D"表示负荷开关装有接地装置。

5.4 GG-1A-12 型高压开关柜

GG-1A-12 型高压开关柜是一款防护型固定式金属封闭高压开关柜，属于交流 50Hz、电压 3～10kV 的三相单母线和单母线旁路系统，适用于工矿企业变配电站接受和分配电能之用。

该产品生产与使用历史较长，具有"五防"功能，近些年用真空断路器取代了少油断路器，产品质量与工作稳定性得到较大提高。因该产品结构简单，操作维修方便，所以有众多用户仍在继续使用。

GG-1A-12 型高压开关柜基本骨架结构用角钢焊接而成，用薄钢板压制成前面板。柜内用薄钢板隔开，一次元器件和二次元器件相互隔离自成系统。正面有操作面板和防误操作机构，侧面有防护板与临柜相隔。高压柜上部有断路器室、继电器室、仪表盘，下部是电缆室。柜上部安装上隔离开关，真空断路器安装在断路器室。当柜内使用两台隔离开关时，下部可以安装下隔离开关。主母线（铜排或铝排）水平安放，并按前后位置排列在顶部的支持绝缘子上，主母线的中心间距为 250mm，2000～3000A 的主母线间距为 350mm。上隔离开关的进线端子通过分支母线与主母线连接。电流互感器安装在中间隔板上，零序电流互感器安装在电缆室内。断路器操动机构安装在柜体正面左下方。二次仪表及器件安装在仪表盘上和继电器室内。

GG-1A-12 型高压开关柜的相间及相对地空气绝缘距离不小于 125mm，柜内采用大爬距的支持绝缘子或套管，属于加强绝缘型产品。

GG-1A-12 型高压开关柜的柜体具有 IP2X 防护等级，可防止小动物等侵入而造成短路故障。电缆接线距地面 600mm，电缆室留有较大的空间，便于电缆线头的制作安装和维护。电缆室与电缆沟之间采用金属封板，可以防止潮气及小动物通过电缆沟进入柜内。

GG-1A-12 型高压开关柜的"五防"功能采用机械联锁和程序锁来实现。上隔离开关关合与上下门的开闭受控于程序锁，当隔离开关关合时，上下门打不开；当上下门打开时，隔离开关合不上。主开关、隔离开关及柜门之间采用强制性机械闭锁方式，结构简单，完善可靠，操作方便。

GG-1A-12 型高压开关柜可配装国产 ZN28、ZN59、ZN18、ZN21、VS1 等型号的真空断路器，也可配装进口 VK、VD4 等型号的真空断路器，以满足中高档用户的需求。

GG-1A-12 型高压柜符合原电力行业标准 DL404、国家标准 GB 3906 以及国际标准 IEC 298 的相关技术要求。

5.4.1　GG-1A-12 型高压开关柜的主要技术参数

GG-1A-12 型高压开关柜的主要技术参数见表 5-7。

表 5-7　GG-1A-12 型高压开关柜主要技术参数

参数名称	单位	参数值	备注
额定工作电压	kV	3,6,10	
额定工作电流	A	400,630,1000,1250	
最高工作电压	kV	12	
额定开断电流	kA	20,25,31.5	
额定关合电流峰值	kA	40,80	
额定动稳定电流峰值	kA	40,80	
热稳定时间	s	4	
断路器操动机构		CD:直流电磁式 220V;CT:交流弹簧式 220V	
外形尺寸	mm	2800×1200×1200	高×宽×深
质量	kg	1300	

GG-1A-12 高压开关柜真空断路器调整参数见表 5-8。

表 5-8　GG-1A-12 高压开关柜真空断路器调整参数（以 ZNxx-12/1250-20 为例）

参数名称	单位	参数值
额定开距	mm	12^{+1}_{-1}
触头超行程	mm	3^{+1}_{0}
平均合闸速度	m/s	0.4～0.6
平均分闸速度	m/s	0.9～1.2
最小触头工作压力	N	2000^{+200}_{-200}
允许合闸触头弹跳时间	ms	≤5
三极不同期性	ms	≤1

GG-1A 型高压开关柜的型号命名方法见图 5-6。

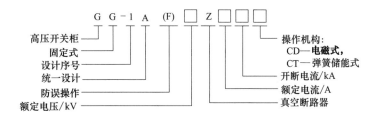

图 5-6 GG-1A 型高压开关柜型号命名方法

5.4.2 GG-1A-12 型高压开关柜的一次线路方案

GG-1A-12 型高压开关柜的主电路一次线路方案是由该型号产品的设计研发单位依据国家相关标准设计完成的。为了方便学习了解研发单位绘制的这些一次线路图形符号，表5-9 中对这些图形符号予以说明。

表 5-9 GG-1A-12 型高压开关柜主电路一次线路方案中使用的图形符号

图形符号	解释与说明
	GG-1A-12 型高压开关柜主母线
	高压真空断路器
	高压隔离开关
	高压负荷开关
	单只电流互感器,有两个二次绕组,通常安装在 V 相,即 B 相
	两只电流互感器,各有两个二次绕组,通常安装在 U、W 相,即 A、C 相
	三只电流互感器,各有两个二次绕组,安装在 U、V、W 相,即 A、B、C 相
	两只单相电压互感器
	三只单相电压互感器,或一只三相五柱式电压互感器

GG-1A-12 型高压开关柜主电路一次方案线路编号见表 5-10。

表 5-10　GG-1A-12 型高压开关柜主电路一次方案线路编号

方案号	01	02	03	04	05
一次接线方案					
开关柜用途	馈电	馈电	馈电	馈电	馈电或受电
柜内主要元器件	元器件使用数量				
ZN28-12 型真空断路器	1	1	1	1	1
CT19B 型弹簧储能操动机构	1	1	1	1	1
FN5-12 负荷开关					
CS3 型操作机构					
GN19-12C 型隔离开关	1	1	1	1	1
GN19-12 隔离开关					1
CS6-1 型手动操动机构	1	1	1	1	2
GN2-12 隔离开关					
CS6-2 型手动操动机构					
LAJ-10 型电流互感器		1	2	3	
JDZJ-10 型(JSJW-10 型)电压互感器					
RN2-12 型熔断器					
RN3-12 型熔断器					
S 系列电力变压器					
HY5WZ-17/45 型避雷器					
LQG-0.5 型电流互感器					
BW 型电容器					
DZ20 型断路器					
备注					

续表

方案号	06	07	08	09	10
一次接线方案					
开关柜用途	馈电或受电	馈电或受电	馈电或受电	联络	联络
柜内主要元器件	元器件使用数量				
ZN28-12 型真空断路器	1	1	1	1	1
CT19B 型弹簧储能操动机构	1	1	1	1	1
FN5-12 负荷开关					
CS3 型操作机构					
GN19-12C 型隔离开关	1	1	1	1	1
GN19-12 隔离开关	1	1	1		
CS6-1 型手动操动机构	2	2	2	1	1
GN2-12 隔离开关					
CS6-2 型手动操动机构					
LAJ-10 型电流互感器	1	2	3		1
JDZJ-10 型(JSJW-10 型)电压互感器					
RN2-12 型熔断器					
RN3-12 型熔断器					
S 系列电力变压器					
HY5WZ-17/45 型避雷器					
LQG-0.5 型电流互感器					
BW 型电容器					
DZ20 型断路器					
备注					

续表

方案号	11	12	13	14	15
一次接线方案					
开关柜用途	联络		左联络		
柜内主要元器件	元器件使用数量				
ZN28-12 型真空断路器	1	1	1	1	1
CT19B 型弹簧储能操动机构	1	1	1	1	1
FN5-12 负荷开关					
CS3 型操作机构					
GN19-12C 型隔离开关	1	1	1	1	1
GN19-12 隔离开关					
CS6-1 型手动操动机构	1	1	1	1	1
GN2-12 隔离开关					
CS6-2 型手动操动机构					
LAJ-10 型电流互感器	2	3		1	2
JDZJ-10 型（JSJW-10 型）电压互感器					
RN2-12 型熔断器					
RN3-12 型熔断器					
S 系列电力变压器					
HY5WZ-17/45 型避雷器					
LQG-0.5 型电流互感器					
BW 型电容器					
DZ20 型断路器					
备注					

方案号	16	17	18	21	22
一次接线方案					
开关柜用途	左联络	馈电或受电	馈电或受电	馈电	馈电
柜内主要元器件	元器件使用数量				
ZN28-12 型真空断路器	1	1	1	1	1
CT19B 型弹簧储能操动机构	1	1	1	1	1
FN5-12 负荷开关					
CS3 型操作机构					
GN19-12C 型隔离开关	1	1	1		1
GN19-12 隔离开关		1	1		1
CS6-1 型手动操动机构	1	2	2		2
GN2-12 隔离开关					
CS6-2 型手动操动机构					
LAJ-10 型电流互感器	3	2	3		2
JDZJ-10 型（JSJW-10 型）电压互感器					
RN2-12 型熔断器					
RN3-12 型熔断器					
S 系列电力变压器					
HY5WZ-17/45 型避雷器					
LQG-0.5 型电流互感器					
BW 型电容器					
DZ20 型断路器					
备注					

续表

方案号	25	26	27	28	29
一次接线方案					
开关柜用途	受电	受电或左(右)联络			电缆进线
柜内主要元器件	元器件使用数量				
ZN28-12 型真空断路器	1	1			
CT19B 型弹簧储能操动机构	1	1			
FN5-12 负荷开关					1
CS3 型操作机构					1
GN19-12C 型隔离开关	1	1		1	1
GN19-12 隔离开关					
CS6-1 型手动操动机构	1	1		1	1
GN2-12 隔离开关			1		
CS6-2 型手动操动机构			1		
LAJ-10 型电流互感器	3		3	3	
JDZJ-10 型(JSJW-10 型)电压互感器					
RN2-12 型熔断器					
RN3-12 型熔断器					
S 系列电力变压器					
HY5WZ-17/45 型避雷器					
LQG-0.5 型电流互感器					
BW 型电容器					
DZ20 型断路器					
备注					

方案号	30	31	32	33	34
一次接线方案					
开关柜用途	馈电				
柜内主要元器件	元器件使用数量				
ZN28-12 型真空断路器					
CT19B 型弹簧储能操动机构					
FN5-12 负荷开关	1	1	1	1	1
CS3 型操作机构	1	1	1	1	1
GN19-12C 型隔离开关	1	1	1	1	1
GN19-12 隔离开关				1	1
CS6-1 型手动操动机构	1	1	1	2	2
GN2-12 隔离开关					
CS6-2 型手动操动机构					
LAJ-10 型电流互感器		1	2		1
JDZJ-10 型（JSJW-10 型）电压互感器					
RN2-12 型熔断器					
RN3-12 型熔断器	3	3	3	3	3
S 系列电力变压器					
HY5WZ-17/45 型避雷器					
LQG-0.5 型电流互感器					
BW 型电容器					
DZ20 型断路器					
备注					

续表

方案号	35	37	38	39	41
一次接线方案					
开关柜用途	馈电				
柜内主要元器件	元器件使用数量				
ZN28-12 型真空断路器					
CT19B 型弹簧储能操动机构					
FN5-12 负荷开关	1	1	1	1	
CS3 型操作机构	1	1	1	1	
GN19-12C 型隔离开关	1				1
GN19-12 隔离开关	1	1	1	1	
CS6-1 型手动操动机构	2	1	1	1	1
GN2-12 隔离开关					
CS6-2 型手动操动机构					
LAJ-10 型电流互感器	2		1	2	
JDZJ-10 型（JSJW-10 型）电压互感器					
RN2-12 型熔断器					
RN3-12 型熔断器	3	3	3	3	3
S 系列电力变压器					
HY5WZ-17/45 型避雷器					
LQG-0.5 型电流互感器					
BW 型电容器					
DZ20 型断路器					
备注					

续表

方案号	42	43	45	46	47
一次接线方案					
开关柜用途	馈电		受电或馈电		
柜内主要元器件	元器件使用数量				
ZN28-12 型真空断路器					
CT19B 型弹簧储能操动机构					
FN5-12 负荷开关					
CS3 型操作机构					
GN19-12C 型隔离开关	1	1	1	1	1
GN19-12 隔离开关				1	
CS6-1 型手动操动机构	1	1	1	2	1
GN2-12 隔离开关					
CS6-2 型手动操动机构					
LAJ-10 型电流互感器	1	2			1
JDZJ-10 型（JSJW-10 型）电压互感器					
RN2-12 型熔断器					
RN3-12 型熔断器	3	3	3	3	3
S 系列电力变压器					
HY5WZ-17/45 型避雷器					
LQG-0.5 型电流互感器					
BW 型电容器					
DZ20 型断路器					
备注					

续表

方案号	48	49	50	52	53
一次接线方案					
开关柜用途	受电或馈电	电压互感器	电压互感器	避雷器	变频器及电容器
柜内主要元器件	元器件使用数量				
ZN28-12 型真空断路器					
CT19B 型弹簧储能操动机构					
FN5-12 负荷开关					
CS3 型操作机构					
GN19-12C 型隔离开关	1	1	1	1	1
GN19-12 隔离开关	1				
CS6-1 型手动操动机构	2	1	1	1	1
GN2-12 隔离开关					
CS6-2 型手动操动机构					
LAJ-10 型电流互感器	1				
JDZJ-10 型(JSJW-10 型)电压互感器		3(1)	2		
RN2-12 型熔断器		3	3		
RN3-12 型熔断器	3				
S 系列电力变压器					
HY5WZ-17/45 型避雷器				3	3
LQG-0.5 型电流互感器					
BW 型电容器					3
DZ20 型断路器					
备注					

续表

方案号	54	55	57	58	59
一次接线方案					
开关柜用途	避雷器及电压互感器		进线及电压互感器		
柜内主要元器件	元器件使用数量				
ZN28-12 型真空断路器					
CT19B 型弹簧储能操动机构					
FN5-12 负荷开关					
CS3 型操作机构					
GN19-12C 型隔离开关	1	1	1	1	1
GN19-12 隔离开关				1	1
CS6-1 型手动操动机构	1	1	1	2	2
GN2-12 隔离开关					
CS6-2 型手动操动机构					
LAJ-10 型电流互感器					
JDZJ-10 型（JSJW-10 型）电压互感器	3(1)	2	2	3(1)	2
RN2-12 型熔断器	3	3	3	3	3
RN3-12 型熔断器					
S 系列电力变压器					
HY5WZ-17/45 型避雷器	3	3			
LQG-0.5 型电流互感器					
BW 型电容器					
DZ20 型断路器					
备注					

续表

方案号	61	62	64	65	67
一次接线方案					
开关柜用途	左(右)联络及电压互感器		右联络及电压互感器		左(右)联络及电压互感器
柜内主要元器件	元器件使用数量				
ZN28-12 型真空断路器					
CT19B 型弹簧储能操动机构					
FN5-12 负荷开关					
CS3 型操作机构					
GN19-12C 型隔离开关	1	1	1	1	1
GN19-12 隔离开关			1	1	1
CS6-1 型手动操动机构	1	1	2	2	2
GN2-12 隔离开关					
CS6-2 型手动操动机构					
LAJ-10 型电流互感器					
JDZJ-10 型(JSJW-10 型)电压互感器	3(1)	2	3(1)	2	3(1)
RN2-12 型熔断器	3	3	3	3	3
RN3-12 型熔断器					
S 系列电力变压器					
HY5WZ-17/45 型避雷器					
LQG-0.5 型电流互感器					
BW 型电容器					
DZ20 型断路器					
备注					

方案号	68	73	74	75	77
一次接线方案					
开关柜用途	左(右)联络及电压互感器	备用电源进线及电压互感器		进线及电压互感器	
柜内主要元器件	元器件使用数量				
ZN28-12 型真空断路器					
CT19B 型弹簧储能操动机构					
FN5-12 负荷开关					
CS3 型操作机构					
GN19-12C 型隔离开关	1	1	1		
GN19-12 隔离开关	1	1	1	1	
CS6-1 型手动操动机构	2	2	2	1	
GN2-12 隔离开关					
CS6-2 型手动操动机构					
LAJ-10 型电流互感器				2	
JDZJ-10 型(JSJW-10 型)电压互感器	2	3(1)	2	2	3(1)
RN2-12 型熔断器	3	3	3	3	3
RN3-12 型熔断器					
S 系列电力变压器					
HY5WZ-17/45 型避雷器					
LQG-0.5 型电流互感器					
BW 型电容器					
DZ20 型断路器					
备注					

续表

方案号	78	80	81	85	88
一次接线方案					
开关柜用途	进线及电压互感器			左(右)联络及电压互感器	进线及电压互感器
柜内主要元器件	元器件使用数量				
ZN28-12 型真空断路器					
CT19B 型弹簧储能操动机构					
FN5-12 负荷开关					
CS3 型操作机构					
GN19-12C 型隔离开关					
GN19-12 隔离开关		1	1	1	
CS6-1 型手动操动机构		1	1	1	
GN2-12 隔离开关					
CS6-2 型手动操动机构					
LAJ-10 型电流互感器					3
JDZJ-10 型(JSJW-10 型)电压互感器	2	3(1)	2	2	2
RN2-12 型熔断器	3	3	3	3	3
RN3-12 型熔断器					
S 系列电力变压器					
HY5WZ-17/45 型避雷器					
LQG-0.5 型电流互感器					
BW 型电容器					
DZ20 型断路器					
备注					

续表

方案号	89	90	91	93	94
一次接线方案					
开关柜用途	进线及避雷器	左(右)联络及避雷器		馈电或受电	
柜内主要元器件	元器件使用数量				
ZN28-12 型真空断路器					
CT19B 型弹簧储能操动机构					
FN5-12 负荷开关					
CS3 型操作机构					
GN19-12C 型隔离开关	1	1	1	1	1
GN19-12 隔离开关	1		1		
CS6-1 型手动操动机构	2	1	2	1	1
GN2-12 隔离开关					
CS6-2 型手动操动机构					
LAJ-10 型电流互感器					2
JDZJ-10 型(JSJW-10 型)电压互感器					
RN2-12 型熔断器					
RN3-12 型熔断器					
S 系列电力变压器					
HY5WZ-17/45 型避雷器	3	3	3		
LQG-0.5 型电流互感器					
BW 型电容器					
DZ20 型断路器					
备注					

续表

方案号	95	96	97	101	105
一次接线方案					
开关柜用途	左(右)联络	馈电或受电	联络及馈电或受电	所用变压器	左(右)联络及避雷器
柜内主要元器件	元器件使用数量				
ZN28-12 型真空断路器					
CT19B 型弹簧储能操动机构					
FN5-12 负荷开关					
CS3 型操作机构					
GN19-12C 型隔离开关		1	1	1	1
GN19-12 隔离开关	1	1	1		1
CS6-1 型手动操动机构	1	2	2	1	2
GN2-12 隔离开关					
CS6-2 型手动操动机构					
LAJ-10 型电流互感器					
JDZJ-10 型(JSJW-10x 型)电压互感器					
RN2-12 型熔断器					
RN3-12 型熔断器				3	
S 系列电力变压器				1	
HY5WZ-17/45 型避雷器					3
LQG-0.5 型电流互感器				3	
BW 型电容器					
DZ20 型断路器				6	
备注					

续表

方案号	106	107	113	118	119
一次接线方案					
开关柜用途	架空进线及电压互感器		架空进线	备用	联络
柜内主要元器件	元器件使用数量				
ZN28-12型真空断路器					
CT19B型弹簧储能操动机构					
FN5-12负荷开关					
CS3型操作机构					
GN19-12C型隔离开关	1	1		1	
GN19-12隔离开关	1	1	1		1
CS6-1型手动操动机构	2	2	1	1	1
GN2-12隔离开关					
CS6-2型手动操动机构					
LAJ-10型电流互感器					
JDZJ-10型（JSJW-10型）电压互感器	3(1)	2			
RN2-12型熔断器	3	3			
RN3-12型熔断器					
S系列电力变压器					
HY5WZ-17/45型避雷器					
LQG-0.5型电流互感器					
BW型电容器					
DZ20型断路器					
备注					

续表

方案号	120	121	122	124	
一次接线方案					
开关柜用途	联　络	电流、电压互感器	进线、联络	电流、电压互感器	
柜内主要元器件	元器件使用数量				
ZN28-12 型真空断路器		1		1	
CT19B 型弹簧储能操动机构		1		1	
FN5-12 负荷开关					
CS3 型操作机构					
GN19-12C 型隔离开关		1		1	
GN19-12 隔离开关	1				
CS6-1 型手动操动机构	1	1		1	
GN2-12 隔离开关					
CS6-2 型手动操动机构					
LAJ-10 型电流互感器		2		3	
JDZJ-10 型（JSJW-10 型）电压互感器		2		2	
RN2-12 型熔断器		3		3	
RN3-12 型熔断器					
S 系列电力变压器					
HY5WZ-17/45 型避雷器					
LQG-0.5 型电流互感器					
BW 型电容器					
DZ20 型断路器					
备注					

5.4.3 GG-1A-12型高压开关柜一次线路典型组合示例

GG-1A-12型高压开关柜的各种一次线路可以按需求组合，以组成电源进线、出线、联络、电动机启动等各种功能电路。表 5-11 是几种典型组合接线示例。

表 5-11 GG-1A-12型高压开关柜一次线路典型组合接线示例

示例编号	1			2			3		4	
一次方案编号	22	22	01	04	21	21	04	21	64	15
组合接线										
额定电流/A	400～1000			400～1000			400～1000		400～1000	
功能用途	一台电抗器启动多台电动机			自耦变压器启动电动机			电抗器启动电动机		母线联络	
示例编号	5		6		7		8			
一次方案编号	11	105	26	28	26	27	11	113		
组合接线										
额定电流/A	400～1000		2000,3000		2000,3000		400～1000			
功能用途	架空进线		母线联络		架空进线		架空进线			
示例编号	9		10		11		12			
一次方案编号	11	77	12	88	11	67	17	80		
组合接线										
额定电流/A	400～1000		400～1000		400～1000		400～1000			
功能用途	电缆进线		电缆进线		母线联络		电缆备用进线			

（1）示例编号1中电路工作原理分析

将 GG-1A-12 高压柜中的各种一次电路方案组合起来，可以实现不同的电路功能。例如表5-11中的示例编号1，将两个22号和01号一次线路方案组合后，可以用一台电抗器先后启动两台电动机甚至多台电动机，即每增加一个22号高压柜，就可多启动一台电动机。工作过程介绍如下。

若欲先后启动示例编号1中的电动机M1和M2，操作程序是：

① 在所有隔离开关和断路器全部断开的情况下，先合上隔离开关QS1、QS2、QS3和QS4。

② 合断路器QF3，电动机M1的启动电流经QS3、QF3、电抗器L、QS4送达电动机M1，该电动机开始经电抗器L降压启动。

③ 待电动机M1转速升高至接近额定转速时，合上断路器QF1，断开断路器QF3，断开隔离开关QS4，电动机M1启动完成。

④ 继续启动电动机M2，合上隔离开关QS5，合上断路器QF3，电动机M2的启动电流经QS3、QF3、电抗器L、QS5送达电动机M2，该电动机开始经电抗器L降压启动。

⑤ 待电动机M2转速升高至接近额定转速时，合上断路器QF2，断开断路器QF3，断开隔离开关QS5，电动机M2启动完成。

断开断路器QF1，电动机M1断电停机；断开断路器QF2，电动机M2断电停机。

（2）示例编号2中电路工作原理分析

示例编号2中的电路可以用于高压电动机经自耦变压器的降压启动。启动过程的操作程序介绍如下。

① 在所有隔离开关和断路器全部断开的情况下，合上隔离开关QS1和断路器QF3（QF3合闸可使自耦变压器平时开路的星点短路，自耦变压器呈星形连接状态）；

② 合断路器QF1，自耦变压器T绕组得电，电动机M经自耦变压器T绕组的中间抽头获得降压以后的电压，电动机开始降压启动；

③ 待电动机M转速升高至接近额定转速时，断开断路器QF3，合上断路器QF2，电动机开始全压运行，启动过程结束。此时虽然自耦变压器的电源热端和中间抽头端均与电源相连接，但由于自耦变压器的星点已经打开，因此自耦变压器中并无电流，是安全的。

表5-11中的其他线路方案组合，电路工作原理相对简单，此处不赘述。

第6章

低压配电柜

由一个或多个低压开关设备和相应的控制、测量、信号、保护等元件，以及所有内部的电气和机械的相互连接和结构部件组装成的一种组合体，称为低压成套开关设备，统称低压配电柜或低压配电屏，也称低压开关柜（屏）。

6.1 低压配电柜简介

低压成套开关设备的生产、安装与运行须遵循相关标准，这些标准包括国际电工委员会标准 IEC 439《低压成套开关设备和控制设备》，国家标准 GB 7251《低压成套开关设备和控制设备》和 GB 14048.1—2012《低压开关设备和控制设备　第 1 部分：总则》。对于不同型式的低压配电柜也制定了相应的行业标准，如 JB/DQ 6142《固定面板式低压成套开关设备》，ZBK 36001《抽出式低压成套开关设备》，JB 5877《封闭式低压成套开关设备》。

6.1.1 低压配电柜的正常使用条件

低压配电所户内成套设备的周围空气温度上限不高于＋40℃，下限不低于－5℃，24h 内的平均温度不超过＋35℃。

低压配电所户外成套设备的周围空气温度上限不高于＋40℃，24h 内的平均温度不超过＋35℃。周围空气温度的下限，温带地区为－25℃，严寒地区为－50℃。

低压配电所户内成套设备的大气条件：空气清洁，在最高温度＋40℃时，其相对湿度不得超过 50%。在较低温度时，允许有较大的相对湿度。例如＋20℃时不超过 90%。但应考虑到由于温度的变化，有可能会偶尔产生适度的凝露。

低压配电所户外成套设备的大气条件：最高温度为＋25℃时，相对湿度短时可高达 100%。

安装使用地点的海拔高度不超过 2000m。

没有火灾、爆炸危险，没有足以破坏绝缘的腐蚀性气体，没有剧烈振动和冲击的场合。

设备安装时与垂直面的倾斜度不超过 5%。

6.1.2 低压配电柜在较高海拔地区的运行要求

我国改革开放几十年来，西部高海拔地区的高压、低压成套电气开关设备的应用数量有了巨大的增长，例如青藏铁路，其将近一半路段的海拔高度在 4000m 以上。高海拔地区的空气密度低，紫外线辐射强，当海拔超过 2000m 后，开关设备内部的绝缘和耐压水平、开关设备的散热能力都会随着海拔的增高而降低，各种开关电器的灭弧能力也随着海拔增加而降低。国家标准 GB/T 16935.1—2008 对海拔超过 2000 时低压开关柜内电气间隙的倍增系数给出了规定，见表 6-1。

表 6-1　低压开关柜内电气间隙倍增系数

海拔/m	正常气压/kPa	电气间隙的倍增系数
2000	80.0	1.00
3000	70.0	1.14
4000	62.0	1.29
5000	54.0	1.48
6000	47.0	1.70
7000	41.0	1.95
8000	35.5	2.25
9000	30.5	2.62
10000	26.5	3.02
15000	12.0	6.67
20000	5.5	14.50

由表 6-1 可见，安装运行在海拔较高地区的低压电气开关设备，应随着海拔的增高相应增加电气间隙。即以海拔 2000m 时设备内部电气间隙为基础相应增加。例如，海拔 4000m 时的电气间隙，应为海拔 2000 时电气间隙的 1.29 倍。

另外，根据国家标准 GB/T 20645—2006《特殊环境条件　高原用低压电器技术要求》和 GB/T 20626.1—2006《特殊环境条件　高原电工电子产品　第一部分：通用技术要求》的规定，低压开关电器在高海拔地区使用应降容使用。具体降容系数见表 6-2。

表 6-2　低压开关电器随海拔变化的降容系数

海拔/m	额定电流 I_n 降容系数	海拔/m	额定电流 I_n 降容系数
0~2000	$1.0I_n$	3000~3500	$0.83I_n$
2000~2500	$0.93I_n$	3500~4000	$0.78I_n$
2500~3000	$0.88I_n$		

6.1.3　低压配电柜的主要技术参数

低压成套开关设备和控制设备即低压配电柜的主要技术参数，按照 GB 7251.1—2013 和 GB 14048.1—2012 这两个标准的规定，有额定电压 U_n、额定电流 I_n 与温升和短路电流。

（1）额定电压 U_n

额定电压包括主电路和控制电路的额定电压 U_n 以及额定绝缘电压 U_i。根据 IEC 60038 标准的规定，各国可根据本国情况选择该标准中的标准电压系列和基本电压等级。据此，我国低压额定电压 U_n 将 IEC 标准的 230/400V 和 400/690V 分别改为 220/380V 和 380/690V，同时增加了煤矿井下使用的 1140V。

电器的额定绝缘电压 U_i 是一个与介电试验电压和爬电距离有关的电压值。在任何情况下最大额定工作电压值不应超过额定绝缘电压值。

（2）额定电流 I_n 与温升

根据国家标准 GB 7251.1—2013《低压成套开关设备和控制设备 第一部分：总则》的规定，成套设备的额定电流应为下列所述情况的电流较小者：

① 成套设备内所有并联运行的进线电路的额定电流总和；

② 特殊布置的成套设备中主母线能够分配的总电流。

通过此电流时，各部件的温升均不能超过规定的限值。

额定电流与温升紧密关联，低压成套开关设备在进行型式试验时允许的温升限定值见表6-3。

表6-3 低压成套开关设备型式试验时允许的温升限定值

低压成套开关设备的部件	温升/℃
内部装配的电器和铜导线	70
操作手柄	15
操作者可能接触到的金属或绝缘材料制作的外壳和盖	25
金属表面	30
绝缘表面	40

70℃ 的温升是基于标准中规定的常规试验的数值，由于接线的形式、布置和试验条件的不同，允许出现不同的温升。例如，装在成套开关设备内部的操作手柄、抽出式把手等，若不经常操作，只是在打开门板后才能触及，则此手柄的温升允许略高一些。

（3）短路电流

国家标准 GB 7251.1—2013 对一条电路中出现的预期短路电流给出的定义是：在尽可能接近成套设备电源端，用一根阻抗可以忽略不计的导体短路时流过的电流有效值。选配低压线路中各种开关电器时，元器件的短路分断能力都是依据预期短路电流来确定的。

6.2 低压配电柜的整体结构

低压配电柜按整体结构分为固定式和抽屉式，也可将两种结构形式混合构成混装式。

固定式低压配电柜的各个馈出单元是固定安装的，不能随意抽出。它的特点是经济实用，元件安装方便，缺点是检修时必须全套配电柜都停电。抽屉式低压配电柜的各个馈出单元和电动机控制单元都安装在抽屉中，可按需求推入和抽出，抽屉之间还具有互换性。抽屉式低压配电柜能很好地解决不停电检修问题，缺点是价格较高，结构相对复杂。

6.2.1 低压配电柜的整体尺寸

按照国家标准 GB/T 3047.1—1995《高度进制为 20mm 的面板、架和柜的基本尺寸系列》的规定，低压配电柜的总体尺寸系列见表6-4。

表6-4 低压配电柜总体尺寸系列

低压配电柜高度 H/mm	800 1000 1200 1400 1600 1800 2000 2200 2400 2600 2800
低压配电柜宽度 W/mm	280 400 480 520 600 660 800 1000 1200 1400 1600 1800
低压配电柜深度 D/mm	220 280 340 400 460 500 600 700 800 1000 1200 1400 1600 2000

6.2.2 成排低压配电柜的安装通道

低压配电柜的前、后安装有柜门，柜门一般用钢板制成，门板上往往还须安装各种仪器仪表。为了便于维修和操作，国家标准 GB 50054—2011《低压配电设计规范》中对于成排低压配电柜的安装通道尺寸作了规定，见表 6-5。表 6-5 及其表后的注与国家标准 GB 50054—2011 中的表 4.2.5 内容相同。

表 6-5 成排布置的配电屏通道最小宽度   单位：m

配电屏种类		单排布置			双排面对面			双排背对背			多排同向布置			
			屏后			屏后			屏后			前、后排屏距墙		屏侧通道
		屏前	维护	操作	屏前	维护	操作	屏前	维护	操作	屏间	前排屏前	后排屏后	
固定式	不受限制时	1.5	1.0	1.2	2.0	1.0	1.2	1.5	1.5	2.0	2.0	1.5	1.0	1.0
	受限制时	1.3	0.8	1.2	1.8	0.8	1.2	1.3	1.3	2.0	1.8	1.3	0.8	0.8
抽屉式	不受限制时	1.8	1.0	1.2	2.3	1.0	1.2	1.8	1.0	2.0	2.3	1.8	1.0	1.0
	受限制时	1.6	0.8	1.2	2.1	0.8	1.2	1.6	0.8	2.0	2.1	1.6	0.8	0.8

注：1. 受限制时是指受到建筑平面的限制、通道内有柱等局部突出物的限制。
　　2. 屏后操作通道是指需在屏后操作运行中的开关设备所需的通道。
　　3. 背靠背布置时屏前通道宽度可按本表中双排对背布置的屏前尺寸确定。
　　4. 控制屏、控制柜、落地式动力配电箱前后的通道最小宽度可按本表确定。
　　5. 挂墙式配电箱的箱前操作通道宽度不宜小于1m。

6.3 GGD 型交流低压配电柜

国内市场上与工矿企业中应用的低压配电柜型号系列很多，例如 GGD、GCS、MNS、JYD、GCK 等。此处以 GGD 型交流低压配电柜为例予以介绍。这种型号的低压配电柜应用比较多，价格适中。

GGD 型交流低压配电柜适用于发电厂、变电所、工矿企业等电力用户作为交流 50Hz、额定工作电压 380V、额定工作电流至 3150A 的配电系统中作为动力、照明及配电设备的电能转换、分配与控制之用。GGD 型低压配电柜的型号命名方法见图 6-1。

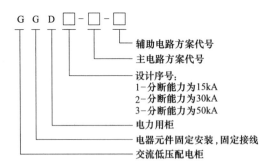

图 6-1 GGD 型低压配电柜型号命名方法

6.3.1 GGD 型低压配电柜结构简介

GGD 型交流低压配电柜的柜体采用通用柜的形式，构架用 8MF 冷弯型钢局部焊接组装而成，构架零件及专用配套零件由型钢定点生产厂配套供应，可以保证柜体的精度和质量。通用柜的零部件按模块原理设计，并有 20 模的安装孔（模，用字母 E 表示，对于 GGD 型交流低压配电柜使用的 8MF 型材，1E＝20mm。如果一个安装单元为 16E 的话，则该安装单元的高度为 16E×20mm/E＝320mm），通用系数高，可以使工厂实现预生产，既可缩短生产周期，也能提高生产效率。GGD 柜设计时已经充分考虑了柜体运行中的散热问题，在柜体上下两端均有不同数量的散热槽孔，使柜体自下而上形成一个自然通风道，实现散热目的。

柜门用转轴式活动铰链与架构相连，安装、拆卸方便，门的折边处均嵌有一根山形橡塑条，关门时与架构之间的嵌条有一定的压缩行程，能防止门与柜体直接碰撞，也提高了门的防护等级。

装有电气元件的仪表门用多股软铜线与架构可靠连接，使整柜构成一个完整的接地保护电路。

柜体的顶盖在需要时可拆除，便于现场主母线的装配与调整。柜顶的四角装有吊环，用于起吊和装运。

柜体的防护等级为 IP30，也可根据使用环境要求在 IP20～IP40 之间选择。

GGD 型交流低压配电柜的柜体高度为 2200mm，前后深度为 600mm，宽度则有 600mm、800mm 和 1000mm 等几种尺寸。

6.3.2 GGD 型低压配电柜的技术数据

GGD 型低压配电柜的技术数据见表 6-6。

表 6-6　GGD 型低压配电柜技术数据

型号	额定电压 /V	额定电流 /A		额定短路开断 电流/kA	1s 额定短时耐 受电流/kA	额定峰值 耐受电流/kA
GGD1	380	A	1000	15	15	30
		B	600(630)			
		C	400			
GGD2	380	A	1500(1600)	30	30	63
		B	1000			
		C				
GGD3	380	A	3150	50	50	105
		B	2500			
		C	2000			

由表 6-6 可见，GGD 低压配电柜有 GGD1、GGD2 和 GGD3 三个型号，这三个型号中，其主要技术参数，包括额定电流、额定短路开断电流、1s 额定短时耐受电流、额定峰值耐受电流的参数值不尽相同，按照上述排列顺序，参数值逐渐增大。

在每一个型号中又有 A、B、C 三个分型号，这三个分型号的额定电流按照 A、B、C 的顺序逐渐减小。

6.3.3 GGD 型低压配电柜的一次线路方案

GGD 型低压配电柜有 GGD1、GGD2 和 GGD3 三个型号，其一次线路方案有雷同之处，为节约篇幅，这里给出 GGD2 型低压配电柜的一次线路方案图。见表 6-7。

表 6-7　GGD2 型低压配电柜的一次线路方案图及柜内主要电器

一次线路方案编号	01			02			03			04			05		
一次线路方案图															
用途	受电			受电			受电			受电			受电		馈电
方案分号	A	B	C	A	B	C	A	B	C	A	B	C	A	B	C
柜内安装元器件名称	安装数量														
HD13BX-1500/30 型刀开关				1			1			1			1		
HD13BX-1000/31 型刀开关					1			1			1			1	
HD13BX-600/31 型刀开关															1
DW15-1600/3□型断路器													1		
DW15-1000/3□型断路器														1	
DW15-630/3□型断路器															1
LMZ1-0.66□/5 电流互感器										1	1		3	3	3
柜宽/mm	600			1000			1000			800			800		
柜深/mm	600			600			600			600			600		
备注	DW15-1600、1000/3 型低压断路器配电动操作机构，DW15-630、400、200/3 型低压断路器配电磁操作机构，下同												C 方案柜宽可为 600mm		

续表

一次线路方案编号	07			08			09			10			11		
一次线路方案图															
用途	受电	联络		受电	联络		受电	联络		受电	联络		受电		
方案分号	A	B	C	A	B	C	A	B	C	A	B	C	A	B	C
柜内安装元器件名称	安装数量														
HD13BX-1500/30 型刀开关	1			1			1			1			2		
HD13BX-1000/31 型刀开关		1			1			1			1			2	
DW15-1600/3□型断路器				1			1			1			1		
DW15-1000/3□型断路器					1			1			1			1	
LMZ1-0.66□/5 电流互感器				3(4)	3(4)		3(4)	3(4)		3(4)	3(4)		3(4)	3(4)	
柜宽/mm	600			800			1000			1000			1000		
柜深/mm	600			600			600			600			600		
备注				括号内增加的一个电流互感器用于无功补偿柜。当远方需设置测量仪表并在柜内加装继电保护时,电流互感器选用 LMZ3D-0.66 型,下同											

续表

一次线路方案编号	12			13			14			15			16		
一次线路方案图															
用　　途	受电	联络		受电	联络		受电	备用		受电	备用		受电	备用	
方案分号	A	B	C	A	B	C	A	B	C	A	B	C	A	B	C
柜内安装元器件名称	安装数量														
HD13BX-1500/30 型刀开关	2			2											
HD13BX-1000/31 型刀开关		2			2										
HD13BX-1000/31(41)型刀开关								1			1			1	
DW15-1600/3□型断路器	1			1											
DW15-1000/3□型断路器		1			1		1			1			1		
LMZ1-0.66□/5 电流互感器	3(4)	3(4)		3(4)	3(4)		3(4)			3(4)			3(4)		
柜宽/mm	1000			1000			1000			1000			1000		
柜深/mm	600			600			600			600			600		
备注															

续表

一次线路方案编号	18			21			22			23			24		
一次线路方案图															
用　　途	受电			联络			联络　馈电			联络			馈电　备用		
方案分号	A	B	C	A	B	C	A	B	C	A	B	C	A	B	C
柜内安装元器件名称	安装数量														
HD13BX-1500/30 型刀开关	1			2			2								
HD13BX-1000/31 型刀开关		1			2			2							
HD13BX-1000/31(41)型刀开关													1		
HD13BX-600/31(41)型刀开关														1	
HD13BX-400/31(41)型刀开关															1
DW15-1600/3□型断路器	1														
DW15-1000/3□型断路器		1													
DW15-630/3□型断路器													1		
DW15-400/3□型断路器														1	
DW15-200/3□型断路器															1
DZX10-400/3□型断路器							2								
DZX10-200/3□型断路器								2							
NT-□型熔断器				3	3										
JDG-0.5 380/100V 电压互感器				2(3)	2(3)										
LMZ1-0.66□/5 电流互感器	3(4)	3(4)					2						3(4)	3(4)	
LMZ3-0.66□/5 电流互感器								2							3(4)
柜宽/mm	1000			1000			1000			600			600		
柜深/mm	600			600			600			600			600		
备注															

续表

一次线路方案编号	25			26			27			28			29		
一次线路方案图															
用途	馈电	备用		馈电	备用		馈电	备用		联络	备用	馈电	联络	备用	馈电
方案分号	A	B	C	A	B	C	A	B	C	A	B	C	A	B	C
柜内安装元器件名称	安装数量														
HD13BX-600/31 型刀开关										1			1		
HD13BX-1000/31(41)型刀开关	1			1			1								
HD13BX-600/31(41)型刀开关		1			1			1			1			1	
HD13BX-400/31(41)型刀开关			1			1			1						
DZX10-400/3□型断路器	2														
DZX10-200/3□型断路器		2		4	2		4	2							
DZX10-100/3□型断路器			2		2	4		2	4		2			2	
LMZ1-0.66□/5 电流互感器	2						3	3	3						
LMZ3-0.66□/5 电流互感器		2	2	4	4	4	4	4	4		2			2	
柜宽/mm	600			800			800			800			800		
柜深/mm	600			600			600			600			600		
备注															

续表

一次线路方案编号	31			32			33			34			35		
用　途	联络	馈电	备用	联络	馈电	备用	馈电			馈电			馈电		
方案分号	A	B	C	A	B	C	A	B	C	A	B	C	A	B	C
柜内安装元器件名称	安装数量														
HD13BX-1500/30 型刀开关							1								
HD13BX-1000/31 型刀开关								1		1			1		
HD13BX-600/31 型刀开关	1			1							1			1	
HD13BX-400/31 型刀开关									1			1			1
HD13BX-600/31(41) 型刀开关			1			1									
DW15-630/3□ 型断路器							2								
DZX10-400/3□ 型断路器								2							
DZX10-200/3□ 型断路器									2	4	2		4	2	
DZX10-100/3□ 型断路器	4			4							2	4		2	4
LMZ1-0.66□/5 电流互感器							2						3	3	3
LMZ3-0.66□/5 电流互感器	4			4				2	2	4	4	4			
柜宽/mm	800			800			800		600	800			800		
柜深/mm	600			600			600			600			600		
备注															

续表

一次线路方案编号	36			37			38			39			40		
一次线路方案图															
用　途	馈电			馈电			馈电			馈电			馈电		
方案分号	A	B	C	A	B	C	A	B	C	A	B	C	A	B	C
柜内安装元器件名称	安装数量														
HD13BX-1000/31 型刀开关	1			2			2			2			2		
HD13BX-600/31 型刀开关		1			2			2			2			2	
HD13BX-400/31 型刀开关						2			2			2			2
DW15-630/3□型断路器				2			2								
DWX15-630/3□型断路器					2			2							
DZX10-400P/3□型断路器										2	2				
DZX10-400/3□型断路器						2			2						
DZX10-200/3□型断路器										2	4				
DZX10-100/3□型断路器	6	6													
NT-□型熔断器													6	6	6
LMZ1-0.66□/5 电流互感器	3	3		2	2	2	6	6	6	4	2				
LMZ3-0.66□/5 电流互感器										2	4				
LMZ3D-0.66□/5 电流互感器													2	2	2
LJ-□型零序电流互感器													2	2	2
柜宽/mm	800			800			800			800			800		
柜深/mm	600			600			600			600			600		
备注															

续表

一次线路方案编号	41			42			43			44			46		
一次线路方案图															
用 途	馈电			馈电			馈电			馈电			馈电		
方案分号	A	B	C	A	B	C	A	B	C	A	B	C	A	B	C
柜内安装元器件名称	安装数量														
HD13BX-1000/31 型刀开关	2														
HD13BX-600/31 型刀开关		2		1			1							2	
HD13BX-400/31 型刀开关			2	1			1								2
HD13BX-200/31 型刀开关												3			
DWX15-630/3□型断路器					1			1							
CJ20-630/3 型接触器													1		
CJ20-250/3 型接触器													1	1	
CJ20-160/3 型接触器															1
CJ20-63/3 型接触器															
NT-□型熔断器	12	12	12	3			3					9	6	6	
JDG-0.5 380/100V 电压互感器							2(3)					2(3)			
LMZ3D-0.66□/5 电流互感器	4	4	4	4			3					2	2	2	
LJ-□型零序电流互感器	4	4	4	2			1					2	2	2	
柜宽/mm	800			800			800			800			800		
柜深/mm	600			600			600			600			600		
备注															

续表

一次线路方案编号	47			48			49			50			51		
一次线路方案图															
用　途	馈电			馈电			馈电			馈电			照明		
方案分号	A	B	C	A	B	C	A	B	C	A	B	C	A	B	C
柜内安装元器件名称	安装数量														
HD13BX-1000/31 型刀开关							2								
HD13BX-600/31 型刀开关	2							2		2			1		
HD13BX-400/31 型刀开关		2												1	
HD13BX-200/31 型刀开关									3						
DZX10-630P/3□ 型断路器										2					
NT-□ 型熔断器	12	12				18	18	18					12	12	
CJ20-630/3 型接触器										2					
CJ20-250/3 型接触器							2								
CJ20-160/3 型接触器								2							
CJ20-63/3 型接触器	4	4				6	4	4							
LMZ3-0.66□/5 电流互感器													4	4	
LMZ3D-0.66□/5 电流互感器	4	4								6					
LJ-□ 型零序电流互感器	4	4								2					
柜宽/mm	800			800			800			800			800		
柜深/mm	600			600			600			600			600		
备注															

续表

一次线路方案编号	52			53			54			55			57		
一次线路方案图															
用途	照明			照明			照明			照明			馈电		
方案分号	A	B	C	A	B	C	A	B	C	A	B	C	A	B	C
柜内安装元器件名称	安装数量														
HD13BX-600/31型刀开关	1						2			1					
HD13BX-400/31型刀开关		1										1			
HR5-630/3□熔断器式刀开关				1											
HR5-400/3□熔断器式刀开关					1										
HR5-200/3□熔断器式刀开关													2		
HR5-100/3□熔断器式刀开关														2	
HG2-160型熔断器式隔离器							12								
CJ20-100/3型接触器											4	4	2		
CJ20-63/3型接触器														2	
JR16-150/3D型热继电器													2		
JR16-60/3D型热继电器														2	
NT-□型熔断器	18	18		18	18						12	12			
SG-□型干式电力变压器				1	1										
LMZ1-0.66□/5电流互感器											3	3			
LMZ3-0.66□/5电流互感器	6	6													
LMZ3D-0.66□/5电流互感器													2	2	
LJ-□型零序电流互感器											4	4	2	2	
柜宽/mm	800			800			800			800			800		
柜深/mm	600			600			600			600			600		
备注															

续表

一次线路方案编号	58			59			60		
一次线路方案图									
用　　途	馈电（电动机）			馈电（电动机）			馈电（电动机）		
方案分号	A	B	C	A	B	C	A	B	C
柜内安装元器件名称	安装数量								
HR5-100/3□熔断器式刀开关	4	4		5	5		4	4	
CJ20-100/3 型接触器	4			2	2		4	4	
CJ20-63/3 型接触器		4		3			4		
CJ20-40/3 型接触器					3			4	
JR16-150/3D 型热继电器	4			2	2		2	2	
JR16-60/3D 型热继电器		4		3	3		2	2	
LMZ3D-0.66□/5 电流互感器	4	4		5	5		4	4	
LJ-□型零序电流互感器	4	4		5	5				
柜宽/mm	800			800			800		
柜深/mm	600			600			600		
备注									

6.3.4 GGD 型低压配电柜中的无功补偿柜

根据配套需要，GGD 型低压配电柜还设计配套了 GGJ 型无功功率补偿柜。根据补偿电容量的大小，分主柜 GGJ1 和辅柜 GGJ2 供选用。

无功补偿柜的一次线路方案图及柜内元器件数量见表 6-8。

表 6-8　GGJ 型低压无功补偿柜一次线路方案图及柜内主要元器件数量

一次线路方案编号	GGJ1-01			GGJ1-02			GGJ2-01			GGJ2-02		
一次线路方案图												
用　　途	无功补偿			无功补偿			无功补偿			无功补偿		
方案分号	A	B	C	A	B	C	A	B	C	A	B	C
柜内安装元器件名称	安装数量											
HD13BX-1000/31 型刀开关							1	1	1	1	1	1
HD13BX-400/31 型刀开关	1	1	1	1	1	1						
LMZ2-0.66□/5 电流互感器	3	3	3	3	3	3	3	3	3	3	3	3
aM3-32 型熔断器	30	24	18	30	24	18	30	24	18	30	24	18
FYS-0.22 金属氧化物避雷器	3	3	3	3	3	3	3	3	3	3	3	3
CJ19-32/□型接触器	10	8	6	10	8	6	10	8	6	10	8	6
JR16-60/32 型热继电器	10	8	6	10	8	6	10	8	6	10	8	6
DWB 型无功补偿控制器	1	1	1				1	1	1			
BCMJ04-16-3 型并联电容器	10	8	6	10	8	6	10	8	6	10	8	6
柜宽/mm	1000	800		1000	800		1000	800		1000	800	
柜深/mm	600			600			600			600		
备注												

无功补偿柜有主柜与辅柜之分。当主柜内的最多 10 只电容器可以满足补偿需求时，可以只使用一台主柜。当补偿需求的电容器等于或少于 8 只时，可使用屏柜宽度为 800mm 的主柜一台。当补偿需求的电容器多于 10 只时，可使用一台主柜与一台辅柜联合补偿。

GGJ2 型的无功补偿柜使用了 1000A 规格的 HD13BX-1000/31 型刀开关，比 GGJ1 型补偿柜使用的刀开关电流规格大，可使其承受较大的故障电流。

第7章

机床控制电路

各种类型的机床是机械加工和制造企业的重要设备，其中的电气控制电路较单台电动机的控制要来得复杂一些。为了提高生产效率，机床的操作人员和维修人员应对机床的控制电路有一个基本的了解。

机床的类别与型号很多，国家标准 GB/T 15375—2008《金属切削机床　型号编制方法》，规定了各种机床的型号编制方法。标准明确了机床的 11 种类别，它们是车床、钻床、镗床、磨床、齿轮加工机床、螺纹加工机床、铣床、刨插床、拉床、锯床和其他机床。

标准规定，机床的类代号，用大写的汉语拼音字母表示。必要时，每类可分为若干分类。分类代号在类代号之前，作为型号的首位，并用阿拉伯数字表示。第一分类代号如果是 1 可省略不写，第"2""3"分类代号则应予以表示。

机床型号编制方法见图 7-1。

国家标准 GB/T 15375—2008 规定的机床型号编制方法适用于新设计的各类通用及专用金属切削机床、自动线，而不适用于组合机床、特种加工机床。

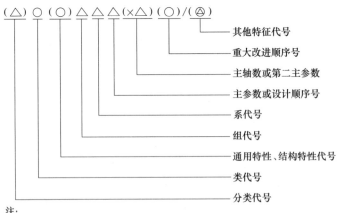

注：
1.有"（ ）"的代号或数字，当无内容时，则此位置为空，若有内容则不带括号；
2.有"○"符号的，为大写汉语拼音字母；
3.有"△"符号的，为阿拉伯数字；
4.有"⊘"符号的，为大写的汉语拼音字母，或阿拉伯数字，或两者兼有之。

图 7-1　机床型号编制方法

机床的分类和代号见表 7-1。

表 7-1　机床的分类和代号

类别	车床	钻床	镗床	磨床			齿轮加工机床	螺纹加工机床	铣床	刨插床	拉床	锯床	其他机床
代号	C	Z	T	M	2M	3M	Y	S	X	B	L	G	Q
读音	车	钻	镗	磨	2磨	3磨	牙	丝	铣	刨	拉	割	其

　　本章通过对常见机床电气控制电路的原理分析，使操作及维修人员能够更好地驾驭这类自动化程度越来越高的机械设备。

7.1　CA6140 型车床电气控制电路

　　车床是一种应用广泛的金属切削机床，可加工各种回转表面，也可用于车削螺纹，并可用钻头、铰刀等进行加工。CA6140 车床就是其中的一种。图 7-2 是 CA6140 型车床的外形结构示意图。

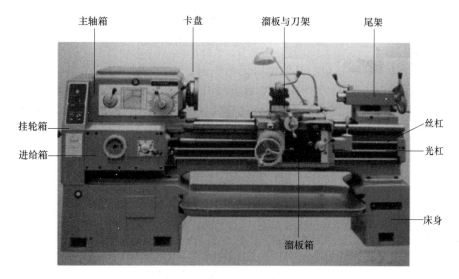

图 7-2　CA6140 型车床的外形结构示意图

7.1.1　CA6140 型车床电气控制电路图

　　CA6140 型车床的电气控制电路见图 7-3。识读这幅图首先要知道这台设备的功能，它有哪些机械动作，这些动作是如何控制实现的。

　　图 7-3 中，中间部位是电气原理图，包含 CA6140 型车床电路中的一次电路和二次电路。在各种不同的技术资料中，甚至不同生产厂家的产品说明书中，给出的电路基本相同，但会有一些差异，图 7-3 是一种较通用的电路。

　　标注在图 7-3 下部的 1～12 个矩形框是对电路划分的区域框，每个区域框对应着电路图中的一个局部电路，它可能是一次电路或二次电路中一个具有独立功能的电路单元。图 7-3 上部的矩形方框内标注的是文字，标示出中部电路相应位置电路的功能单元的名称。上部的文字框和下部的数字框有着大体一致的对应关系。

　　区域标号的作用是便于检修人员快速查找到控制元件的触点位置。为了达到这个目的，机床电路图中通常还给出继电器或接触器的触点所处的区域号，如图 7-3 右下角区域号与电路图

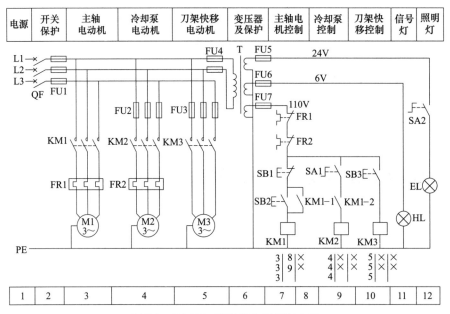

图 7-3　CA6140 型车床电气控制电路

之间给出的标记。关于这些标记的具体说明见图 7-4。

对于继电器的触点，图 7-4 中用一条竖线将常开触点与常闭触点分开，竖线左边是常开触点所处的区域编号，竖线右边是常闭触点所处的区域编号。由于继电器只有常开和常闭两种触点，因此标记中使用一条竖线。当然这个标记应画在电路图中相应继电器下方的适当位置。

图 7-4　触点所处的区域位置标记方法

接触器的触点除了有辅助常开触点和辅助常闭触点外，还有主触点，共有三类触点，所以图 7-3 中交流接触器的触点使用两条竖线将三类触点分开，标记中的三类触点如果没有完全使用，则未使用的触点类别位置空缺，或者使用符号 "×" 去填充那些未使用的触点位置，而将使用的触点类别标注在竖线旁边，读图时只要观察到哪条竖线旁有数字，就会知道这些数字代表的是主触点、辅助常开触点或者辅助常闭触点，并根据数字从电路图中找到这些触点所处的位置。

7.1.2　CA6140 型车床电气控制电路原理分析

（1）CA6140 型车床使用的电气元件

CA6140 型车床使用的电气元件明细见表 7-2。

表 7-2　CA6140 型车床电气元件明细表

元件代号	元件名称	型号	规格	单位	数量	功能
QF	断路器	AM2-40	20A	台	1	电源开关
FU1	熔断器	BZ001	熔体 20A	只	3	整机保护

续表

元件代号	元件名称	型号	规格	单位	数量	功能
FU2	熔断器	BZ001	熔体 1A	只	3	电动机 M2 保护
FU3	熔断器	BZ001	熔体 2A	只	3	电动机 M3 保护
FU4	熔断器	BZ001	熔体 1A	只	2	变压器 T 保护
FU5	熔断器	BZ001	熔体 2A	只	1	照明电路短路保护
FU6	熔断器	BZ001	熔体 1A	只	1	信号灯电路短路保护
FU7	熔断器	BZ001	熔体 1A	只	1	控制电路短路保护
FR1	热继电器	JR36-20/3	15.4A	只	1	M1 过载保护
FR2	热继电器	JR36-20/3	0.32A	只	1	M2 过载保护
M1	主轴电动机	Y132M-4-B3	7.5kW	台	1	主轴及进给驱动
M2	冷却泵电动机	AOB-25	90W	台	1	供冷却液
M3	刀架快移电动机	AOS5634	250W	台	1	刀架快速移动
T	控制变压器	JBK2-100	380V/110V/24V/6V	台	1	控制电路电源
SB1	按钮	LAY3-01		只	1	停止 M1
SB2	按钮	LAY3-10		只	1	启动 M1
SB3	按钮	LA9		只	1	启动 M3
SA1	旋钮开关	LAY3-10X		只	1	启动 M2
SA2	旋钮开关	LAY3-01Y		只	1	开启照明灯
HL	信号灯	ZDS-0	6V	只	1	电源指示
EL	照明灯	JC11	24V	只	1	工作照明
KM1	交流接触器	CJ10-20	线圈电压 110V	台	1	控制电动机 M1
KM2	交流接触器	CJ10-10	线圈电压 110V	台	1	控制电动机 M2
KM3	交流接触器	CJ10-10	线圈电压 110V	台	1	控制电动机 M3

（2）CA6140 型车床电气控制电路原理分析

在图 7-3 所示的 CA6140 型车床电路中，合上断路器 QF，整机获得工作电源。该车床使用了三台电动机，其中 M1 是主轴电动机，它带动主轴旋转和刀架的给进运动；M2 是冷却泵电动机，用以输送冷却液；M3 为刀架快速移动电动机，用来拖动刀架快速移动。

电动机 M1 由交流接触器 KM1 控制其启动或停止，由热继电器 FR1 实施过载保护，由熔断器 FU1 和断路器 QF 实施短路保护。电动机 M2 由交流接触器 KM2 控制其启动或停止，由熔断器 FU2 和热继电器 FR2 分别进行短路保护和过载保护。电动机 M3 由熔断器 FU3 进行短路保护，这台电动机为间歇性工作，所以未设置过载保护。

CA6140 型车床由一台变压器 T 提供控制电源，变压器初级线圈接 380V 电源，熔断器 FU4 实施短路保护，二次线圈分别输出 24V、6V 和 110V 电压，并分别由熔断器 RU5、RU6 和 RU7 进行保护。24V 输出用作工作照明灯 EL 的电源，并受旋钮开关 SA2 控制。信号灯 HL 是电源指示灯，只要断路器 QF 合上，该灯就点亮，用以指示电源有电。110V 输出是交流接触器线圈的工作电源。下面介绍三台电动机的控制机理。

① 主轴电动机 M1 的控制　断路器 QF 合闸后，电源指示灯 HL 点亮。按压按钮 SB2，接触器 KM1 线圈得电，其辅助触点 KM1-1 闭合实现自保持。主触点闭合，电动机 M1 通电开始运行。接触器 KM1 辅助常开触点 KM1-2 串联在接触器 KM2 的线圈回路中，其控制效果是，只有主轴电动机 M1 启动后，才能启动冷却泵电动机 M2。这其中的道理其实很简单，因为主轴电动机启动前，是没有必要启动冷却泵的。

主轴电动机运行中如果出现过电流等异常情况并持续一定时间，热继电器 FR1 动作，其常闭触点 FR1（在图 7-3 中的 7 区）断开，接触器 KM1 线圈失电，主触点释放，电动机 M1 断电得到保护。接触器 KM1 的自锁触点 KM1-1（在 8 区）断开并解除自锁；接触器 KM1 的常开触点 KM1-2（在 9 区）断开，接触器 KM2 释放，电动机 M2 也同时断电停止运行。

按压按钮 SB1，电动机 M1 停止运行。

接触器 KM1 线圈下方的触点所处位置标记的含义是，接触器主触点在电路图区域 3，辅助常开触点所处位置在电路图中的区域 8 和区域 9。

② 冷却泵电动机 M2 控制　主轴电动机 M1 启动后，即可启动冷却泵电动机 M2。操作旋钮开关 SA1，接触器 KM2 线圈得电，主触点闭合，电动机 M2 启动开始运行。热继电器 FR2 对电动机 M2 实施过电流即过载保护。当电动机 M2 过载时，由于 FR2 的常闭触点串联在 KM1 的线圈回路中，因此电动机 M1 和 M2 同时停止运行。

接触器 KM2 的触点所处区域已在图 7-3 中示出，即只有主触点处于区域 4，辅助触点没有被使用。

③ 刀架快速移动控制　需要快速移动刀架时，按下点动按钮 SB3（在 10 区），电动机 M3 启动，刀架快速移动；刀架移动到位后，松开按钮 SB3。

接触器 KM3 的触点所处位置已在图 7-3 中示出，即只有主触点控制电动机 M3 的通电与断电，使电动机 M3 运行与停止，未使用其他辅助触点。

7.2　M7130 型平面磨床电气控制电路

M7130 型平面磨床的主要结构由床身、工作台、电磁吸盘、砂轮箱等部件构成，其外形样式见图 7-5。磨床可以用机械方法将工件固定在工作台面上，也可以使用电磁吸盘吸持铁磁性的工件。旋转运动的砂轮可以沿滑座上的燕尾槽做横向进给运动；工作台可带动电磁吸盘及工件做纵向往复运动，横向运动与纵向运动的配合，可使磨床对工件进行加工。

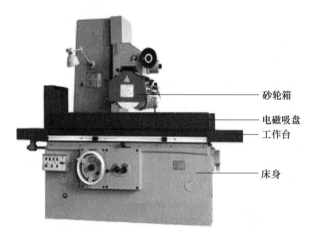

图 7-5　M7130 型平面磨床外形样式

砂轮箱
电磁吸盘
工作台
床身

7.2.1　M7130 型平面磨床的控制要求

M7130 型平面磨床由三台电动机拖动，其中砂轮由一台笼型异步电动机拖动，加工过程中砂轮的转速一般无须调整，也无须反转。砂轮电动机功率为 4.5kW，可以直接启动。

平面磨床的纵向和横向运动采用液压传动，所以磨床配置一台液压泵电动机。该电动机功率为 2.8kW，无反转与调速需求，同样采用直接启动方式启动。

平面磨床需要一台冷却液电动机提供冷却液，而且可以与砂轮电动机同步运行，因此，冷却液电动机与砂轮电动机共同使用一套启动与保护电路。

平面磨床可以使用电磁吸盘来吸持工件，为了防止磨削加工时因电磁吸盘吸力不足而造成工件飞出发生意外，要求电磁吸盘具有弱磁保护装置。

7.2.2　平面磨床的电气元件清单与控制电路

电路中使用的电气元件清单见表 7-3。

表 7-3　M7130 型平面磨床电气元件明细表

元件代号	元件名称	型号	规格	单位	数量	功能
M1	砂轮电动机	W451-4	4.5kW,380V	台	1	驱动砂轮
M2	冷却液电动机	JCB-22	125W,380V	台	1	驱动冷却泵
M3	液压泵电动机	JO42-4	2.8kW,380V	台	1	驱动液压泵
QS1	电源开关	HZ10-25/3	25A,3 极	只	1	通断电源
QS2	充磁、去磁开关	HZ10-10P/3	10A,3 极	只	1	控制电磁吸盘
SA	照明灯开关	—	250V,1A	只	1	控制照明灯
FU1	熔断器	RL1-60/30	熔体 30A	只	1	电源保护
FU2	熔断器	RL1-15/5	熔体 5A	只	1	控制电路保护
FU3	熔断器	BLX-1	熔体 1A	只	1	照明电路保护
FU4	熔断器	RL1-15/2	熔体 2A	只	1	电磁吸盘保护
KM1	接触器	CJ10-10	线圈电压 380V	台	1	控制电动机 M1、M2
KM2	接触器	CJ10-10	线圈电压 380V	台	1	控制电动机 M3
FR1	热继电器	JR10-10	整定电流 9.5A	只	1	M1 过载保护
FR2	热继电器	JR10-10	整定电流 6.1A	只	1	M3 过载保护
T1	照明变压器	BK-50	50V·A,380V/36V	台	1	照明电源
T2	整流变压器	BK-400	400V·A,220V/145V	台	1	吸盘整流电源
V	桥式整流器	GZH	1A,200V	只	1	整流
YH	电磁吸盘		1.2A,110V	只	1	吸持工件
KA	欠电流继电器	JT3-11L	1.5A	只	1	吸盘弱磁保护
SB1	按钮	LA2	红色	只	1	启动电动机 M1
SB2	按钮	LA2	绿色	只	1	停止电动机 M1
SB3	按钮	LA2	红色	只	1	启动电动机 M3
SB4	按钮	LA2	绿色	只	1	停止电动机 M3
R1	电阻	GF	6W,125Ω	只	1	放电保护电阻
R2	电阻	GF	50W,1000Ω	只	1	去磁电阻
R3	电阻	GF	50W,500Ω	只	1	放电保护电阻
C	电容器	—	600V,5μF	只	1	保护用电容器
EL	照明灯	JD3	36V,40W	只	1	工作照明
XP1	接插件	CY0-36	—	套	1	电动机 M2 用
XP2	接插件	CY0-36	—	套	1	电磁吸盘用

7.2.3　M7130 型平面磨床电气控制电路原理分析

M7130 型平面磨床的电气控制电路见图 7-6。

（1）主电路原理分析

M7130 型平面磨床由电源开关 QS1 接通电源，砂轮电动机 M1 和冷却泵电动机 M2 由交流接触器 KM1 控制其运行与停止；热继电器 FR1 对其进行过载保护。液压泵电动机由交流接触器 KM2 控制运行与停止。热继电器 FR2 对其进行过载保护。

由熔断器 FU1 对三台电动机进行短路保护。

（2）控制电路原理分析

M7130 型平面磨床的控制电路由熔断器 FU2 进行短路保护。

① 不使用电磁吸盘吸持工件　当工件不使用电磁吸盘吸持固定时，可将电磁吸盘的电源线从接插件 XP2 上拔下。这时电流继电器 KA 线圈中没有电流，其触点 KA（在图 7-6 中的 9 区）断开。为了能让磨床在不使用电磁吸盘的情况下继续加工工件、即交流接触器 KM1 和 KM2 的线圈具备通电工作条件，须将充磁、去磁开关 QS2（在 8 区和 12 区）扳向"去磁"挡，这时，电源的 L1 端通过如下途径，即电源 L1→电源开关 QS1→熔断器 FU1→熔断器 FU2→热继电器 FR1 的常闭触点→热继电器 FR2 的常闭触点→充磁、去磁开关 QS2 的"去

磁"挡触点→按钮 SB2 的常闭触点，送达电动机 M1 的启动按钮 SB1。之后工件如果已由机械方式夹持固定好并处于待开机状态，就可操作按压启动按钮 SB1（在 8 区），接触器 KM1 线圈得电后吸合，其常开辅助触点 KM1（在 8 区）闭合自锁，接触器的主触点（在 2 区）闭合，砂轮电动机 M1 和冷却泵电动机 M2 开始运转。

操作按钮 SB3（在 9 区），可使接触器 KM2 线圈得电并由其常开辅助触点自锁，液压泵电动机 M3 启动运转。

按压按钮 SB2（在 8 区）可使电动机 M1 和 M2 停止运行，按压按钮 SB4（在 9 区）可使电动机 M3 停止运行。

电动机出现过载等异常情况时，热继电器 FR1 和 FR2 的常闭触点（在 8 区）将断开，电动机停机受到保护。

② 使用电磁吸盘吸持工件　使用电磁吸盘吸持工件时须将电磁吸盘通过接插件 XP2（在 14 区）与电路连接好，并将充磁、去磁开关 QS2 扳向"充磁"挡，这时电流继电器 KA 线圈中有正常的电流流过，其触点 KA（在 9 区）闭合，交流接触器 KM1 和 KM2 的线圈具备通电工作条件，之后三台电动机启动、停止与保护的操作过程与不使用电磁吸盘时的情况相同。

③ 电磁吸盘控制电路分析　电磁吸盘是磨床工作台上用来固定工件的一种夹具。它与机械夹具相比，具有夹紧迅速、操作简便、一次能吸牢多个小工件等优点，缺点是不能吸持铝、铜等非磁性材料的工件。

电磁吸盘使用直流电源，M7130 型平面磨床通过整流变压器 T2 将 220V 交流电压降低为 145V，经桥式整流后得到约 130V 直流电压，作为电磁吸盘的电源。

电磁吸盘通过转换开关 QS2 的控制，共有三种工作状态，即"充磁""松开"和"去磁"状态。

将 QS2（在 8 区和 12 区）置"充磁"状态，电磁吸盘经过 QS2 的"充磁"触点使吸盘线圈得到下正上负的直流电压，电磁吸盘产生电磁吸力，可将工件吸持牢固。此时（欠）电流继电器 KA 线圈（在 13 区）中有正常电流，其触点 KA（在 9 区）闭合，接通磨床三台电动机的启动控制电路电源，磨床可以开机运行。（欠）电流继电器 KA 触点在此连接的作用是，如果由于电源电压偏低或电磁吸盘开路导致吸盘吸力不足或丧失，触点断开，砂轮电动机将断电，防止工件从吸盘上飞出造成意外。因此这是一种安全保护的技术措施。

转换开关 QS2 有 3 组切换触点，2 组（QS2-2 和 QS2-3）用于电磁吸盘的"充磁""松开"和"去磁"控制。这 2 组触点在电路图中的 12 区。另 1 组触点（QS2-1）在电路图中的 8 区，它的作用是，当不使用电磁吸盘夹持工件时，电磁吸盘通过拔除接插件 XP2 与直流电源断开，电流继电器 KA 线圈失电，触点断开，这时将转换开关 QS2 扳向"去磁"挡位，该挡位的触点 QS2-1（在 8 区）接通，可使磨床在使用机械夹持工件的情况下操作启动砂轮等电动机开始运行。

工件经电磁吸盘夹持并加工完毕，将转换开关 QS2 扳向"松开"挡位，切断电磁吸盘 YH 的直流电源。由于工件具有剩磁而不易取下，须对电磁吸盘进行去磁，即将转换开关 QS2 扳向"去磁"挡位，电磁吸盘在串联电阻 R_2 的情况下接入上正下负的直流电源，该电源极性与"充磁"时的极性相反。调节电阻 R_2 的阻值的大小，可以调节去磁电流的大小，达到既能充分去磁又不致反向磁化的目的。去磁结束，将 QS2 扳回"松开"挡位，即可将工件取下。

有的工件不易去磁，可以使用磨床配套的交流去磁器，接通交流 220V 电源对工件去磁。

电磁吸盘有完善的保护电路。使用的保护元件包括放电电阻 R_3、电流继电器 KA 等。

电磁吸盘的电感量较大，当电磁吸盘从"充磁"状态转换到"松开"状态瞬间，吸盘线圈两端将产生很大的自感电动势，容易使线圈或其他元件由于过电压而损坏，电阻 R_3（在 14 区）

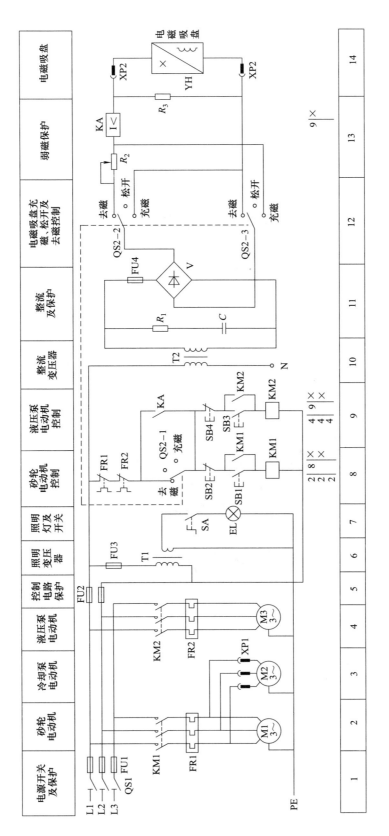

图 7-6 M7130 型平面磨床电气控制电路

的作用是在电磁吸盘断电瞬间给线圈提供放电通路,吸收线圈释放的磁场能量。电流继电器
KA 的作用是防止电磁吸盘断电时工件飞出发生事故,其保护原理是,当电磁吸盘发生断电或
欠压、欠流等故障时,电流继电器 KA 线圈中的电流小于整定值而释放,其常开触点 KA(在
9 区)断开,切断交流接触器 KM1、KM2 的线圈电源,KM1、KM2 断电释放,磨床的三台
电动机立即停转,从而避免工件飞出的意外发生。

电阻 R_1 和电容器 C 组成阻容吸收回路,可以吸收电磁吸盘交流侧的过电压以及直流侧通
电时产生的浪涌电压,对整流器进行保护。

M7130 型磨床电路中使用了接触器 KM1、KM2 以及电流继电器 KA,它们触点分布所属
的区号已在图 7-6 中给以标注。

7.3 X62W 型万能铣床电气控制电路

X62W 型机床是一种通用的多功能铣床,它可以对各种零件的平面、斜面、沟槽、齿轮及
成型表面进行加工,还可以加装万能铣头和圆工作台来铣切凸轮和弧形槽。因为它可对各种形
状的工件进行各种工艺效果的加工,因此称其为万能铣床。

X62W 型万能铣床的结构外形样式见图 7-7。

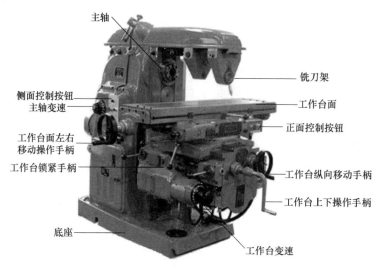

图 7-7　X62W 型万能铣床外形结构图

7.3.1 X62W 型万能铣床的加工运动形式

X62W 型万能铣床将铣刀安装在与主轴连在一起的铣刀架上(可参见图 7-7),铣刀架在铣
床顶部的横梁上。被加工的工件固定在工作台上,铣床的机械结构保证了工作台上的工件可以
进行向上、向下、向左、向右、向前、向后共 6 个方向的位置调整和进给。

铣床可以通过改变传动比,使工件在上述 6 个方向作快速移动。同时,转动部分可绕垂直
轴线左右旋转一个角度,所以工作台在水平面上除了能平行或垂直于主轴轴线方向进给外,还
能在倾斜方向进给,可以加工螺旋槽。工作台上还可以安装圆工作台以增强铣削能力。

综上所述,X62W 型万能铣床可有如下几种运动方式。

① 主运动:铣刀安装在铣刀架上,在主轴电动机驱动下作旋转动作。

② 进给运动：工作台作向上、向下、向左、向右、向前、向后共 6 个方向的运动。

③ 辅助运动：工作台作向上、向下、向左、向右、向前、向后共 6 个方向的快速运动。

7.3.2　X62W 型万能铣床对电力拖动的控制要求

为了实现铣削的加工需求，万能铣床能完成以下控制功能。

铣削加工有顺铣和逆铣，所以要求主轴能够实现正转和反转的切换。

为了提高主轴旋转的均匀性，并消除铣削加工时的振动，在主轴上装有飞轮，主轴转动惯性较大，停车的快捷性受到影响，所以主轴电动机停机时要求有制动控制。

主轴的转速与进给速度有较宽的调节范围，X62W 型铣床采用变速箱齿轮换挡的方式调节。为了保证调节转速时齿轮易于啮合，减小齿轮端面的冲击，要求控制电路在转速调节时能对电动机瞬时冲动。

为了适应工作台在向上、向下、向左、向右、向前、向后 6 个方向上运动的要求，进给电动机应能正、反转。快速运动则由进给电动机与快速电磁铁配合完成。

冷却泵电动机只要求单方向运行。

圆工作台运动只有一个转向，且与工作台进给运动不能同时进行，须由联锁保证。

为了防止主轴未转动时，工作台将工件送进可能损坏刀具或工件，进给运动应在铣刀旋转之后进行。为降低加工工件表面的粗糙度，须在铣刀停转前停止进给运动。

工作台可以作向上、向下、向左、向右、向前、向后 6 个方向上运动，但在任何时刻都只能有一个方向的运动，为了保证这种效果，工作台在 6 个方向上的运动要有联锁。

X62W 型万能铣床的主轴运动与进给运动之间，没有速度协调的要求，所以，主轴电动机与进给电动机各自采用单独的笼形异步电动机进行驱动。

X62W 型万能铣床在侧面与正面两个地方同时安装有相同功能的操作按钮，以方便操作。

7.3.3　X62W 型万能铣床电气控制电路分析

X62W 型万能铣床的电气控制电路见图 7-8。这台机床的一个特点是，相关控制由机械与电气配合进行。机床的各个操作手柄可能与相关的电气行程开关联动，操作机械手柄时，与之联动的行程开关同时动作，操作手柄复位，相应的电气行程开关也复位。这在分析铣床工作原理时应予注意。

（1）主电路及公用控制电路

X62W 型万能铣床有三台电动机，其中 M1 是主轴电动机，受交流接触器 KM1 控制。M1 的顺、逆运行由旋转开关 SA3（在图 7-8 电路图中的 2 区）切换，该开关有 4 对触点，当开关旋转至图中标记"顺"字的挡位时，开关 SA3 的中间两对触点接通（每对触点有上、下两个触点，在标有"顺"字的那条虚线上有两个黑点，表示这两对触点接通），电动机通电时顺时针旋转。

当 SA3 旋转至标记"逆"字的挡位时，开关 SA3 两侧的两对触点接通（在标有"逆"字的那条虚线上有两个黑点，与这两个黑点对应的两对触点接通），电动机通电时逆时针旋转。

主轴电动机 M1 在启动前，应由旋转开关 SA3 事先将旋转方向选择好。M1 在运行中不能用 SA3 改变旋转方向。

主轴电动机 M1 由热继电器 FR1 进行过载保护，由熔断器 FU1 进行短路保护。

主轴电动机 M1 启动后，可用旋钮开关 QS2（在 3 区）接通冷却泵电动机 M2 的工作电源使其启动。热继电器 FR2 对电动机 M2 进行过载保护。

M3 是工作台进给电动机，由接触器 KM3 和 KM4 控制。两台接触器分别可使 M3 正转或

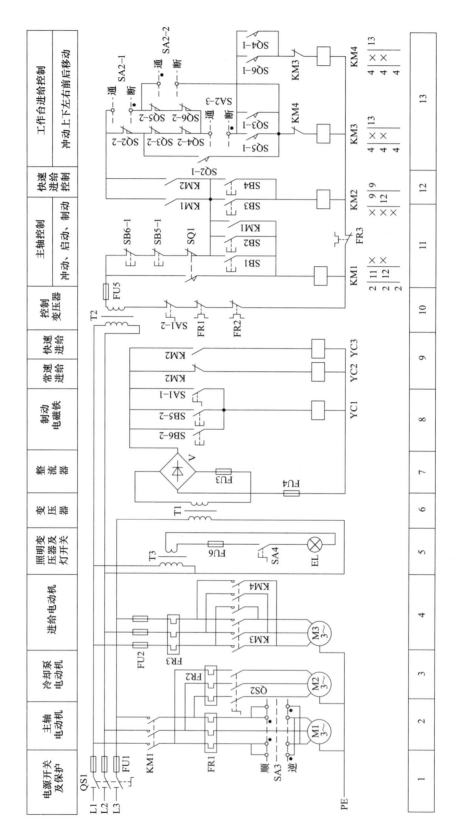

图 7-8 X62W 型万能铣床电气控制电路

反转。熔断器 FU2 对电动机 M3 进行短路保护，热继电器 FR3 对电动机 M3 进行过载保护。

控制电路所需的工作电源由变压器 T2 输出的 110V 电压提供。由熔断器 FU5 对 T2 的二次电路进行短路保护。X62W 型万能铣床的主轴制动、工作台常速进给和快速进给分别由电磁离合器 YC1、YC2 和 YC3 实现。电磁离合器所需的直流工作电源由变压器 T1 将 380V 电压降压后，再经桥式整流器 V 整流后提供，熔断器 FU3 和 FU4 分别对交直流侧进行短路保护。

(2) 主轴电动机 M1 控制电路

为了方便对主轴电动机 M1 的控制，X62W 型万能铣床在机床的不同位置安装了两套启动和停止按钮，其中 SB1 和 SB5 安装在升降台上，SB2 和 SB6 安装在床身上。

对主轴电动机 M1 的控制包括启动、停机制动、换刀制动和变速冲动。

主轴电动机 M1 启动前，须按照顺铣或逆铣的工艺要求，用组合开关（旋转开关）SA3（在图 7-8 中的 2 区）预先选定 M1 的旋转方向，之后按下按钮 SB1 或 SB2（在图 7-8 中的 11 区，实物分别安装在升降台和床身上），接触器 KM1 的线圈得电，其主触点 KM1（在 2 区）使主轴电动机 M1 启动运行；处在 11 区的 KM1 的常开触点实现自锁；处在 12 区的 KM1 的常开触点闭合，接通接触器 KM3 和 KM4 的控制电源，保证只有电动机 M1 启动后，M2 才能经 KM3 和 KM4 启动运行。

欲使电动机 M1 停机，按一下按钮 SB5 或 SB6 均可，这两个按钮的常闭触点 SB5-1 和 SB6-1（在 11 区）串联在接触器 KM1 的线圈回路中，按压任意一只都可使电动机 M1 停机。

与此同时，按钮 SB5 和 SB6 的常开触点 SB5-2、SB6-2 在 8 区并联，接通制动电磁离合器 YC1 的线圈电源，对电动机 M1 实施制动。一般电动机 M1 拖动的主轴制动时间不超过 0.5s，所以按下停机按钮的持续时间应不少于该时长。

主轴的变速冲动是经过变速手柄配合限位开关 SQ1 实现的。需要变速时，将变速手柄拉出，转动变速盘调节至所需的转速，然后将变速手柄复位。在手柄复位时，其联动装置瞬间压动限位开关 SQ1，SQ1 的常闭触点（在 11 区）切断接触器 KM1 的线圈电源，随即 SQ1 的常开触点（在 11 区）闭合，短时接通接触器 KM1 的线圈电源，使电动机 M1 转动一下，带动齿轮抖动以利于齿轮啮合。如果点动一次齿轮还不能啮合，可重复进行上述动作。变速手柄复位后，限位行程开关 SQ1 也相应复位。

主轴换刀时，机床应没有任何动作，以避免发生事故。为此，只要将换刀制动开关 SA1 扳到接通位置即可，这时位于 10 区的 SA1-2 常闭触点断开，切断所有控制电路以策安全；同时，位于 8 区的常开触点 SA1-1 闭合，接通制动电磁离合器 YC1，使主轴处于制动状态。换刀结束后，须将 SA1 扳回断开位置。

(3) 进给动作控制

工作台的进给运动应遵循相应的操作程序。

进给运动分常速进给和快速进给，常速进给须在电动机 M1 启动运行后才能进行，而快速进给则可以在 M1 不启动的情况下进行。电动机 M3 驱动工作台在向上、向下、向左、向右、向前、向后 6 个方向上的进给动作。电动机 M3 的正反转由接触器 KM3 和 KM4 控制，M3 正反转可以用来改变进给运动的方向。与左右移动操作手柄联动的行程开关 SQ5、SQ6，以及与上下前后移动操作手柄联动的行程开关 SQ3、SQ4，相互组成复合联锁控制，使得在选择 6 个移动方向时，只能进行其中一个方向的移动，以确保操作安全。当两个操作手柄都处在中间位置时，行程开关 SQ3、SQ4、SQ5、SQ6 均处于不受压的原始状态。

将圆工作台的控制开关 SA2（在 13 区）扳到断开位置，其三组触点的通断状态为 SA2-1、SA2-3 接通，SA2-2 断开。从图 7-8 的 13 区中的 SA 的图形符号可见，SA 开关的旁边标记有"通"和"断"的字样，与该字样对应着的各有一条虚线，虚线旁边有一个小黑点。例如

SA2-1 "断"字样对应的虚线上有小黑点，表示 SA2-1 在断开挡位，触点是接通的。而 SA2-2 在开关置于"通"的挡位是接通的。

然后通过接触器 KM1 启动主轴电动机 M1，KM1 的辅助常开触点闭合（在 12 区的那个 KM1），接触器 KM3、KM4 的控制电源准备妥当，只待通过左右移动操作手柄、上下前后移动操作手柄对机械结构产生操作效果的同时，对行程开关 SQ3、SQ4、SQ5、SQ6 联动施加压力，进而接通接触器 KM3、KM4 的线圈电源，实现工作台的进给动作。

进给运动使用两个电磁离合器 YC2 和 YC3，它们都安装在进给传动链中的传动轴上。当 YC2 得电动作而 YC3 不得电断开时，为常速进给；当 YC2 不得电断开而 YC3 得电动作时，为快速进给。

① 工作台左右进给运动　将左右移动操作手柄扳向右边，联动机构压动行程开关 SQ5，其常闭触点 SQ5-2（在 13 区）先行断开，常开触点 SQ5-1（在 13 区）随后闭合，这样接触器 KM3 的线圈得电吸合，电动机 M2 正转，工作台向右移动。接触器 KM3 的线圈得电通路是：SQ2-2→SQ3-2→SQ4-2→SA2-3→SQ5-1→KM4 的常闭辅助触点→KM3 的线圈上端。

如果将操作手柄扳向左边，则动作的不是 SQ5，而是 SQ6。SQ6 动作将导致接触器 KM4 线圈得电吸合，电动机 M2 反转，工作台向左移动。接触器 KM4 的线圈得电通路是：SQ2-2→SQ3-2→SQ4-2→SA2-3→SQ6-1→KM3 的常闭辅助触点→KM4 的线圈上端。

② 工作台的上、下、前、后进给运动　工作台的上、下、前、后进给运动由一个十字形手柄操纵，该十字形操作手柄有上、下、前、后和中间共 5 个挡位。将手柄扳至"向下"或"向上"位置时，分别压动行程开关 SQ3 和 SQ4，控制电动机 M2 正转和反转，并通过机械传动机构使工作台分别向下和向上运动。而当操作手柄扳至"向前"或"向后"挡位时，同样是压动行程开关 SQ3 和 SQ4，但此时机械传动机构能够自动识别并决定运动方向，将工作台分别向前和向后运动。当操作手柄在中间位置时，SQ3 和 SQ4 均不受压动作。具体说明如下。

将十字形操作手柄扳至"向上"位置时，行程开关 SQ4 受压动作，其常闭触点 SQ4-2（在 13 区）首先断开，随后其常开触点 SQ4-1（在 13 区）闭合，这样接触器 KM4 的线圈得电吸合，电动机 M2 反转，工作台向上移动。接触器 KM4 的线圈得电通路是：SA2-1→SQ5-2→SQ6-2→SA2-3→SQ4-1→KM3 的常闭辅助触点→KM4 的线圈上端。

将十字形操作手柄扳至"向下"位置时，行程开关 SQ3 受压动作，其常闭触点 SQ3-2（在 13 区）首先断开，随后其常开触点 SQ3-1（在 13 区）闭合，这样接触器 KM3 的线圈得电吸合，电动机 M2 正转，工作台向下移动。接触器 KM3 的线圈得电通路是：SA2-1→SQ5-2→SQ6-2→SA2-3→SQ3-1→KM4 的常闭辅助触点→KM3 的线圈上端。

当操作手柄扳至"向前"或"向后"位置时，同样是压动行程开关 SQ3 和 SQ4，但此时机械传动机构能够自动识别并决定运动方向，将工作台分别向前和向后运动。相关接触器 KM3 和 KM4 的吸合动作情况与"向下"或"向上"运动时相同，此处不赘述。

③ 工作台的快速进给运动　若欲使工作台快速进给，除了按常速进给的操作方法操纵进给操作手柄外，还要按下快速进给按钮 SB3 或 SB4（这是安装在两个地方但功能效果完全相同的按钮，在图 7-8 中的 12 区），使接触器 KM2 通电动作，其常闭触点 KM2（在 9 区）切断 YC2 的供电，常开触点 KM2（在 9 区）接通 YC3 的供电，使机械传动机构改变传动比，从而实现快速进给。

由于接触器 KM2 的一个常开触点 KM2（在 12 区）与接触器 KM1 的常开触点（在 12 区）并联，因此，在电动机 M1 不启动的情况下，也可以进行快速进给。

④ 进给变速冲动控制　进给变速与主轴变速一样，也需要对拖动电动机瞬间冲动一下，不过主轴变速冲动的是电动机 M1，而进给变速则应冲动电动机 M2。冲动有利于齿轮的良好啮合。

进给变速冲动由行程开关 SQ2 控制，在操纵进给变速手柄和变速盘时，瞬间压动行程开关 SQ2，其常闭触点 SQ2-2（在 13 区）断开，而其常开触点 SQ2-1（在 13 区）随即闭合，使接触器 KM3 的线圈经 SA2-1→SQ5-2→SQ6-2→SQ4-2→SQ3-2→SQ2-1→KM4 的常闭辅助触点→KM3 的线圈上端之路径通电动作，点动电动机 M2 正转，实现变速冲动。

由接触器 KM3 的线圈通电路径可见，只有进给操作手柄处于零位，即行程开关 SQ3～SQ6 均未受压动作时，才能进行进给变速冲动。

（4）使用圆工作台加工时的控制

对于弧形槽、弧形面和螺旋槽的加工，可以在工作台上加装圆工作台。圆工作台只有单方向的运转，也由电动机 M3 驱动。使用圆工作台时，将控制开关 SA2 扳至"接通"的位置，这时 SA2-1、SA2-3 断开，而 SA2-2 接通。在主轴电动机 M1 启动的同时，接触器 KM3 线圈得电吸合动作，使电动机 M3 正转，带动圆工作台旋转运动。接触器 KM3 线圈的通电路径是：SQ2-2→SQ3-2→SQ4-2→SQ6-2→SQ5-2→SA2-2→KM4 的常闭辅助触点→KM3 的线圈上端。

由接触器 KM3 的线圈通电路径可见，只要扳动进给操作的任何一个手柄，即 SQ3～SQ6 中任意一个行程开关的常闭触点断开，都会切断接触器 KM3 的线圈通路，使圆工作台停止运动，从而保证工作台的进给动作与圆工作台的旋转运动不同时进行。

（5）机床照明电路

EL 是机床照明灯，由变压器 T3 提供 24V 电压，并经开关 SA4 控制亮灭。熔断器 FU6 作短路保护。这部分电路在图 7-8 中的 5 区。

（6）联锁控制电路中使用的行程开关

为了提高操作的自动化程度，X62W 型万能铣床控制电路中使用了 6 只限位开关 SQ1～SQ6，这些限位开关在电路控制中发挥了重要作用。对它们的简要介绍见表 7-4。

表 7-4　X62W 型万能铣床电路中使用的限位开关

编号	在电路图中的区号		功能说明
	常开	常闭	
SQ1	11	11	主轴变速冲动控制
SQ2	13	13	进给变速冲动控制
SQ3	13	13	工作台向下、向前进给控制
SQ4	13	13	工作台向上、向后进给控制
SQ5	13	13	工作台向右进给控制
SQ6	13	13	工作台向左进给控制

7.4　Z3040 型摇臂钻床电气控制电路

钻床是一种用途广泛的机床，可以进行钻孔、扩孔、铰孔、攻螺纹及修刮端面等多种加工。Z3040 型摇臂钻床的主轴可以在水平面上调整位置，使刀具对准被加工孔的中心，而工件可以固定不动。摇臂钻床由底座、立柱、摇臂主轴箱等部件组成，如图 7-9 所示。

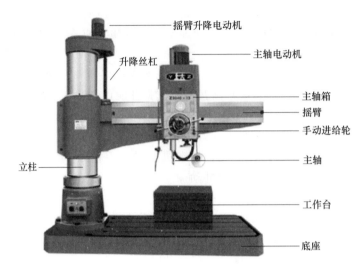

摇臂升降电动机

主轴电动机

升降丝杠

主轴箱

摇臂

手动进给轮

立柱

主轴

工作台

底座

图 7-9　Z3040 型摇臂钻床外形结构示意图

7.4.1　Z3040 型摇臂钻床主电路分析

Z3040 型摇臂钻床的电气控制电路见图 7-10。

Z3040 型摇臂钻床的工作电源由开关 QS1 引入。熔断器 FU1 作为整机的短路保护。

M1 是主轴电动机，该电动机直接启动，单向运转，由接触器 KM1 控制其运行或停止，使用热继电器 FR1 对其进行过载保护。M2 为摇臂升降电动机，由接触器 KM2 和 KM3 控制其正反转。由于该电动机为短时工作制，所以未设置过载保护。M3 为液压泵电动机，为了能使主轴箱和立柱的松开与夹紧，该电动机由接触器 KM4 和 KM5 控制其正反转。M3 使用 FR2 进行过载保护。M4 为冷却泵电动机，因其电功率较小，所以使用手动旋转开关 SA 对其进行操作控制，也未设置过载保护。

7.4.2　Z3040 型摇臂钻床控制电路分析

（1）Z3040 型摇臂钻床使用的时间继电器

一般电气控制电路中使用的时间继电器，线圈通电延时的比较多，即延时时间从时间继电器线圈通电开始计时，延时时间到，常闭触点断开，常开触点闭合。而该摇臂钻床使用了一款线圈断电延时的时间继电器，即线圈通电时所有各种类型的触点均瞬间动作，线圈断电时，瞬时动作触点立即动作复位，而延时触点则在延时结束时复位。

图 7-11 示出了几种时间继电器的图形符号。图 7-11（a）是通电延时型时间继电器的线圈与触点的图形符号，图 7-11（b）是断电延时型时间继电器的线圈与触点的图形符号，图 7-11（c）是线圈通电与断电触点均延时动作的时间继电器的图形符号，图 7-11（d）示出的时间继电器属于断电延时型，但它有一个瞬时动作的常开触点，该触点在线圈通电时立即闭合，线圈断电时瞬间断开。Z3040 型摇臂钻床正是使用了图 7-11（d）所示的一款时间继电器。

在一幅资料图纸中，如果仅有一只或一种类型的时间继电器，读图时不至于产生歧义时，则该时间继电器线圈也可以使用继电器的一般符号，即使用普通继电器的那种矩形符号。

（2）Z3040 型摇臂钻床使用的限位开关

限位开关也称行程开关。

为了提高操作的自动化程度，摇臂钻床使用了 5 只限位开关 SQ1～SQ5，这些限位开关在

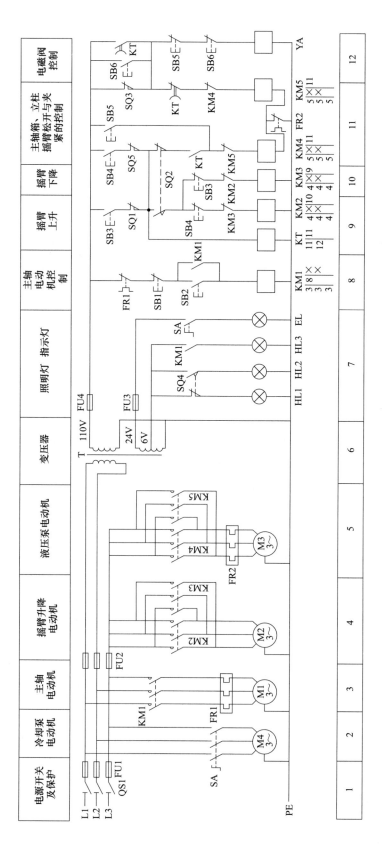

图 7-10 Z3040 型摇臂钻床电气控制电路

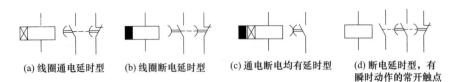

(a) 线圈通电延时型　(b) 线圈断电延时型　(c) 通电断电均有延时型　(d) 断电延时型, 有
瞬时动作的常开触点

图 7-11　时间继电器的图形符号

电路控制中发挥了重要作用。对它们的简要介绍见表 7-5。

表 7-5　Z3040 型摇臂钻床电路图中使用的限位开关

编号	在电路图中的区号		功能说明
	常开	常闭	
SQ1	—	9	摇臂的上升限位保护
SQ2	9	11	摇臂松开后, SQ2 的常闭触点断开, 常开触点闭合
SQ3		11	摇臂夹紧后, SQ3 的常闭触点断开
SQ4	7	7	立柱与主轴箱夹紧时, SQ4 的常开触点受压闭合, 指示灯 HL2 点亮; 立柱与主轴箱松开时, SQ4 的常闭触点不受压闭合, 指示灯 HL1 点亮
SQ5	—	11	摇臂的下降限位保护

（3）主轴电动机的控制

按下图 7-10 中 8 区的主轴电动机 M1 的启动按钮 SB2, 接触器 KM1 线圈得电, 其辅助触点 KM1（在 8 区）闭合自锁, 主触点接通电动机 M1 的工作电源, M1 开始启动运行。按下停止按钮 SB1, 接触器 KM1 线圈失电释放, 电动机停止运行。

（4）摇臂上升控制

摇臂升降的前提条件是液压泵电动机 M3 先启动运转, 经液压系统将摇臂松开, 然后才能启动摇臂升降电动机 M2, 驱动摇臂上升或下降。摇臂升降到位后, 停止升降电动机 M2, 通过液压系统将摇臂夹紧, 之后停止液压泵电动机 M3 的运行。

SB3 和 SB4 是摇臂升降电动机 M2 的点动控制按钮, 按住上升按钮 SB3（在 9 区）, 时间继电器 KT 线圈得电, 其瞬动常开触点（在 11 区）闭合, 接触器 KM4 线圈得电, 其主触点（在 5 区）使液压泵电动机 M3 启动正转, 供出压力油。同时, 时间继电器 KT 的通电瞬间动作、断电延时复位的常开触点（在 12 区）闭合, 使电磁铁 YA 得电, 压力油经二位六通电磁阀进入摇臂的松开油腔, 摇臂开始松开。摇臂松开后, 摇臂结构自动压下限位开关 SQ2, 其常闭触点（在 11 区）使接触器 KM4 线圈失电, 液压泵电动机 M3 停转, 液压泵停止供油。SQ2 的常开触点（在 9 区）使接触器 KM2 的线圈得电, 摇臂升降电动机 M2 正转, 拖动摇臂上升。此时由于按钮 SB3 仍处于压下状态, 其常闭触点断开, 因此接触器 KM3 的线圈不能获得电源。

如果摇臂未曾松开, 则 SQ2 的常开触点不能闭合, 接触器 KM2 的线圈不能得电, 摇臂不能上升。也就是说, 摇臂在夹紧状态未松开时, 是不会有上升动作的。

当摇臂上升到所需位置时, 松开点动按钮 SB3, 接触器 KM2 和时间继电器 KT 线圈失电, 摇臂升降电动机 M2 停转, 摇臂停止上升。时间继电器线圈失电后, 断电延时复位闭合的常闭触点（在 11 区）延时 1～3s 后闭合, 接触器 KM5 的线圈得电, 液压泵电动机 M3 反转, 供给压力油。位于 12 区的时间继电器断电延时复位的常开触点在延时 1～3s 后断开, 但此时限位开关 SQ3 的常闭触点在摇臂未夹紧的情况下, 处于闭合状态, 所以电磁铁 YA 仍能得电, 压力油经二位六通电磁阀进入夹紧油腔, 将摇臂夹紧。摇臂夹紧后, 位于 11 区的限位开关 SQ3 常闭触点断开, 接触器 KM5 和电磁阀 YA 失电, 电磁铁 YA 复位, 液压泵电动机停转, 完成了摇臂松开、上升及其夹紧的整个动作过程。

摇臂上升到极限位置，操作人员仍未松开点动按钮 SB3 时，摇臂装置将触及限位开关 SQ1（在 9 区），强行切断接触器 KM2 的线圈电源，电动机 M2 停转，使设备免受误操作的影响。

（5）摇臂下降控制

按下摇臂下降点动按钮 SB4，时间继电器 KT 线圈得电，之后的动作过程与摇臂上升非常类似。区别是，按压上升点动按钮 SB3（在 9 区）之后，由于 SB3 的常闭触点（在 10 区）断开，所以接触器 KM3 线圈不能得电，只有 KM2 线圈得电，使得摇臂升降电动机 M2 正转，拖动摇臂上升。如果按压按钮 SB4，则得电的是接触器 KM3 的线圈，摇臂升降电动机反转，摇臂下降。

因此，按钮 SB3 是摇臂上升的点动按钮，SB4 是摇臂下降的点动按钮。

在分析了摇臂上升的工作原理后，了解摇臂下降的工作过程就很容易了。所以分析过程此处从略。

（6）主轴箱和立柱松开和夹紧的控制

主轴箱和立柱的松开或夹紧是同时进行的。按下松开按钮 SB5（在 11 区），接触器 KM4 线圈得电，其主触点（在 5 区）液压泵电动机 M3 正转。液压泵开始供油，但此时电磁阀 YA 线圈并不通电，压力油进入主轴箱松开油缸和立柱松开油缸中，推动松紧机构使主轴箱和立柱松开。这时行程开关 SQ4（在 7 区）不受压，其常闭触点闭合，指示灯 HL1（在 7 区）点亮，指示主轴箱和立柱松开。

按下夹紧按钮 SB6（在 12 区），可使主轴箱和立柱夹紧。这时接触器 KM5 线圈（在 11 区）得电，液压泵电动机 M3 反转，由于电磁阀 YA 仍不通电，压力油进入主轴箱和立柱夹紧油缸中，推动机构使主轴箱和立柱夹紧。夹紧后行程开关 SQ4（在 7 区）被压，其常闭触点断开，指示灯 HL1 熄灭；常开触点闭合，指示灯 HL2（在 7 区）点亮，指示主轴箱和立柱已经夹紧。

（7）辅助控制电路

变压器 T（在 6 区）有三个低压绕组，其中 6V 绕组的电压给三个指示灯供电，这三个指示灯包括主轴箱和立柱松开指示灯 HL1、主轴箱和立柱夹紧指示灯 HL2 以及主轴电动机运行指示灯。变压器 T 的 24V 输出电压受旋钮开关 SA 控制，给照明灯 EL 供电。变压器 T 的 110V 输出电压则是接触器 KM1～KM5 以及电磁阀 YA 的操作控制电源。

交流接触器 KM1～KM5 以及时间继电器 KT 的触点使用情况以及触点在电路图中的分布情况可参见图 7-10 中的触点位置标记。

7.5 T68 型卧式镗床电气控制电路

镗床可以镗孔、钻孔、铰孔、扩孔，还可以用镗轴或平旋盘铣削平面，加上螺纹附件后还能车削螺纹，装上平旋盘刀架可加工大的孔径、断面和外圆。

镗床按结构形式可有多种，包括卧式镗床、立式镗床、坐标镗床、金刚镗床和专门化镗床等。其中卧式镗床应用最多，下面以常用的 T68 型卧式镗床为例予以介绍。

7.5.1 T68 型卧式镗床的基本结构与运动形式

T68 型镗床主要由床身、前立柱、后立柱、镗头架、工作台和尾架等部分组成。其外形样式与基本结构见图 7-12。床身是整体铸件，前立柱固定在床身上，镗头架装在前立柱的导轨上，并可在导轨上作上下移动，镗头架里装有主轴、变速箱、进给箱和操纵机构等。切削刀具装在镗轴前端或花盘的刀具溜板上，在切削过程中，镗轴一面旋转，一面沿轴向作进给运动。花盘也可单独旋转，装在花盘上的刀具可作径向的进给运动。后立柱在床身的另一端，后立柱上的尾架用来支持镗杆的末端，尾架与镗头架可同时升降，前后立柱可随镗杆的长短来调整它们之间的距离。工作台安装在床身中部导轨上，可借助溜板作纵向或径向运动，并可绕中心作垂直运动。

图 7-12　T68 型卧式镗床外形样式与基本结构

由此可知，T68 型镗床的运动形式如下。

① 主运动：镗轴和花盘的旋转运动。

② 进给运动：镗轴的轴向运动、花盘刀具溜板的径向运动、工作台的横向运动、工作台的纵向运动和镗头架的垂直运动。

③ 辅助运动：工作台的旋转运动、后立柱的水平移动、尾架的垂直运动及各部分的快速移动。

7.5.2　T68 型卧式镗床电气控制电路原理分析

T68 型卧式镗床的电气控制原理图见图 7-13。

（1）T68 型卧式镗床电力拖动的特点

卧式镗床对电力拖动有如下基本要求。

① 卧式镗床采用双速笼型异步电动机 M1 作为主拖动电动机，低速时将电动机定子绕组接成三角形，高速时将定子绕组接成双星形。双速电动机启动时要求先启动低速运行，需要高速时，须待延时后再行转换，不能直接启动高速。

② 卧式镗床要求主拖动电动机能正反转点动，以及准确地制动，以满足主轴、进给及花盘运转及调整的需要。

③ 在主轴变速和进给变速时，应设有冲动环节，以保证变速后齿轮进入良好的啮合状态。

④ 工作台或镗头架的自动进给与主轴或花盘刀架的自动进给之间应有联锁，两者不能同时进行。

⑤ 为了减少辅助动作时间，卧式镗床应能采用快速电动机保证各运动部件的快速移动。

（2）T68 型卧式镗床的主电路分析

主电路中有两台电动机，其中 M1 为主轴与进给电动机，这是一台 4 极、2 极可转换的双

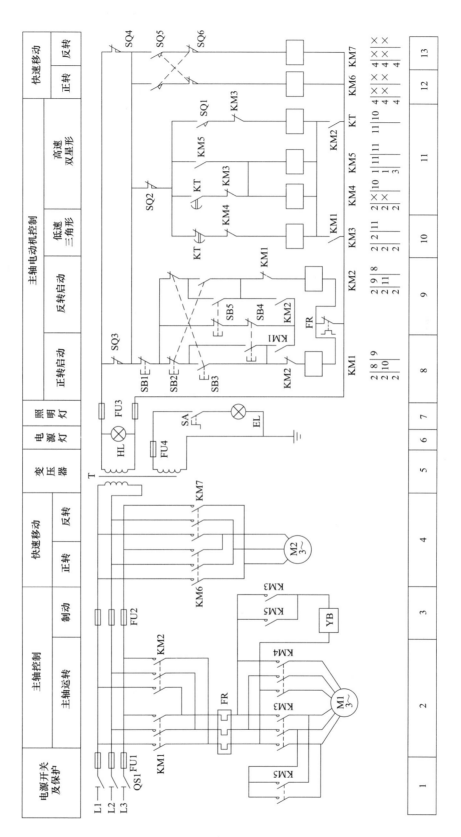

图 7-13 T68 型卧式镗床电气控制电路

速电动机，低速时，定子绕组接成三角形，高速时，定子绕组接成双星形。

电动机 M1 由 5 台交流接触器 KM1～KM5 控制，其中 KM1 和 KM2 控制 M1 的正反转，KM3 控制 M1 的低速运转，KM4、KM5 控制 M1 的高速运转。热继电器 FR 对电动机 M1 进行过载保护。

YB 为主轴制动电磁铁的线圈，由接触器 KM3 和 KM5 的常开触点控制其通电与否。

M2 为快速移动电动机，由 KM6 和 KM7 控制其正反转，实现快进与快退。因为 M2 为短时间断工作，所以不设过载保护。

（3）主轴电动机 M1 的正反转启动控制

对主轴电动机的控制包括 M1 的低速正反转控制、M1 的高速正反转控制和 M1 的点动控制等。

合上电源开关 QS1（在图 7-13 中的 1 区），电源指示灯 HL（在 6 区）点亮，指示电源有电。调整好工作台和镗头架的位置后，就可启动主轴电动机 M1，拖动镗轴正反转运行。

① 主轴电动机低速正转启动控制　当需要低速运转时，须将速度选择手柄置于低速挡，此时与速度选择手柄有联动关系的限位行程开关 SQ1 不受压，触点 SQ1（在 11 区）断开不闭合。这时按下正转启动按钮 SB3（在 8 区），接触器 KM1 通电自锁（在 8 区，经接触器 KM1 的辅助触点 KM1、按钮 SB4、SB5 的常闭触点形成自锁），KM1 的常开触点（在 10 区）闭合，KM3 线圈通电，电动机 M1 的绕组经接触器 KM1 和 KM3 的主触点接通电源，电动机 M1 在三角形接法下全压启动并低速运行。

T68 型卧式镗床采用电磁操作的机械制动装置，图 7-13 中的 YB（在 3 区）是制动电磁铁的线圈，无论 M1 正转或反转，还是高速、低速运行，YB 线圈均通电吸合，电磁铁松开电动机轴上的制动轮，电动机可自由启动。

② 主轴电动机高速正转启动控制　将速度选择手柄置于高速挡，速度选择手柄的联动机构将限位行程开关 SQ1 压下，触点 SQ1（在 11 区）闭合，这时同样按下正转启动按钮 SB3（在 8 区），在接触器 KM1、KM3 通电的同时，时间继电器 KT 也通电，于是，电动机 M1 低速启动运行一定时间后，时间继电器 KT 的通电延时常闭触点 KT（在 10 区）断开，使 KM3 断电；延时闭合的常开触点 KT（在 11 区）闭合，使接触器 KM4 和 KM5 线圈得电，它们的主触点（在 1、2 区）使电动机由低速三角形接法转换为高速双星形接法，电动机 M1 进入高速运转状态。

主轴电动机 M1 可以低速启动后，维持在低速状态下运行，也可低速启动后转换为高速运行，但不能直接启动高速挡。这也是对所有双速电动机或多速电动机的启动要求。须先启动低速，后启动中速，最后启动高速或更高速。T68 型卧式镗床的控制电路已经保证了这种启动要求。

③ 主轴电动机的反转启动控制　主轴电动机 M1 的反转启动与正转启动的操作控制过程相同，只是启动时操作的按钮由 SB3（在 8 区）改换成 SB2（在 8 区），操作按钮 SB2 后合闸的接触器由 KM1 更换为 KM2。KM1 和 KM2 合闸时对于电动机 M1 来说，区别就是改变了加在 M1 绕组上的电源的相序，所以可以实现反转。

④ 主轴电动机的点动控制　正转点动时，按下点动按钮 SB4（在 8 区），接触器 KM1 线圈得电，几乎同时，接触器 KM3 线圈得电，电动机开始低速正向运转。由于 SB4 的常闭触点切断了 KM1 的自锁通路，所以，松开按钮 SB4 后，电动机 M1 随即断电停机，形成正转点动效果。

反转点动时，按下点动按钮 SB5（在 9 区），接触器 KM2 线圈得电，几乎同时，接触器 KM3 线圈得电，电动机开始低速反向运转。因为 SB5 的常闭触点切断了 KM2 的自锁通路，所以松开按钮 SB5 后，电动机 M1 随即断电停机，形成反转点动效果。

（4）主轴电动机 M1 的制动与停车

停车时，按下位于 8 区的按钮 SB1，便切断了接触器 KM1（正转时）或 KM2（反转时）的线圈电路，其主触点断开电动机 M1 的电源，电动机停转；与此同时，电磁铁 YB 的线圈断电，在制动装置弹簧作用下，经杠杆将制动带紧箍在制动轮上进行制动，电动机停转并实现快速机械制动。

（5）主轴变速与进给变速控制

主轴变速与进给变速是在电动机 M1 运转时进行的。当主轴变速手柄拉出时，限位开关 SQ2（在 11 区）被压下，该常闭触点断开，接触器 KM3（低速时）或 KM4、KM5（高速时）断电而使电动机 M1 断电停转。当主轴转速选择好以后，推回变速手柄，则 SQ2 恢复到变速前的接通状态，M1 便自动启动工作。同样，需要进给变速时，拉出进给变速操作手柄，限位开关 SQ2（在 11 区）受压而断开，使电动机 M1 停车，选好合适的进给量后，将进给变速手柄推回，SQ2 恢复原来的接通状态，电动机 M1 重新启动工作。

当变速手柄推不上时，可来回推几次，使手柄通过弹簧装置作用于限位开关 SQ2，SQ2 便反复断开接通几次，使电动机 M1 产生冲动，以利于齿轮啮合。

（6）镗头架、工作台快速移动的控制

为了减少辅助工作时间，提高生产效率，由快速移动电动机 M2 经传动机构拖动镗头架和工作台作各种快速移动。运动部件及其运动方向的预选由装设在工作台前方的操作手柄进行。而镗头架上的快速操作手柄控制镗头架的快速移动。当扳动快速操作手柄时，相应压合行程开关 SQ5 或 SQ6（在 12、13 区），接触器 KM6 或 KM7 线圈得电，实现电动机 M2 的正转或反转，再通过相应的传动机构，使操纵手柄预选的运动部件按选定方向作快速移动。当快速移动操作手柄复位时，行程开关 SQ5 或 SQ6 不再受压，接触器 KM6 或 KM7 线圈断电释放，电动机 M2 停止转动，快速移动结束。

所以，镗头架、工作台快速移动的持续时间，就是操作快速移动手柄持续的时间。当快速移动操作手柄复位时，快速移动随即结束。

7.5.3 T68 型卧式镗床的保护与联锁电路分析

（1）电流保护

熔断器 FU1（在 1 区）对整机电路进行短路保护，FU2（在 3 区）对电动机 M2 及其后续电路进行短路保护，FU3（在 7 区）对控制电路进行短路保护，FU4（在 5 区）对工作灯照明电路进行短路保护。

FR 是主轴电动机 M1 的过载保护元件。

快速移动电动机 M2 是间歇性工作的，所以未设置过载保护。

（2）主轴进刀与工作台的互锁

为了防止机床、工作台或刀具损坏，应保证主轴进给和工作台进给不同时进行，为此，机床设置了两个联锁保护行程开关 SQ3 和 SQ4，其中 SQ3 是与主轴和平旋盘刀架自动进给手柄联动的行程开关，SQ4 是与工作台和镗头架自动进给手柄联动的行程开关，行程开关 SQ3（在 8 区）、SQ4（在 13 区）的常闭触点并联后串联在控制电路中，当这两个操作手柄中任意一个扳到进给位置时，SQ3、SQ4 中只有一个常闭触点断开，另一个常闭触点依然闭合，所以电动机 M1、M2 仍然都可以启动，实现自动进给。如果两种进给同时被选择，SQ3、SQ4 都被压下，它们的常闭触点均断开，将控制电路切断，M1 和 M2 无法启动，这时两种进给都不能进行，实现联锁保护。

（3）其他联锁保护

主轴电动机 M1 的正反转控制电路具有双重联锁保护，即由按钮 SB2 和 SB3 的常闭触点，以及接触器 KM1 和 KM2 的辅助常闭触点互锁实现联锁保护。

电动机 M1 的高速、低速启动有顺序要求，即必须先启动低速，之后才能启动高速。为了保证这种启动程序，将接触器 KM1、KM2（用于低速启动运行）的辅助常开触点（分别在 10 区和 11 区）串联在接触器 KM4、KM5（用于高速启动运行）的线圈回路中，保证主轴电动机有正确的启动顺序。

快速电动机 M2 的正反转联锁控制：将行程开关 SQ5、SQ6 的常闭触点（在 12、13 区），分别串联在对方的正转或反转启动电路中，保证快速电动机 M2 的正转和反转电路不能同时接通，实现联锁。

（4）联锁保护电路中使用的限位开关

T68 型卧式镗床控制电路中使用了 6 只限位开关，也称行程开关。限位行程开关在保护电路安全、方便操作等方面发挥着无可替代的重要作用。这在上述电路分析中已有介绍。表 7-6 对这些行程开关的功能作用予以梳理，供分析电路时参考。

表 7-6　T68 型卧式镗床电路图中使用的限位开关

编号	在电路图中的区号		功能说明
	常开	常闭	
SQ1	11	—	主轴电动机变速行程开关 主轴电动机 M1 低速启动时，速度选择手柄置于低速挡，限位行程开关 SQ1 不受压，其常开触点 SQ1 断开不闭合 主轴电动机 M1 高速启动时，速度选择手柄置于高速挡，限位行程开关 SQ1 压下，其常开触点 SQ1 闭合
SQ2	—	11	主轴变速手柄变速操作与电动机 M1 运转的互锁控制。当主轴变速手柄拉出时，SQ2 使电动机 M1 停转。当主轴转速选择好以后，推回变速手柄，则 SQ2 可使 M1 自动启动工作。同样，需要进给变速时，拉出进给变速操作手柄，限位开关 SQ2 受压而断开，使电动机 M1 停车，将进给变速手柄推回，SQ2 恢复原来的接通状态，电动机 M1 重新启动工作
SQ3	—	8	为了保证主轴进给和工作台进给不同时进行，设置了联锁保护行程开关 SQ3 和 SQ4，其中 SQ3 是与主轴和平旋盘刀架自动进给手柄联动的行程开关，SQ4 是与工作台和镗头架自动进给手柄联动的行程开关
SQ4	—	13	
SQ5	13	12	保证快速移动电动机 M2 的正转和反转电路不能同时接通，实现联锁
SQ6	12	13	

7.5.4　T68 型卧式镗床的辅助电路分析

T68 型卧式镗床控制电路使用一台变压器 T 供电，变压器的 36V 输出电压经照明开关 SA（在 7 区）控制照明灯 EL 的点亮或关断。HL（在 6 区）为电源指示灯，合上电源开关 QS1，HL 即应点亮。变压器 T 的 127V 输出电压用作交流接触器 KM1～KM7 以及时间继电器 KT 的线圈工作电源。

交流接触器 KM1～KM7 以及时间继电器 KT 的触点使用情况以及触点在电路图中的分布情况可参见图 7-13 中的触点位置标记。

第8章

PLC控制技术

自从1969年世界上第一台PLC产品问世，经过几十年的飞速发展，PLC已成为以计算机为核心，集微机技术、自动化技术以及通信技术于一体的通用工业控制装置。用它取代传统的继电器接触器控制系统，几乎在所有工业领域都取得了巨大的成功。国际电工委员会（IEC）在PLC诞生发展初期的1987年，对PLC的定义是："可编程序控制器是一种数字运算操作的电子系统，专为在工业环境下应用而设计。它采用可编程序的存储器，用来在其内部存储执行逻辑运算、顺序控制、定时、计数和算术运算等操作的指令，并通过数字式、模拟式的输入和输出，控制各种类型的机械或生产过程。可编程序控制器及其有关设备，都应按易于与工业控制器系统连成一个整体、易于扩充其功能的原则设计。"

当然，国际电工委员会早年对PLC定义的功能范围，早已被现代PLC装置超越，更广泛地应用在闭环过程控制、数据处理、开关量逻辑控制、运动控制和通信联网等工业领域。

8.1 PLC的特点与主要技术指标

8.1.1 PLC的特点

PLC的设计以用户需要为出发点，特别适应在工业环境中使用，具有以下主要特点。

（1）可靠性高，抗干扰能力强

复杂的工业环境对于电子产品来说，是一个非常恶劣的运行环境，而PLC可以在工业环境中抵御各种干扰，长期安全运行，平均无故障时间可以长达几十万小时。同时，PLC用软元件代替大量的中间继电器和时间继电器，仅使用与输入、输出有关的少量硬件，接线可减少到继电器控制系统的1/100~1/10，因此，由触点接触不良造成的故障大大减少。

电子设备的故障通常有两种，一种是偶发性故障，是由于外界恶劣环境引起的故障，这些外部环境条件包括电磁干扰、过电压、欠电压、超低温、超高温等。由外部环境条件引起的故障只要没有破坏系统内部存储的信息，一旦环境条件得以恢复，系统会随即恢复正常。另一种故障是由元器件不可恢复的破坏引起的，称为永久性故障。PLC本身具有较强的自诊断功能，可以保证CPU、RAM和I/O总线等硬核都正常的情况下，不间断地执行用户控制程序。有些高档的PLC具有CPU并行操作，在这些机型中，即使某个CPU出现故障，系统仍能正常工作，因为两个CPU同时发生故障的概率极低，这更增加了PLC的可靠性。

（2）功能完善，扩充方便

PLC具有模拟和数字量输入、输出、逻辑和算术运算，具有计数、定时、顺序控制、功率驱动、人机对话、自检记录、通信和显示等功能，并具备各种扩展单元，可以适应不同工业控制项目所需的不同输入、输出点数及不同输入、输出方式的控制系统。

（3）编程方法简单

PLC有多种编程方法，其中梯形图是使用较多的编程语言，它的电路符号和表达方式与继电器电路原理图极其相似。这种编程语言形象直观，易学易懂，熟悉继电器电路图的技术人员只要几天时间就可以熟悉梯形图语言，并用来编写用户程序。梯形图语言是一种面向用户的编程语言，使用计算机将梯形图程序输入PLC后，系统用解释程序将其翻译成汇编语言后由PLC去执行。

（4）功能完善，适用性强

PLC可以轻松地实现大规模的开关量逻辑控制，除此之外，PLC大多还具有完善的数据运算能力，可以用于各种数字控制领域。当前大量涌现的PLC功能单元，使PLC渗透到位置控制、温度控制等各种工业控制中。PLC通信能力的增强以及人机界面技术的发展，使其组成各种控制系统变得非常简单。PLC已经形成了大、中、小各种规模的系列化产品，可以用于各种规模的工业控制场合。

（5）体积小，能耗低，维修方便

PLC控制系统大大减少了继电器、接触器和时间继电器的使用量，使其体积缩小到原来控制系统的1/10～1/2，功率消耗也得以降低。发生故障时，可以根据PLC上的发光二极管或实时监控软件迅速地查明故障原因，用修改程序或更换配件、更换模块的方法快速排除故障。

8.1.2　PLC的主要技术指标

世界各国生产的PLC产品型号、规格很多，主要技术指标可以归纳有如下几点。

（1）存储容量

存储容量是指用户程序存储器的容量。用户程序存储器的容量大，可以编制出较复杂的程序。一般小型PLC的用户存储器容量为几千步，大型PLC的用户存储器容量有几万步。这里所谓的存储容量实际上是用户程序的程序容量，它不包括系统程序存储器的容量。程序容量与PLC最大I/O点数成正比。

（2）I/O点数

它是PLC可以接收的输入信号和输出信号点数的总和，是衡量PLC性能的重要指标。I/O点数越多，外部可接的输入设备和输出设备就越多，控制规模就越大。

（3）内部元件的种类与数量

PLC编制程序时，要用到其内部的大量元件来存放变量、中间结果、保持数据、计数定时、模块设置和各种标志位等信息，PLC内部这些元件的种类和数量越多，表示其存储与处理信息的能力越强。所以，PLC内部元件的种类与数量越多越好。

（4）PLC指令功能

PLC指令功能的强弱、数量的多少，也是衡量其性能的重要指标。因为PLC编程指令的功能越强，数量越多，它的控制能力和处理能力也越强，同时，用户编程也越简单方便，越容易完成复杂的控制任务。

（5）可扩展能力

PLC的可扩展能力包括存储容量的扩展、I/O点数的扩展、联网功能的扩展和各种功能模块的扩展等，当然，PLC的可扩展能力越强越好。

（6）特殊功能单元

特殊功能单元种类的多少及其功能的强弱是衡量 PLC 性能优劣的又一个重要指标。

（7）扫描速度和扫描周期

扫描速度是指 PLC 执行用户程序的速度，是衡量 PLC 性能的重要技术指标。一般以扫描 1KB 用户程序所需的时间来衡量扫描速度，通常以 ms/KB 为单位。可以通过比较各种 PLC 执行相同用户程序所用的时间，来衡量扫描速度的快慢。

而对于扫描周期来说，严格地讲，它不能算作 PLC 的技术指标，但这里仍然对其进行介绍。

PLC 在 RUN 运行工作模式时，执行一次图 8-1 所示的扫描过程所需的时间称为扫描周期，其典型值约为 1～100ms。扫描周期与用户程序的长短、指令的种类和 CPU 执行指令的速度有关。当用户程序较长时，指令执行时间在扫描周期中占相当大的比例。

在扫描用户程序之前，PLC 都先执行故障"自诊断"阶段的程序，自诊断的内容包括 I/O 部分、存储器、CPU 等，若发现问题则停机并显示出错。若自诊断正常，继续向下扫描。

在"通信处理"阶段，PLC 检查是否有与编程器、计算机等的通信请求，若有，则进行相应处理，例如接收由编程器送来的程序、命令和各种数据，并把要显示的状态、数据、出错信息等发送给编程器进行显示。

在图 8-1 的"扫描输入"阶段，PLC 对各个输入端进行扫描，并将所有输入端的状态送到输入映像寄存器。

在"程序执行"阶段，中央处理器 CPU 将逐条执行用户指令程序，即按程序要求对数据进行逻辑、算术运算，再将正确的结果送到输出状态寄存器中。

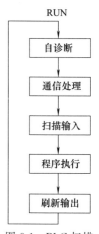

图 8-1 PLC 扫描周期示意图

当所有指令执行完毕时，PLC 集中把输出映像寄存器的状态通过输出部件转换成被控设备所能接收的电压或电流信号，以驱动被控设备，这就是图 8-1 中"刷新输出"阶段完成的任务。

PLC 完成以上五个阶段的工作过程所需的时间，称为一个扫描周期。完成一个扫描周期后，又重新开始下一个扫描周期，扫描周而复始地进行。

图 8-1 中的"通信处理"并不是在每一个扫描周期都会发生，所以在不考虑"通信处理"这个不确定时长的阶段时，扫描周期 T 的计算式为：

$$T = 自诊断时间 + （读入一点时间 \times 输入点数） + （运算速度 \times 程序步数）$$
$$+ （输出一点时间 \times 输出点数）$$

由此可见，扫描周期的时间长短，主要取决于程序的长短，一般每秒钟可以完成数十个扫描周期或更多，这对于工业设备来说没有什么影响，而对响应速度要求快的系统，则应精确计算响应时间，精心编排程序，合理安排指令顺序，以尽可能减少扫描周期造成的不利影响。

8.2 PLC 的分类

对于 PLC，通常根据其结构形式的不同、功能的差异和 I/O 点数的多少等进行大致分类。

8.2.1 按结构形式分类

根据 PLC 的结构形式，可将 PLC 分为整体式和模块式两类。

（1）整体式 PLC

整体式 PLC 是将电源、CPU、I/O 接口等部件都集中装在一个机箱内，具有结构紧凑、体积小、价格低的特点。小型 PLC 一般采用这种整体式结构。整体式 PLC 由不同 I/O 点数的基本单元和扩展单元组成，基本单元也称主机，即包括装在机箱内的电源、CPU、I/O 接口、与 I/O 扩展单元相连的扩展口以及与编程器或计算机相连的接口等；扩展单元内只有 I/O 和电源，没有 CPU。基本单元和扩展单元之间一般用扁平电缆连接。整体式 PLC 一般还可配备特殊功能单元，如模拟量单元、位置控制单元等，可以使其功能得到扩展。

（2）模块式 PLC

模块式 PLC 将 PLC 的各组成部分分别做成若干个单独的模块，如 CPU 模块、I/O 模块、电源模块（有的含在 CPU 模块中）以及各种功能模块。模块式 PLC 由框架（或基板）和各种模块组成，模块装在框架或基板的插座上。这种模块式 PLC 的特点是配置灵活，可根据需要选配不同规模的系统，而且装配方便，便于扩展和维修。大、中型 PLC 一般采用模块式结构。

还有一些 PLC 将整体式和模块式的特点结合起来，构成所谓的叠装式 PLC。叠装式 PLC 的 CPU、电源、I/O 接口等也是各自独立的模块，但它们之间是靠电缆进行连接的，并且各模块可以一层层地叠装。这样，不但系统可以灵活配置，还可做得体积小巧。

8.2.2 按功能分类

根据 PLC 的功能不同，可将 PLC 分为低档、中档、高档三类。

低档 PLC 具有逻辑运算、定时、计数、移位以及自诊断、监控等基本功能，还有少量模拟量输入/输出、算术运算、数据传送和比较及通信等功能，主要用于逻辑控制、顺序控制或少量模拟量控制的单机控制系统。中档 PLC 除具有低档 PLC 的功能外，还具有较强的模拟量输入/输出、算术运算、数据传送和比较、数制转换、远程 I/O、子程序及通信联网等功能；有些还可增设中断控制、PID 控制等功能，适用于复杂的控制系统。高档 PLC 除具有中档 PLC 的功能外，还增加了带符号算术运算、矩阵运算、位逻辑运算、平方根运算及其他特殊功能函数的运算、制表及表格传送功能等。

8.2.3 按 I/O 点数分类

根据 PLC 的 I/O 点数多少，可将 PLC 分为小型、中型和大型三类。

小型 PLC 的 I/O 点数小于 256，具有单 CPU 及 8 位或 16 位处理器，用户存储器容量为 4KB 以下。

中型 PLC 的 I/O 点数在 256～2048 之间，具有双 CPU，用户存储器容量为 2～8KB。

大型 PLC 的 I/O 点数大于 2048，具有多 CPU 及 16 位或 32 位处理器，用户存储器容量为 8～16KB。

8.3 PLC 的输入/输出接口电路

8.3.1 PLC 的输入接口电路

PLC 的输入接口用于接收和采集两种类型的输入信号，一类是按钮、转换开关、行程开关、继电器触点等开关量输入信号，另一类是由电位器、测速发电机和各种变换器提供的连续变化的模拟量输入信号。

　　PLC 的输入接口电路为了防止各种干扰信号和高电压信号进入机内，一般用 RC 滤波器消除输入端的抖动和外部噪声干扰，用光电耦合电路进行隔离。

　　光电耦合电路由发光二极管和光电三极管组成。

　　PLC 输入的可以是直流信号，图 8-2 所示的是直流开关量信号的接口电路示意图。输入端有 DC 24V 直流电源，当输入开关闭合时，PLC 内部的发光管点亮，表示输入端接通，同时，光电耦合器中的发光二极管使光电三极管导通，信号进入内部电路，此输入点对应的电平由 0 变为 1，即输入映像寄存器的对应电平由 0 变为 1。

　　PLC 输入的也可以是交流信号，或交直流信号，图 8-3 所示的是输入交流开关量信号的接口电路示意图。图示可见，外部电路有交流电源，输入开关闭合时，PLC 内部的发光管点亮，表示输入端接通。由于输入的是交流电，所以在正负两个半周期内均有发光二极管点亮。同时，光电耦合器中的发光二极管使光电三极管导通，信号进入内部电路，此输入点对应的电平由 0 变为 1，即输入映像寄存器的对应电平由 0 变为 1。

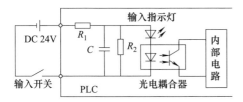

图 8-2　PLC 的直流开关量输入接口

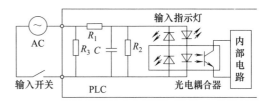

图 8-3　PLC 的交流开关量输入接口

8.3.2　PLC 的输出接口电路

　　输出接口电路有三种输出形式，即继电器输出、晶闸管输出和晶体管输出。

　　图 8-4 是继电器输出的接口电路，这是一种应用最多的输出形式。继电器的线圈和触点一方面将 PLC 内部电路与外部电路隔离开，同时也将控制信息传送到外部受控电路。当 CPU 有输出时，根据输出映像区对应的电平状态，接通或断开输出电路中的继电器线圈，使继电器的触点闭合或断开，通过该触点来控制外部负载电路的通断。

　　继电器输出型接口电路适用于交流或直流负载电路。

　　晶闸管输出采用了光触发型双向晶闸管，并通过它实现 PLC 内部电路与其驱动的外部电路电气隔离。如图 8-5 所示。该电路采取了必要的保护措施，一是在 PLC 输出端串接熔断器 FU，防止受到瞬间大电流的作用而损坏；二是采用 RC 阻容吸收回路和压敏电阻进行电压保护。

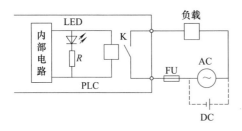

图 8-4　PLC 的继电器输出型接口电路

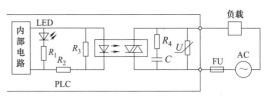

图 8-5　PLC 的晶闸管输出型接口电路

　　晶闸管输出型接口电路适用于交流负载电路。

　　晶体管输出是通过光电耦合器使晶体管饱和或截止以控制外部负载电路的通断，同时利用光电耦合原理实现 PLC 与外部电路的电气隔离，如图 8-6 所示。

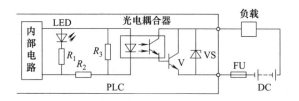

图 8-6 PLC 的晶体管输出型接口电路

晶体管输出型接口电路适用于直流负载电路。

8.4 PLC 的基本工作原理

PLC 的工作过程是一个不断循环扫描的过程。CPU 从第一条指令开始，按顺序逐条地执行用户程序，直到用户程序结束，然后返回第一条指令开始新一轮的扫描。每一次扫描过程包括输入采样、用户程序执行和输出刷新 3 个阶段。

（1）输入采样阶段

在输入采样阶段，PLC 以扫描方式依次读入所有输入状态和数据，并将它们存入输入映像寄存器中的相应单元内。输入采样结束后，转入用户程序执行和输出刷新阶段。在这两个阶段中，即使输入状态和数据发生变化，输入映像寄存器中相应单元的状态和数据也不会改变。因此，如果输入的是脉冲信号，则该脉冲信号的宽度必须大于一个扫描周期，才能保证在任何情况下，该输入均能被读入。

（2）用户程序执行阶段

在用户程序执行阶段，PLC 按由上而下、从左到右的顺序依次扫描用户程序。当指令中涉及输入、输出状态时，PLC 就从输入映像寄存器读取上一阶段（即输入采样阶段）采入的对应端子的状态，从输出映像寄存器读取对应元件的当前状态，然后进行相应的运算，并将结果存入输出映像寄存器中。对于输出映像存储器中的每一个元件，它的状态会随着程序执行过程而变化。

（3）输出刷新阶段

当用户程序扫描结束后，PLC 就进入输出刷新阶段。在此期间，CPU 按照输出映像寄存器内对应的状态和数据刷新所有的输出锁存电路，再经输出电路驱动相应的外设。这时，才是 PLC 的真正输出。

从 PLC 的工作过程，可以总结如下几个结论。

PLC 以扫描的方式执行程序，其输入/输出信号间的逻辑关系存在着原理上的滞后。扫描周期越长，滞后就越严重。

扫描周期除了包括输入采样阶段、用户程序执行阶段、输出刷新阶段三个主要工作阶段所占的时间外，还包括系统管理操作占用的时间。其中，程序执行的时间与程序的长短及指令操作的复杂程度有关，其他程序段的执行时间基本不变。

第 n 次扫描执行程序时，所依据的输入数据是该次扫描周期中采样阶段的扫描值 X，依据的输出数据有上一次扫描的输出值 $Y(n-1)$，也有本次的输出值 Yn。

输入/输出响应滞后不仅与扫描方式有关，还与程序设计安排有关。

8.5 PLC的应用实例

8.5.1 PLC的编程语言

PLC的编程语言有5种，即梯形图、指令语句表、步进顺控图、逻辑符号图和高级编程语言。

（1）梯形图

梯形图类似继电接触器控制电路的形式，逻辑关系明确，是在继电接触器控制逻辑基础上使用简化的符号演变而来的，具有形象、直观、实用等特点，易被技术人员接受，是目前使用较多的一种PLC编程语言。图8-7是电动机启动电路使用接触器控制电路和PLC梯形图绘制的示意图。左侧图中的SB1是启动按钮，SB2是停止按钮，交流接触器KM用来控制电动机的运行与停止。右侧是具有相同功能的PLC编程语言梯形图。图中符号不是具有物理结构的电气元件，而是PLC存储器中的存储位，因此称为软元件。

梯形图左右两侧的母线不接任何电源，梯形图中流过的也不是真实的电流，而是假想电流。假想电流只能从左到右、从上到下流动，是执行用户程序时满足输出执行条件而作出的假设。

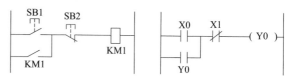

图8-7 继电接触器控制电路与PLC梯形图

上述梯形图中的X0和X1是输入继电器的常开触点和常闭触点，也称作动合触点和动断触点，它们没有线圈，是PLC内部输入映像寄存器中的软元件。它们的通断状态是由PLC输入端口外部连接的按钮、触点或各种传感器决定的。这里所谓的通和断，只是它们状态的变化，所谓通，其状态为1，所谓断，其状态为0。

（2）指令语句表

指令语句表是一种与计算机汇编语言类似的助记符编程语言，简称指令表，它用一系列操作指令组成的语句描述控制过程，并通过编程器传输到PLC中。各个PLC生产厂家的指令语句可能不尽相同，所以，一个功能相同的梯形图，编写出来的指令语句表可能并不相同。

表8-1是用三菱FX系列PLC指令语句表完成的图8-7中梯形图的控制程序。

表8-1 用三菱FX系列PLC指令语句表编写的控制程序

序号	指令操作码（助记符）	操作数（参数）	说　明
1	LD	X0	将常开触点X0连接到左侧母线上
2	OR	Y0	将Y0的常开触点与X0并联，实现自保持
3	ANI	X1	串联X1的常闭触点
4	OUT	Y0	输出Y0
5	END		程序结束

FX2N系列PLC的基本指令介绍如下。

① LD、LDI指令含义

• LD是取指令，用于将单个常开触点（动合触点）连接到左侧母线上。

• LDI是取反指令，用于将单个常闭触点（动断触点）连接到左侧母线上。

② AND、ANI指令含义

• AND 是与指令，用于串联单个常开触点（动合触点），操作元件：X、Y、M、S、T、C。其中：X——输入继电器；Y——输出继电器；M——辅助继电器；S——状态继电器；T——定时器；C——计数器。

• ANI 是与反指令，用于串联单个常闭触点（动断触点），操作元件：X、Y、M、S、T、C。其中：X——输入继电器；Y——输出继电器；M——辅助继电器；S——状态继电器；T——定时器；C——计数器。

③ OR、ORI 指令含义

• OR 是或指令，用于并联单个常开触点（动合触点），操作元件：X、Y、M、S、T、C。

• ORI 是或反指令，用于并联单个常闭触点（动断触点），操作元件：X、Y、M、S、T、C。

图 8-8 是指令语句表的应用举例。

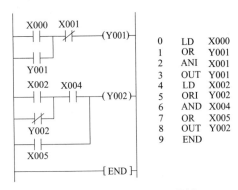

图 8-8 指令语句表应用举例

以上只是三菱 FX 系列 PLC 指令语句中应用较多的指令，并非全部。另外，一个工程项目中，编程时只需完成图 8-7 的梯形图或指令语句表中的其中之一即可，编程完成后，将编程器或计算机中的程序下载到 PLC 中，就可进行调试并运行。

（3）步进顺控图

步进顺控编程法是 PLC 程序编制的重要方法，它将系统的工作过程分解成若干阶段，即若干步，然后绘制状态转移图，再依据状态转移图设计步进梯形图程序及指令表程序，使程序设计工作变得思路清晰，不容易遗漏或冲突，是分析、设计电气控制系统控制程序的重要工具。

（4）逻辑符号图

逻辑符号图与数字电路的逻辑图极为相似，它使用与、或、非、异或等逻辑符号描述输出端与输入端的函数关系，模块间的连接方式与电路连接方式基本相同。图 8-9 所示是两个或门的输出端作为与门输入端的逻辑符号图。

（5）高级编程语言

在大型 PLC 中，为了完成 PID 调节、定位控制、数据处理图形操作终端等较为复杂的控制，往往使用高级计算机编程语言，使 PLC 具有更强的功能。

8.5.2 PLC 应用的具体电路

PLC 的应用范围极其广泛，现以几种电动机启动控制电路为例，介绍 PLC 的应用电路。

图 8-9 PLC 编程的
逻辑符号图

（1）电动机的点动与长动控制电路

电动机的所谓长动，是指按压启动按钮后，电动机能持续运行，直至按下停止按钮。

图 8-10 是电动机的点动与长动控制电路。图中 SB2 是停止按钮，SB1 是长动按钮，SB3 是点动按钮。电路使用熔断器 FU 进行短路保护，用热继电器 FR 进行过载保护。

图 8-11 是电动机点动与长动控制电路使用 PLC 时的外部接线图。注意此处的热继电器保护触点与常规使用方法不同，它使用了热继电器的常开触点（动合触点）。图 8-12 是控制梯形图。尽管它可能不是最简形式的梯形图，但它可使我们同时熟悉一下 PLC 的辅助继电器 M 的

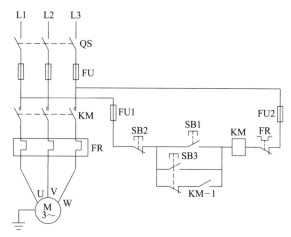

图 8-10 电动机的点动与长动控制电路

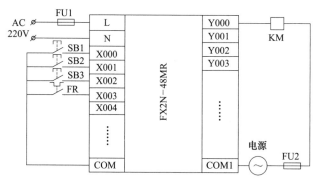

图 8-11 电动机点动与长动的 PLC 控制外部接线图

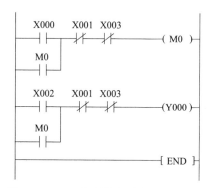

图 8-12 PLC 控制的点动与长动梯形图

使用方法。

FX 系列 PLC 中有 1024 个常用的辅助继电器 M，它的功能相当于各种中间继电器，可以由其他各种软元件驱动，也可驱动其他各种软元件。辅助继电器有常开（动合）和常闭（动断）两种触点，可以无限次使用。辅助继电器采用十进制编号，这与输入继电器 X、输出继电器 Y 不同，X 与 Y 是使用八进制编号的，例如可以有 X1～X7、X10～X17 的编号，而不能有 X8、X9 的编号。

梯形图说明：按下与 X0 对应的长动按钮后，辅助继电器 M0 得电，其常开触点（动合触点）M0 闭合自保持，并驱动 Y0 使接触器线圈得电，电动机开始持续长动。按下与 X1 对应的停止按钮，M0 线圈失电，输出继电器 Y0 释放，电动机停机。按下与 X2 对应的点动按钮，输出继电器 Y0 线圈得电，电动机开始点动，松开点动按钮，电动机停止。电动机出现过载，热继电器动作，与其常开触点（动合触点）对应的 X3 断开，输出继电器失电，电动机停机得到保护。

除了使用梯形图编程外，也可以使用其他编程方法，例如使用指令语句表编程。根据图 8-10 的电气原理图和图 8-11 所示的 PLC 外部接线图，具有相同功能的指令语句表见表 8-2。

表 8-2 用指令语句表编写的控制程序

步 序	指 令		步 序	指 令	
1	LD	X000	4	ANI	X003
2	OR	M0	5	OUT	M0
3	ANI	X001	6	LD	X002

续表

步　序	指　　令		步　序	指　　令	
7	OR	M0	10	OUT	Y000
8	ANI	X001	11	END	
9	ANI	X003			

（2）电动机的正反转运行控制电路

图 8-13 是电动机的正反转运行控制电路的接线图，该控制电路具有双重互锁控制功能，即按钮互锁和交流接触器常闭触点（动合触点）互锁。图中 SB2 是正转启动按钮，SB3 是反转启动按钮，SB1 是停机按钮。FR 是热继电器，实施过载保护。

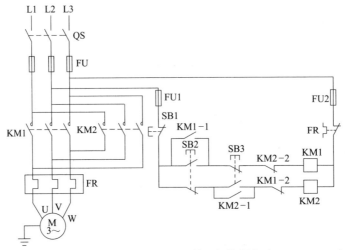

图 8-13　电动机的正反转运行控制电路

在 PLC 控制电路中，整个系统使用 4 个输入点数，包括 3 个按钮和一个热继电器的常开触点（动合触点）；输出点数为 2 个，分别用来控制正、反转交流接触器的线圈通断电。

为了方便绘制 PLC 的外部接线图和梯形图，现将 I/O 地址分配情况列表见表 8-3。

表 8-3　PLC 的 I/O 地址分配表

端口类型	元件符号	输入、输出端口地址	功　　能
输入	SB1	X1	停止按钮
	SB2	X2	正转启动按钮
	SB3	X3	反转启动按钮
	FR	X4	热继电器常开触点
输出	KM1	Y1	正转交流接触器
	KM2	Y2	反转交流接触器

根据 PLC 端口的地址分配，画出正反转控制的 PLC 外部接线图，如图 8-14 所示。

根据表 8-3、图 8-13 和图 8-14 编制的梯形图见图 8-15。

图 8-15 中，与输入继电器 X2 对应的是正转启动按钮；Y1 是驱动正转接触器的输出继电器，其常开触点（动合触点）可实现 Y1 的自保持；输出继电器线圈 Y1 能否得电的限制条件有 4 个：一是与 X1 对应的停止按钮 SB1，二是与 X3 对应的反转启动按钮 SB3，三是与 X4 对应的热继电器保护触点，四是输出继电器 Y2 的常闭触点（动断触点）。当正转启动按钮曾经被按下，4 个限制条件均为允许状态（所谓允许状态，即停止按钮未按下，反转启动按钮未按下，热继电器未保护动作，输出继电器 Y2 处于未得电状态）时，输出继电器 Y1 线圈得电，它将驱动正转接触器动作使电动机正转。如果停止按钮被按下，或者反转启动按钮被按下，或

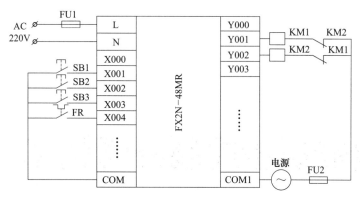

图 8-14　电动机正反转控制的 PLC 外部接线图

者热继电器因过载实施保护动作，电动机均会断电停止正转运行。

　　电动机反转启动运行的控制过程与此类似，不再赘述。

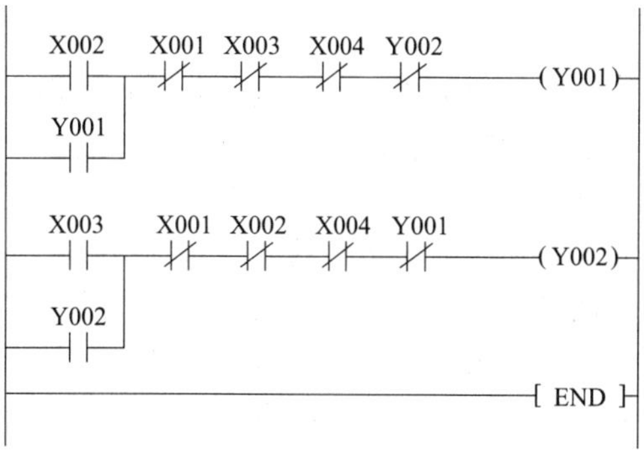

　　从图 8-14 的 PLC 外部接线图和图 8-15 所示的梯形图可见，PLC 控制的电动机正反转电路具有多重互锁电路，即正反转启动按钮互锁、PLC的输出继电器常闭触点（动断触点）互锁，以及交流接触器辅助常闭触点（动断触点）互锁。由于交流接触器的辅助触点的动作与线圈的通断电可能会有几十毫秒的时差，可以保证只有反转接

图 8-15　电动机正反转运行的梯形图

触器释放的情况下，正转接触器才能得电动作，使得电路运行的可靠性得到更大的提高。反转运行启动时情况亦然。

　　根据表 8-3 和图 8-14 所示的 PLC 外部接线图，也可以使用指令语句表编程。具有相同功能的指令语句表见表 8-4。

表 8-4　用指令语句表编写的电动机正反转控制程序

步　序	指　令		步　序	指　令	
1	LD	X002	9	OR	Y002
2	OR	Y001	10	ANI	X001
3	ANI	X001	11	ANI	X002
4	ANI	X003	12	ANI	X004
5	ANI	X004	13	ANI	Y001
6	ANI	Y002	14	OUT	Y002
7	OUT	Y001	15	END	
8	LD	X003			

第9章

电能质量控制补偿技术

当前电力系统中的用电负载日趋多样化，有上万千瓦的电动机，有大功率的整流设备，有变频器、中频炉、高频炉和电力电子装置，这些电动机与装置在启动、停止或运行过程中，随时都会对电网产生污染，使电网电能质量受到影响。这些不良影响主要表现在以下几个方面。一是大功率用电设备启动时使系统电压产生较大幅度的跌落，停止时使电压升高或扰动。系统电压波动较大时将使周边用电设备不能正常运行，甚至使生产线上的产品出现废品。医疗机构的救助设备运行异常危及病人生命。如果由于自然灾害或设备缺陷致使出现过负荷或短路性故障，系统电压受到的影响将更加严重。二是整流设备、变频装置以及各种电力电子设备运行时使系统中不只含有50Hz的基波成分，还会产生高次谐波，各次谐波除了影响设备自身的正常运行，也将污染扩散到整个电力系统，干扰数字产品的运行与数据交换、传输。三是三相四线制供电系统中的三相负荷不平衡导致零线（N线，中性线）电流异常增大，危及系统运行安全，而这又是运行管理和用电人员无法控制的。四是系统中的感性无功成分（主要来自电动机等感性负载）和容性无功成分（例如城市电缆供电系统，在系统运行的低谷时段），会使系统功率因数降低，系统电压异常降低或升高，电能传输损耗增大。针对以上电网电能质量问题，本章介绍相关的产品和技术，以期有效提高电网电能质量，保证电网系统正常运行和用电设备的运行安全。

9.1 电网谐波滤波技术

9.1.1 谐波是怎么产生的

电网中理想的电压、电流都是频率为50Hz的正弦波。对周期性的交流信号进行傅里叶级数分解，得到频率为大于1的整数倍基波频率的正弦波分量就是谐波。由于谐波频率是基波频率的整数倍，也常称它为高次谐波。

引起电力系统谐波的主要谐波源有铁磁设备、电弧设备以及电力电子设备。其中铁磁设备谐波源包括变压器和旋转电机等，电弧设备谐波源包括电弧炉、电弧焊和放电型照明设备等，这些谐波源的非线性是由铁芯饱和及电弧的物理特性导致，都是无源型谐波源。电力电子设备谐波源主要包括家用电器及计算机等的电源、交直流调速电机、直流开关电源、充电器、变频器及其他整流逆变设备，其非线性是由电力半导体器件的开关过程导致的，属于有源型谐波源。随着电力电子装置应用的日益增多和容量的不断增大，这部分谐波源产生的谐波所占的比重越来越大，已逐渐成为电力系统的主要谐波源。

谐波产生的危害日益明显，迫使供电公司对一些用电量大的单位进行严格管制，限制其产生谐波电流的大小，以此来消除谐波污染带来的电能质量问题。同时，国家也出台了相关的国家标准以及法律法规对怎样抑制谐波做出了规范。

9.1.2 有源滤波装置 APF 工作原理

针对整流器、变频器、UPS、电弧炉、焊接设备等非线性负载而研发的 APF 产品，可以有效滤除电源谐波，为用户解决电能质量问题。新能动力研发的 NAP 系列有源滤波器已在国内有较多成功应用案例，现以该系列产品为例，介绍有源滤波 APF 装置的工作原理及其安装应用方法。

NAP 系列有源滤波器 APF 装置采用模块化设计，电路拓扑独特，适用于谐波较大的场合。

NAP 系列有源电力滤波器 APF 通过电流互感器实时采集电流信号，经过内部检测电路分离出其中的谐波成分，由 IGBT 半导体功率变换器产生与系统中的谐波大小相等、方向相反的补偿电流，从而实现滤除谐波的功能。有源滤波器输出的补偿电流可以根据系统动态变化的谐波量，准确实施补偿，因此，不会出现过补偿的问题。同时，有源滤波器还具有内部过载保护功能，当系统的谐波量大于滤波器容量时，滤波器可以自动限制在 100% 额定容量输出，所以不会发生过载现象。

在有源滤波器 APF 装置完成谐波滤除后，其容量仍有富裕空间时，装置还可以进行无功补偿。有源滤波器会根据系统的无功功率，通过 IGBT 功率变换器产生容性或感性的基波电流，从而实现动态无功补偿的目的。

新能动力的 NAP 系列有源滤波器 APF 装置的型号编制规则见图 9-1。其屏柜正面样式见图 9-2。该屏柜宽为 800mm，前后深 800mm，高度为 2200mm。

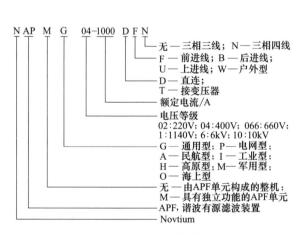

图 9-1 APF 产品型号编制方法

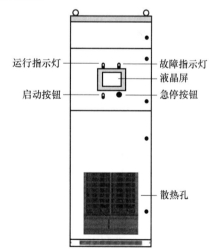

图 9-2 有源滤波器 APF 柜的外形示意图

在一台屏柜内最多可以安装 4 台 APF 补偿单元，若需较大补偿容量可以使用多台屏柜组成一个系统。

APF 装置有 220V、400V、600V、660V、1140V、6kV、10kV、35kV 等多个电压等级，补偿电流可达 1500A 或更大。

9.1.3　有源滤波装置 APF 的系统接线

有源滤波装置 APF 可以专门用于谐波滤波，其 400V 电压等级装置的系统接线见图 9-3。

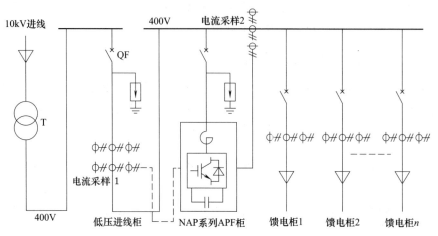

图 9-3　变压器 400V 仅有 APF 有源滤波装置的系统接线图

10kV 电源进线经变压器 T，降压为 0.4kV 即 400V。图 9-3 中的低压部分包括低压进线柜、NAP 系列 APF 柜（即有源滤波柜）和馈电柜若干台。其中 APF 柜须连接电流互感器，可在电源侧（图 9-3 中的"电流采样 1"处）和负荷侧（图 9-3 中的"电流采样 2"处）选择一处安装，但推荐在负荷侧安装。

有源滤波装置也可与并联电容器无功补偿器混合安装在一台屏柜中，或一个系统中（多台屏柜时），如图 9-4 所示。

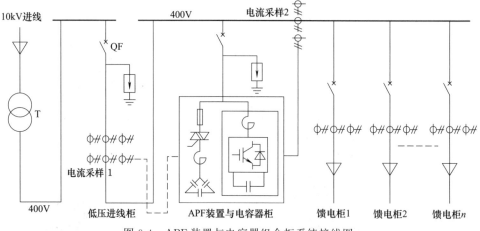

图 9-4　APF 装置与电容器组合柜系统接线图

图 9-4 中的"APF 装置与电容器柜"，是将有源滤波装置与并联电容器组装在一台屏柜中的示意图，电容器的功能是可以对感性无功进行补偿，APF 装置可以对高次谐波进行滤除与补偿。当 APF 装置有富裕容量时，也可以进行无功补偿。APF 的本质功能是产生与谐波电流大小相等、极性相反的补偿电流，用以补偿或称抵消谐波电流，发挥该功能时，APF 装置生成的补偿电流是 50Hz 的 2 倍以上的补偿电流，当然可以用来补偿 50Hz 的基波无功电流，而且其补偿效果更好。理由如下：电容器补偿时须躲过短时间、大容量的感性无功，例如电动机启动时所需的无功功率，不对其进行补偿，以免发生电容器的投切振荡；而 APF 装置反应速

度极快，可在几毫秒时间内作出补偿，因此技术上不宜投入电容器补偿的短时间无功功率，现在可以使用 APF 得以补偿，显然是一个优点。同时，电容器补偿时，补偿值是各电容器容量的相加值，这个补偿值是呈阶梯状变化的，显然电容器补偿难以将电力设备所需的随机不定的、还可能是随时变化的无功功率给以尽善尽美地补偿，而 APF 装置可以逐周期（20ms）进行补偿，且补偿电流的大小理论上可以与无功电流值相等，显然这又是一个优点。第三个优势在于，APF 装置不但可以补偿感性无功，也可以补偿容性无功，而电容器补偿只能补偿感性无功。

既然有源滤波装置 APF 既可以滤除谐波，又可以完美地进行双向（感性无功和容性无功）无功补偿，为何不用 APF 装置完全取代电容器无功补偿装置呢？这是因为优异的电路功能是要依赖较大的成本投入做支持的，当对无功补偿的目标效果要求不是很高、使用并联电容器进行补偿可以满足系统需求时，有可能选择成本较低的电容器补偿装置。

图 9-4 示出的是将电容器与 APF 装置组装在一台屏柜中，当系统容量较大时，也可将多台电容器柜和多台 APF 柜组合成一个较大的系统，用电容器补偿持续稳定的感性无功，而 APF 装置除了完成谐波补偿治理功能外，其剩余容量可用来补偿快速变化的无功功率，以及系统无功总量与电容器阶梯容量值之间差值部分的无功功率。

APF 装置屏柜内的元器件排列样式如图 9-5 所示，主要包括功率单元、断路器、风机、开关电源、强电端子排和弱电端子排等几个部分。

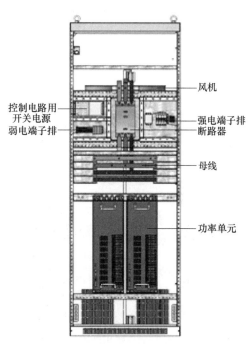

图 9-5 APF 有源滤波柜内部结构示意图

（图中标注：风机、控制电路用开关电源、弱电端子排、强电端子排、断路器、母线、功率单元）

9.1.4 有源滤波装置 APF 的设备安装

（1）机械安装

有源滤波器应按照现场图纸进行安装，安装过程中，要防止设备受到撞击和振动，柜体不得倒置，搬运过程中倾斜角度不得超过 30°。同时，柜体应排列整齐，相邻两柜间的间距应小于 15mm，水平度倾斜度小于 1.5mm/m，垂直倾斜度小于 1.5mm/m。安装后的功率单元应推拉灵活，无卡阻、碰撞现象，各固定螺栓需连接紧固。

（2）电气安装

安装过程中，要一直保持有源滤波器柜体与厂房大地可靠连接，变压器进线屏蔽层及接地端子也应接至厂房大地。

接线前，须确认导线截面积、电压等级符合要求。

① 主电源接线 有源滤波器主电源的三条电源线，须用热缩管在母排上依次标示黄色、绿色、红色。

外接电源电压应与设备的额定电压值相一致。

② 控制电源接线 装置 220V 控制电源线要接到标号为 Q88 的空气开关接线端子上，如图 9-6 所示。图中标记 Q88 的是 ABB 公司的微型断路器，如同国产的 DZ47 系列断路器。断路器的文字符号是 QF，为了与产品实物对照查看，此处保留了 Q88 的符号。

③ 电流互感器接线　电流互感器建议安装在滤波器的负载侧。

电流互感器二次回路可以由 APF 装置单独使用，也可与其他设备共用。

为了使有源电力滤波器 APF 能够正确地检测电流信号，应参照图 9-7 对电流互感器进行接线。接线步骤为：将三相主电源线分别从各自电流互感器的 P1 端穿进互感器，从另一端穿出；将每个互感器二次侧的 S1 端分别用导线引出；每个互感器的 S2 端依次连接在一起，用一根线引出；这样，三台电流互感器二次侧共引出 4 条线，分别是 TA1：S1，TA2：S1，TA3：S1，以及 TA：S2。

以上 4 条线连接到有源电力滤波器 APF 中的互感器专用接线端子 XD88 上，如图 9-7 所示。

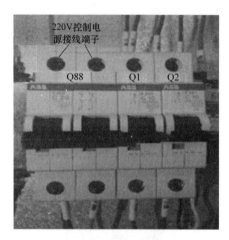

图 9-6　APF 柜控制电源用断路器及其接线

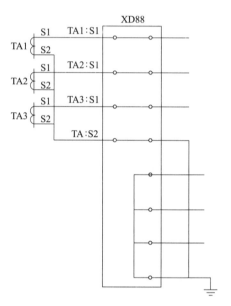

图 9-7　电流互感器与接线端子 XD88 之间接线

电流互感器二次侧的导线应使用截面积不小于 $2.5mm^2$ 的 BVR 型多股软铜线。

9.1.5　有源滤波装置 APF 的技术参数

表 9-1 是 NAP 系列有源滤波装置 APF 配电柜的技术参数表。

表 9-1　有源滤波装置 APF 配电柜的技术参数

额定电压/V	400
输入电压范围/V	400±20%
主电源制式	三相三线/三相四线
工作频率/Hz	50±5%
额定电流/A	100～1500
谐波滤除范围	2～50(可选择性滤波,各次谐波滤除可分别设定)
谐波滤除程度	系统谐波滤除率≥95%
等效开关频率/kHz	≥10
全响应时间	<10ms
系统有功损耗	≤2.5%
过载电流倍数	1.2(2s)
显示	具有实时显示功能的人机界面
主控芯片	DSP,ARM
智能通信	TCP/IP 网口,RS-485,光纤
工作环境温度/℃	−30～50(40℃以上,每上升 1℃,降容 2%运行)

续表

工作环境湿度	<95%，无凝露
冷却方式	强迫风冷
防护等级	IP21 或根据客户要求定制
工作海拔/m	2000（2000 以上，每上升 100m，降容 1%运行）
存储、运输温度/℃	−40～70
电磁兼容	符合 GB/T 7251—2005（GB/T 7261—2000）

注：表 9-1 中的额定电流参数可根据现场需求灵活配置。方法是改变 APF 屏柜内安装功率单元的台数，以及选择不同容量的功率单元。

APF 屏柜的进线方式有前进线型、后进线型，也可由用户与厂家协商确定。

9.1.6 有源滤波装置 APF 屏柜的操作

NAP 系列有源电力滤波器通过安装在设备柜门上的按钮和触摸屏来对整个设备进行操作。

设备启动时，须确认柜门上的"急停"旋钮为正常弹出状态，然后合上控制电路的总电源开关，即微型断路器 Q88，见图 9-6；接着闭合触摸屏和 APF 单元的供电电源微型断路器 Q1，这个开关在图 9-6 中 Q88 微型断路器的右边；这时触摸屏将启动，显示内容如图 9-8 所示。触摸屏右侧从上到下共有 7 个触摸按钮，依次是：启动、停机、复位、监控信息、参数设置、运行记录和主界面。当用手触摸某个按钮时，触摸屏则将显示内容切换为与被触摸按钮相对应的内容，并且被触摸的按钮框内的底色变暗，用以向操作人员提示触摸屏上显示的内容是操作某个按钮的结果。

图 9-8 中"主界面"按钮的底色框变暗，是开机后装置默认的显示界面。

主界面主要对设备的实时运行状态进行监控，下面按照图 9-8 中的显示内容进行介绍。

工作状态：图 9-8 显示的工作状态可有正常停机、等待运行、正常运行和故障停机 4 种状态。

启动方式：显示对设备的启动方式的设置结果，包括自动启动和手动启动两种启动方式。启动方式须在"参数设置"界面中的"基本设置"标签页中设置，参见后文介绍。

图 9-8 触摸显示屏显示的主界面样式

工作模式：显示对设备的工作模式设置的结果，包括谐波补偿、无功补偿、综合补偿和空载运行 4 种模式。工作模式须在"参数设置"界面中的"基本设置"标签页中设置，参见后文介绍。

触摸屏显示的主界面中还可显示通信正常或通信故障两种状态，以及电网电压、负载电流、APF 补偿电流、谐波畸变率和当前的日期及时间等信息。

在确认触摸屏主界面中的"工作状态"显示为"正常停机"，通信状态显示为"通信正常"后，闭合 APF 装置主电源的总断路器，即图 9-3 或图 9-4"低压进线柜"中的断路器 QF，这时触摸屏上显示电网电压的参数值，例如 380V。

如果以上操作顺利，显示正常，即可闭合散热风机的供电电源微型断路器 Q2，这个断路器在图 9-6 中 Q88 微型断路器的右边。

以下介绍有源滤波柜的开停机操作过程。

（1）开机操作及触摸屏显示内容简介

① 屏柜前面板上的按钮与指示灯 图 9-2 为 NAP 系列有源滤波器屏柜的外观图，其正面

面板上有运行指示灯、故障指示灯、液晶屏、启动按钮、急停按钮、散热孔等操作器件和结构部件。

NAP 系列有源滤波器屏柜正面面板上的按钮开关包括设备启动按钮和设备急停旋钮，如图 9-9 所示。其中，启动按钮的作用是使设备开始工作；急停旋钮的作用是当系统出现故障时让系统紧急停机。

运行指示灯和故障指示灯如图 9-10 所示，设备正常运行时绿色指示灯点亮，设备故障时绿色运行指示灯熄灭，黄色故障指示灯点亮，直到故障排除才熄灭。

图 9-9　APF 装置前面板上的按钮

图 9-10　APF 装置前面板上的指示灯

② 触摸屏　按下柜门上的"启动"按钮，或点击触摸屏界面右侧的"启动"按钮来启动 APF 设备后，触摸屏上将弹出确认对话框如图 9-11 所示，确认启动设备点击"确定"按钮，否则，点击"取消"按钮。

停机按钮是使设备停止工作的控制按钮，按下停机按钮后界面上将弹出确认对话框如图 9-12 所示，确认让设备停止工作点击"确定"按钮，否则，点击"取消"按钮。

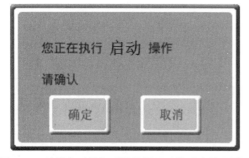

图 9-11　触摸启动按钮后液晶屏显示的"确认"界面

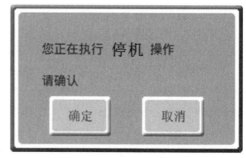

图 9-12　触摸停机按钮后液晶屏显示的"确认"界面

复位按钮是对整个系统进行复位操作的功能按钮，按下复位按钮后界面上将弹出确认对话框如图 9-13 所示，确认执行复位操作，点击"确定"按钮，否则点击"取消"按钮。

当用手指触摸图 9-8 显示的主界面右侧的"监控信息"按钮时，"监控信息"按钮框底色变暗，界面中显示系统在运行过程中一些重要运行参数的实时反馈值，如图 9-14 所示。

图 9-13　触摸复位按钮后液晶屏显示的"确认"界面

图 9-14　监控信息界面显示的内容

当用手指触摸图 9-14 触摸屏右侧的"运行记录"按钮时，触摸屏显示界面中显示每一次对设备的操作信息和设备故障信息，以及按照设定的记录周期记录的设备运行状态信息，还可以通过界面右侧的"向上""向下""上页""下页"按钮实现对记录条目的查看，通过"最新"按钮可以切换到最新一条记录。

在"运行记录"显示界面，可以插入 U 盘，点击"U 盘导出"按钮，将事件列表以 Excel 的格式导出到 U 盘。

点击"记录清空"，可以对表中的记录信息进行清空，但需要输入厂家密码。

（2）停机操作

正常停机时，点击触摸屏界面右侧的"停机"按钮。

长时间停机（如机房检修等情况）时，先按下触摸屏界面右侧的"停机"按钮，然后断开 APF 总断路器 QF，最后依次关闭 Q2、Q1 微型断路器。

紧急故障停机，按下柜门上的"急停"旋钮即可实现紧急停机。停机后需要将启动"急停"的故障找到并排除，再点击触摸屏界面右侧的"复位"按钮，并将"急停"旋钮弹出，以便 APF 再次上电运行。

9.1.7 有源滤波装置 APF 的参数设置

用手指触摸图 9-14 触摸屏右侧的"参数设置"按钮，触摸屏显示界面中"参数设置"按钮框的底色变暗，装置进入参数设置状态。弹出如图 9-15 所示的密码输入框。密码的出厂默认为 123456，用户可通过"参数设置"界面的"其他设置"标签页修改自己的密码。

点击图 9-15 中的密码文本输入框，会弹出如图 9-16 所示的键盘输入框。用键盘输入出厂默认密码后点击"Enter"键，触摸屏返回图 9-15 所示的显示页面，点击图中的"确定"按钮，若密码正确就会进入参数设置界面，如图 9-17 所示。

图 9-15 参数设置时的密码输入框

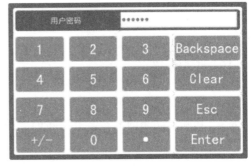

图 9-16 输入密码的键盘输入框

参数设置界面包括：基本设置、其他设置、厂家设置、单元投切 4 个部分，下面依次对这 4 个部分进行介绍。

（1）基本设置

参数设置界面默认显示为"基本设置"标签页，如图 9-17 所示，用户也可点击标签页上方的字体按钮来实现各个标签页之间的切换。在基本设置页面用户可以进行以下设置。

① 工作模式 可以通过复选框选择设备的"无功补偿""谐波补偿""不平衡补偿"的

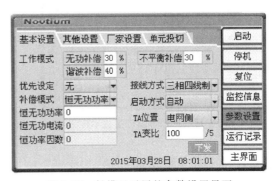

图 9-17 触摸显示屏的参数设置界面

功能，并对每项功能分配补偿百分比。当需要输入数字文本时，则点击文本框，使出现数字键盘，然后输入数字，之后点击键盘中的"Enter"键，完成输入。若想撤销输入，可点击"Esc"按钮，输入框中的数字会恢复为修改前的值。

②优先设定　可以设定设备对无功或谐波进行优先补偿。设定选择的方法：点击选择框右端的倒三角符号，会出现下拉菜单，在下拉菜单中点击选择所需的选项。

③补偿模式　可选择的补偿模式有"恒无功功率""恒无功电流""恒功率因数"模式。当选择其一时，下方对应的输入框变为可编辑状态，可对选择的模式进行数值设定。

④接线方式　可选择的方式为"三相三线制"和"三相四线制"。

⑤启动方式　可选手动或自动启动。

⑥TA位置　可设定TA接线位置在"负载侧"或"电网侧"。

⑦TA变比　以基数为5进行TA变比设置，实际上就是输入电流互感器的一次电路额定值。

在完成基本设置后点击界面右下角"下发"按钮，基本设置就会下发给设备，同时会弹出如图9-18的下发进度提示框。设置下发完毕，触摸屏返回图9-17的显示界面。

（2）其他设置

点击标签页上方的"其他设置"按钮进入"其他设置"标签页。

"其他设置"界面可以设置以下三个功能参数。

①系统时间设置　在"年""月""日""时""分"输入框内输入时间，点击"设置"按钮，系统时间会被重新设置。

②用户密码设置　依次输入旧密码及新密码，点击"设置"按钮，用户密码会被重新设置。

③远程485波特率　APF装置支持485远程通信，通过Modbus协议实现设备关键运行值的上传。为适应不同监控系统对通信速率的要求，可通过此功能实现远程485波特率的设置。

（3）厂家设置

"厂家设置"界面实现对设备控制参数的下发，此操作由厂家进行，进入此界面需要厂家密码，故在此不做说明。

（4）单元投切

点击标签页上方的"单元投切"按钮进入"单元投切"界面，如图9-19所示。

由于程序支持多单元运行，需要对单元进行投切设置。点击对应单元按钮，可以实现单元"正常""切除"状态的翻转。被切除的单元，程序将不与之进行通信控制。

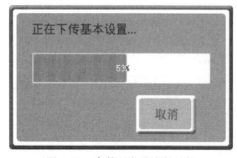

图9-18　参数下发进度提示框

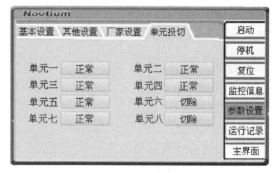

图9-19　单元投切设置界面

9.1.8　操作注意事项

有源滤波装置APF在日常运行过程中，须遵循以下注意事项。

开机停机时注意停送电顺序，开机时先开控制电源再开主电源；停机时先断主电源再断开控制电源。

不能以有利散热为由，在柜门打开的情况下运行设备。

经常检查 APF 设备内部是否有异常响声、振动或异味，若有异常及时处理。

经常检查有源滤波功率单元滤尘网是否通畅，散热风机运转是否正常。

经常检查所有电力电缆、控制电缆应无损伤，所有的接线端子应无松动。

APF 断电后，滤波电容及功率单元内直流母线上连接的电容仍然有残余电压，操作人员必须等到电容充分放电后才能对功率单元进行维护，以免触电。

对 APF 进行绝缘测试和耐压测试时，必须拆除柜内交流滤波电容并将所有输入端子和正负直流母排用铜导线短接再用 1000V 绝缘电阻测试仪及高压发生器进行绝缘和耐压测试。

严禁在 APF 运行时打开柜门对设备进行维护。

9.1.9 故障处理

设备在运行过程中，可能会出现某些故障，当发现 APF 故障指示灯亮起或触摸屏主界面的工作状态显示"故障停机"时，说明当前设备中有故障发生，同时，触摸屏会记录下当前的故障信息。表 9-2 为故障类型和处理方法，在设备出现故障时，可参照表 9-2 对故障进行查询并处理，如果故障未能排除，可与厂家联系寻求帮助。

表 9-2　故障类型和处理方法

报 警 记 录	处 理 方 法
通信故障	设备每秒自行复位一次,通信故障通常可以自行恢复,否则寻求厂家帮助
通信中断	按柜门停机按钮,点击触摸屏上的"运行记录""复位"按钮,复位后通信恢复正常,则重新启动,否则寻求厂家帮助
单元 X 直流电压过压	故障单元 X 自动停机,设备自身每 4min 自查故障是否存在,若故障已消失,则设备自动启动,否则寻求厂家帮助
单元 X　A/B/C 过流	故障单元 X 自动停机,设备自身每 4min 自查故障是否存在,若故障已消失,则设备自动启动,否则寻求厂家帮助
单元 X　IGBT 温度报警 单元 X　IGBT 温度故障	故障单元 X 自动停机,设备自身每 4min 自查故障是否存在,若故障已消失,则设备自动启动,否则,需人工排查是否柜内风机故障或室内排风不顺畅,若设备风机和室内温度无异常则寻求厂家帮助
单元 X　IGBT 驱动报警	故障单元 X 自动停机,设备自身每 4min 自查故障是否存在,若故障已消失,则设备自动启动,否则,寻求厂家帮助
单元同步异常	重启设备主电源进线及控制电源进线,观察故障是否自行恢复,若已恢复,则可正常启动,否则寻求厂家帮助
设备自启动频繁故障	24h 之内连续出现 5 次故障,此现象可寻求厂家帮助
环境温度＞40℃	停机,等待环境温度降至合适值,重新启动有源电力滤波器 APF 装置,若长期出现此类问题,请改善机房通风散热条件
电网断电	设备自动停机,断开所有断路器,等待电网恢复正常后,重启有源电力滤波器 APF 装置
电网过压	装置保护性自动停机,断开所有单元断路器,检查有源电力滤波器 APF 装置进线侧电网是否过压。待电网恢复正常后,重启有源电力滤波器 APF 装置
电网欠压	装置保护性自动停机,断开所有单元断路器,检查有源电力滤波器 APF 装置进线侧电网是否欠压。待电网恢复正常后,重启有源电力滤波器 APF 装置
电网缺相	装置保护性自动停机,断开所有单元断路器,检查有源电力滤波器 APF 装置进线侧电网是否缺相,待电网恢复正常后,重启有源电力滤波器 APF 装置
相位错误	自动停机,断开所有单元断路器,检查有源电力滤波器 APF 装置进线侧电网是否错相,待电网恢复正常后,重启有源电力滤波器 APF 装置
220V 控制掉电	自动停机,断开所有单元断路器,检查有源电力滤波器 APF 装置控制电源,待控制电源恢复正常后,重启有源电力滤波器 APF 装置

9.2 较新型的无功补偿技术

传统意义上的无功补偿，是将电容器并联在供电线路上，用以补偿感性无功功率；或者将电感器并联在供电线路上，用以补偿容性无功功率。这样的补偿模式已经沿用了几十年，它对电力系统的稳定运行、节约电能、提高电压质量做出了巨大贡献。但是它的缺陷也是显而易见的，主要表现在以下几个方面。

一是并联电容器只能补偿感性无功，并联电感器只能补偿容性无功，它们的功能范围非常单一。当电力系统中在用电高峰时段可能出现感性无功，又会在用电低谷时段因长距离的供电电缆形成容性电流和容性无功时，以上任何一种补偿模式都不能完全应对，而且当前的无功补偿控制器也不能既发出补偿感性无功、必要时又发出补偿容性无功的指令。因此，传统的无功补偿方案应用范围受到限制。

二是传统的无功补偿控制器检测到系统中有感性无功成分时，经一定延时后才发出投入电容器的指令，这种延时是必要的，可防止补偿控制器对电动机启动时短暂的较大容量感性无功造成误判。延时可以躲过这种短暂的感性无功而不对其做出反应，避免造成投切振荡。也正是这种延时，导致在延时期间对无功功率的宽容与容忍，影响了无功补偿的效果。

三是传统的无功补偿控制器检测到系统中存在无功功率成分时，经过适当延时发出指令投入补偿元件，例如电容器。但这种补偿元件在一定的系统电压下，其补偿容量是确定的，几乎不可能与系统中的无功容量完全相等，况且系统中的无功容量是一个随时间不断变化的物理量，所以希望将补偿效果达到最佳也是不现实的。

针对传统无功补偿技术存在的缺陷，工程师们一直在探索研发性能更好、补偿效果更佳的无功补偿技术和产品，其中 SVG 无功补偿装置就是一种成功的产品。SVG 产品使用外部电流互感器检测负荷电流，并通过内部 DSP 计算来分析负载电流的无功含量，然后根据设置值控制 PWM 信号发生器发出控制信号给内部 IGBT，使逆变器产生满足要求的无功补偿电流，最终实现动态无功补偿的功能。SVG 可动态双向调节无功功率，即从额定感性工况到额定容性工况连续输出无功，功率因数可达 0.99。

SVG 的全响应时间小于 5ms，动态响应时间小于 $50\mu s$，特别适合负荷快速变化的场合，相同一套 SVG 装置，既可补偿感性无功，也可补偿容性无功。补偿容量是随意可调的，例如一个 50kvar 的无功补偿 SVG 模块，根据补偿需求，其补偿容量可在 0 至额定容量 50kvar 之间随意调节。这样的补偿装置，实现无功补偿时既没有时间上的延迟，也不会出现过补偿或欠补偿，而且感性无功和容性无功均可补偿，补偿时不使用电容器或电感器，显然补偿效果不是传统无功补偿技术可以比拟的。

下面以南德电气的产品为例，对 SVG 装置的安装与操作予以说明。

9.2.1 SVG 装置的型号命名与技术规格

SVG 装置的型号命名方法如图 9-20 所示。
SVG 无功补偿装置的技术规格见表 9-3。

9.2.2 SVG 无功补偿装置的结构尺寸与机械安装

SVG 装置的物理结构有壁挂式和机架式等样式，其中壁挂式的结构尺寸如图 9-21 所示，使用两侧的安装结构固定在坚硬的墙壁或机柜中。通用机架式 SVG 安装时，则可通过前两侧挂耳固定安装在机柜立柱上。

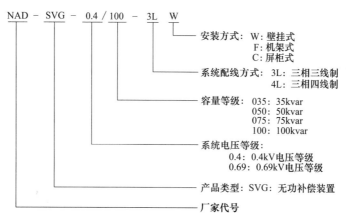

图 9-20 SVG 装置的型号命名方法

表 9-3 SVG 无功补偿装置技术规格

项 目		项 目 描 述
电气规格	输入线电压	380V +21%,−15%
	相数	三相四线;三相三线
	容量	35kvar;50/75kvar;100kvar
	频率	50/60±3Hz
	响应时间	<15ms
	功率因数补偿范围	从滞后 0.7 到超前 0.7
	并联运行	最大可 8 个模块并联
	模块功耗	<2kW
	效率	高达 97.5%
	CT 变比范围	150:5∼6000:5
通信接口	干接点	1 个 EPO
	通信	RS-485
环境规格	使用场所	室内,不受阳光直晒,无尘埃,无腐蚀性、可燃性气体,无油雾、水蒸气、滴水或盐分等
	工作海拔	低于 1000m,高于 1000m 时降额使用
	存储温度	−20∼+70℃
	工作温度	−10∼+40℃
	湿度	小于 95%RH,无水珠凝结
	振动	小于 5.9m/s²(0.6g)
结构	防护等级	IP20
	颜色	灰白
	尺寸/mm	200×440×575;232×440×575;250×510×585
	冷却方式	强迫风冷

由于单个 SVG 补偿单元模块的容量有限,所以需要补偿较大的无功功率时,可以有多个补偿单元模块并联使用。如果采用机架式补偿单元,每个机柜(屏柜)可以安放两列共 8 台补偿单元,即每列叠放 4 层,左右共两列。当然此时的屏柜水平宽度要按照国家标准尺寸,挂靠一种适当的宽度尺寸,例如 1200mm。这比总量等于或少于 4 台所使用的屏柜尺寸要大一些。屏柜高度都是国家标准尺寸 2200mm。

另外,SVG 无功补偿装置还有一种导轨式安装方式,须与生产企业协商定制。

9.2.3 SVG 无功补偿装置的电气安装

SVG 可单机使用(单模块自成系统),也可用于并机,最大可并机 8 台。单机安装时 SVG

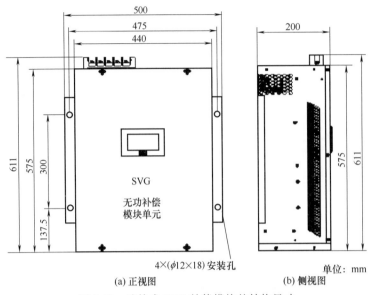

(a) 正视图   (b) 侧视图

图 9-21 壁挂式 SVG 补偿模块的结构尺寸

模块与系统电源、负载以及电流互感器 TA 的连接关系见图 9-22，注意电流互感器一次侧的 P1 端，须面向负载，P2 端则面向电源，这与通常使用的电流互感器的接线极性是有区别的。

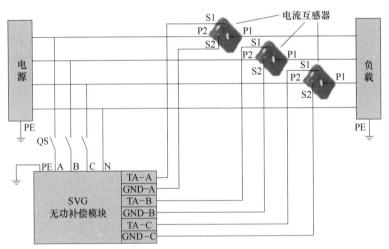

图 9-22 SVG 单模块补偿时的电气接线

SVG 无功补偿模块单机使用时的三相电源线、PE 接地线的配线规格见表 9-4。

表 9-4 SVG 无功补偿模块单机使用时的配线规格

设 备 容 量	端 子 标 识	推 荐 导 线 规 格
35kvar	A,B,C,N	BV16mm²
	PE	BV10mm²
50kvar/75kvar	A,B,C,N	BV25mm²/BV35mm²
	PE	BV10mm²/BV16mm²
100kvar	A,B,C,N	BV50mm²
	PE	BV25mm²

　　如果需要补偿的无功功率容量较大，可将多个 SVG 无功补偿单元模块并机安装使用，最多可将 8 个补偿单元模块并联使用。这时需配置并机模式的工作电源线，电流互感器 TA 二次

线的接线方式也与单机时不同，如图9-23所示。各SVG模块的电源线包括A、B、C、N和PE接地线均相互并联；电流互感器二次线则将各SVG模块的相应端子相互串联。

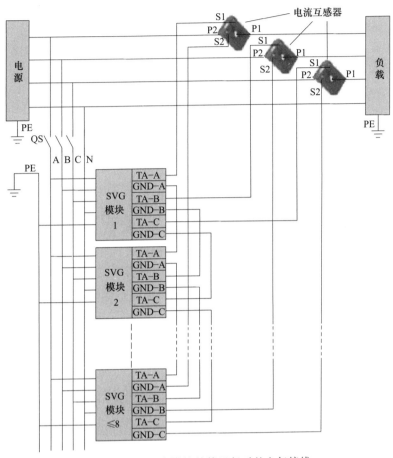

图9-23 SVG多模块补偿运行时的电气接线

9.2.4 SVG装置的开关机操作

开机前将SVG装置的外壳紧固牢靠，并确认功率线缆及电流互感器信号导线已经连接完毕，接线正确无误。

执行SVG开机步骤时，SVG输出端子可能已带电。如有负载与SVG输出端子相连接，须确认给负载供电是否安全。如果负载尚未准备好接受供电，务必将负载与SVG输出端子安全隔离。

开机时，闭合电源与SVG间的开关QS（参见图9-22和图9-23）。此时，LCD触摸显示屏显示的主界面如图9-24所示。点击该主界面中的"登陆"键，显示屏转换为图9-25所示的页面。这个页面上部显示日期和时间，下部是可以切换显示页面的5个触摸键，从左向右依次是"遥测

图9-24 SVG装置接通电源开关后显示的主界面

数据"键、"遥控数据"键、"故障状态"键、"关于"键和"封面"键。中部是显示和操作区域，可在该区域进行操作和改变参数。图 9-25 实际上是点击"遥控数据"键后的显示页面，在此界面内可进行手动开关机，改写 MODBUS 地址、TA 变比，并可将改写后的参数固化。

设置电流互感器 TA 的变比时，触摸可以显示电流互感器一次电流值的文本框，显示屏上出现一个数码键盘，通过该键盘将一次电流值输入，点击"固化参数"按键然后点击"关机"按键即可固化参数。

图 9-25　点击"遥控数据"键后可以设置参数

此时点击触摸屏上的开机图符，若开机指示灯（该指示灯与下面将要介绍的红色故障指示灯均在每个 SVG 单元模块面板的左上角）点亮，则表示 SVG 已经正常上电开机；若 SVG 有故障，故障指示灯会显示红色，提示 SVG 不能正常开机。

关机方式有两种，一种是直接断开 SVG 与市电间的开关 QS，这种方式是完全关机模式，即关机后，系统内是不带电的，可以进行系统的相关维修工作。

另一种方式是利用触摸显示屏 LCD 上的"关机"按钮，点击该按钮即可实现关机。此种关机模式只是关闭系统中功率器件 IGBT 管的运行，SVG 实际上处于待机状态。

9.2.5　SVG 无功补偿装置的运行维护与保养

为保持 SVG 设备的长期可靠运行，应对装置进行日常或定期的检测与保养。SVG 设备运行时带有强电，为安全起见，设备运行时维护人员不可触碰设备的任何带电端子，并确保设备的接地端子可靠接地。由于 SVG 设备母线有大容量电容，检修保养工作必须在断电 15min 以后进行。

运行中和通电状态下不要打开设备，从外部目视检查运行状态有无异常，通常进行下列项目的检查：

① 触摸显示屏显示的数据是否满足运行要求；

② 显示屏是否显示当前处于故障状态，若是，则应断电停机检查并排除故障，然后恢复运行；

③ 有无异常声音、异常振动、异常气味；

④ 有无过热的迹象和变色等异常现象。

定期检查项目。SVG 装置应进行定期检查，这种检查应在断开电源并在遵循安全注意事项的前提下进行。定期检查项目如表 9-5 所示。

表 9-5　SVG 无功补偿装置的定期检查项目

检查类别	检查项目
运行环境	运行温度、湿度，空气中是否有金属粉尘、腐蚀性气体
电气连接	线缆、端子是否有损坏，接线螺钉应紧固
	主回路接线、接地线、TA 接线、通信接线等是否可靠连接
设备散热	通风散热风道是否有堵塞

9.3　电压暂降补偿技术

电压暂降是指供电电压有效值在短时间内突然大幅下降后又恢复正常的现象。电压暂降在国内也称为电压骤降、电压跌落、电压瞬间波动、电压凹陷等。国际电工委员会（IEC）将其定义为下降到额定值的90％～1％。国际电气与电子工程师协会（IEEE）将其定义为下降到额定值的90％～10％，其典型持续时间为0.1～1s。

使用现代化的电力电子技术产品NVR装置，当系统电压突然暂降时，能够实现对电压的快速调节，同时消除三相电压不平衡，调节电压偏差，保证输出电压无缝连接达到额定值，保护负载正常运行。

9.3.1 电压暂降补偿装置 NVR 简介

NVR装置串联在供电电源和受保护的负载之间，它会持续监测输入侧电源电压，一旦发现供电电压偏离额定电压水平，它会立即切断输入侧的市电电源，同时从装置自带的超级电容等储能器件中吸取所需的能量，通过三相桥式逆变电路系统产生一个与电网电压大小、相位相同的电压注入系统，短时为负载提供质量合格的电能；保证负载侧电压稳定，确保受保护的负载不受电压变化的影响。而当装置检测到输入侧电压恢复正常后，装置将自带的三相桥式逆变电路旁路，系统恢复正常运行。

新能动力 NVR 系列电压暂降恢复补偿装置的型号命名方法如图9-26所示。

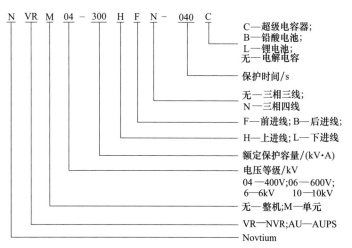

图 9-26 电压暂降补偿装置 NVR 型号命名方法

新能动力生产的动态电压恢复器，包含400V、600V、6kV、10kV等常用工业电压等级，每个电压系列又有多个容量规格，400V系列NVR装置有30kV·A、50kV·A、75kV·A、100kV·A、150kV·A、300kV·A、500kV·A、750kV·A、1000kV·A、1250kV·A、1500kV·A、2000kV·A等共12个容量规格，三相三线和三相四线两种线制，产品具有功率大、响应快、补偿能力强、安装灵活、扩展方便的特点。产品可对所有类型的单相、两相、三相电压跌落和中断予以治理；单机功率可高达5000kV·A。在全断电（剩余电压0％）情况下输出100％额定电压，持续供电几十分钟以上。响应时间仅2～3ms，任何敏感负载均不受影响。任何负载率情况下，设备效率高达99.5％以上，能耗是普通UPS（DC/AC逆变器）型电压暂降恢复器的1/30；NVR不会对电网产生谐波污染。

表9-6～表9-8是400V系列、6kV系列和10kV系列NVR产品的主要技术参数。

表 9-6 400V 系列电压暂降补偿装置 NVR 的主要技术参数

规格	NVR04-30	NVR04-100	NVR04-300	NVR04-1000	NVR04-2000
额定容量(S)	30kV·A	100kV·A	300kV·A	1000kV·A	2000kV·A
额定电压(U_n)	400V±15％				
电流(I_n)	43A	144A	432A	1440A	2880A
主机柜+旁路柜尺寸 ($W×D×H$)/mm	700×800×2100	800×800×2100	1300×800×2100	1900×800×2200	3300×800×2200
储能电容柜尺寸 ($W×D×H$)/mm	—	—	400×800×2100	600×800×2200	600×1000×2200

续表

最小剩余电压	0%
恢复可持续时间	0.4～30s,其他时长可定制
连续暂降保护	可以,须储能元件支持
工作温度(T_c)	−25～+45℃(40℃以上,每上升1℃,降额2%)
环境湿度(RH)	<95%,无凝露
工作海拔(H)	0～3000m(大于2000m,每升高100m,降额1%)
防护等级(IP)	IP21或IP23,其他防护等级可选
IEC污染等级	2
噪声(NI)	<40dB
显示	8in图形TFT真彩显示器
智能通信	Modbus/TCP,网口/485/GPRS

注：1in=2.54cm,下同。

表 9-7 6kV 系列电压暂降补偿装置 NVR 的主要技术参数

规格	NVR6-300	NVR6-500	NVR6-1000	NVR6-3000	NVR6-5000
额定容量(S)	300kV・A	500kV・A	1000kV・A	3000kV・A	5000kV・A
额定电压(U_n)	6kV±15%				
电流(I_n)	29A	48A	96A	288A	480A
主机柜尺寸 ($W×D×H$)/mm	600×800×2100	600×800×2200	900×800×2200	2400×1000×2200	3900×1000×2200
旁路柜尺寸 ($W×D×H$)/mm	1600×1200×2100	1600×1200×2200			
变压器柜尺寸 ($W×D×H$)/mm	1200×1200×2100	1200×1200×2200	1500×1400×2200	2200×1500×2200	2500×1600×2200
储能电容柜尺寸 ($W×D×H$)/mm	500×800×2100	800×800×2200	1000×800×2200	1000×1000×2200	
最小剩余电压	0%				
恢复可持续时间	0.4～30s,其他时长可定制				
连续暂降保护	可以,须储能元件支持				
工作温度(T_c)	−25～+45℃(40℃以上,每上升1℃,降额2%)				
环境湿度(RH)	<95%,无凝露				
工作海拔(H)	0～3000m(大于2000m,每升高100m,降额1%)				
防护等级(IP)	IP21或IP23,其他防护等级可选				
IEC污染等级	2				
噪声(NI)	<40dB				
显示	8in图形TFT真彩显示器				
智能通信	Modbus/TCP,网口/485/GPRS				

表 9-8 10kV 系列电压暂降补偿装置 NVR 的主要技术参数

规格	NVR10-300	NVR10-500	NVR10-1000	NVR10-3000	NVR10-5000
额定容量(S)	300kV・A	500kV・A	1000kV・A	3000kV・A	5000kV・A
额定电压(U_n)	10kV±15%				
电流(I_n)	17A	29A	57A	171A	285A
主机柜尺寸 ($W×D×H$)/mm	600×800×2100	600×800×2200	900×800×2200	2400×1000×2200	3900×1000×2200
旁路柜尺寸 ($W×D×H$)/mm	1600×1200×2100	1600×1200×2200			
变压器柜尺寸 ($W×D×H$)/mm	1200×1200×2100	1200×1200×2200	1500×1400×2200	2200×1500×2200	2500×1600×2200
储能电容柜尺寸 ($W×D×H$)/mm	500×800×2100	800×800×2200	1000×800×2200	1000×1000×2200	

续表

最小剩余电压	0%
恢复可持续时间	0.4~30s,其他时长可定制
连续暂降保护	可以,须储能元件支持
工作温度(T_c)	−25~+45℃(40℃以上,每上升1℃,降额2%)
环境湿度(RH)	<95%,无凝露
工作海拔(H)	0~3000m(大于2000m,每升高100m,降额1%)
防护等级(IP)	IP21或IP23,其他防护等级可选
IEC污染等级	2
噪声(NI)	<40dB
显示	8in图形TFT真彩显示器
智能通信	Modbus/TCP,网口/485/GPRS

每个NVR装置容量规格的额定电流可根据公式 $I = S/(\sqrt{3}U)$ 计算得到。式中,视在功率 S 的容量单位为 kV·A;U 是线电压,单位为 kV;计算所得的电流单位为 A。

每套NVR装置包括主机柜、旁路开关柜和储能元件柜,但100kV·A以下的400V产品因其容量较小,不设专门的储能柜。

9.3.2 NVR装置的基本电路结构

NVR装置有0.4kV的低压动态电压恢复器,也有6kV或10kV的高压动态电压恢复器。两者与电网电路的连接关系分别参见图9-27和图9-28。

图9-27中,三相电源输入经变压器T降压后,将电压变换为0.4kV的低压

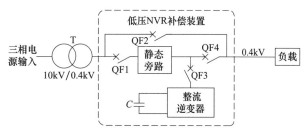

图9-27 0.4kV低压NVR装置系统接线图

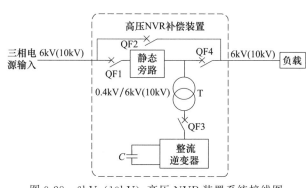

图9-28 6kV(10kV)高压NVR装置系统接线图

电。NVR装置对电网的电压暂降检测及其补偿是对0.4kV电压等级进行的。而在图9-28中,NVR装置对电压暂降的检测是对三相电源输入的6kV或者10kV的,当检测到有电压暂降情况发生时,立即启动NVR内部的整流逆变器,将储能元件中的能量变换成50Hz低压交流电,再经变压器T升压后,补偿电压暂降期间的电压跌落,保证负载中获得的电源不会中断,也没有电压跌落现象的发生。

9.3.3 NVR装置的几种运行工况

(1) 输入电压在允许波动的数值范围内

这种情况由电网为负载供电,这时整流逆变器处于休眠状态,但保持与电网电压同步,以便在电网电压降低至低于允许值时立即动作。如图9-29中的箭头所示,负载电流由电源经"静态旁路"方框内的双向反接并联的晶闸管向负载供电。

这种工作模式时断路器QF2、QF3分闸,QF1、QF4合闸。QF1~QF4是带有电动操作机构的断路器,可以由NVR装置控制电路操作其处于所需的通断状态。

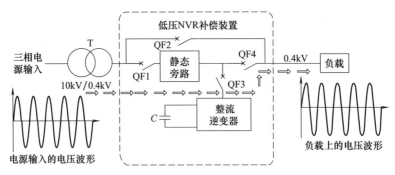

图 9-29　电压波动在正常范围内时负载电流供给路径

（2）发生电压暂降时的运行情况

在电网电压出现较大幅度波动开始的瞬间，NVR 装置内部"静态旁路"开关即双向反接并联的晶闸管快速关断，从而使负载与电网隔离，由逆变器将储能元件超级电容器 C 储存的电能逆变后向负载供电。如图 9-30 中的箭头所示。由图 9-30 可见，输入电压在某一个时刻可能降低很多，甚至为 0，输出电压依然具有正常的输出，NVR 对电压暂降实施的调节、补偿与恢复几乎没有延时。

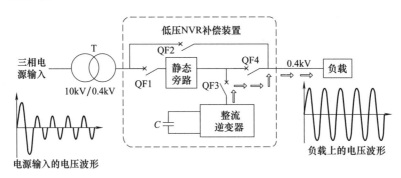

图 9-30　电压暂降时负载电流供给路径

这种工作模式时，带有电动操作机构的断路器 QF1、QF2 分闸，QF3、QF4 合闸。断路器 QF1～QF4 由 NVR 装置控制电路操作其处于所需的通断状态。

（3）电压重新恢复稳定时的运行情况

系统电压经过一定时长的不确定暂降后，恢复到正常的稳定状态。如图 9-31 所示，这时 NVR 装置内部"静态旁路"开关即双向反接并联的晶闸管导通，断路器 QF2 断开，QF1、QF3 和 QF4 合闸，负载将再次由电网供电，整流电路重新对储能元件充电，逆变电路关闭。

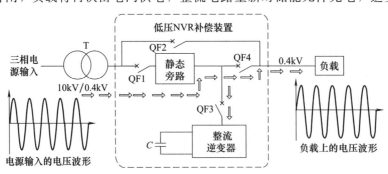

图 9-31　系统电压恢复后的负载供电及电容器充电路径

储能电容器充电完毕，断路器 QF3 分闸，断开充电电路。

（4）装置故障的运行情况

当 NVR 装置检测到自身出现故障时，如图 9-32 所示，将自动断开断路器 QF1、QF3 和 QF4，接通断路器 QF2，负载电流自动转移到由 QF2 接通的故障安全旁路，直接向负载供电。

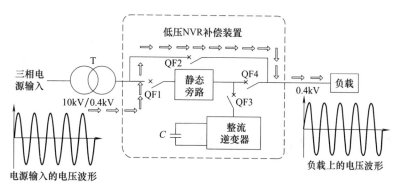

图 9-32 NVR 装置故障时的电流路径

装置需要维护时，也可由运行人员进行倒闸操作，实现图 9-32 所示的运行状态。

9.3.4 NVR 的应用方案

这里介绍的 NVR 装置应用方案分两种应用类型。一种情况是所有负载或大部分负载都对电压暂降比较敏感，这时须对所有负载进行电压暂降补偿保护，称作集中保护方案。另一种情况是仅有部分负载对电压暂降比较敏感，只须对敏感负载进行补偿保护，称作分布保护方案。

（1）NVR 集中保护方案

所谓集中保护方案，即将 NVR 装置串联在配电变压器低压侧和所有配电柜之间，用于集中保护多个敏感负载。如图 9-33 所示。这种方案可对所有用电负载进行电压暂降保护，需要电压暂降恢复器 NVR 的容量较大，成本较高，适用于所有用电负载都对电压暂降比较敏感的场合。

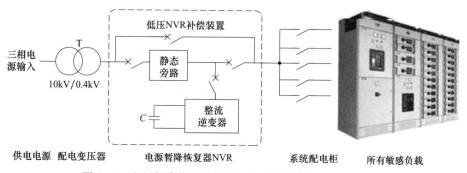

图 9-33 电压暂降装置对所有负载进行补偿保护的电路方案

（2）NVR 分布保护方案

所谓分布保护方案，就是如图 9-34 那样，只对个别敏感负载进行电压暂降恢复保护。这种保护方案所需的装置容量较小，成本明显较低。具体实施时，将 NVR 串联在系统配电柜出线侧和敏感负载之间，用于对单个敏感负载的补偿保护。

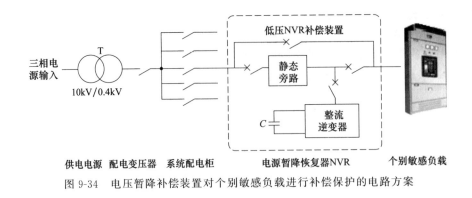

图 9-34　电压暂降补偿装置对个别敏感负载进行补偿保护的电路方案

9.4　三相不平衡的补偿与治理

三相不平衡是指在电力系统中三相电流（电压）幅值不一致，且幅值差超出了规定的范围。三相不平衡产生的危害主要表现在以下几个方面。

一是增加线路的电能损耗。当低压电网以三相四线制供电时，由于单相负载存在，会造成三相负载不平衡，使得中性线有电流流过。这样会使中性线产生损耗，同时，也增加了电网线路中的损耗。

二是增加配电变压器的电能损耗。配电变压器是低压电网的供电主设备，由于配电变压器的功率损耗随负载的不平衡度而变化，所以，当其在三相负载不平衡工况下运行时，将会增加配电变压器的损耗。

三是配变产生零序电流。配电变压器在三相负载不平衡工况下运行，将产生零序电流，该电流将随三相负载不平衡的程度而变化，不平衡度越大，则零序电流也越大。零序电流会使配电变压器的钢构件的局部温度升高并发热，同时，配电变压器的绕组绝缘也会因此而加快老化，降低设备寿命。在三相电流不平衡、无谐波的情况下，中性线电流幅值会大于零，电流的频率为基波频率。例如，三相不平衡负载的电流不平衡度为 10% 时，$I_a = 110A$，$I_b = 100A$，$I_c = 90A$，此时中性线的基波零序电流为 $I_n = 17A$。如果不平衡电流中叠加有谐波成分，则中性线上的电流还要增大很多。

四是影响用电设备的安全运行。配电变压器在三相负载不平衡的情况下运行时，三相输出电流不一样，同时，中性线会有电流通过，并使中性线产生阻抗压降，从而导致中性点漂移，致使相电压发生变化，负载重的一相电压降低，负载轻的一相电压升高。所以，在电压不平衡的状况下供电，就容易造成接在电压高的一相上的用电设备烧坏，而接在电压低的一相上的用电设备不能正常运行。

五是电动机效率降低。配电变压器在三相负载不平衡工况下运行，将使三相电压不平衡。不平衡电压存在正序、负序、零序三个电压分量，会导致电动机效率降低。同时，电动机的温升和无功损耗，也将随三相电压的不平衡度的增加而增大。三相不平衡电流引起的电动机温升，远大于电动机正序负载电流时的热效应。所以电动机在三相电压不平衡状况下运行，是非常不经济和不安全的。

六是三相电压不平衡将导致电动机过热。某企业电动机出现过热现象，经测量电动机的三相总功率，与电动机标称的额定值比较，未能发现过载运行。分析原因，是供电电压不平衡，导致严重的电流不平衡致使电动机运行温度过高，发热严重。

电力系统中三相电流（电压）不平衡会导致电力系统供电设备、用电设备的运行不正常，温升增加，寿命缩短，损耗变大，弊端较多，因此，应设法对其进行治理和补偿。

9.4.1 三相不平衡补偿原理

对于三相不平衡的所谓补偿治理，就是要将三相不平衡的负载电流治理补偿得趋于平衡，从而使由此引起的三相电压不平衡趋向于平衡。

如图 9-35 所示，三相负载不平衡补偿电路通过外接的电流互感器 TA 实时检测系统电流，并将检测到的系统电流数据进行处理分析，以判断系统是否存在三相电流不平衡的情况，如果有，则计算出不平衡的电流值大小，确定各相需要补偿转换的电流值，继而发送控制信号给 IGBT 驱动电路，使相应的 IGBT 管导通，将不平衡电流由电流比较大的相转移到电流小的相，或者说，由电流比较小的相向电流比较大的相补偿电流，最后实现三相电流平衡的目的。

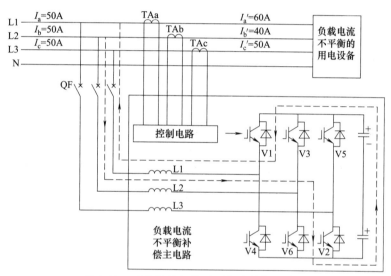

图 9-35 三相负载电流不平衡的补偿示意图

图 9-35 中，A 相电流明显大于 B 相，补偿装置从 B 相向 A 相补偿电流，补偿路径是从 B 相电源开始，经断路器 QF、电感器 L2、IGBT 管 V6、IGBT 管 V1、电感器 L1、断路器 QF 到 A 相，最终使得电网的三相电流得以平衡，使电源侧的电流值相等或基本相等。

对图 9-35 的补偿原理的分析描述只能是示意性的，具体电路要复杂得多。

9.4.2 三相不平衡补偿装置的技术规格

国内有多个厂家生产三相不平衡补偿装置，其中南德电气将其称作 SPC 装置，新能动力称其为三相负载调节器 TLB，无论其称谓如何，它们的功能大同小异。这些装置除了实现三相负载不平衡补偿调节功能以外，当装置容量有富裕时，还可兼做无功补偿和谐波滤除器使用，当然这要通过参数设置才能实现。

南德电气的三相电流不平衡补偿装置 SPC 的主要技术规格见表 9-9。

表 9-9 三相电流不平衡补偿装置 SPC（南德电气）的主要技术规格

项 目		项目描述		
电气规格	型号	SPC35kvar	SPC50/75kvar	SPC100kvar
	容量	35kvar	50/75kvar	100kvar
	电压等级	380V/400V		

续表

项　目		项 目 描 述		
电气规格	线制	三相三线/三相四线		
	频率	(50±3)Hz		
	效率	＞97%		
	TA变比范围	(150∶5)～(6000∶5)		
	额定电流	50A	75/100A	150A
	不平衡补偿率	补偿后三相电流平衡率＞95%		
	功率因数校正	−0.7(容性)～+0.7(感性)可调		
	无功补偿容量	35kvar	70kvar	100kvar
	响应时间	＜15ms		
	保护功能	过压、欠压、短路、防雷		
通信规格	通信接口	RS-485/CAN		
	通信协议	Modbus		
	传输数据	电压、电流、功率、频率、温度、报警、参数设置		
环境规格	存储温度	−20～+70℃		
	工作温度	−10～+40℃		
	工作海拔	＜1000m,1000m以上降额使用		
机械规格	防护等级	IP44		
	颜色	银白色		
	冷却方式	强迫风冷		
	尺寸(模块)	440mm×575mm×200mm	440mm×575mm×232mm	510mm×585mm×250mm

新能动力的三相负载调节器 TLB 的技术参数见表 9-10。

表 9-10　三相负载调节器 TLB（新能动力）的主要技术参数

系统输入	电压等级/V	400,±15%
	电压不平衡度	＜5%(负序电压不平衡度＜2%)
	电压频率/Hz	50,±5%
	系统接线方式	三相四线/三相三线
主要性能指标	无功补偿	有,可设定,目标功率因数从0.99(感性)到0.99(容性)可设置
	电流不平衡补偿	≤10%
	滤波补偿能力	≥80%(额定负载)
	滤波范围	对2～13次谐波全补偿或对指定次谐波进行补偿
	中性线滤波能力	有,可以补偿3次谐波
	响应时间/ms	≤10
	综合补偿能力	功率因数≥0.97;三相不平衡率≤5%;谐波滤除率≥80%
	整机效率	≥95%
	噪声/dB	≤70
	可靠性及寿命	设计寿命20年
控制系统	控制方式	快速傅立叶变换FFT、瞬时无功功率和分频控制理论
	控制芯片	采用最先进的模拟数字信号处理器DSP
	过载能力	120%,发生过载时自动限流在100%额定电流输出
	附属功能	全数字微机控制,自诊断功能;实时通信网
	无人值守	可断电自启动、故障自检后启动
	通信方式	RS-485,TCP/IP网口,GPRS,蓝牙
环境条件	使用场所	室内;无导电或爆炸尘埃,周围介质无爆炸及易燃、易爆危险,无腐蚀性金属或破坏绝缘的气体或蒸汽
	环境温度	−30～+45℃
	相对湿度	5%～95%,无凝露
	海拔高度	≤2000m(超过2000m需降容使用)
	存储/运输温度	−25～+75℃
	地震烈度	8度
	污染等级	3级

续表

其他性能指标	保护功能	供电电压过压及欠压保护、直流电压过压及欠压保护、 输出过流保护、超温保护、通讯故障、系统自诊断
	远程操作及显示	预留硬结点输入,供用户远程启动、停止和复位;系统 运行、停止和限流运行状态通过硬结点输出,用来显示关键运行状态
	冷却方式	智能风冷
	防护等级	IP22(可根据用户需要定制)
	系统结构	一体化设计,模块化设计

9.4.3　三相不平衡补偿装置的安装与接线

（1）SPC 装置的安装与接线

SPC 三相不平衡补偿装置的外形样式见图 9-36。注意表 9-9 中"机械规格"里提供的尺寸数据是不同功率的 SPC 模块的尺寸，这些模块在具体应用时是安装在图 9-36 所示的壳体内的。由表 9-9 可见，图 9-36 所示的壳体具有 IP44 的防护等级，对防护固体物质和液体物质的侵入具有一定的防护功能，所以可以安装在露天的户外使用。

SPC 三相负载不平衡补偿装置可以安装在配电室内，与系统配电柜安放在一起；也可以安装在户外，与柱上变压器一起安装在混凝土电杆的支架上，由于其有 IP44 的较高防护等级，长期在室外杆上工作是安全的。

SPC 装置的电气接线图见图 9-37。由图 9-37 可见，电流互感器 TA 的一次侧安排与通常的接线极性不同，即 P1 端面向负载侧，P2 端面向电源侧。

接线时功率导线推荐选用多芯软铜线，导线截面积应足够，否则可能引起导线发热受损导致设备损坏。

电流互感器 TA 二次导线推荐选用带屏蔽的双绞铜导线，15m 以内选 BVR2.5mm² 导线，15～30m 选 BVR 4mm² 导线。

图 9-36　SPC 三相不平衡
补偿装置外形样式

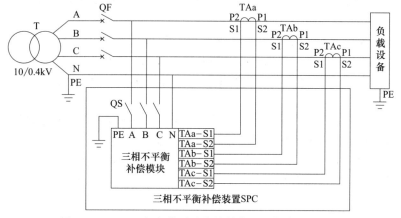

图 9-37　SPC 三相负载不平衡补偿装置电气接线示意图

（2）TLB 装置的安装与接线

TLB 系列三相负载调节器所需的三相电源线必须接到断路器出口的母线铜排上，线缆颜色相序与铜排相序一致。

电流互感器的二次回路可以由 TLB 装置独立使用，也可以与其他设备共用。

电流互感器安装在三相负荷平衡补偿装置的电源侧或负载侧均可，但应由用户向设备制造厂提出，这与设备出厂时的参数设置有关。

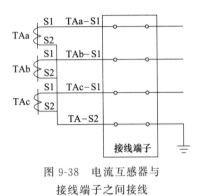

图 9-38　电流互感器与
接线端子之间接线

为了使三相负载调节器能够正确地检测电流，请参照图 9-38 进行电流互感器的接线。接线步骤为：将三相电源线分别从各自电流互感器穿过，而每个互感器二次侧的 S1 端分别用线引出，每个互感器的 S2 端依次连接作为一点最后用一根线引出，这里将这根引出线命名为 TA-S2。

以上 4 条线连接到三相负载调节器 TLB 中的互感器专用接线端子上，如图 9-38 所示。

电流互感器二次侧的导线应使用截面积不小于 2.5mm^2 BVR 型多股软铜线。

9.4.4　三相不平衡补偿装置的参数设置

当前各生产厂家生产的三相不平衡治理补偿装置，几乎与无功补偿装置 SVG、谐波滤波装置 APF 具有非常相似的硬件电路，只要将相关功能参数进行适当设置，这些产品就可在上述几种功能中自由转换，或者说只要设备的功率容量足够大，通过参数设置将功率容量进行合理分配，即可使用一台电能质量综合治理装置实现多种电路功能。

由此可知，每一个系列的补偿装置的参数设置方法在各种功能电路中是通用的。因此，本节介绍的 TLB 系列三相负载不平衡补偿装置，可以参照"9.1.7 有源滤波装置 APF 的参数设置"一节介绍的方法进行参数设置；SPC 系列三相负载不平衡补偿装置，可以参照"9.2.4 SVG 装置的开关机操作"一节中介绍的方法进行参数设置。此处不重复赘述。

9.4.5　三相不平衡补偿装置的上电操作与开关机

上电以前需将装置安装固定牢靠，并将功率导线和电流互感器 TA 的二次导线连接好。这时应意识到，一旦执行上电开机，输出端子可能即带电。如有负载与设备输出端子相连接，请确认给负载供电是否安全。如果负载尚未准备好接受供电，务必将负载与设备输出端子安全隔离。

闭合设备的电源开关，即图 9-37 中断路器 QF 和 SPC 装置内的控制开关 QS；对于 TLB 系列三相负载调节器，其装置内部也有断路器和隔离开关，送电程序基本相同。装置合闸带电后，前门面板上的 LCD 触摸屏启动并开始显示。点击触摸屏上的"开机"按钮，装置启动并正式开机。

关机方式有两种，一种是直接断开设备的主控开关 QS 和 QF，这种方式是完全关机模式，即关机后，装置内是不带电的，可以进行系统的相关维修工作。

另一种方式是利用 LCD 触摸屏上的按键进行关机，即点击触摸屏上的"关机"按钮实现关机。此种关机模式只是关闭系统中功率器件的运行，机器仍然处于待机状态。

附　录

附录 A　电路简图常用的图形符号

电气简图用图形符号是绘制电路图的重要组成要素，只有正确理解和使用现行有效的标准图形符号，才能绘制出便于共同交流的电路图。关于图形符号的最新国家标准是 GB/T 4728《电气简图用图形符号》，该标准等同采用了 IEC 60617 数据库标准（IEC 是国际电工委员会的名称缩写），由于其信息体系非常庞大，这里仅就常用的图形符号予以介绍。其中图形符号的标识号与顺序与国家标准相对应。

（1）相关术语及标准应用说明

① 相关术语

a. 图形符号：以图形或图像为主要特征的、表达一定事物或概念的符号。

b. 简图：以图形符号表示项目及它们之间关系的图示形式。

c. 符号要素：图形符号的组成部分。它是有确定意义的简单图形，但不能单独使用，必须同其他图形组合才能构成事物或概念的完整符号。如"屏蔽"的符号要素与"导线"组合成"屏蔽导体"，如图 A-1 所示。

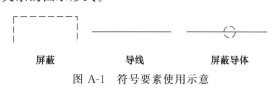

屏蔽　　　　　导线　　　　　屏蔽导体

图 A-1　符号要素使用示意

d. 限定符号：附加于一般符号或其他符号之上，以提供某种确定或附加信息的图形符号的组成部分，它不能单独使用。一般符号也可作为限定符号使用。

e. 一般符号：表示一类事物或其特征，或作为成组符号中各个图形符号的组成基础的较简明的图形符号。一般符号是同一类产品中各种产品的通用符号，可单独使用，可加限定符号组成一特定产品的图形符号，还可作为限定符号。如图 A-2 所示，"电容器一般符号"加限定符号"可调节性"组成"可调电容器"，缩小尺寸后，作限定符号组成"变容二极管"。

② 标准应用说明

a. 符号形式的选用：表示同一对象的图形符号可能不止一个形式，如有"形式1""形式2""推荐形式""一般形式""简化形式"等，如图 A-3 所示。一般来说，符号形式可以任意选用，当同样能够满足使用要求时，最好选用"推荐形式"或"简化形式"。但无论选用了哪一种形式，对同一套图中的同一个对象，都要用该种形式表示。

电容器一般符号　可调电容器　变容二极管

图 A-2　一般符号使用示意

电流互感器一般符号形式1　电流互感器一般符号形式2

图 A-3　符号形式的选用

b. 符号选用及组合：表示同一含义，只能选用同一个符号，如果标准中有所需符号，应直接选用；如果标准中没有，应根据符号的功能组图原则，用符号要素、一般符号加限定符号组合。两个或多个图形符号可组合成一个新的图形符号。新组合成的图形符号的含义应与其各组成部分所表示的含义一致。

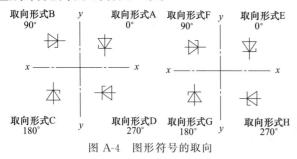

取向形式B 90°　取向形式A 0°　取向形式F 90°　取向形式E 0°

取向形式C 180°　取向形式D 270°　取向形式G 180°　取向形式H 270°

图 A-4　图形符号的取向

c. 图形符号的取向：图形符号可采用不同的取向形式以满足有关流向和阅读方向的不同需求。符号的不同取向形式仍认为是同一个符号。取向形式可通过旋转或镜像的方式生成，例如图 A-4 中，取向形式 A 依次逆时针方向旋转 90°，即可得到取向形式 B、C 和 D；取向形式 E 是由取向形式 A 的 y-y 轴镜像得到，取向形式 E 再依次按逆时针方向旋转 90°即可得到取向形式 F、G 和 H。如果图形符号中包含文字，则应调整文字的阅读方向和文字所在的位置。

（2）电气元件常用图形符号表

① 符号要素、限定符号、其他常用图形符号　符号要素、限定符号、其他常用图形符号见表 A-1。

表 A-1　符号要素、限定符号和其他常用图形符号

标识号	图形符号	名称或含义	标识号	图形符号	名称或含义
S00065		屏蔽	S00121		电磁效应
S01401		直流（形式 1）	S00124		延时
S01402	DC	直流（形式 2）	S00132		正脉冲
S01403		交流（形式 1）	S00133		负脉冲
S01404	AC	交流（形式 2）	S00137		锯齿波
S00069	～50Hz	交流（示出频率）（注：示出 50Hz 交流）	S00148		延时动作（形式 1）
			S00149		延时动作（形式 2）
S00077	+	正极性	S00169		操作件（拉拔操作）
S00078	−	负极性	S00170		操作件（旋转操作）
S00079	N	中性	S00171		操作件（按动操作）
S00080	M	中间线	S00192	(M)—	操作件（电动机操作）
S00081		可调节性，一般符号	S00200		接地，一般符号，保护接地端子
S00085		预调			
S00120		热效应	S01410		功能等电位联结；功能联结导体；功能联结端子

② 导体和连接件的常用图形符号　导体和连接件的常用图形符号见表 A-2。

③ 基本无源元件的常用图形符号　基本无源元件包括电阻、电容器和电感器等元件，其常用图形符号见表 A-3。

④ 半导体管和电子管等元件的常用图形符号　半导体管和电子管等元件的常用图形符号见表 A-4。

表 A-2 导体和连接件的常用图形符号

标识号	图形符号	名称或含义	标识号	图形符号	名称或含义
S00001		连线,一般符号导线;电缆;电线;传输线路;电信线路	S00021		导线的双 T 连接(形式 1)
S00002		导线组(示出导线数)(形式 1)(注:示出三根导线)	S00022		导线的双 T 连接(形式 2)
S00003		导线组(示出导线数)(形式 2)(注:示出三根导线)	S00025	L1 L3	相序变更
S00007		屏蔽导线	S00044		接通的连接片(形式 1)
S00019		T 形连接(形式 1)	S00045		接通的连接片(形式 2)
S00020		T 形连接(形式 2)(注:示出连接符号)	S00046		断开的连接片

表 A-3 基本无源元件的常用图形符号

标识号	图形符号	名称或含义	标识号	图形符号	名称或含义
S00555		电阻器,一般符号	S00571		极性电容器 电解电容器
S00557		可调电阻器	S00573		可调电容器
S00558		压敏电阻器变阻器	S00575		预调电容器
S00559		带滑动触点的电阻器	S00583		线圈、绕组,一般符号 电感器、扼流圈
S00561		带滑动触点的电位器	S00585		带磁芯的电感器
			S00586		磁芯有间隙的电感器
S00566		加热元件	S00592		铁氧体磁珠穿在导线上的铁氧体磁珠
S00567		电容器,一般符号	S00600		两电极压电晶体

表 A-4 半导体管和电子管等元件的常用图形符号

标识号	图形符号	名称或含义	标识号	图形符号	名称或含义
S00057		三极闸流晶体管,未规定类型	S00649		双向二极管
S00641		半导体二极管,一般符号	S00653		反向阻断三极闸流晶体管,N 栅(阳极侧受控)
S00642		发光二极管(LED),一般符号	S00654		反向阻断三极闸流晶体管,P 栅(阴极侧受控)
			S00659		双向三极闸流晶体管
S00644		变容二极管	S00663		PNP 晶体管
S00645		隧道二极管、江崎二极管	S00665		NPN 晶体管
S00646		单向击穿二极管、齐纳二极管、电压调整二极管	S00666		具有 P 型双基极的单结晶体管
S00647		双向击穿二极管	S00667		具有 N 型双基极的单结晶体管

续表

标识号	图形符号	名称或含义	标识号	图形符号	名称或含义
S00671		N 型沟道结型场效应晶体管	S00684		光敏电阻(LDR),光敏电阻器
S00672		P 型沟道结型场效应晶体管	S00685		光电二极管
S00677		绝缘栅场效应晶体管(IG-FET),耗尽型,单栅,N 型沟道,衬底无引出线	S00686		光生伏打电池
S00678		绝缘栅场效应晶体管(IG-FET),耗尽型,单栅,P 型沟道,衬底无引出线	S00687		光电晶体管(注:示出 PNP 型)
S00680		绝缘栅双极晶体管(IGBT)增强型,P 型沟道	S00691		光电耦合器、光隔离器(注:示出发光二极管和光电晶体管)
S00681		绝缘栅双极晶体管(IGBT)增强型,N 型沟道	S00744		直热式阴极三极管
S00682		绝缘栅双极晶体管(IGBT)耗尽型,P 型沟道			
S00683		绝缘栅双极晶体管(IGBT)耗尽型,N 型沟道	S00746		五极管(注:抑制极与阴极间有内连接的间热式阴极五极管)

⑤ 电能的发生与转换常用图形符号　电能的发生与转换常用图形符号见表 A-5。

表 A-5　电能的发生与转换常用图形符号

标识号	图形符号	名称或含义	标识号	图形符号	名称或含义
S00808		星形连接的三相绕组	S00849		电抗器,一般符号扼流圈(形式2)
S00809		中性点引出的星形连接的三相绕组	S00850		电流互感器,一般符号(形式1)
S00836		三相笼型感应电动机	S00851		电流互感器,一般符号(形式2)
S00837		单相笼型感应电动机(注:有绕组分相引出端头)	S00858		星形-三角形连接的三相变压器
S00838		三相绕线式转子感应电动机			
S00841		双绕组变压器,一般符号(形式1)	S00878		电压互感器仪用互感器(形式1)
S00842		双绕组变压器,一般符号(形式2)	S00879		电压互感器仪用互感器(形式2)
S00848		电抗器,一般符号扼流圈(形式1)	S00895		桥式全波整流器

⑥ 开关、控制和保护器件常用图形符号 开关、控制和保护器件常用图形符号见表 A-6。

表 A-6 开关、控制、保护器件常用图形符号

标识号	图形符号	名称或含义	标识号	图形符号	名称或含义
S00218		接触器功能	S00284		接触器,接触器的主动合触点(注:在非操作位置上触点断开)
S00219		断路器功能			
S00221		隔离开关功能	S00286		接触器,接触器的主动断触点(注:在非操作位置上触点闭合)
S00223		位置开关功能			
S00227		动合(常开)触点一般符号;开关一般符号	S00287		断路器
S00229		动断(常闭)触点	S00288		隔离开关,隔离器
S00230		先断后合的转换触点	S00290		隔离开关,负荷隔离开关
S00243		延时闭合的动合触点(注:当带该触点的器件被吸合时,此触点延时闭合)	S00305		驱动器件一般符号;继电器线圈一般符号
S00244		延时断开的动合触点(注:当带该触点的器件被释放时,此触点延时断开)	S00311		缓慢释放继电器线圈
S00245		延时断开的动断触点(注:当带该触点的器件被吸合时,此触点延时断开)	S00312		缓慢吸合继电器线圈
S00246		延时闭合的动断触点(注:当带该触点的器件被释放时,此触点延时闭合)	S00313		延时继电器线圈
S00254		自动复位的手动按钮开关	S00325		热继电器驱动器件
S00255		自动复位的手动拉拔开关	S00362		熔断器,一般符号
S00256		无自动复位的手动旋转开关	S00363		熔断器(注:熔断器烧断后仍带电的一端用粗线表示)
S00259		带动合触点的位置开关	S00368		熔断器开关
S00260		带动断触点的位置开关	S00370		熔断器负荷开关组合电器
S00265		带动断触点的热敏自动开关,双金属片动断触点(注:注意区别此触点和热继电器的触点)	S00373		避雷器

⑦ 测量仪表、灯和信号器件常用图形符号　测量仪表、灯和信号器件常用图形符号见表 A-7。

表 A-7　测量仪表、灯和信号器件常用图形符号

标识号	图形符号	名称或含义	标识号	图形符号	名称或含义
S00913	V	电压表	S00965	⊗	灯，一般符号；信号灯，一般符号
S00917	cosφ	功率因数表	S00966		闪光型信号灯
S00919	Hz	频率计	S00972		报警器
S00927	n	转速表	S00973		蜂鸣器
S00933	Wh	电能表(瓦时计)	S01417		音响信号装置，一般符号，或电喇叭、电铃、单击电铃、电动汽笛

⑧ 电信交换和外围设备常用图形符号　电信交换和外围设备常用图形符号见表 A-8。

表 A-8　电信交换和外围设备常用图形符号

标识号	图形符号	名称或含义	标识号	图形符号	名称或含义
S01056		受话器，一般符号	S01059		扬声器，一般符号

附录 B　国际单位制词头表

国际单位制（SI）词头表示单位的倍数或分数。国际单位制的词头（SI）有 20 个，根据《中华人民共和国法定计量单位》的规定，我国使用的词头如表 B-1 所示。括号内的字可在不致混淆的情况下省略。

这些词头几乎可以与所有的物理量单位组合，例如与电流的单位 A 组合，可以组成 kA、mA、μA、nA、pA 等电流单位，与长度单位 m 组合，可以组成 km、cm、mm、μm、nm 等长度单位。因此，这些国际单位制词头应用相当普遍，更是学习电工电子技术的重要工具之一。

表 B-1　国际单位制词头表

倍数或分数	词头名称	词头符号
10^{-24}	幺〔科托〕	y
10^{-21}	仄〔普托〕	z
10^{-18}	阿〔托〕	a
10^{-15}	飞〔母托〕	f
10^{-12}	皮〔可〕	p
10^{-9}	纳〔诺〕	n
10^{-6}	微	μ
10^{-3}	毫	m

倍数或分数	词头名称	词头符号
10^{-2}	厘	c
10^{-1}	分	d
10^1	十	da
10^2	百	h
10^3	千	k
10^6	兆	M
10^9	吉〔咖〕	G
10^{12}	太〔拉〕	T
10^{15}	拍〔它〕	P
10^{18}	艾〔可萨〕	E
10^{21}	泽〔它〕	Z
10^{24}	尧〔它〕	Y

参考文献

[1] 张玉萍. 电工与电子技术 [M]. 北京：人民邮电出版社，2011.

[2] 周渊深，宋永英. 电力电子技术 [M]. 第 2 版. 北京：机械工业出版社，2012.

[3] 杨德印. 电动机的控制与变频调速原理 [M]. 北京：机械工业出版社，2012.

[4] GB/T 4942.1—2006：旋转电机整体结构的防护等级（IP 代码）分级 [S].

[5] 徐实璋. 电机学 [M]. 北京：机械工业出版社，1980.

[6] 叶水音. 电机学 [M]. 北京：中国电力出版社，2009.

[7] 许鐒. 电机与电气控制技术 [M]. 第 2 版. 北京：机械工业出版社，2008.

[8] 郭汀. 电气图形符号文字符号便查手册 [M]. 北京：化学工业出版社，2010.

[9] 杨电功，杨德印，等. 电动机控制一点通 [M]. 北京：机械工业出版社，2013.

[10] 何学农. 现代电能质量测量技术 [M]. 北京：中国电力出版社，2014.

[11] 秦钟全. 图解电气控制入门 [M]. 北京：化学工业出版社，2013.

[12] 吴丽. 电气控制与 PLC 应用技术 [M]. 第 3 版. 北京：机械工业出版社，2015.

[13] 赵承荻. 维修电工考级项目训练教程 [M]. 第 3 版. 北京：高等教育出版社，2015.

[14] 程汉湘. 无功补偿理论及其应用 [M]. 北京：机械工业出版社，2016.

[15] 人社部教材办公室. 电力拖动控制线路与技能训练 [M]. 第 5 版. 北京：中国劳动社会保障出版社，2014.